物質、生命、心と進化する宇宙

時間の終わりまで

ブライアン・グリーン

青木薫 訳

講談社

UNTIL THE END OF TIME

MIND, MATTER, AND OUR SEARCH FOR MEANING IN AN EVOLVING UNIVERSE

BRIAN GREENE

時間の終わりまで

物質、生命、心と進化する宇宙

UNTIL THE END OF TIME

Mind, Matter and Our Search for Meaning in an Evolving Universe

by

Brian Greene

Japanese translation rights arranged with Brian Greene
c/o William Morris Endeavor Entertainment LLC., New York
through Tuttle-Mori Agency, Inc., Tokyo

装丁　アルビレオ
カバー彫刻　安田 侃「天秘」
撮影　日下部真紀（講談社写真部）

トレーシーへ

時間の終わりまで　目次

第3章 宇宙の始まりとエントロピー 宇宙創造から構造形成へ……85

第4章 情報と生命力 構造から生命へ……119

第5章 粒子と意識 生命から心へ……192

第6章 言語と物語 心から想像力へ……264

第7章 脳と信念 想像力から聖なるものへ……310

第11章 存在の尊さ 心、物質、意味

原注は本文中＊をつけた番号に対応しています。
〔〕で括られた部分は訳注です。

はじめに

「僕が数学をやるのは、いったん定理を証明してしまえば、その定理は二度と揺るがないからだ。永遠にね」[*1]。シンプルでズバリ核心を突いたその言葉に、私はハッとした。当時私は大学の二年生で、心理学の課題として、人間の動機というテーマでレポートを書いていた。そのことを、長年にわたり数学のさまざまな分野について教えてもらっていた年上の友人に話したのだった。彼のその返答は、私を一変させた。

私はそれまで、数学のことを多少なりともそんなふうに考えたことはなかった。私にとって数学とは、平方根や、ゼロによる割り算といったトピックを面白がる奇妙なコミュニティーで行われる、抽象的な正確さを競う不思議なゲームだった。ところが、彼の言葉を聞いたとたん、歯車のようなものがカチリと噛み合った。「そうか、それが数学のすごさなんだ」と私は思った。論理と公理に拘束された創造性の指し示すところに従い、さまざまな概念を操作したり組み合わせたりすることで、揺るぎない真実があらわになる。ピタゴラス以前から描かれ、遠い未来にも描かれるであろう直角三角形のすべてが、ピタゴラスの名前を冠した有名な定理を満たすのだ。例外はひとつもない。もちろん、前提を別のものに取り替えて、バスケットボールの表面のような曲面上に描かれた三角形といった新しい領域を探ることはできるし、そんな領域ではピタゴラスの結果は成り立たない。しかし、前提をひとつに定めれば、そして自分の仕事にミスがないことをきちんと確かめ、再度確かめ直すなら、あなたが得た結果は永遠に残る。高い山に登ったり、砂漠をさまよったり、地下世界を征服したりする必要はない。あなたは机に向かって椅子に掛け、紙と鉛筆、そして透徹した頭脳を使って、時間を超越した何かを作ることができるのだ。

この見方は、私の世界を大きく広げた。それまで私は、自分はなぜ数学や物理学に心惹かれるのだろうかと考えたことはなかった。問題を解くのは前々から好きだったし、宇宙がどうやってできたのかも知りたかった。しかし今や私は、自分が数学と物理学に心惹かれるのは、これらの分野は、儚い日常を超越しているからだと納得がいったのだ。若者らしい感受性ゆえに数学と物理学にのめり込んだ面もあったかもしれないが、私は突如として、あまりにも基本的なので永遠に変わりようがない洞察を得る旅に参加したいという自分の思いにはっきりと気がついた。政治体制の浮き沈みも、ワールドシリーズの勝敗の行方も、映画やテレビや舞台で評判の作品も、なるようになればいい。私は生涯をかけて、何か超越的なものを垣間見たいと思ったのだ。

その間も、私はまだ心理学のレポートにてこずっていた。その課題の狙いは、人類はなぜ諸々の営みに取り組むのかを説明する理論を作ることだったが、いざ何か書こうとすると、そのテーマはあまりにも漠然としすぎているような気がしたのだ。もっともらしく聞こえるアイディアをそれらしい言葉で書き綴れば、不出来なレポートでもそれなりに取り繕えるだろう。私は寮で夕食を摂っているときに、ふとそんなことを口にした。すると、ひとりのレジデント・アドバイザー［アメリカの大学で、学生寮の監督にあたり、寮生の生活をサポートし、相談にも乗ってくれる人］が、オズワルド・シュペングラーの『西洋の没落』を読んでみたらどうかと勧めてくれたのだ。ドイツの歴史学者にして哲学者でもあるシュペングラーは、数学と科学のどちらにも長年興味を持ち続けた人物で、レジデント・アドバイザーがその本を薦めてくれたのも、まさにそのためだったに違いない。

　その著作については毀誉褒貶があり、その原因となった部分はたしかに大いに問題があるし、悪質なイデオロギーを支えるために利用されもしたが（シュペングラーの本は、西洋の政治的な内部崩壊を予言したとしてもてはやされたり、暗にファシズムを擁護しているとして非難されたりした）、私は問題意識があまりにも狭すぎたせいで、そのあたりのことは何ひとつ記憶に残っていない。そのかわりに私が興味を引かれたのは、大きく異なるさまざまな文化を縦断して存在する「隠れたパターン」をあらわにするための、包括的な一組の原理があるというシュペングラーの構想だった[*2]。その隠れたパターンは、物理学と数学の知識を一変させた微積分やユークリッド幾何学によって詳しく記述されたパターンと本質的に同じだった。シュペングラーは私と同じ言葉を話していたのだ。歴史について書かれたものが、数学と物理学を進歩の典範として称揚するのも興味深く思われた。しかし、私が心底驚かされたのは、その本の少し後ろのほうで現れる次の言葉だった。「人間は、死を知る唯一の生物である。生物はすべて老いるが、人間以外の生物は、その生物にとっては永遠のように見えているに違いない瞬間だけに限定された意識を持って老いる」のであり、自分はいずれ死ぬという、人間だけが持つ知識ゆえに、「死に直面して、本質的に人間だけのものである怖れ」が、おのずと立ち現れるのである、と。そして、シュペングラーはこう結論づけた。「すべての宗教、すべての科学研究、すべての哲学は、その怖れに由来する[*3]」。

　私はこの一行を熟読したのを覚えている。そこには人間の動機に関するひとつの考えが示されており、私にはその考えが妥当なものに思われた。数学の証明に魅力があるのは、それが永遠に成り立つからなのかもしれない。自然法則が心に訴えかけるのは、それが時間を超越した特性を持つからなのかも。では、時間を超越したものの探究、永遠に保たれるかもしれない特質の探索へと、われわれを駆り立てているものはいったい何なのだろう？ もしかすると、人は時間を超越していないということ、人生には限りがあることをわれわれは知っているということが、すべての始まりなのだろうか？ この考えは、少し前に気づいたばかりの、数学と物理学と永遠の魅惑に関するひとつの見方と響き合って、ずばり的を射ているように思われた。それは、誰もが知っている死というものへの当然の反応に基礎づけられた、人間の動機を理解するためのひとつのアプローチだった。それは、思いつきのような間に合わせのアプローチではなかった。

シュペングラーの引き出した結論について考えるうちに、私にはそれが何かもっと壮大なことを述べているような気がしてきた。シュペングラーが言うように、科学は、人生はいずれ終わると知ってしまったことへのひとつの反応なのだろう。宗教と哲学もまた、そんな反応なのだろう。しかし、科学と宗教と哲学だけなのだろうか。フロイトの初期の弟子で、人間の創造のプロセスに興味を持っていたオットー・ランクに言わせれば、それだけのはずがない。ランクの見るところ、芸術家とは創造への衝動を持つ者であり、「その衝動は、儚い人生を永遠の命に変えようとする試み」だった。[*4] ジャン＝ポール・サルトルは、そこからさらに進んで、人間が「自分は永遠に存在し続けるという幻想を失うとき」、人生そのものから意味が失われると述べた。[*5] そうだとすれば、これらの思想家たちや、彼らに続く他の思想家たちに通底するのは、芸術の探究から科学の発見まで、人類の文化のかなりの部分は、限りある生命の本性について思索する生命によって駆動されているという考えだ。

これは、うかつに答えの出せる問題ではなかった。数学と物理学の幅広い領域に夢中になっているうちに、ふと気がつけば、生と死の奥深い二重性に駆り立てられた人間文明の統一理論などという考えにはまり込もうとは、誰が予想しただろう？

さてさて、少々気持ちが高ぶってしまったようだ。大学二年生だった大昔の自分に対し、ちょっと頭を冷やせと忠告すると同時に、今の私もここらで一息入れるとしよう。とはいえ、あのとき私が感じた興奮は、天真爛漫な一過性の知的驚きなどではなかった。あれから四十年近い時間が流れたが、これらのテーマは、意識にのぼることさえない小さな炎のゆらめきのように、つねに私とともにあった。日々の仕事は、物理学の統一理論と宇宙の起源を解明することだが、科学の進展のより大きな意味に思いをめぐらすうちに、ふと気がつけば、われわれひとりひとりに割り振られた時間には限りがあるという問題へと、心は繰り返し立ち返るのだった。今の私は、科学者として身につけてきた態度と、持ち前の気質のために、すべてを説明する答えがひとつだけあるという考えに懐疑的だ——物理学には、力を統一すると称して発表された理論の屍《しかばね》が累々と転がっている。人間の行動という複雑な領域に大胆にも踏み出すなら、すべてを説明する答えがひとつだけしかないとは、さらに考えにくい。実際、私の場合についていえば、自分がいずれ死ぬという知識には一定の影響力があるにせよ、私の行動のすべてがそれで説明できるわけではない。それと同じことは、多かれ少なかれ誰にでも当てはまるだろう。それでも、人はみな死ぬという知識が、さまざまな方面に触手を伸ばしているのは間違いないし、実際、その触手がとくに鮮明に見て取れる領域がひとつあるのだ。

さまざまな文化と時代を通じて、われわれは永久不変であることに絶大な価値を与えてきた。価値を与えるやり方は、それこそ人それぞれだ。絶対的真理を探し求める者もいれば、不朽の遺産を残そうとする者や、壮大な記念碑を建設する者もいるし、不変の法則を追究する者もいれば、後世に残る何かを生み出すことに情熱を傾ける者もいる。そんなことに取り憑かれたように取り組む人たちを見るなら、永遠性は、自分の身体がいずれ滅びることを意識する人たちに、強い引力を及ぼしているのは明らかだろう。

われわれの時代には、実験、観察、そして数学的解析という装備を手にした科学者たちが、未来へと向かう新たな道を切り開いてきた。その道は、歴史上はじめて、宇宙の終わりの顕著な特徴を、遠くからではあるけれど、望ませてくれた。霧や霞がかかってあちこちぼやけてはいるが、その眺望のおかげで、思考する生物であるわれわれが、壮大な時間の流れのどのあたりにいるのかを、かつてないほど正確に知ることができるようになった。

そこで以下のページでは、衰退を運命づけられた宇宙の内部に、星と銀河から生命と意識まで、さまざまな秩序構造をもたらす物理原理を見ていきながら、宇宙の年表に沿って未来へと向かうことにしよう。人の寿命は限られているが、宇宙における生命と心という現象もまた、限られた時間しか存在しないことを明らかにする議論も見ていこう。実のところ、ある時点から先には、組織化された物質は存在できそうにない。それがわかれば、内省する生物である人間は、どうしたっててのんきではいられない。その不安に対し、人がどう向き合うのかも見ていこう。われわれ人間は、われわれが理解する限りにおいて時間を超越している法則から生じたにもかかわらず、人間がこの宇宙に存在できる時間は短い。われわれは、目的地がどこであろうと頓着しない法則に導かれているにもかかわらず、自分たちはどこに向かっているのかとたえず自問する。われわれは根本的な理由など気にしない法則によって形づくられているにもかかわらず、意味と目的を執拗に欲しがる。

要するに、時間の始まりから、終末といえそうな何かに至るまで、宇宙を詳しく見ていこうというわけだ。そして、休みなく活動する創意に満ちた頭脳が、万物の根本的なはかなさを明らかにし、そうした明らかになった事実に対し、驚くべき応答をする様子も見ていこう。

この探究の旅を導いてくれるのは、さまざまな科学分野で得られた洞察だ。読者のみなさんには、わずかばかりの背景知識があれば大丈夫。旅に必要なことはすべてアナロジーとメタファーを使って説明するし、専門用語は使わない。とくに難しい概念については、みなさんが道に迷わず旅を続けられるよう、ざっくりと要点を説明しよう。巻末には詳しい説明や数学的詳細を与える。参考文献と、さらに知りたい人のための読み物ガイドもつけよう。

テーマが壮大でページ数は限られているので、私は細い道を行くことにした。大きな宇宙の物語の中で、今どのあたりにいるかを押さえておくために重要だと思われる分岐点では、立ち止まって一息入れるとしよう。ここに語られるのは、自然科学を原動力とし、人文科学に意義づけられた旅であり、われわれを豊かにしてくれる気概にあふれたひとつの冒険の源泉である。

第1章

永遠の魅惑

始まり、終わり、そしてその先にあるもの

来るべき時が来れば、生きとし生けるものはすべて死ぬ。過去三〇億年以上にわたり、単純なものから複雑なものまで、実に多くの生物種が、地球のヒエラルキーの中にその居場所を見つけてきたが、そうして花開いた無数の命の上に、死神の大鎌はつねにその影を落としてきた。生命が海から陸へと這い上がり、大地を歩きまわって、空を飛ぶようになるにつれ、生物の多様性は広がっていった。しかし十分に長く待ちさえすれば、銀河系の星の数よりも多くの項目が書き込まれた生と死の台帳は、公平な正確さでぴたりと帳尻が合う。どれかひとつの生命が生まれてから死ぬまでに起こることは予測の範囲を超えるが、その生命が最終的に迎える運命は、確実に予測することができるのだ。

不気味に迫りくる死は、沈む夕日と同じく避けることができない。しかし、そのことに気づいているのは、どうやらわれわれ人類だけのように見える。人類が登場するはるか以前から、雷鳴とどろく嵐の雲や、怒り狂う火山、わななくように揺れる大地は、おののく能力を持つあらゆる生き物をおののかせていただろう。しかし、何かに驚いて逃げ出すという行動は、目の前の危険に対する本能的な反応にすぎない。ほとんどの生物は、直接的な知覚から生じる恐怖を感じながら、その瞬間に生きている。遠い過去について思索をめぐらせ、未来を思い描き、行く手に待ち構える闇を理解することができるのは、あなたや私、そしてわれわれと同じ人類という種に属する者たちだけなのだ。

死は恐ろしい。しかしそれは、われわれを驚かせ、隠れる場所を求めて走りださせるようなたぐいの恐ろしさではない。むしろそれは、われわれの内側に密かに巣くう予感であり、どうにかなだめて受け入れ、あまり気にせずにやり過ごすことを学ぶ胸騒ぎのようなものだ。それでも、ぼんやりと視線を遮る幾重ものヴェールの下には、今にも浮かび上がろうと待ち構えている不穏な事実がつねに存在している。死の存在に気づいているというその知識のことを、ウィリアム・ジェイムズは、「日常感じる喜びの源泉の、その奥底に巣くう虫」と述べた。[*1] 働き学ぶこと、希望を持って努力すること、恋い焦がれて愛すること、そうしたことのすべてが、人間が分かち合う生命のタペストリーにわれわれを徐々にきつく縫い止めていく。そうであればこそ、自分が死ぬのは恐ろしい。「スタンダップ・コメディアンの」スティーヴン・ライトの言葉をもじって言うなら、死はあなたを半殺しにするほど怖がらせる――それもきっかり二回分だ。

もちろん、たいていの人は、まっとうな判断力が働いているときには、やがて訪れる死を見つめて過ごしたりはしない。われわれは世間的なことに気持ちを集中して暮らしている。自分はいずれ必ず死ぬという事実は、それはそれとして受け入れつつ、活力をそれ以外のことに振り向けるのだ。しかし、時間には限りがあるという気づきが心を去ることはなく、われわれが下す選択や、挑戦する課題や、人生行路を形づくるうえで一役買っている。文化人類学者のアーネスト・ベッカーが述べたように、われわれはたえず実存的な緊張を強いられている。シェイクスピア、ベートーヴェン、アインシュタインの高みにさえ上れるという意識によって天上に引き寄せられつつ、その一方で、いずれは必ず朽ち果てる肉体によって大地に繋がれている、とベッカーは言うのだ。「人間は、文字通りの意味において、ふたつに引き裂かれている。そびえ立つ尊厳によって自然から突出する素晴らしい独自性を持つことは知りながら、しかしその一方で、目も見えず、口もきけずに朽ち果てて、永遠に消え去るべく地下一メートルばかりのところへ引き戻されるのだ」[*2]。ベッカーによれば、そのことに気づいたわれわれは、おのれの存在を消し去る死の力を否定しようとせずにはいられない。家族やチーム、政治・社会的な運動や宗教、国家といった、割り当てられた地上の時間を超えて存在し続けそうなものに献身的にかかわることで、実存の願望をなだめる人たちもいる。また、おのれの存在を象徴的に延長させてくれる、創造的表現としての芸術作品を後世に残そうとする人たちもいる。エマソンは、「われわれが美に飛びつくのは、有限な自然の恐怖からの避難所としてなのだ」と述べた[*3]。あるいはまた、勝利や征服によって死を克服しようとする人たちもいる。偉大さや権力や富を得れば、平凡な人間には得られない、死に対する免疫が得られるとでもいうように。

かくしてわれわれは何千年ものあいだ、実在するものか架空のものかによらず、永遠に手を届かせてくれそうなものに魅了されてきた。死後の世界はあるという予言や、輪廻《りんね》の教えから、風に吹かれるチベットの五色旗《タルチョ》まで、われわれ人間は、自分はいずれ必ず死ぬという知識と戦い、永遠に近づくための戦略を立ててきた――しばしば希望を抱きつつ、ときには諦念とともに。われわれの時代の新しさは、そうしたさまざまな戦略に加え、宇宙の歴史を明快に語る、驚くべき科学の力を得たことだ。科学は、ビッグバンにさかのぼる過去についてだけでなく、未来についても語ってくれる。永遠そのものが、われわれの方程式の射程に入ってくることはけっしてないのかもしれないが、われわれが宇宙だと思っているものが永遠には続かないということは、すでに解析から明らかになっている。惑星から恒星まで、太陽系から銀河まで、ブラックホールから渦巻き星雲まで、永遠に存在し続けるものはひとつとしてない。実際、われわれの知る限りにおいて、個々の生命が永遠には続かないばかりか、生命そのものも永遠には続かない。カール・セーガンが「太陽光線を受けて浮かび上がる小さな塵」と表現した惑星地球は、究極的には不毛の世界となる美しい宇宙に、ひととき咲いた花なのだ。やはり小さな塵である他の惑星たちもまた、近くのものも遠くのものも、太陽光線を受けてひととき踊るのみだ。

それでも、地球に生きるわれわれは、与えられた短い時間のうちに、驚くべき洞察力と創造性、そして独創性を発揮して、自分たちが生きた証を刻みつけてきた。万物がいかに生じたのか、そしてこの先どうなるのかを整合的に説明しようとしてきた。そしてその努力にどんな意味があるのかを知ろうとして、それぞれの世代がひとつ前の世代の仕事の上に仕事を積み重ねてきた。

この本に語られるのは、そんな物語である。

物語の主人公はエントロピーと進化

人類という生物種は、物語が大好きだ。われわれは外の世界に目を向けて、パターンを捉え、それを物語に取り入れる。物語は、聴衆を魅了することもあれば、情報を与えたり、ギョッとさせたり、ハラハラさせたりすることもある。重要なのは、人類の思索を収めた図書館には、究極の知識をまとめた本が一冊だけ置かれているのではないということだ。むしろわれわれは、人類が探究したり経験したりしてきたさまざまな領域に深く踏み込む、幾重にも入れ子になった物語をたくさん書いてきた。それらの物語には、実在［目の前に事実として現れている世界］のパターンが、それぞれ異なる文法と異なる語彙で詳しく書き綴られている。惑星《プラネッツ》からピカソまでありとあらゆるものを、ミクロな構成要素という観点から分析しようとする還元主義の物語を語るためには、陽子、中性子、電子をはじめ、自然界に存在するその他の粒子が不可欠だ。生命の発生と進化について語り、驚くべき分子の生化学的な仕組みと、それらの分子が支配する細胞を分析するためには、代謝、複製、突然変異、適応といった語彙が必要になる。心について語るためには、ニューロン、情報、思考、意識といった語彙がなければ話にならない――そして心について語りはじめると、物語ははてしなく増殖する。神話から宗教まで、文学から哲学まで、芸術から音楽まで、ありとあらゆる物語が語られ、生き残りをかけた人類の苦闘や、ものごとを理解したいという意志、表現への衝動、そして意味を探し求める物語が生まれる。

これらはみな現在進行中の物語であり、それらの物語を発展させるのは、幅広くさまざまな専門分野を持つ人たちだ。そうなるのも無理はないだろう。なにしろ、クォークから意識までを含む物語となれば、壮大な一大叙事詩になるからだ。とはいえ、そこに含まれる多くの物語は、互いに入り交じっている。『ドン・キホーテ』は、ミゲル・デ・セルバンテスのイマジネーションの中で生まれたアロンソ・キハーノという世間知らずな登場人物を通して語られる、英雄的なものへのあこがれに関する物語だが、その作者であるセルバンテスは、生きて、息をし、ものを考え、知覚し、感情を持つ、骨と臓器と細胞の集まりであり、その集まりは、寿命が尽きるそのときまで、エネルギー変換をして老廃物を排出する有機化学的プロセスを支えていた。そしてその生命現象は、ビッグバンにより出現したある空間領域に、超新星爆発が撒き散らした塵から生まれた惑星上で、数十億年をかけた進化によって練り上げられた原子と分子の運動の上に成り立っていた。しかし、ドン・キホーテの苦難について書かれた物語を読んだとして、もしもそこに書いてあるのが、彼を作り上げている膨大な数の分子や原子の運動だったなら、あるいはこの作品を執筆中のセルバンテスの頭の中で湧き起こったニューロンの反応プロセスだったなら、人間の本性についての理解は到底得られなかっただろう。互いに相異なるこれら多くの物語は、もちろん互いに結びついてはいるが、それぞれが異なる言語で語られ、異なる実在の階層に焦点を合わせているため、個々の物語が与えてくれる洞察は大きく異なったものになる。

いつの日かわれわれは、実話も虚構も、科学的なものも想像上のものも区別なく、こうした物語のあいだを行き来できるようになるのかもしれない。いつの日か、粒子的な構成要素の統一理論を使って、ロダンの「カレーの市民」が示す圧倒的なヴィジョンと、その作品を見た人たちに引き起こされる無数の反応を説明できるようになるのかもしれない。なんの変哲もないディナー皿が回転しながら反射する光のきらめきが、リチャード・ファインマンの強力な頭脳を猛烈に活動させて、物理学の基本法則を書き換えざるをえなくさせるようなことがいったいどうやって起こるのかを、完全に理解できるようになるのかもしれない。さらに野心的なことをいえば、頭脳と物質の働きがすっかり解明されれば、ブラックホールからベートーヴェンまで、量子の不思議からウォルト・ホイットマンまで、あらゆることが明らかになるかもしれない。しかし、それには遠く及ばない乏しい能力しか持たなくとも、科学的なものも創造的なものも架空のものも含めて、これらの物語に没入し、それぞれの物語が、宇宙の年表上でそれに先行する物語から、いつ、どのように出現したのか、そしてどんな道筋をたどって、ものごとを説明する大きな力を持つ物語になったのかを、異論のある部分も確定的な部分も含めて見ていけば、得られるものは多いのだ。[*4]

これから見ていくように、すべての物語で、ダブル主演を務めるふたつの力がある。第2章では、第一の力である《エントロピー》に出会うだろう。多くの人にとって、エントロピーといえば無秩序であり、「無秩序はつねに増大する」という決まり文句でおなじみだ。しかし、エントロピーには、物理系にさまざまな発展を許す一風変わった特徴があり、まるでエントロピー増大の流れに逆らってものごとが進展しているかに見えることもある。第3章では、ビッグバンに続いて、粒子たちが、星、銀河、惑星といった組織化された構造を作り、ついには生命の誕生へとつながる大きな流れに乗った物質配置へと進化する様子を見ていこう。また、エントロピー増大の流れに逆らって進展する物理系の重要な例もいくつか見ておこう。生命の誕生へとつながる大きな流れは、どのようにして始まったのだろうか？　その問いが、第二の有力な力である《進化》へと導いてくれる。

自然選択による進化は、生物が経験する漸進的な変化を背後で駆動するもっとも重要な力だが、その力が働きだしたのは、最古の生物たちが競争を始めるよりだいぶ前のことだった。第4章では、生物以前の分子たちの、生き残りを懸けた闘いを見ることになるだろう。「分子ダーウィニズム」と呼ばれる化学的な闘争では、世代が下るごとに、より安定した分子配置が生じ、やがて「最初の生命」といえる分子集団が生じた可能性が高い。その発展の詳細は、今まさに最先端の研究テーマだが、過去二十年間に成し遂げられた驚くべき進展のおかげで、このアプローチは正しい路線に乗っているというコンセンサスが得られている。実際、エントロピーと進化というふたつの力は、生命の出現へと至る険しい旅の道連れとしては、お似合いの相棒同士なのかもしれない。でこぼこコンビのように見えるかもしれないが（一般には、エントロピーは物理系をカオスに近づけ、進化や生命とは真逆だと思われている）、エントロピーについて最近行われた数学的解析によると、どうやら生命は、あるいは少なくとも生命に似た特質は、太陽のような寿命の長いエネルギー源から熱と光がふんだんに供給される地球のような惑星上で、生命の素材となる分子たちが限られた資源を奪い合って競争している状況では、出現してもなんら不思議はなさそうだ。

以上に述べたアイディアの中には、今のところはまだ仮説に留まっているものもあるが、ひとつ確かなのは、地球が形成されてから一〇億年かそこらで、この惑星は、進化圧を受けて進化する生命に満ち溢れたということだ。そのため、生命進化の次の段階は、標準的な［分子レベルではなく、生物レベルの］ダーウィン進化論による進展となる。高エネルギーの宇宙線が衝突してくるとか、DNAを複製する過程で分子レベルのアクシデントが起こるといった偶然の出来事によるランダムな突然変異の中には、個体の健康状態や暮らしぶりにはほとんど影響を及ぼさないものもある一方で、生き残りを懸けた競争の結果に影響を及ぼすものもある。適応度を上げるような突然変異は、そもそもの定義からして、その個体が生き延びて子をなす可能性を高めるような変異なので、子に伝えられる可能性が高い。そんなわけで、適応度を上げる特質は、世代から世代へと広く行きわたる。

時間のかかるこのプロセスが何十億年か続いたところで、ある特定の突然変異の組み合わせが、その組み合わせを持つ生物に高い認知能力を与えた。その生物は意識を持ったばかりか、自分には意識があることにも気がついた。つまり、意識的な自己認識を獲得したのである。そんな内観能力を持つ生物は、当然ながら、意識とは何か、意識はいかにして生じたのかと考えた。しかし、心なき物質が寄り集まっただけのものが、考えたり感じたりできるものだろうか？　第5章で論じるように、この問いには機械論的な立場から説明ができるだろうと考える人たちがいる。脳を――その成分や、機能、つながり方を――今よりずっと正確に理解する必要はあるが、いったんその知識が得られてしまえば、意識は説明できるだろうというのだ。一方で、われわれの前に立ちはだかる困難はそれよりはるかに大きいと予想する人たちは、意識を説明することは、われわれがかつて出会ったあらゆる問題の中で最大の難問であり、それを解決するためには、心だけでなく、実在の本性そのものについて、抜本的に新しい見方ができるようにならなければならないと論じる。

さまざまな意見が提出されているが、高い認知能力が人間の行動のレパートリーに及ぼした影響については、意見はひとつにまとまる。われわれの先祖は、更新世の何万世代にわたり、狩猟採集をする際には集団として力を合わせていた。やがて先祖たちがさらに賢くなると、計画を立て、集団を組織し、コミュニケーションを取り、教え、評価し、判断し、問題を解決する高度な能力に磨きがかかった。そうして高まった個々人の能力をテコにして、共同体はますます大きな影響力を振るうようになった。その共同体の力が、「単なる粒子の集まりがいかにして心を持ちうるのかを説明する」次なるエピソードの集まりへと、われわれを導いてくれる。それらのエピソードの焦点は、人間を人間たらしめた発展、言語の獲得にある。第6章では、言語の獲得と、それに続いて生まれた物語への執着について詳しく見ていこう。第7章では、宗教的伝統の原型となり、やがて宗教へと移行するジャンルの物語を見ることにしよう。第8章では、創造的表現の追究という、はるか昔から行われて、今日広く行きわたっている人間行動について見ていくことにしよう。

研究者たちは、世俗と宗教の両面でこうした発展がいかにして起こったかを探るなかで、さまざまな説明を持ち出してきた。今では人間行動にも適用されるダーウィン進化論は、われわれにとってなくてはならない重要な導きの光であり続けるだろう。つまるところ、脳は、選択圧を受けて進化する生物学的構造のひとつであり、何をすべきか、どう応答すべきかをわれわれに指示しているのは、その脳なのだ。認知科学者と進化心理学者は、過去数十年のあいだにこの観点を発展させて、われわれの生物としての仕組みのかなりの部分は、ダーウィン進化論でいうところの「選択の力」によって形づくられたが、われわれの行動もまた、その同じ力によって形づくられたということを示しつつある。そこで、人間の文化という広大な領域を縦断する困難な旅を続けるなかで、われわれはしばしば次のように問うことになるだろう。あれこれの人間行動は、大昔にその行動を取った者たちの生き残りと繁殖の可能性を高めたから、何世代もの子孫を通じて今日に伝えられ、広まったのだろうか？　しかし、拇指対向性［手の親指が他の四本の指と向き合う位置にあること］や、直立歩行などとは異なり（つまり、特定の適応的行動と密接な関係にあり、遺伝的に受け継がれてきた生理学的特徴とは異なり）、脳の特徴として受け継がれてきたものは、特定の行動ではなく、むしろ好みのようなものに関係することが多い。われわれには持って生まれた性向があるが、人間の活動は、適応的に選び採られてきた行動傾向と、心――複雑で、ものごとを深く考え、内観能力を持つもの――とが混じり合うことで生じているのだ。

そんなわけで、第一の導きの光である進化論とは別の、進化論に劣らず重要な第二の導きの光は、人間の高度な認知能力にともなって生じる精神生活を照らし出すものになるだろう。多くの思想家たちの足跡をたどりながら旅を続けるうちに、啓示的な眺望の開ける場所に出るだろう。認知能力を手に入れたわれわれが、やがて世界中で人類を優位に立たせることになる、絶大な力を手に入れたのは間違いない。しかし、われわれがものをこしらえ、造形し、改良することを可能にしている心の機能は、もしそれらがなかったならば、今このときだけに細く焦点を合わせていたはずの視野の狭さを駆逐する機能でもある。熟慮のうえで環境を操る能力を得たために、われわれの視座は年表の上方に浮かび上がり、過去はどうだったのか、そして未来はどうなるのかまで、時間軸を見わたす能力を身につける。「われ思う、ゆえにわれあり」と言えるようになれば、否応なく、「われある、ゆえにわれわれは死ぬであろう」と言わずにはすまなくなるという、しっぺがえしを食らうのだ。

控えめに言っても、それに気づけば心穏やかではいられない。だが、たいていの人はその不安に耐えることができる。そして、われわれが種《しゅ》として生き延びているということは、先祖たちもまた、その不安に耐えてきたということだ。だが、われわれはいかにして死の不安に耐えているのだろう？[*5] ひとつの考え方によれば、われわれは物語を語り、語ってはまた語りなおすことで、死の不安に耐えている。そうして語られた物語は、広い宇宙におけるわれわれの居場所をステージ中央に移動させ、われわれが存在したという痕跡が永遠に消し去られる可能性に疑問を付すか、またはその可能性を無視する――あるいは、そもそもその可能性は選択肢にない。われわれは、絵画、彫刻、ダンス、音楽の作品を生み出し、作品中で世界を創造し、いっさいの有限性に打ち克つ力を手に入れる。ギリシャ神話のヘラクレスから、アーサー王伝説のサー・ガウェインや、シェイクスピアの『冬物語』のハーマイオニーまで、鋼鉄のような意志で死を直視し、死神のほうが目をそらすように仕向けることで、架空の物語の中ででではあるが、死は征服できることを示した人たちをわれわれは思い描く。われわれは世界の仕組みについて洞察を与えてくれる科学を発展させ、そうして明らかになった仕組みを、昔の人たちならば神に与えたであろう力に変換する。要するに、われわれは、認知能力というお菓子を持つことと――賢くなれば、いろいろなことがわかるようになり、われわれの実存的苦境も明らかになる――、そのお菓子を食べることの両方をやってのけているのだ［「お菓子を手に持つことと、そのお菓子を食べることを、両方同時にやることはできない（菓子は食えばなくなる）」という英語のことわざがあり、「両方のいいとこ取りはできない」という意味。しかしこのことわざに反して、人間はいいとこ取りをしている。実存的苦境も含めて、さまざまなことを明らかにする賢さを獲得することと、想像力を駆使してその苦境を乗り越えることの両方をやってのけている」。われわれは、ものを創造する能力を使って、心を苛《さいな》む不安に対抗する、強力な防衛手段を作り上げてきたのだ。

とはいえ、人の動機は化石にならないので、行動の源になる霊感を探し当てるのは難しい仕事になりそうだ。ひょっとすると、ラスコーの洞窟の壁や天井に描かれた雄牛から、一般相対性理論の方程式まで、人間の創造的作品は、パターンを見出して系統的に理解するという、われわれの脳にそなわる力——自然選択の結果として獲得された能力ではあるが、あまりにも活発に働きすぎる力——から出現したのかもしれない。ひょっとするとこうした活動は、棲家《すみか》を確保して維持することにほとんどの時間を費やすことから解放された、十分に大きな脳が生み出したみごとな成果ではあるが、適応という観点からは、ぜいたく品というべき副産物なのかもしれない。これから論じていくように、創造的活動がどこから生じたかを説明する理論は山ほどあるが、議論の余地がないほど確実な結論はまだ得られていない。確実なのは、われわれは、ピラミッドから第九交響曲まで、さらには量子力学まで、人類の独創性の金字塔というべきものを考え、作り出し、経験しているということだ。作られたときの意図はどうであれ、歴史に残る耐久性ゆえに、こうした偉業は永遠を指し示すのである。

宇宙の起源について考え、原子、恒星、惑星の形成を探り、生命の出現、意識、文化までを見わたしたところで、過去数千年にわたり、文字どおりの意味においても、象徴的な意味においても、人間の宇宙的な不安を掻き立てるとともに、なだめてもきた領域に目を向けることにしよう。すなわち、今現在から永遠へと続く未来だ。

思考する心の未来

永遠がやってくるのは、だいぶ先のことだ。それまでにはいろいろなことが起こるだろう。息もつかせず未来を語るフューチャリストやハリウッドのＳＦスペクタクルは、未来の生命と文明を描き出すが、その未来は、人間の標準で見れば意味があっても、宇宙の時間スケールで見れば、お話にもならないぐらい直近の未来だ。指数関数的な発展が続いたほんの一時期の技術革新がこの先も続くと仮定して未来を予想するのは、楽しい気晴らしにはなるが、そんな予想は抜本的に現実とは違っている可能性が高い。また、そういう予想は、数十年、数百年、数千年という、われわれにとって比較的身近な時間スケールでの予想でしかない。宇宙的な時間スケールでは、そんなちまちました予想をすることに意味はない。しかし、ありがたいことに、われわれが本書で見ていくことのほとんどは、もっと確かな根拠にもとづいている。私の目標は、宇宙の未来を、大まかに、しかし生き生きと描き出すことだ。そしてその大まかさのレベルではあるが、どんな未来がありうるかを、合理的といえる程度の自信を持って描き出すことができるのだ。

重要なのは、われわれが存在した痕跡を未来に残せたとして、それに気づいてくれる者がいなければ、心の平安はあまり得られそうにないということだ。はっきりそうと口には出さずとも、未来には大切なものが存在していると思う傾向がわれわれにはある。進化は、さまざまな基礎に支えられた多種多様な生命と心を可能にするだろう（生命と心の基礎としては、生物学的なものでも、コンピュータによるものでも、その両方のハイブリッドでも、その他どんなものでもよい）。しかし、物理的な構成や環境的な背景について詳しい予測はできないというのに、われわれはついつい、遠い未来にもなんらかの生命、より具体的には知的生命が存在して、その生命は思考するだろうと考えてしまう。

そしてそのことから、われわれの旅につきまとうひとつの疑問が生じる。意識を持つ存在による思考は、永遠に存続できるのだろうか？　それとも思考する心は、タスマニアオオカミやハシジロキツツキのように、ひととき高みに上ったのちに絶滅する崇高な何かなのだろうか？　私は、誰かひとりの人物の意識に焦点を合わせるわけではないので、この問いは、その人物の頭脳を保存するものとして望まれているテクノロジー――冷凍保存やデジタル保存など――とは関係がない。むしろこの問いは、人間の頭脳や知的なコンピュータ、あるいはからっぽの空間に浮かぶ量子的に絡み合った粒子など、物理的なプロセスに支えられた思考という現象は、どれほど遠い未来にも存続できるのだろうかという問題なのだ。

思考が存続できないなどということがあるものだろうか？　この問いに答えるためには、なぜ思考が人類の体に宿ったのかを考えてみればいい。思考が生じたのは、一組の環境条件が整ったためだ。その条件は、思考が、水星やハレー彗星にではなく、ここ地球上に生じたのはなぜかを説明してくれる。われわれがこの地球上で思考しているのは、地球の環境条件が、生命と思考にとって優しかったからであり、地球の気候に起こりつつある有害な変化が、大きな頭痛の種になっているのはそのためだ。では、地球という小さな領域に特有のそんな環境問題の、宇宙バージョンはあるのだろうか？　宇宙の場合もやはり、思考が生じるのは、何か環境が整ったときだけなのだろうか？　思考を物理的なプロセスとみなすなら（それはわれわれが今から検討していくひとつの仮定だ）、現在の地球であれ、どこか別の場所の別の時期であれ、思考は一定の厳格な環境条件が整ったときにしか生じないとしても驚くにはあたらない。そんなわけで、われわれとしては、宇宙の大まかな進化について考えていきながら、空間と時間の中で変化していく宇宙の環境条件は、いつまで知的生命を支えることができるのかを考えることにしよう。

素粒子物理学、宇宙物理学、宇宙論の研究から得られた洞察のおかげで、ビッグバンにさかのぼる時間が一瞬にも感じられるほど長い時間にわたって宇宙の成り行きを予測することができる。もちろん、いくつか大きな不確定要素はあるし、私もまたほとんどの科学者と同じく、自然がわれわれの傲慢さを叱り飛ばして、予想もしなかった事実を明らかにしてくれるのを楽しみにしている。しかし、第9章と第10章で示すように、これまでに行われた測定、観測、計算を重視するなら、元気が出るような未来は見えてこない。惑星と恒星、太陽系、銀河、そしてブラックホールまでもが、儚い存在らしいのだ。それぞれの天体を死に向かって駆り立てるのは、量子力学から一般相対性理論まで広い分野にわたる、個々の天体に特有の物理プロセスの組み合わせだ。そして最終的には、宇宙は、わずかばかりの粒子が霧のように漂うだけの、冷え切った静寂な世界に成り果てるだろう。

そんな変貌を遂げる宇宙の中で、意識的な思考はどうなってしまうのだろう？　この問いを発し、それに答えるための言葉を与えてくれるのが、エントロピーだ。エントロピーを視野に入れて旅を続けるうちに、考えるという行為そのものが――いかなる種類の存在がどこで考えようとも――無益な環境エントロピーを増大させてしまうせいで自滅するという、あまりにも現実的な可能性に出会うだろう。遠い未来には、考える者はなんであれ、おのれの思考によって生じる熱のせいで焦げついてしまうのかもしれない。つまり、思考そのものが、物理的に不可能になりそうなのだ。

　思考は永遠だとする説への反論の根拠はごく控えめな一組の仮説だから、思考もいつかは終わる可能性が高そうだが、生命と思考の未来はもう少し明るいという、別の可能性も見ておくことにしよう。とはいえ、すでに得られている知識を素直に解釈すれば、どうやら生命、とくに知的生命はつかの間の存在ということになりそうだ。宇宙の年表上で、内観能力を持つ生命が存在できる条件が満たされる期間がごく短いとしても驚くにはあたらないだろう。なにしろ、ざっと宇宙を見まわしたぐらいでは、他の生命は見つかりそうにないのだ。ナボコフは、人生とは「真っ暗なふたつの永遠のあいだで、ひととき煌《きらめ》く光」[*6]だと言ったが、その言葉は、人生のみならず、生命という現象そのものにも当てはまるのかもしれない。

　われわれは、自分たちがつかの間の存在であることを嘆き、時間を象徴的に超越することに慰めを見出す。それは先祖から綿々と続く態度であり、そもそもわれわれがこの旅に出たのもそのためだった。あなたと私はいなくなるだろうが、きっと誰かはいてくれて、あなたと私の行為や、生み出すもの、後世に残すものは、未来の生命とそのありように寄与するだろう。しかし、究極的には生命も意識も存在しなくなる宇宙においては、象徴的な遺産さえも、遠い子孫たちに向けたささやきのように、虚空に消えてしまうだろう。

では、われわれはどうすればいいのだろうか？

未来についての考察

われわれは宇宙について知りえたことを、頭で理解する傾向がある。時間や統一理論やブラックホールについて、何か新しい事実を学んだとしよう。その事実はひととき心をくすぐり、もしも十分に印象的なら、そのまま居座ることになる。科学は本来的に抽象度が高いため、われわれはしばしば、科学的に知りえたことの中身を、経験的な事実認識に照らしてじっくり考えてみる。そうして考えるうちに、稀にではあるが、その事実がストンと腑に落ちることもある。しかしときには、科学が理性と感情の両方を揺さぶることもあって、その結果は強力なものになりうる。

ひとつ例を挙げよう。数年ほど前に、遠い未来の宇宙に関する科学的な予想について考えはじめたばかりの頃、私はもっぱら頭で理解していた。未来に関するさまざまな知識を、数学的に表現された自然法則から得られた、興味深くはあるけれども抽象的な洞察の集まりとして理解していたのだ。しかし、そうして知りえたことを、腹の底からわかったと思えるほどリアルにイメージしてみようと試みたとき、私はその知識を、頭で理解するのとは別の形で受け入れている自分に気がついた。生命も思考も、人間の苦闘も偉業も、すべては宇宙の年表上にひととき起こった例外的な出来事にすぎないということを、私は肌で感じ、痛切に受け止めていたのである。そして、これもまた正直に言っておこうと思うが、はじめのうち、遠い未来について考えるのは楽しい経験ではなかった。数学と物理学から導かれた未来についての知識が、うつろな恐怖で私を圧倒したのだ。何十年間も、科学を学び、研究に従事するなかで、意気揚々とした感動の瞬間を経験することはあったが、そんな恐怖に襲われたことは、それまでただの一度もなかった。

その後時が経つにつれ、宇宙の未来に対する私の心情は洗練されてきた。今では、遠い未来について考えると心が平穏になり、宇宙との結びつきを感じることのほうが多い。私のアイデンティティーなどは、恵まれた経験への感謝としか言いようのないものに取り込まれてしまって、さして重要ではなくなったかのようだ。あなたはきっと私のことを個人的にはご存知ないだろうから、私という人間について少し説明させてもらおう。私は、厳密さを追究することに抵抗のない種類の人間だ。そして私は、何かを主張するために、方程式と再現可能なデータを使う世界の住人でもある。その世界では非常に高い精度が求められ、ときには予測と実験が小数点以下一二桁まで合うこともある。そんな私が、心が平穏になって、世界との結びつきを感じるなどという経験をしたのだ。はじめてそうなったときには――そのとき私は、たまたまニューヨーク市のスターバックスにいたのだが――、これは何かがおかしいという深い疑念が頭をもたげた。私のアールグレイに入っていた豆乳が悪くなっていたのだろうか？　あるいは、私の頭がおかしくなったのか？

今にして思えば、そのどちらでもなかったのだ。われわれは、自分が生きた痕跡を後世に残すことで実存的不安をなだめてきた先祖たちの、長い系譜に連なっている。その痕跡は、長く残れば残るほど拭い去りがたくなり、その人生は重要なものに見えてくる。哲学者ロバート・ノージックの言葉を借りるなら――とはいえ、その言葉は、ジョージ・ベイリー［アメリカ映画『素晴らしき哉、人生！』

の主人公である架空のキャラクター」の口から出てきても少しもおかしくないようなものなのだが――「死はあなたをきれいに拭い去る。……（中略）……しかし、跡形もなく完全に拭い去るということは、人ひとりの人生の意味を消し去るという目標に向かって、長い道のりを歩き通すことなのだ」[*7]。とくに、私と同様、伝統的宗教に帰依していない人にとっては、「拭い去れない」こと、つまり痕跡を長く後世に残すことにこだわる姿勢が、人生のあらゆる面に染み渡っていても不思議はない。私の生い立ち、教育、経歴、経験のすべてに、痕跡を残すことの大切さが満ち溢れている。私はこれまでの人生のすべての段階で、長期的な視野を持つように仕込まれた目で将来を見据え、後世に長く残る仕事をしようと努力してきた。物理学の研究者である私の心的傾向が、空間と時間、そして自然法則の数学的分析を重視するようなものなのは当然だろう――物理学以上に、人の日々の思考を、時間を超越するような問いに向けさせる分野は考えにくいのだから。ところが、科学の進展そのものが、その展望に異なる光を投げかけるのだ。どうやら生命と思考は、宇宙の年表上に現れた小さなオアシスに棲息しているらしい。宇宙は、ありとあらゆる謎めいた物理的プロセスを許容するエレガントな数学的法則に支配されているにもかかわらず、そこに多くの生命と頭脳が宿るのは、ほんのひとときらしいのだ。もしもあなたがこのことを重く受け止めて、恒星も惑星も、思考する者も存在しない未来を思い描くなら、われわれの時代に対するあなたの評価は、尊崇の念へと高まるかもしれない。

そしてまさしくそれこそが、私がスターバックスで得た感覚だったのだ。あのとき感じた心の平穏、そして宇宙との結びつきは、追いかければ追いかけるほど遠のく未来を捉えようと懸命になることから、宇宙的時間の中ではほんの一瞬でも、息をのむほど素晴らしい今このときに自分は生きているという感覚への、ある種の移行を告げていたのである。私にその移行が起こったのは、生命は今ここに現実に存在しているという、単純ながら驚くほど精妙な真実を伝えようとしてきた詩人や哲学者、作家や芸術家、霊的賢者やマインドフルネスの教師らが、幾多の時代を超えて人々に与えてきた導きの宇宙論バージョンのようなものに強く働きかけられた結果だった。言葉にするのは難しいが、それは多くの人たちの思考に染み渡っている心のありようなのだろう。われわれはその心のありようを、エミリー・ディキンソンの、「永遠――それは幾多の今から成り立っている」という詩句や[*8]、ソローの、「それぞれの瞬間に、永遠を見出さなければならない」[*9]という言葉に認める。それはひとつの世界観であり、時間の全体――時間の始まりから終わりまで――に深く沈潜するとき、いっそう鮮明にわれわれの目の前に広がる眺望だ。そしてその時間の全体こそは、「今」「ここ」に、現実に存在しているということが、どれだけ特別なことなのか、そしてそのひとときがどれほど儚く過ぎ去るものかを、このうえなく鮮明に浮かび上がらせる宇宙論的背景なのである。

本書の目的は、その眺望を鮮明に見てもらうことだ。宇宙の始まりに関する最先端の知識から出発して、科学が連れて行ってくれる限りにおいて、もっとも終末に近い時点まで時間を旅していこう。初期宇宙のカオスから、生命と心がいかに出現したかも見ていこう。知りたがりやで、情熱的で、心配性で、内省する能力を持ち、独創的で、懐疑する心が、集団として何をするのか、とくに、おのれの死すべき運命に気づいたときに何をするのかもじっくりと見ていこう。宗教の勃興、創造的表現への希求、科学の興隆、真実の探究、永遠への願望も、詳しく見ることになる。そこからさらに未来へ向かって歩き続けるよう背中を押してくれるのは、われわれの心の奥底にある、永遠を希求する思いだ。それはフランツ・カフカが、「破壊しがたい何者か」[*10]を求める気持ちと同一視した心情でもある。そうしてはるかな未来を目指して歩み続けることで、われわれにとって大切なもののすべて、惑星や恒星から、銀河やブラックホール、そして生命から心まで、われわれが知るところの実在を構成するものすべてについて、その行く末をまざまざと見ることになるだろう。

その道のりのいたるところで、人間の発見の精神が強い光を放っている。われわれは広大な実在を理解しようという野心的な探検者だ。過去数百年にわたる努力のおかげで、物質、心、宇宙という暗黒の領域に光が投じられてきた。これからの一〇〇〇年で、知識の光球はさらに大きく広がり、いっそう明るく輝くことだろう。これまでの探検の旅ですでに明らかになったように、実在は、人間の行動規範や美の基準、人との交わりを求める心や、理解されたいという欲求、目的の探究といったことにはいっさい無関心な数学的法則に支配されている。それでもわれわれは、言語と物語、美術と神話、宗教と科学によって、淡々と進展する機械論的な宇宙の中でわれわれに与えられたささやかな分限を利用し、人々のあいだに広く行きわたった、内的統一性と、価値、そして意味を求める心に、声を与えようとしてきた。それは素晴らしい貢献だが、すぐに失われるだろう。今から出発する時間の旅で明らかになるように、おそらく生命は儚い存在だ。生命の出現とともに勃興した知識もまた、生命の消滅とともに失われるだろう。永遠に存在するものは何もない。絶対的なものは何ひとつないのだ。したがって、価値と目的の探究において、われわれにとって唯一意味のある洞察、意味のある答えは、われわれ自身が作り出したものに関するものだけだ。つまるところ、光が当たっている短い時間のうちに、自分自身の意味を見出すことが、われわれに与えられた気高い任務なのである。

さあ、その仕事に取り掛かるとしよう。

第2章

時間を語る言葉

過去、未来、そして変化

一九四八年一月二八日の晩、BBCラジオは、シューベルトの弦楽四重奏曲イ短調の演奏と、イギリス民謡を紹介する番組とのあいだにさりげなく挟み込むようにして、二〇世紀でもっとも影響力のあった知識人のひとり、バートランド・ラッセルと、イエズス会の司祭フレデリック・コプルストンの論争を放送した。[*1] 論争のテーマは？「神の存在」だ。ラッセルは、哲学と人道主義の原理に関する革新的な著作により一九五〇年にノーベル文学賞を受賞し、政治および社会に関する偶像破壊的な見解のためにケンブリッジ大学とニューヨーク市立大学を解雇されることになる人物である。彼は、創造者の存在を否認、とまでは言わないまでも、その存在を疑問視する多くの議論を提供した。

ラッセルの立場を形づくったひとつの思考の道筋は、本書でのわれわれの探検にも関係がある。ラッセルはこう述べた。「科学的な根拠にもとづくかぎり、宇宙はなだらかな段階を這うように進み、ここ地球上ではいくぶんみじめな結果になったが、さらにみじめな段階を這うように進み、宇宙の死とも言うべきものに向かっている」。こんな陰鬱な展望を示したうえで、ラッセルはこう結論した。「もしもこれが、宇宙は目的を持って作られたことを示す証拠なら、そんな目的はまったく魅力がないと言わざるをえない。それゆえ私は、いかなる神であれ、信じる理由がわからないのだ」。[*2]ラッセルの考えのうち、神学にかかわる部分は後の章で改めて取り上げることにして、ここでは、「宇宙の死」の科学的証拠としてラッセルが言及したことに焦点を合わせたい。その証拠をもたらした一九世紀の発見は、重大な結論を引き出したにもかかわらず、発端は小さなことだった。

一八〇〇年代の半ばまでには、産業革命は最高潮に達し、製粉所と工場が立ち並ぶ風景のいたるところで、蒸気機関が生産を牽引していた。しかし、手工業から工業への決定的な飛躍を遂げたとはいえ、蒸気機関の効率——有用な仕事量を、消費された燃料の量で割ったもの——は低かった。木材や石炭を燃やして生じた熱のざっと九五パーセントが、廃熱として環境中に放出されていたのだ。この問題に触発された何人かの科学者が、より少ない燃料でより多くを得る方法はないかと、蒸気機関を支配する物理原理について深く考えはじめた。そうして何十年もの時が過ぎるうちに、彼らの研究は徐々にひとつの法則へとつながっていった。今では知らない人とてない、かの有名な《熱力学第二法則》だ。

思い切って嚙み砕いて言うと、熱力学第二法則は、廃熱が出るのは避けられないと断言している。

そして、熱力学第二法則がこれほど重視されるのは、蒸気機関は発端にすぎず、この法則そのものはあらゆることに当てはまるからだ。この法則は、構造や形によらず、生物であれ無生物であれ、あらゆる物質とエネルギーに本来そなわる基本的な特徴に関するものなのだ。この法則は（ここでもまた思い切って噛み砕いて言うと）、宇宙に存在するものすべては、衰え、劣化し、朽ちるという、抗いがたい傾向を持つと述べているのである。

こうして日常的な言葉に置き換えてみると、ラッセルの考えがわかりはじめる。どうやら未来は、衰退の一途をたどるらしい。生産的なエネルギーは無益な熱へと情け容赦なく変換され、実在を駆動するバッテリーはじりじりと消耗する。しかし、この問題を扱う科学分野、すなわち熱力学をもっと正確に理解するなら、実在の行方に関するこの簡潔なまとめは、ビッグバンから今日へ、さらにはるか未来にまで続く、豊かで陰影のある進展を覆い隠していることが明らかになるのだ。そんな宇宙の進展こそは、宇宙の年表上でわれわれがどんな位置を占めているかを説明し、劣化と崩壊が描かれた暗い背景の前で、美と秩序が生じる理由を明らかにして、もしかするとラッセルが描き出した陰鬱な終末を回避するために利用できるかもしれない方法を与えてくれる——どれも風変わりな方法ではあるが。エントロピー、情報、エネルギーといった概念にかかわる科学分野、熱力学こそは、われわれの旅の大部分でガイド役を務めてくれる分野なので、ここで少し時間を割いて、もう少ししっかりと理解しておくことにしよう。

蒸気機関

ここで蒸気機関という小見出しを掲げたからといって、やかましく働き続ける蒸気機関のどこか奥まったところに生命の意味が見つかる、などと言うつもりはない。しかし、燃料を燃やして熱を取り出し、その熱を利用して、機関車の車輪や炭鉱のポンプに反復運動をさせる蒸気機関の働きを理解することは、エネルギーが——種類や状況によらず——時間とともにどう変質するかを理解するためには不可欠なのだ。エネルギーのその変わり方が、宇宙における物質と心、そしてすべての構造の未来に、とてつもなく大きな影響を及ぼすのである。そんなわけで、生と死、目的と意味といった高尚な領域から、エンジンが排気するバスンバスンという音や、機械が動くカチャンカチャンという音が休みなく鳴り響く、一八世紀の蒸気機関の領域へと下りていくことにしよう。

蒸気機関の科学的な基礎は、シンプルだが独創的だ。水を沸騰させれば蒸気が生じるが、その蒸気は加熱されると膨張し、容器を外向きに押し出すように作用する。蒸気機関は、蒸気で満たした容器を加熱することで、その膨張を利用する。容器の蓋には、内壁に沿ってなめらかに反復運動するピストンが取り付けられていて、加熱されて膨張する蒸気に押されたピストンの強い力で、車輪を回したり、石臼にものを碾《ひ》かせたり、織機を動かしたりするのだ。その後、外向きの力を使い果たすと蒸気の温度は下がり、ピストンは最初の位置にまでなめらかに戻る。そしてふたたび蒸気が加熱されれば、ピストンは外向きに押し出される。蒸気を新たに加熱するための燃料があるうちは、このサイクルが繰り返される。[*3]

歴史が記録するのは、産業革命で蒸気機関が演じた重要な役割だが、蒸気機関が基礎科学に提起した問題もまた、それと同じぐらい重要だった。蒸気機関を、数学的に厳密に理解することはできるのだろうか？　熱を有用な活動に変換する効率に、限界はあるのだろうか？　蒸気機関の基本過程には、個々の機械のデザインや使用される物質の詳細に依存しない、それゆえ普遍的な物理原理を明らかにしてくれるような側面はあるのだろうか？

こうした問題に頭を悩ませながら、フランスの物理学者で軍のエンジニアでもあったサディ・カルノーは、熱、エネルギー、そして仕事についての科学である熱力学を創始した。彼は「熱の動力についての考察」と題する論考を、一八二四年に本として出版したが、その本の売り上げを見るかぎり、そんな大事業に乗り出したようには見えなかっただろう。[*4]　しかし、広く知られるまでに時間はかかったものの、カルノーのアイディアは、続く一九世紀の科学者たちを奮起させ、根本的に新しい物理学の展望を切り開くことになるのである。

統計的な観点からものごとを見る

伝統的な科学的ものの見方は、「物理法則は、物体の運動を厳密に予測する」というもので、アイザック・ニュートンによって数学的形式で与えられた。ある時刻における物体の位置と速度、そしてその物体に作用する力がわかれば、残りはニュートンの法則がやってくれる。物体がたどる経路を正確に予測してくれるのだ。地球の重力に引っ張られる月であれ、野球で打ち上げられたセンターフライのボールであれ、物体の経路に関する法則の予測はぴたりと当たることが観測によって確かめられてきた。

しかし重要な注意点がある。もしもあなたが高校で物理学を勉強したなら、巨視的な物体の経路を分析するときには、そうと明言はされていなくても、一般には非常に多くの簡単化がなされていたことを覚えているだろう。月や野球のボールの場合なら、物体の内部構造は無視して、大きな粒子のようなものをイメージする。これは非常に粗い近似だ。なんといっても、一粒の塩にさえ、一〇億の一〇億倍もの分子が含まれているのだから。それが「一粒」の実体なのだ。しかし、月が地球のまわりで行う軌道運動を計算するときには、埃っぽい「静かの海」のどれかひとつの粒子が行う運動を気にしたりはしない。高く打ち上げられた野球のボールの運動を計算するときには、コルクの中心部にあるどれかひとつの分子が行う振動運動を気にしたりはしない。われわれが知ろうとしているのは、月や野球のボールの全体としての運動だ。そして、その目標を達成するためには、簡単化されたモデルに、ニュートンの法則を当てはめればよい。[*5]

その成功が、蒸気機関に関心を持った一九世紀の物理学者たちの直面した問題に光を当ててくれる。蒸気機関のピストンを押す高温の蒸気は、莫大な数の水の分子からなり、その数はおそらく一兆のさらに一兆倍にもなるだろう。蒸気にはそんな複雑な内部構造があるが、月や野球のボールの運動を調べる場合とは異なり、その構造を無視することはできない。なぜなら、これら莫大な数の粒子が行う運動——ピストンと容器の壁に衝突して跳ね返る運動——こそは、蒸気機関の核心だからだ。問題は、どれほど頭の良い人がどれほど強力なコンピュータを使ったとしても、それほどたくさんの水分子たちがたどる軌道のひとつひとつを逐一計算する方法はないということだ。

われわれは袋小路に入り込んでしまったのだろうか？

そう考えたとしても無理はない。しかし、ものの見方を変えれば、その行き詰まりを打開することができる。たくさんの要素からなるものに対しては、ときに思い切った簡単化ができる。あなたが次にくしゃみをする時刻を正確に予測するのは難しいし、実際それは不可能だ。ところが、地球上の全人類という大きな集団に視野を広げれば、今から一秒後にくしゃみをしている人は、世界中でおそらく八万人ほどいると予測することができるのである。[*6] 要するに、統計的な観点に立つことで、地球の人口の多さは、予測力を手に入れるための障害ではなく、むしろ鍵になるのだ。大きな集団は、個々の構成要素のレベルには存在しない、統計的な規則性を示すことが多いのである。

それと同様のアプローチを、原子と分子の大きな集団について開発したのが、ジェームズ・クラーク・マクスウェル、ルドルフ・クラウジウス、ルートヴィヒ・ボルツマンをはじめとする大勢の物理学者たちだった。この人たちは、ひとつひとつの粒子の軌跡を詳しく調べるのではなく、むしろ多くの粒子からなる集団の平均的な振る舞いを記述する、統計的な命題を考えるほうがよいという考えを提唱した。そのアプローチのおかげで、数学的な計算ができるようになったばかりか、そうして定量化された物理的な特性こそは、もっとも重要な量であることが判明したのである。たとえば、個々の水分子が実際にどの経路を取るかは、蒸気機関のピストンを押す圧力にはほとんど影響を及ぼさない。むしろ圧力は、一秒間にピストンの表面に衝突する一兆の一兆倍もの水分子たちの、平均的な運動から生じる。重要なのは、多数の粒子が行う運動の平均なのだ。そして圧力こそは、統計的アプローチを採ることで科学者が計算できるようになった量なのである。

現代は、世論調査や集団遺伝学、より一般にビッグデータの時代だから、統計的な枠組みへの移行が、それほど過激な変化だとは思えないかもしれない。大きな集団を研究することで得られる統計的な洞察には絶大な威力があることを、われわれは熟知している。しかし、一九世紀から二〇世紀の初頭にかけての時期には、統計的な論証をするということは、それまで物理学の顕著な特性だった、精度の高さを棄てることを意味していたのである。また、二〇世紀の初頭になるまでは、尊敬される科学者の中にも、統計的アプローチの基礎である原子と分子の存在に、異議を申し立てる人たちもいた。

それでも、統計的な論証の価値が明らかになるまでに、それほど時間はかからなかった。一九〇五年にはアインシュタインその人が、花粉から出た小さな粒子がコップの水の中で行うジグザグ運動は、H^2O分子がたえずその粒子に衝突するせいで生じていると考えれば、定量的に説明できることを示した。その仕事によって、分子の実在性を疑う者は、頭の固いへそ曲がりだけになった。さらに、増え続ける理論と実験の論文が明らかにしたように、多くの粒子からなる系の統計的分析から引き出された結論は（粒子たちが容器内を動きまわり、容器のどの表面にどんな圧力を及ぼすか、いかにしてある密度になり、ある温度に下がるのか）、あまりにもみごとにデータと一致したため、このアプローチで本当に現象を説明できるのかと疑問を差し挟む余地はなくなった。かくして、熱的な過程に対する統計的アプローチの基礎が固まった。

これは大きな勝利であり、物理学者たちは、蒸気機関に限らず、地球大気や太陽コロナから、中性子星の内部に渦巻く膨大な数の粒子に至るまで、ありとあらゆる熱的な系を理解できるようになった。しかし、そのことと、宇宙は着実に死に向かっているというラッセルの未来像とのあいだに、どんな関係があるのだろうか？　これは良い質問だ。さあ、しっかりと摑まっていてほしい。目的地はすぐそこだ。しかし、あとふたつほど、踏むべきステップが残されている。最初のステップは、これらの進展を利用して、未来の本質というべき性質に光を投げかけることだ。未来は、深いレベルで過去とは違うのである。

時間はなぜ逆向きに流れないのか

過去と未来の違いは、人間経験にとって基本的であると同時に、決定的に重要でもある。われわれは過去に生まれ、未来に死ぬ。生まれてから死ぬまでのあいだには、さまざまな出来事を目撃するが、そうした出来事の成り行きを逆転させたとしたら、到底ありえないようなものになるだろう。ファン・ゴッホは『星月夜』を描いたが、作品の完成後に、渦巻くように塗られた絵具をまったく逆の筆遣いで取り除いていき、カンバスを真っ白な状態に戻すことはできない。タイタニック号は氷山に船体をこすり付けて損壊したが、その後エンジンを逆転させて進路を逆にたどり、船体を元通りにすることはできない。人はみな成長したのちに老いていくが、体内時計の針を逆回しにして若さを取り戻すことはできない。

時間が一方にしか流れないことはあまりにも重要なので、その数学的な理由が物理法則の中にあるに違いないと思われるかもしれない。一連の成り行きでものごとが起こることはあっても、その逆は数学的に禁止されていることがはっきりとわかる何かが、数式の中に見つかるはずだ、と。ところが、われわれが作り上げてきた方程式は、もう何百年ものあいだ、それについては何ひとつ教えてはくれなかったのだ。物理法則は、ニュートン（古典力学）からマクスウェル（電磁気学）を経てアインシュタイン（相対性物理学）へ、さらに量子物理学を作り上げた数十人ほどの物理学者たちへと渡され、そのつど磨きをかけられてきたにもかかわらず、あるひとつの特徴はしっかりと持ち続けてきた。物理法則は、われわれが未来と呼ぶものと過去と呼ぶものとを、断じて区別しようとしないのだ。現在の世界の状態が与えられたとして、物理学の方程式は、現在から未来へ向かう変化と、現在から過去へ向かう変化とを、まったく同じに扱う。われわれにとって過去と未来の違いには深い意味があるが、物理法則はその違いを完全に無視している。それはちょうど、スタジアムの時間表示が、ゲームが始まってから経過した時間を示しているのか、ゲーム終了までに残された時間を示しているのかを気にしないというようなものだ。そして、物理法則が過去と未来を区別しないということは、ある特定の成り行きが物理法則によって許されるなら、時間を反転させた成り行きもまた許されるということを意味するのである。[*7]

学生時代に初めてそのことを知ったとき、ほとんど不条理といえるその事実に、私は衝撃を受けた。現実の世界では、オリンピックの飛び込み選手が、足を先にしてプールから飛び上がり、飛び込み台に静かに立つのを見ることはない。ステンドグラスの破片が床から飛び上がって集合し、ティファニーのランプシェードになるのを見ることもない。映画の一部を逆向きに映写すると奇妙な感じがするのは、スクリーンに映し出される光景が、われわれの経験するどんなものとも違うからだ。ところが、数学的には、逆回しにした映画の中の出来事は、完全に物理学の法則に従っているのである。

では、われわれの経験は、なぜこれほどまでに非対称なのだろう？　なぜわれわれは、ものごとが時間の一方の向きに推移するのを見て、逆向きに推移するのを見ないのだろう？　この問いに対する答えの重要な一部分を与えてくれるのが、宇宙の推移を理解するためになくてはならない、《エントロピー》の概念だ。

エントロピー：まずはざっくりと

エントロピーは、基礎物理学の中でも混乱を招きやすい概念のひとつだ。そのわかりにくさのせいで、エントロピーの増大を「秩序から混沌へ」、あるいはもっとシンプルに「状況の悪化」という意味で使いたがる文化的傾向に歯止めがかからない。ごく普通の会話でなら、そんな使い方をするのもいいだろう。ときには私もそんな意味で使うことがある。しかし、エントロピーは、われわれの旅のガイド役を務める科学的概念でもあり、ラッセルの暗澹たる未来像の核心でもあるのだから、もう少し正確な意味を洗い出しておこう。

最初に、ひとつの例を考えよう。一セント硬貨が一〇〇個入った袋をよく振ったのち、袋の中身をダイニング・テーブルにぶちまけたとしよう。もしも一〇〇個の一セント硬貨がすべて表を出していたら、あなたはきっと驚くだろう。しかし、なぜ驚くのだろうか？　驚くのは当たり前だと思われるかもしれないが、それは熟考に値することなのだ。裏を出した一セント硬貨がひとつもないということは、一〇〇個の一セント硬貨が袋の中で激しく揺すぶられたのちにテーブルに落下して、跳ね上がってから着地したところ、全部表だったということだ。一〇〇個の硬貨が、一個の例外もなくである。そんなことは到底起こりそうにない。たった一通りしかないその状態が実現するというのは、およそありそうにないことなのだ。少しだけ異なる結果、たとえば一個の硬貨だけが裏を出していたら（それ以外の九九個の一セント硬貨はすべて表）、そうなる方法は一〇〇通りある。一〇〇個の硬貨に番号をつけたとして、裏を出して着地したのは、一番の硬貨かもしれないし、二番かもしれないし、三番かもしれない。そういう可能性が一〇〇通りあるのだ。九九個の一セント硬貨が表を出していたという結果は、一〇〇個すべてが表だったという結果よりも、一〇〇倍起こりやすい。つまり、そうなる確率は一〇〇倍高い。

この路線で考察を続けよう。少し計算してみると、二個の一セント硬貨が裏であるような組み合わせは、四九五〇通りあることがわかる（一番と二番の硬貨が裏、一番と三番が裏、二番と三番が裏、一番と四番が……等々）。もう少し計算すると、三個の硬貨が裏になる組み合わせは、一六万一七〇〇通り、四個が裏になる組み合わせはざっと四〇〇万通り、五個が裏になる組み合わせは約七五〇〇万通りあることがわかる。具体的な数値は重要ではない。ここでの私の目的は、大まかな傾向を示すことだ。裏を出すコインがひとつ増えるたびに、その結果になる組み合わせの数はどんどん増えていく。途方もないペースで増えるのだ。そして、裏が五〇個（表も五〇個）のときに、組み合わせの数は最大になり、ざっと一〇〇通りの一〇億倍の一〇億倍の一〇億倍になる（正確には100891344545564193334812497256）[*8]。したがって、表が五〇個、裏が五〇個になる確率は、すべてが表を出す確率よりも、一〇〇の一〇億倍の一〇億倍の一〇億倍高い。

すべての一セント硬貨が表だったら驚くのはこのためだ。

私のこの説明は、ほとんどの人は一セント硬貨の集まりを、パッと見た印象で判断するという前提に立っている。それは、マクスウェルとボルツマンが、容器いっぱいの水蒸気を分析することを提案したのと似たようなものだ。科学者たちは、水蒸気の分子のひとつひとつを分析することに後ろ向きだったが、普通はわれわれも、ランダムに表か裏を出している一セント硬貨をひとつずつ調べていったりはしない。二九番目の一セント硬貨が表かどうか、七一番目の硬貨が裏かどうかを問題にすることはまずない。むしろわれわれが目を向けるのは、硬貨の集まりの全体としての様子だ。とくに注目するのは、裏を出している硬貨と、表を出している硬貨の比である。表が裏より多いのか、裏が表より多いのか？　二倍多いのか？　三倍多いのか？　ほぼ半々なのか？　表と裏の比が大きく違っていれば、われわれもその違いに気づくだろう。しかし、比を一定に保ったまま硬貨をランダムに並べ替えても、その変化には気づかないだろう（二三番目と四六番目と九二番目の硬貨を裏から表に変え、一七番目と五二番目と八一番目の硬貨を表から裏に変えたとしても、その違いには気づかない）。ほとんど同じに見える結果をまとめてグループを作り、それぞれのグループに属する要素の数をかぞえたのはそのためだ。裏が一個もないグループに属する要素の数、裏が一個のグループに属する要素の数、裏が二個のグループに属する要素の数……と進み、最後は、裏が五〇個のグループに属する要素の数と、具体的な数を示したのだった。

重要なのは、これらグループの要素数は同じではないということだ。同じではないどころか、とてつもなく違う。一セント硬貨が一〇〇個入った袋をよく振ってテーブルにぶちまけたところ、裏を出している硬貨がひとつもなかったとしたら、われわれは間違いなく驚くだろう（すべての硬貨が表を出しているグループの要素数は一である）。裏がひとつあれば、驚きは若干弱まる（このグループの要素数は一〇〇）。裏がふたつなら驚きはさらに弱まる（要素数は四九五〇）。そして、もしも表と裏が半々なら、何の驚きもない（要素数はざっと一〇〇の一〇億倍の一〇億倍の一〇億倍）。要素数が多ければ多いほど、硬貨をテーブルに出した結果が、そのグループに属する可能性は大きい。重要なのはグループのサイズなのだ。

もしもあなたがこういう話を聞くのが初めてなら、これがエントロピーという重要な概念を説明するための例だとは思わなかったかもしれない。一セント硬貨を一〇〇個入れた袋をよく振ってからテーブルにぶちまけて得られた配置［一〇〇枚の硬貨に番号をつけたとして、その順番での表と裏の並び方］のエントロピーは、その配置が属するグループのサイズ――与えられた配置によく似た配置の数――なのである。[*9] ある配置によく似た配置がたくさんあれば、その配置のエントロピーは高い。ある配置によく似た配置が少なければ、その配置のエントロピーは低い。他の条件はすべて同じだとすると、ランダムに袋を振ってテーブルに出した結果は、エントロピーの高いグループに属する可能性が高い。なぜなら、そのようなグループは要素数が大きいからだ。

この定式化は、この節の最初で触れた、エントロピーという言葉の日常的な使われ方と結びついている。パッと見たとき、乱雑な状態（書類やペンやペーパークリップがでたらめに積み上げられた仕事机を考えよう）には、互いに区別がつかない状態がたくさんあるから、エントロピーが高い。乱雑な状態にランダムに変化を加えても、やはり乱雑に見えるだろう。秩序立った状態（文書やペンやペーパークリップが決められた場所にきちんと置かれた机）は、区別のつかない状態の数が少ないので、エントロピーは低い。一セント硬貨の場合と同じく、秩序立った状態よりも乱雑な状態のほうがはるかに数が多いので、エントロピーの高い状態は起こりやすいのだ。

エントロピー：本格的に

一セント硬貨の例は、物理系を構成する非常に多くの粒子——高温の蒸気機関の内部で行き来する水分子や、あなたが今いる部屋を動きまわっている空気分子——を扱うために科学者たちが発展させたアプローチを説明するためにとりわけ役に立つ。一セント硬貨の場合と同じく、われわれは個々の粒子の詳細は無視して（水分子であれ、空気分子であれ、どれかひとつがたまたまどこに位置しているかは重要ではない）、そっくりに見える粒子配置はすべて同じグループに入れる。一セント硬貨の場合には、似ているかどうかを判断するために、表と裏の比が使われたのだった。われわれは普通、どれか特定の硬貨が表か裏かなどは気にせず、全体としての見え方に注目するからだ。では、多数の気体分子の集まりの場合には、「よく似ている」とはどういう意味だろう？

今このとき、あなたの部屋を満たしている空気を考えよう。もしもあなたが私や他の人たちと同じなら、どれかひとつの酸素分子が窓に衝突しようとしているとか、どれかひとつの窒素分子が床に衝突しようとしているといったことは、気にしたくてもできないだろう。あなたが心配するのは、呼吸に必要なだけの体積の空気があるかどうかだ。とはいえ、それ以外にもふたつほど、あなたが心配しそうなことがある。部屋の空気の温度が、肺が火傷するほど高くては困るだろう。また、部屋の気圧が、鼓膜が破れるほど高くても困るだろう（あなたの耳管内部の気圧が、室内の気圧にすでに調節されているなら問題はない）。結局、あなたが心配するのは、部屋の空気の、体積、温度、そして気圧だ。そしてこれらの変数こそは、マクスウェルからボルツマンを経て今日に至るまで、物理学者たちの興味を引き付けてきた巨視的特質なのである。

そんなわけで、容器に入った多数の分子の場合には、同じ体積を占め、同じ温度で、同じ圧力を及ぼす分子配置のことを、「ほとんど同じに見える」と言う。一セント硬貨の場合と同様、ほとんど同じに見える分子配置をグループにして、そのグループの要素は同じ《巨視的状態》を生じさせるという。巨視的状態のエントロピーは、ほとんど同じに見える配置の数だ。あなたが今、暖房装置のスイッチを入れたり（温度に影響を及ぼす）、気体分子を通さない仕切りを部屋に設置したり（体積に影響を及ぼす）、酸素を追加したり（圧力に影響を及ぼす）していなければ、あなたが今いる部屋の中で動きまわっている空気の分子たちが次から次へと移り変わる配置はすべて、あなたが今経験しているものとまったく同じ巨視的特徴を生じさせるから、それらの配置はすべて同じグループに属する（ほとんど同じに見える）。

ほとんど同じに見える配置をまとめてグループに入れることで、非常に強力な枠組みが得られる。一セント硬貨の集団をランダムにテーブルにぶちまけたら、要素数の大きい（エントロピーの高い）グループに属する可能性が高いのと同じく、ランダムに飛び跳ねる粒子たちも、要素数の大きいグループに属する可能性が高い。これはとくに難しい話ではないが、それが意味するところは広範にわたる。なにしろ、動きまわる粒子たちがどんな環境に置かれているかによらず——蒸気機関の内部か、あなたの部屋か、どこか別のところかによらず——、もっともありふれた配置（要素数が最大のグループに属する配置）の典型的な特徴がわかれば、その系の巨視的特質を予測できるのだから。そして、まさにその巨視的特質こそは、われわれが知りたい特質なのだ。それは統計的な予測にすぎないとはいえ、その予測が当たる確率はとてつもなく高い。そして、この方法の最大の長所は、呆然とするほど多数の粒子について個々に軌跡を調べるという、到底やりきれないほどの手間をかけなくても、知りたい特質を正確に予測できることだ。

このプログラムを遂行するためには、ありふれた配置（エントロピーが高い）と、めったに起こらない配置（エントロピーが低い）とを見分ける力が必要だ。つまり、ある物理系の状態が与えられたとき、その系の見た目がほとんど同じになるように構成要素を並べ替える方法が多いのか少ないのかが判断できるようになる必要がある。一例として、あなたがゆっくりと熱いシャワーを浴びた後の、水蒸気でいっぱいのバスルームを考えよう。その水蒸気のエントロピーを求めるためには、巨視的にはすべて同じ特性を持つ分子たちの配置——この場合は、分子たちが取りうる位置と、取りうる速度——の数をかぞえる必要がある。巨視的に同じ特性を持つということは、同じ体積、同じ温度、同じ圧力を持つということだ。[*10] H_2O分子の集まりに対して数学的にきちんとした計算をすることは、一セント硬貨の集まりに対して計算をする場合よりも難しいが、物理学専攻の学生たちは普通、大学の二年生になるまでにはその計算の仕方を学んでいる。数学的な計算をするより簡単で、いっそう啓発的なのは、体積と温度と圧力が、どのようにエントロピーに定性的な影響を及ぼすかを調べることだ。

最初に体積を考えよう。飛びまわるH_2O分子たちがあなたの浴室の小さな一隅に集中し、高密度の水蒸気の塊になっているとしよう。この配置では、分子たちを並べ替えるときに取りうる位置は、ごく小さな空間だけに限られる。あなたがH_2O分子を移動させるとき、その一隅から外に出してはならない。さもないと、変更後の分子の位置は変更前のそれと違って見えるだろう。それに対して、水蒸気が浴室いっぱいに均一に広がっているなら、分子たちの椅子取りゲームはずっと制約が少ない。洗面台の近くの分子の位置を照明設備の近くの分子のそれと入れ替えても、シャワーカーテン近くの分子の位置を窓の近くに漂っている分子のそれと入れ替えても、全体としての水蒸気の見え方は変わらないだろう。また、浴室が大きくなればなるほど、分子をばらまくときに取りうる位置の数は増える。その場合、可能な並べ替えの数も増えることに注意しよう。結局、分子たちが小さな空間にぎっしりと集中した配置はエントロピーが低いのに対し、分子たちが大きな空間に均一にばらまかれた配置はエントロピーが高い。

次に温度について考えよう。分子というミクロなレベルでは、温度とはどういう意味だろうか？ その答えはよく知られている。温度とは、分子集団の平均速度なのだ。[*11] 物体は、構成要素である分

ーにするのことは、分子の平均速度がどんな影響をエントロピーに及ぼすかを明らかにすることとなのだ。位置の場合と同様、定性的なことならすぐにわかる。水蒸気の温度が低ければ、分子の速度を並べ替える方法は比較的少ない。温度を一定に保つ――速度を並べ替えても、全体として同じように見えるようにする――ためには、一部の分子の速度が大きくなったら、他の分子の速度が小さくなってその分を相殺する必要がある。しかし、温度が低ければ（分子の平均速度が小さい）、速度を小さくしてゼロにまで落とすまでの余地が小さい。したがって、分子の速度が取りうる値の幅は狭く、速度を並べ替えるときにできることは限られる。それに対して、温度が高ければ、この場合もやはり椅子取りゲームは盛り上がる。平均速度が大きいので分子の速度が取りうる値の幅――平均値より大きいものもあれば小さいものもある――はずっと広く、平均値を一定に保ちながら速度を組み合わせる自由度は大きくなるのだ。そして全体としての分子集団がほぼ同じに見えるように分子速度の配置を変えるやり方が多いということは、温度が高いほど、一般にはエントロピーが高いということだ。

最後に圧力について考えよう。蒸気があなたの皮膚や浴室の壁に及ぼす圧力は、流れるように動きまわるH_2O分子が、壁面に当たる衝撃によって生じる。個々の分子の衝撃は小さな力を壁面に及ぼし、分子の数が多ければ多いほど圧力は大きくなる。そのため、与えられた温度と体積において、圧力は浴室内の蒸気分子の総数で決まり、その数がエントロピーに及ぼす影響は、温度の場合よりもずっと容易に求めることができる。浴室のH_2O分子が少なければ（あなたがシャワーを浴びていた時間が短かった場合)、可能な並べ替えの数は少なく、それゆえエントロピーは低い。H_2O分子が多ければ(あなたがシャワーを浴びていた時間が長かった場合)、可能な並べ替えの数は大きく、それゆえエントロピーは高い。

以上の話をまとめると、分子が少ないか、温度が低いか、占めている体積が小さければ、エントロピーは低い。分子が多いか、温度が高いか、占めている体積が大きければ、エントロピーは高い。

この手短な検討から、エントロピーのひとつの考え方が出てくる。それは正確な話ではないが、使いやすい直観的なルールを与えてくれるのでぜひ覚えておいてほしい。そのルールとは、「あなたが何かの状態に出くわしたら、その状態のエントロピーは高いと思ったほうがいい」というものだ。高エントロピーの状態を実現させる粒子配置は非常に多いため、そのような状態は、典型的で、ありふれていて、簡単に作れて、ありがたみがない。一方、低エントロピーの状態に出くわしたら要注意だ。低エントロピーの状態を実現させる粒子配置は少ないので、その状態は、例外的で、めずらしく、注意深く作り上げられた、特異的な状態だ。たっぷりと時間をかけて熱いシャワーを浴びた後で、水蒸気が浴室に均一に広がっていることに気づいたとしよう。それはエントロピーの高い状態だから、驚くべきことは何もない。一方、たっぷりと時間をかけて熱いシャワーを浴びた後で、水蒸気が小さな立方体にまとまって鏡の前に浮かんでいることに気づいたとしよう。それはエントロピーの低い、およそありえないような状態だ。実際、水蒸気がそんな状態になる可能性はあまりにも低いため、もしもそんな状態に出くわしたら、めずらしい出来事にたまたま出会っただけといった説明には大いに懐疑的になるべきだ。その説明が正しいこともないわけではないだろう。

しかし、私の人生を賭けて言うが、その説明は間違っている。ダイニング・テーブルにぶちまけた一〇〇個の一セント硬貨がすべて表を出していたら、単なる偶然以上の理由があるはずだと疑うべきなのと同様（たとえば、裏を出して着地した硬貨をひとつずつひっくり返した者がいるはずだ、などと）、エントロピーの低い状態に出くわしたら、単なる偶然としてすまさず、きちんとした説明を求めるべきなのだ。

この論法は、卵や、蟻塚や、マグカップなど、一見ありふれているものにも当てはまる。卵や蟻塚やマグカップの粒子配置は、秩序があり、注意深く作られていて、エントロピーが低いが、そういう特徴は説明を要するのである。卵（蟻塚、マグカップ）を作るためにちょうど必要なだけの粒子が、ランダムな運動によって集合して、たまたま卵（蟻塚、マグカップ）になることも考えられないわけではないが、あまりにもこじつけめいている。われわれはそんな無理な説明ではなく、もっと納得のいく説明を見出そうとするし、もちろん、無理がなくて納得のいく説明は簡単に見つかる。卵や蟻塚やマグカップは、ある特定の生物から生じたのだ。その生物が、環境中をランダムに飛びまわっていた粒子たちを、秩序ある構造に再配置したのである。生命はいかにしてかくもみごとな秩序を生むのかというテーマは、本書の後ろのほうの章で改めて扱うとしよう。当面、このことから得られる教訓は、低エントロピーの粒子配置は、ひとつの兆候とみなさなければならないということだ。エントロピーが低いということは、その秩序は、強力な組織化力を持つ何者かによって作られたことを示唆するのである。

一九世紀の末、オーストリアの物理学者ルートヴィヒ・ボルツマンは、これらのアイディア（その多くは、彼自身が考え出したものだ）を使えば、この節の出発点となった問いに取り組むことができると信じた。いったい何が、未来と過去とを区別しているのだろう？　彼の答えは、熱力学第二法則で記述されるエントロピーの性質に訴えるものだった。

熱力学の第一法則と第二法則

エントロピーと熱力学第二法則が一般教養としてもてはやされるのに対し、熱力学の第一法則はあまり知られていない。しかし、第二法則をしっかり理解するためには、まず第一法則を理解しておくのがよい。実は第一法則も広く知られているのだが、別の名前で通っているのだ。エネルギー保存則である。この法則は、あるプロセスが始まったときのエネルギーと、そのプロセスが終わったときのエネルギーは等しいと述べている。エネルギーの勘定には細心の注意が必要だ。最初にあったエネルギーが、別のタイプのエネルギーに変わることもある。運動エネルギー、ポテンシャルエネルギー（引き伸ばされたバネに蓄えられるエネルギーなど）、放射エネルギー（電磁場や重力場のような波によって運ばれるエネルギー）、熱エネルギー（分子や原子のランダムな動き）など、エネルギーにはさまざまなタイプがある。しかし、熱力学第一法則が保証するように、もしもあなたが注意深く追跡すれば、エネルギーの帳尻は必ず合う。[*12]

一方の熱力学第二法則は、エントロピーに関する法則だ。第一法則とは異なり、第二法則は保存則ではない。それは成長の法則なのだ。第二法則は、エントロピーは時間とともに増大する圧倒的な傾向があると述べる。日常の言葉では、「特別な配置は平凡な配置に近づく傾向がある」(きれいにアイロンのかかったシャツがしわになるように)とか、「秩序は無秩序になる傾向がある」(整理されたガレージが、道具類や収納箱や遊び道具がごちゃまぜに詰め込まれた物置になる)などと言われる。こういう説明は直観的なイメージを持ちやすいのに対して、ボルツマンによる統計的なエントロピーの定式化は、第二法則に正確な説明を与える。それと同じくらい重要なのは、ボルツマンの定式化によれば、なぜ熱力学第二法則は正しいのかがはっきりすることだ。

煎じ詰めれば、確率の問題だ。ここでもう一度、一〇〇枚の一セント硬貨を考えよう。すべての硬貨で表が上になるように注意深く袋に入れて、ちょっとだけ袋を揺すり、そっとテーブルに出したとしよう。それでも何枚かの硬貨は裏になるだろう。つまり、エントロピーは少しだけ増大すると予想される。硬貨を袋に戻し、またちょっとだけ袋を揺すり、そっとテーブルに出せば、一〇〇枚の硬貨がすべて表を出す可能性もないわけではないが、そのためには、裏を出していた少数の硬貨だけがひっくり返るように、ちょうど良い具合に袋を揺すらなければならない。そんなことは到底できそうにない。むしろ、袋を揺すったために、硬貨がランダムにひっくり返る可能性のほうがずっと高い。つまり、裏だった硬貨が表になる可能性もあるが、表だった硬貨が裏になる可能性のほうがはるかに高いのだ。この簡単な理屈から——高度な数学も、とくに抽象的な概念も使わずに——、すべての硬貨が表の状態から出発して、適当に袋を揺するということを繰り返せば、裏の硬貨が増えていくであろうことが明らかになる。つまり、エントロピーは増大するということだ。

裏の硬貨が増える傾向は、表と裏がほぼ半々になるまで続くだろう。その時点で、袋を揺すったときに表から裏へ変わる硬貨と、裏から表に変わる硬貨がほぼ同数になる。そこから先、一〇〇枚の一セント硬貨は、最大エントロピーのグループに属する配置のあいだを行き来することになる。

一セント硬貨で成り立つことは、より一般にも成り立つ。パンの焼ける香りは、やがてキッチンから離れた部屋にも広がると確信してよい。パンが焼けるにつれて放出された分子は、はじめはオーブンの近くに集中しているが、徐々に拡散していく。その理由は、一セント硬貨の場合と同じく、香りの分子が取りうる配置の数は、オーブンの近くに集中しているより、広い空間に拡散したほうが大きいからだ。そのため、分子たちがランダムに衝突したり揺すぶられたりするうちに狭い場所に集中する確率より、外向きに拡散する確率のほうがずっと高い。こうして、オーブンの近くに集中していた低エントロピーの粒子配置は、家中に拡散した高エントロピーの状態になっていく。[*13]

さらに一般的なことをいえば、もしもある物理系が、その系が取りうる最大エントロピーの状態に達していなければ、その状態に向かう可能性が高い。パンの焼ける香りが好例だが、その基礎にある論証はとても基本的だ。エントロピーがより高い粒子配置は、より低い粒子配置よりもずっと多いので(エントロピーの定義からそうなる)、ランダムな運動によって——原子と分子が衝突したり揺すぶられたりすることで——系がエントロピーのより高い配置に向かう確率は、より低い配置に向かう確率よりずっと高い。エントロピーが低い状態から高い状態への移行は、系が最大エントロピーの状態になるまで続くだろう。いったんそうなってからは、系は、最大エントロピーを実現する、(たいていは)非常に多くの粒子配置のあいだを渡り歩くことになる。[*14]

これが熱力学第二法則だ。そして、今述べたことは、この法則がなぜ正しいのかを説明してもいる。

エネルギーとエントロピー

以上の話を読んで、第一法則と第二法則はまったく別のものだと思ったかもしれない。なにしろ、一方はエネルギーの保存、他方はエントロピー増大の法則なのだ。しかし、このふたつの法則には深い結びつきがあり、そこからある事実が浮かび上がる。今後繰り返し立ち返ることになるその事実は、第二法則に暗黙のうちに含まれているもので、「すべてのエネルギーが平等というわけではない」ということだ。

一例としてダイナマイトを考えよう。ダイナマイトに蓄えられたエネルギーはすべて、コンパクトで秩序立った密な化学構造に詰め込まれているため利用しやすい。そのためには、エネルギーを炸裂させたい場所にダイナマイトを置いて、導火線に点火すればよい。爆発後もダイナマイトの全エネルギーはまだ存在している。熱力学第一法則が働いているのだ。しかしそのエネルギーは、散逸した粒子たちの激しい運動のエネルギーに変換されて、今や非常に使いにくくなっている。爆発の前後でエネルギーの総量は変わらないが、エネルギーの性格は変わるのだ。

爆発前のダイナマイトのエネルギーは、「高品質」だという。エネルギーがコンパクトにまとまっていて、利用しやすいからだ。一方、ダイナマイトが爆発した後のエネルギーは、「低品質」だという。エネルギーが広く散らばってしまい、非常に利用しにくくなるからだ。そして、爆発したダイナマイトは第二法則に忠実に従って、秩序から無秩序へと——低エントロピーから高エントロピーへと——移行するから、われわれは低エントロピーを高品質のエネルギーと、高エントロピーを低品質のエネルギーと結びつけるのである。もちろん、その成り行きをきちんと追いかけるのは容易ではない。しかし、結論ははっきりしている。熱力学第一法則は、エネルギーの量は時間が経っても変わらないと述べるのに対し、第二法則は、エネルギーの品質は時間とともに劣化すると述べるのである。

では、なぜ未来は過去と違うのだろうか？　これまでの話から明らかなように、その答えは、未来の動力源となるエネルギーは、過去の動力源だったエネルギーより低品質だからだ。未来は過去よりもエントロピーが高いのである。

少なくともそれが、ボルツマンの提案だった。

ボルツマンとビッグバン

ボルツマンが何かを摑んでいたのは間違いない。しかし正直なところ、熱力学第二法則には難しいところがあり、この法則の意味を十分に理解するまでには、ボルツマンその人でさえ少々時間がかかった。

熱力学第二法則は、伝統的な意味での法則ではない。この法則は、エントロピーが減少する可能性を絶対的に排除してはいないのだ。ただ、そのような現象は起こりそうにないと述べているのである。一セント硬貨の場合には、われわれはすでにその意味を数字的に明らかにした。すべての一セント硬貨が表を出している配置はたったひとつしかないのに対し、一〇〇枚の硬貨をランダムに揺すってテーブルに出したとき、表が五〇、裏が五〇になる配置の数は、その一〇〇倍の一〇億倍の一〇億倍の一〇億倍も大きい。高エントロピーの配置をもう一度揺すったときに、すべての硬貨が表を出す低エントロピーの配置になることも禁止されてはいないが、その確率はあまりにも小さいため、事実上、そんな配置は起こらないのである。

日常的に出会う系は、構成要素が一〇〇個よりもはるかに多く、エントロピーが減少する確率は、それこそ気が遠くなるほど小さい。パンが焼けるときに放出される分子は、何十億個にもなる。その膨大な数の分子が家中に広がるときに取りうる配置は、それらの分子が集まってオーブンの中に流れ込んでいくときに取りうる配置に比べて、とてつもなく多い。分子たちがランダムに衝突しながら動きまわり、自分がたどった経路を逆向きに進んで、オーブンの中に置かれたパンに戻る経路を見出し、パンが焼けるプロセスを逆行させて、冷たくて生のままのパン種になることもありえないわけではない。だが、それが起こる確率は、カンバス上に絵具をランダムに飛び散らせているうちにモナリザの複製ができあがる確率と比べてさえ小さく、ほぼゼロなのだ。ここで重要なのは、もしもエントロピーが減少し、プロセスが逆行するようなことになっても、物理法則には反しないということだ。エントロピーの減少するような出来事は途方もなく起こりにくいが、物理法則はたしかにそれを許しているのである。

誤解しないでほしいが、私がこんな話をするのは、いつの日か、焼きあがったパンが生の状態に戻ったり、何かに衝突してボコボコになった車が元通りになったり、焼却した文書が復元されたりするのが見られるかもしれないと言いたいからではない。そうではなく、私は原理的に重要な点を強調しているのである。前に述べたように、物理法則は未来と過去とを区別しない。物理法則は、一方の時間の向きに沿って進展する物理プロセスは、逆向きにも進展できるということを保証している。その同じ物理法則が、エントロピーの時間変化に関係する物理プロセスを含めてあらゆることを支配しているのだから、エントロピーに対して時間とともに増加することしか許さないとしたら、それは興味深いことだし、実際、そんなことにはなっていない。物理法則は、エントロピーは減少してもよいと述べている。あなたがこれまでの人生で日々経験してきた、エントロピーが増加するプロセスはすべて——ガラスを割るといったありふれた出来事から、身体の老化のような深い変化まで——逆転させることができるのだ。エントロピーは減少してもかまわない。ただし、そんな現象が起こる確率は、馬鹿馬鹿しいほど低いということだ。

では、それがわかった今、未来と過去が違うのはなぜかを説明しようというわれわれの探究は、どこに向かうのだろう？　今日の物質配置のエントロピーは、最大値よりも小さいことを考慮すると、熱力学第二法則が教えるところによれば、未来のエントロピーは今より大きくなる可能性が圧倒的に高いから、未来は今とは違ったものになる可能性が圧倒的に高いということになる。最大エントロピーより小さな物質配置は、よりエントロピーの高い配置になりたくてうずうずしているのだ。過去と未来が違う理由を探究している人たちのなかには、それがわかったことで、一件落着だと考える者もいる。

しかしその探究はまだ終わっていない。同じぐらい重要な問題が、ひとつ残されているのだ。なぜ今日のわれわれは、エントロピーが最大エントロピーよりも低い、驚くべき状態にあるのだろうか？　なぜわれわれは、惑星や恒星から、クジャクや人間まで、さまざまな秩序構造に満ちた宇宙に生きているのだろうか？　これは説明を要することだ。もしも今日の宇宙のエントロピーが最大エントロピーより低くなかったら、もしも今日の物質が、予想される通り、最大エントロピーのありふれた配置になっていたら、宇宙はこれから先もずっと同じだったろう。その場合、未来と過去は区別できない。一〇〇個の一セント硬貨を、表が五〇個、裏が五〇個の、途方もなく多くの配置を持つ状態から出発して袋を揺さぶり続けるのと同じく、宇宙は最大エントロピーの配置のランドスケープの中を移動し続けるだろう。それは広大な空間に散らばった粒子たちがランダムに動きまわる世界であり、水蒸気に均一に満たされたあなたのバスルームの宇宙バージョンだ。[*15] 最大エントロピーより低いエントロピーを持つ今日の状態は、われわれにとっては幸運なことに、もっとずっと興味深い。今日の宇宙では、粒子たちは構造に加わったり、巨視的な変化を起こしたりすることができる。そこでわれわれは、当然ながらこう問うことになる。最大値より小さなエントロピーを持つ今日の状態は、どのように出現したのだろうか？

第二法則に忠実に従って、われわれは、今日の状態はよりエントロピーの低い昨日の状態からもたらされたということになる。そして昨日の状態は、よりエントロピーの低い一昨日の状態からもたらされたのだろう、とわれわれは想像する。そしてその一昨日の状態は……と、エントロピーが小さくなる道を過去に向かってさかのぼり、ついにはビッグバンに至る。ビッグバンは高度に秩序立ったきわめてエントロピーの高い出発点だったのであり、それが、今日の宇宙がエントロピー最大になっていない理由なのだ。そのおかげで、さまざまな出来事が起こり、過去とは違った未来が可能になるのである。

では、そこからさらに進んで、宇宙の始まりはなぜそれほど秩序立っていたのかを説明することはできるのだろうか？　この問いは、宇宙の理論を作る試みを見ていく次章で改めて取り上げることにしよう。当面、われわれが生き延びるためには、秩序が必要なのだと言っておこう。生命維持に必要なさまざまな機能を支えている体内の分子レベルの組織から、高品質のエネルギーを与えてくれる食料や、われわれが生きていくためになくてはならない道具類や生息環境まで、われわれは秩序ある構造を必要としている。もしもエントロピーの低い、秩序ある構造に満ち溢れた環境がなかったなら、われわれ人類がここに存在して、そんな環境に気づくこともなかっただろう。

熱とエントロピー

本章は、衰退の一途をたどる宇宙を嘆くバートランド・ラッセルで幕を開けた。今やわれわれは、熱力学第二法則はエントロピーは増大すると宣言していることを知り、ラッセルがあのような暗澹たる予言をした理由を垣間見た。エントロピーの増大を無秩序の増大と考えれば、第二法則のエッセンスは摑める。しかし、生命と心と物質が未来に出会う難題をしっかり理解するためには（それが以降の章で探究するテーマだ）、前節で示した熱力学第二法則の今日的説明と、一九世紀半ばにこの法則が初めて作られたときの定式化との関係を見ておく必要がある。古いバージョンの熱力学第二法則は、蒸気機関を扱う仕事をしている者なら誰の目にも明らかだったことを、体系的にまとめたものだ。燃料を燃やして機械を動かせば、不可避的に熱と廃棄物が生じ、エネルギーは劣化するということだ。しかし、古いバージョンの定式化では、粒子配置の数をかぞえたり、確率論を持ち出したりはしなかったため、われわれが本章で発展させたエントロピー増大に関する統計的命題とは、まったく別のものに見えるかもしれない。しかし、新旧ふたつの定式化は、深いところで直接的に結びついているのである。そしてその結びつきのおかげで、蒸気機関は高品質のエネルギーを低品質の熱に変換するという話が、宇宙のいたるところで起こっているエネルギー劣化の好例であることが明らかになるのだ。

ここではその結びつきを、二段階に分けて説明しよう。第一段階では、エントロピーと熱との関係に着目する。次節では、第二段階として、熱と、熱力学第二法則の統計的記述とを結びつけよう。

熱くなった片手鍋の取っ手を握れば、鍋の取っ手からあなたの手へと、熱が流れ込んでくるのが感じられるだろう。しかし、そのとき実際に何かが流れているのだろうか？　遠い昔、科学者たちは、その問いに対する答えは「イエス」だと考えた。彼らは「カロリック（熱素）」という流体状の物質を思い描き、その物質が、温度の高いところから低いところへと川のように流れると考えたのだ。それから時が流れ、物質の構成要素に関する知識が洗練されてくると、それとは別の説明が与えられた。熱くなった片手鍋の取っ手を握ると、より大きな速度で運動している取っ手の分子が、より小さな速度で運動しているあなたの手の分子に衝突する。その衝突の結果として、平均すれば、あなたの手の分子の速度は上がり、取っ手の分子の速度は下がる。あなたの手の温度上昇と感じられるのは、手の分子の速度上昇なのだ。あなたの手の温度が上がると、それに応じて取っ手の分子の速度は下がり、それゆえ取っ手の温度が下がる。したがって、片手鍋の取っ手からあなたの手に流れ込んでいるのは、物質ではない。取っ手の分子は取っ手に留まっているし、手の分子は手に留まっている。流れるのは物質ではなく、伝言ゲームで人から人へと情報が流れるように、鍋の取っ手から、それを握るあなたの手へと伝わる分子の運動状態なのだ。物質そのものは取っ手に留まっているのだが、物質の特質――平均としての分子速度――は、取っ手から手に伝わる。「熱は、温度の高いものから低いものへと流れる」と言うとき、われわれが言わんとしているのはそのことなのだ。

それと同じことがエントロピーについてもいえる。あなたの手の温度が上がるにつれて、手の分子はより大きな速度で動きまわるようになり、分子が取りうる速度の範囲が広がる――つまり、そっくりに見える分子配置として可能なものの幅が広がる。すると、あなたの手のエントロピーは増大する。一方、鍋の取っ手の温度が下がるにつれて、取っ手を構成している分子の運動は遅くなり、分子の取りうる速度の範囲は狭まる――そっくりに見える配置として可能なものの数が減少する。したがって、鍋の取っ手のエントロピーは減少する。

なんと！　エントロピーが減少する？

そう、エントロピーは減少する。しかしこの減少は、前節で説明した、袋に入った一セント硬貨をテーブルにぶちまけたらすべて表だったというような、まずめったに起こらない統計的な異常とは何の関係もない。熱い片手鍋の取っ手のエントロピーは、あなたが取っ手を握るたびに減少するのだ。この例からわかるシンプルだが非常に重要な事実は、熱力学第二法則の「エントロピーは増大する」という金言は、閉じた物理系の全エントロピーについて述べられたものだということだ。互いに相互作用する系はすべて、ひとつの閉じた系に含まれる。あなたの手は鍋の取っ手と相互作用しているため、熱力学第二法則を、鍋の取っ手だけに当てはめることはできない。片手鍋の取っ手とあなたの手の両方を（より正確には、鍋全体と、ガスレンジと、周囲を取り巻く空気などもすべて）含めなければならないのだ。そして、注意深く計算すればわかるように、あなたの手のエントロピーの増大は、取っ手のエントロピーの減少よりも大きく、全エントロピーはたしかに増大しているのである。

熱の場合と同様、ある意味で、エントロピーも流れる。片手鍋の取っ手を握る場合なら、エントロピーは、鍋の取っ手からあなたの手へと流れる。取っ手の秩序はいくらか増大し、あなたの手の秩序はいくらか減少する。この場合も、取っ手に存在していたなんらかの物質が、あなたの手に移行するというのではない。この場合のエントロピーの流れは、取っ手の分子とあなたの手の分子の特徴に影響を及ぼす、分子間相互作用の移行なのだ。エントロピーは、取っ手とあなたの手、それぞれに含まれる分子の平均速度——それぞれの温度——を変化させ、それが双方のエントロピーに影響を及ぼすのである。

この説明から明らかなように、熱の流れとエントロピーの流れは密接に結びついている。熱を吸収するということは、ランダムな分子運動によって運ばれるエネルギーを吸収するということだ。

エネルギーは、それを受け取った分子の運動速度を上げるか、または分子をさらに拡散させて、エントロピーの増大に寄与する。結果として、エントロピーが流れるためには、熱が流れる必要がある。そして熱が流れるときには、エントロピーが流れる。要するに、エントロピーは、流れるように伝わる熱の波に乗っているのだ。

こうして熱とエントロピーの関係を理解したところで、熱力学第二法則を再考するとしよう。

熱と熱力学第二法則

なぜわれわれは一方向に進展する出来事を経験し、逆方向に進展する出来事は経験しないのかを説明することから、ボルツマンの統計的な熱力学第二法則に導かれたのだった。ものごとの成り行きが非対称なのは、エントロピーは未来に向かって増大する可能性が圧倒的に高く、過去に向かって増大することはありそうにないからだ。では、その統計的なバージョンと、熱力学第二法則の初期のバージョンとは、どう結びつくのだろうか。初期のバージョンは、蒸気機関に触発されて、物理系がたゆまず生み出す廃熱の言葉で語られていたのだった。

これらふたつのバージョンの結びつきは、それぞれの出発点、すなわち可逆性と蒸気機関のあいだの密接な関係性にある。というのも、蒸気機関はサイクリックなプロセスに依拠しているからだ。膨張する空気はピストンを外向きに押し出すが、その後ピストンは元の位置に戻り、ふたたび押し出されるのを待つ。蒸気もまた、はじめの状態に戻る。蒸気機関にとって重要な構成要素はすべて、元の状態に戻らなければならない。蒸気は、元の体積、温度、圧力に戻り、蒸気機関がふたたび熱を溜め込んでピストンを押し出せるようになったときに備える。これら循環的なプロセスのどのひとつにおいても、到底ありえないようなことが起こる必要はない――すべての分子が厳密に元の場所に戻るとか、ひとつ前のサイクルが始まったときの場所と速度に、厳密に戻るといった馬鹿馬鹿しいほど起こりそうもないことが起こる必要はない。しかし、蒸気機関の全体としての配置や動き、つまりその蒸気機関の巨視的な状態は、その後のすべてのサイクルを開始させるためにも、まったく同じ状態に戻らなければならない。

そのことはエントロピーにとって何を意味するのだろうか？　エントロピーは、同じ巨視的状態を表す微視的配置の数だから、もしも新たなサイクルが始まるたびに蒸気機関の巨視的状態がリセットされるなら、エントロピーもリセットされなければならない。したがって、サイクルが進行する過程で増えるエントロピー（燃焼で生じたり、可動部の摩擦で生じる熱を吸収したりすることで増えるエントロピー）はすべて、そのサイクルが完了するまでに環境に放出されなければならない。蒸気機関はどうやってエントロピーを放出するのだろう？　すでに見たように、エントロピーを移行させるためには、熱を移行させなければならない。つまり、蒸気機関が次のサイクルに備えて自分をリセットするためには、熱を環境に放出しなければならないということだ。それが、熱力学第二法則の歴史的バージョンが言っていることであり、今や統計バージョンから導かれる廃熱の環境への放出なのだ――それが、バートランド・ラッセルを深く悩ませた劣化である。[*16]

これが私が目指した目的地なので、読者はここからすぐ次節に進んでもらってかまわない。しかし、できればあと少しだけ辛抱してほしい。ひとこと述べておかなければ怠慢のそしりを免れない細かい点を、ここで説明しておきたいのだ。あなたはこんな疑問を抱いたかもしれない。もしも蒸気機関が、燃焼する燃料から熱を吸収し（それゆえエントロピーを吸収し）、それを環境に排出する（それゆえエントロピーを排出する）だけなら、機関車に動力を供給するという仕事をするためのエネルギーはどこから出てくるのだろう？　蒸気機関がエネルギーを生み出せるのは、溜まったエントロピーを放出するためには、吸収したより少ない熱を放出しさえすればいいからだ。そのいきさつは以下の通り。

蒸気機関は、燃焼する燃料から熱とエントロピーを吸収し、より温度の低い環境に放出する。そこで重要なのが、燃料と環境との温度差だ。それを理解するために、そっくり同じふたつの暖房装置を考えよう。一方は、冷え切った部屋に置かれ、他方は、暑い部屋に置かれている。冷え切った部屋では、暖房を入れたことで温度の低い空気分子が揺さぶられ、運動速度が上がって広い範囲を動きまわるようになるため、空気分子のエントロピーは大幅に増大する。暑い部屋では、温度の高い空気分子はすでに大きな速度で広い範囲を動きまわっているので、暖房を入れたところで空気分子のエントロピーはそれほど増大しない（盛り上がったニューイヤー・パーティーの会場で、強いビートの音楽のボリュームを上げても、踊り狂う人たちの動きがさらに激しくなるようには見えないが、ラダック［チベット仏教が信仰されているインドの一地域］の町ティクセゴンパで同じことをしたら、瞑想中だった僧侶たちがクランプ［ストリートダンスの一種］を踊りはじめたというようなもので、そんな変化にはすぐに気づくだろう）。このように、暖房装置は同じなのに、環境に移行させるエントロピーの量は異なる。どちらの暖房装置も同じだけの熱を生成するが、低温環境に置かれた装置のほうが、より多くのエントロピーを環境に移行させる。つまり、ある熱量が与えられたとき、低温環境のエントロピーのほうが増大する程度が大きい。それがわかれば、蒸気機関は熱の一部を低温環境に排出するだけで、高温の燃料から得たエントロピーをすべて排出できる理由がわかるだろう。残った熱は、蒸気を膨張させてピストンを押すという、有用な仕事をするために使うことができる。

以上が、蓄積したエントロピーをすべて排出しても、有用な仕事ができる理由だ。しかし詳細に気を取られ、大きな結論を見失ってはならない。物理系は、時間が経過するにつれて、エントロピーの低い配置から高い配置に移り変わる可能性がとてつもなく高い。もしも何らかの系、たとえば蒸気機関が、壊れないようにしたいと思うなら、蓄積したエントロピーを環境に移行させることにより、エントロピーの増大を食い止めなければならない。蒸気機関はそのために廃熱を環境に放出するのである。

エントロピック・ツーステップ

これまでたどってきた各段階のひとつひとつを注意深く考えてみれば、蒸気機関がいたるところで顔を出すにもかかわらず、われわれが到達した結論は、出発点となった一八世紀の発明品を超えていることがわかるだろう。われわれの分析のエッセンスは、エントロピーの出納帳を几帳面につけること、そしてその作業はどんな状況についてもできるということだ。それを理解しておくことが決定的に重要なのである。なぜなら、熱を排出して蒸気機関から環境にエントロピーを移行させるというプロセスは、今から宇宙の進展を追跡するなかで出会う、まったく普遍的なプロセスの一バージョンにすぎないからだ。その普遍的なプロセスのことを、本書では「エントロピック・ツーステップ」と呼ぶことにしよう。それは、系がエントロピーの減少分を補ってあまりあるエントロピーを環境に移行させることにより、その系自身のエントロピーは減少するようなあらゆるプロセスである。エントロピック・ツーステップは、ある領域でエントロピーが減少したとしても、別の領域では確実にエントロピーを増大させ、最終的には、熱力学第二法則から予想される通り、全体としてのエントロピーを増大させるのである。

エントロピック・ツーステップは、無秩序に向かって突き進む宇宙が、恒星や惑星や人間のような秩序ある構造をいかにして生じさせるのか、いかにしてそれらの構造を支えるのかという問いへの答えの核心に位置している。これから繰り返し出会うテーマに、エネルギーが系を通り抜けるとき（蒸気機関の場合には、燃焼する石炭から生じたエネルギーが蒸気機関で仕事をしたのち、環境に出ていくとき）、エネルギーはエントロピーを運び去り、そうすることでエネルギーは系の秩序を維持し、さらには秩序を生み出すことさえできるというものがある。

心が重要だとみなすものの多くは、このエントロピックなダンスを踊っている。そればかりか、生命と心の勃興の舞台で演じられるのも、このダンスなのだ。

あなたはひとつの蒸気機関だ

蒸気機関が一サイクルを完了するたびに、エントロピーをリセットすることの重要性がわかったことで、あなたはこんな疑問を抱いたかもしれない。もしもエントロピーのリセットがうまくいかなかったらどうなるのだろう? リセットできないということは、蒸気機関が排出すべき廃熱を排出できないということだ。その場合、一サイクルを終えるたびに蒸気機関の温度は上昇し、いずれはオーバーヒートして壊れるだろう。蒸気機関がそんな運命にあるのは困ったことだが、けが人さえ出なければ、そのせいで存在論的危機に追い込まれる人がいるとは思えない。しかし、蒸気機関を支配している物理学とまったく同じものが、果てしなく遠い未来にも生命と心は存在できるのかという問題にとってとても重要になるのである。なぜなら、蒸気機関で成り立つことは、あなたにも成り立つからだ。

あなたは自分のことを蒸気機関だとは思っていないだろうし、おそらく物理的な機械だとさえ思っていないだろう。私にしても、自分は何者かを説明するときに、物理的だの機械だのという言葉を使うことはめったにない。しかし考えてもみてほしい。あなたの生存に関係するのは、蒸気機関の場合に劣らずサイクリックなプロセスだ。あなたの身体は日々、あなたが摂る食べ物と呼吸する空気を燃焼させることで、体内の組織や外部の活動にエネルギーを与えている。考えるという行為ですら——それはあなたの脳内で起こる分子の運動だ——それとまったく同じエネルギー転換過程から動力を得ている。そしてあなたは、蒸気機関と同じく、過剰な廃熱を環境に排出してエントロピーをリセットしなければ生き続けることができない。というわけで、あなたは実際に、蒸気機関と同じことをしているのである。そしてそれは、すべての人がつねにやっていることでもある。われわれはたえず熱を排出しているからこそ、たとえば、その熱を「見る」ためにデザインされた軍用の赤外線ゴーグルが、暗闇で敵の戦闘員を見つけるために大いに役立つのだ。

こうしてわれわれは、ラッセルの未来像がだいぶ理解できるようになってきた。人はみな、じりじりと溜まる廃熱、たゆまぬエントロピーの増大と闘っている。生き続けるためには、生じる廃熱とエントロピーをすべて環境に排出し、運び去ってもらわなければならない。そこから次のような疑問が生じる。環境は（ここでは「観測可能な宇宙」のこと）、その廃熱を吸収してくれる底なしの穴なのだろうか？　生命はエントロピック・ツーステップを永遠に踊り続けることができるのだろうか？　あるいは、宇宙はほぼ満杯になり、われわれが生み出す廃熱を吸収できず、生命と心に終止符が打たれるのだろうか？　ラッセルが暗澹たる言葉で述べたように、「幾多の時代にわたってつぎ込まれてきた労力のすべて、献身、霊感、そして真昼の光のような人間の独創性のすべては、太陽系の広大な死とともに滅亡することを運命づけられている。人類の業績を祭った殿堂全体は、バラバラに崩壊した宇宙の塵芥の下に埋もれるしかない」のだろうか？[*17]

これらの問いは、われわれが本書の中で探っていく中心的なテーマだ。とはいえ、少々先を急ぎすぎたようだ。生命と心について論じる前に、生命と心がこの世界に定着するために必要な環境を整備するうえで、エントロピーと熱力学第二法則がどんな役割を果たしたのかを見ていくことにしよう。
その目的のために、時間を一気にさかのぼり、さあ、ビッグバンの現場に直行だ。

第3章

宇宙の始まりとエントロピー

宇宙創造から構造形成へ

数学のおかげで、宇宙の始まりといってもおかしくない出来事まであとほんの一瞬というところまで覗き込めるようになると、伝統的には宗教に属していた領域にそこまで接近したことで、科学と宗教との、深い共通性や結びつき、あるいは両者の対立が、いよいよ鮮明になるのではないかと考える人たちがいる。私が科学について質問されるのと同じぐらい、創造者について意見を求められるのはそのためだ。実際、私が受ける質問の中には、科学と宗教の両方にまたがるものも多い。そんな質問については本書の後の章でたっぷり時間を取って考えることにして、本章では、前章の最後に提起されたひとつの接点を探究することにしよう。その接点は、本書でこれから見ていく、より大きな物語にとって決定的に重要なのだ。もしも熱力学第二法則が、無秩序の着実な増大という重荷を宇宙に背負わせているのなら、なぜ自然は、原子や分子から、恒星と銀河、さらには生命や心まで、これほど秩序立った構造をこれほど容易に生じさせるのだろう？　宇宙は爆発のようなもので始まったというが、そんな激しい出来事の後で、渦を巻いた天の川銀河や、驚くほど美しい地球の景観や、人間の脳の込み入ったシナプス結合や入り組んだシワ、さらには脳が作り出す美術や音楽、詩や文学に至るまで、ありとあらゆる構造はどうやって生じたのだろう？

こうした問いの萌芽ともいえそうなものに向き合うために、幾多の時代を超えて頼りにされてきたのが、「秩序は至高の知性によって混沌の中から取り出された」という答えだ。人間のような姿をした神の存在を信じることから出てくるこの考えは、われわれの経験ともなじみが良い。つまるところ、現代文明の日常生活のなかで出会う秩序の大半は、実際に知的な生物によって作られたものなのだから。しかし、熱力学第二法則を正しく解釈するなら、そんな知的なデザイナーは不要だ。驚くべきことに、そしてまた注目すべきことに、エネルギーと秩序が集中した物体（典型的には恒星）を含む領域は、熱力学第二法則の命令に従ってひたすら無秩序に向かう宇宙においては、生じるべくして生じるのである。それればかりか、長い目で見れば、そんな秩序ポケット［恒星のようなものを含む領域］は、宇宙のエントロピーが到達しうるかぎり最大になるのをむしろ助長しさえする。無秩序へと向かう道のりの途上、エントロピーが増大する成り行きの一環として、秩序ポケットは生命の出現を促しもするのである。

宇宙の歴史上、秩序と無秩序とのあいだでつねに繰り広げられてきたダンスをつぶさに見るために、まずは宇宙の始まりの時点に向かおう。

ビッグバンとは何だったのか

一九二〇年代の半ば、イエズス会の司祭ジョルジュ・ルメートルは、アインシュタインが新たに作った重力理論——一般相対性理論——を使って、宇宙は何か爆発のようなもので始まり、それ以来ずっと膨張を続けてきたという過激な考えを発展させた。ルメートルは、司祭としての仕事の余暇に物理学をたしなむというタイプの物理学者ではなかった。彼はマサチューセッツ工科大学で博士号を取得し、ごく早い時期に一般相対性理論を宇宙全体に応用した物理学者のひとりだったのだ。アインシュタインは、宇宙に含まれるものには始まりと途中と終わりがあるが、宇宙そのものはつねに存在していたし、永遠に存在し続けるはずだと直観的に考えており、彼がそれまでの一〇年間に、空間、時間、物質の本性について次々と新しい発見をすることができたのは、その直観の導きのおかげだった。ルメートルがアインシュタインの方程式を分析して、その直観に反する結果を得ると、アインシュタインはぴしゃりと彼をはねつけ、この若き研究者に向かってこう言った。「あなたの数学は正しいが、あなたの物理学はおぞましい」[*1]。アインシュタインは、ルメートルは方程式をいじくりまわすのは上手かもしれないが、そうして導かれた結果のうち、どれが現実の宇宙を反映しているか判断するために必要な、科学的センスに欠けていると言いたかったのだ。

それから数年後、アインシュタインは、科学史上もっとも有名な転向のひとつをやってのけた。ウィルソン山天文台で研究をしていた天文学者エドウィン・ハッブルの詳細な観測から、遠くの銀河はどれも動いている、それも猛烈な勢いでわれわれから遠ざかっていることが明らかになった。そしてその運動パターン（遠い銀河ほど大きな速度で遠ざかっている）が、一般相対性理論の方程式から数学的に得られた結果と一致したのである。こうしてルメートルのおぞましい物理学を裏づけるデータが得られると、アインシュタインは、宇宙には始まりがあるという考えを心の底から受け入れた。[*2]

ルメートルの革新的な計算が行われてからの一〇〇年間に、彼が創始した宇宙の理論的研究は、彼とは独立に行われたロシアの物理学者アレクサンドル・フリードマンの仕事とともに大きく進展し、地上の望遠鏡と宇宙望遠鏡の観測にもとづく証拠が大量に得られるようになった。そこから明らかになった今日的な宇宙の歴史は、次のようにまとめることができる。今から一四〇億年ほど前に、観測可能な宇宙全体——想像できる限り最強の望遠鏡で見ることのできるものすべて——は非常な高温高密度だったが、その宇宙が膨張を始めた。膨張するにつれて温度は下がり、狂ったように飛びまわっていた粒子たちはしだいに静かになり、互いに寄り集まって塊を作った。さらに時間が経つにつれ、それら物質の塊は宇宙のいたるところで、ガス状だったり、ゴツゴツした岩石状だったりと、さまざまな性質の恒星や惑星を——そしてわれわれを——創った。

ふたつのセンテンスにまとめれば、これが宇宙の歴史だ。今からこのまとめの細部を埋めていこう。意図もデザインも、展望も判断も、計画も熟慮もなしに、宇宙はいかにして、高度に秩序立った粒子配置を作り、原子から恒星まで、さらには生命までも生じさせるのかを詳しく見ていこう。高い秩序を持つそれらの構造は、黙々と無秩序に向かうべしという熱力学第二法則の命令と、どのように調和するのかを理解しよう。さあ、宇宙という舞台で、今このときも演じられているエントロピック・ツーステップに立ち会うとしよう。

そのためには、宇宙論の細かい点をもう少しきちんと知っておく必要がある。まずはじめは、次の問いだ。生まれたばかりの高温高密度の宇宙を、膨張へと駆り立てたものは何だったのだろう？ ざっくり言えば、何が大爆発《ビッグバン》に点火したのだろう？

斥力的重力

正反対なもの同士が一組になるのはよくあることで、反対語の組も枚挙にいとまがない。物理学もまた、そんな反対語が増え続ける状況に一役買っている——秩序と無秩序、物質と反物質、正と負、等々。しかし、ニュートンの時代以来、重力はこのパターンから一線を画しているように見えた。押すことも引くこともできる電磁力とは異なり、重力は引力としてしか作用しないらしいのだ。ニュートンによれば、重力は物体間に引力を及ぼし、粒子であれ惑星であれ、もの同士を引き寄せるが、その反対に、もの同士を引き離すことはけっしてない。自然界のあらゆる仕組みに対称性を要請する原理がない以上、重力について深く考えた人たちのほとんどは、引力としてしか働かない重力の偏頗《へんぱ》な性格を、そういうものとして受け入れるしかない重力固有の特質と見なしたのだった。その状況を変えたのがアインシュタインだ。一般相対性理論によれば、重力は斥力としても働くことができる。ニュートンは斥力的重力など考えもしなかったし、あなたも私もそんな力を経験したことはない。だが、斥力的重力は、まさにその名の通りの仕事をする。引き寄せるのではなく、引き離すのだ。アインシュタインの方程式によると、恒星や惑星のような大きな塊は普通の引力的重力を及ぼすが、重力が斥力的に働く風変わりな状況があるのだ。

のちに一般相対性理論を研究した科学者たちと同じく、アインシュタインもまた重力は斥力にもなりうることに気づいていたが、そのもっとも重要な例が見出されるまでには、それから半世紀以上もの時間を要した。若きポスドクだったアラン・グースがビッグバンについて考えていたときのこと、斥力的重力があれば、宇宙の厄介な謎がひとつ解けるかもしれないことに気がついた。観測によれば宇宙は明らかに膨張している。アインシュタインの方程式もそれを認めている。しかしその方程式は、一四〇億年前に始まって以来今日まで続く膨張を開始させたのがどんな力だったのかについては、固く口を閉ざしたままだったのだ。その問題を数学的に調べてみたグースは、一九七九年の一二月の深夜、すさまじい勢いで計算をした末に、アインシュタインの方程式に、どうにか口を開かせることができた。

グースが気づいたのは、ある種の物質が空間を満たし（その物質を「宇宙の燃料」と呼ぶことにしよう）、燃料のエネルギーが均一に広がっているなら（恒星や惑星のような塊になっていなければ）、その重力はたしかに斥力になるということだった。より正確にいえば、グースの計算は、もしも直径が一メートルの一〇億分の一の一〇億分の一の一〇億分の一ほどの小領域がある種のエネルギー場に満たされていれば、そしてそのエネルギー場が、ちょうどサウナ室を均一に満たしている水蒸気のように、その小領域を均一に満たしていれば、斥力的重力がすさまじい強さで働き、その領域は爆発的に膨張して、ほとんど一瞬といえるほど短い時間のうちに、観測可能な宇宙よりも大きい、とまではいわずとも、それと同じぐらい大きく引き伸ばされることを示したのである（そのエネルギー場のことを、インフレーションinflation場ではなく、インフラトンinflaton場という。iが抜けているのは何かの間違いかと思われるかもしれないが、これは命名法の規約に則った名前だ）。こうして斥力的重力が爆発を引き起こし、その爆発はたしかにビッグな爆発《バン》だった。[*3]

一九八〇年代の初めには、ソビエトの物理学者アンドレイ・リンデと、アメリカの物理学者ふたり組、ポール・スタインハートとアンドレアス・アルブレクトが、グースが投げてよこしたボールをキャッチして、そのアイディアを抱えて突っ走り、実際に使い物になる最初のインフレーション宇宙論を作った。それから数十年間のうちに、これら初期の仕事に触発されて、何千ページもの複雑な数学的計算と、膨大かつ詳細なコンピュータ・シミュレーションが行われ、世界中の宇宙物理学の専門誌は、過去にインフレーションがあったという仮定にもとづく説明と予測であふれかえった。そうした予測の多くは、苦心の末の正確な天文観測のおかげで、今では正しいことが確かめられている。インフレーション宇宙論を支える観測事実をひと通り見てまわるツアーに皆さんをお連れしようとすれば、何本もの記事や何冊もの本を書かなければならなくなるため、そのツアーは省略するが、いくつもの成功物語のうちひとつだけ、インフレーションを支持する証拠としてもっとも説得力があると多くの物理学者が考えているものを説明しておこう。その特徴は、宇宙の進展の次のステップである「恒星と銀河の形成」のためにも必要なのだ。

宇宙創造の残照

初期宇宙が急速に膨張するにつれて、焼けつくような熱は、広がり続ける空間に引き伸ばされ、温度はじりじりと下がっていった。[*4] さかのぼって一九四〇年代、インフレーション理論が作られるよりだいぶ前のこと、宇宙誕生のときの熱は空間膨張のために微弱な光になって、今も宇宙を満たしているはずであることに物理学者は気がついた。「宇宙創造の残照」(専門用語では「マイクロ波背景放射」)と名づけられた驚くべきその宇宙の遺物は、一九六〇年代に、ベル研究所のふたりの研究者、アーノ・ペンジアスとロバート・ウィルソンによって初めて検出された。最先端の遠距離通信用アンテナが、絶対零度よりわずか二・七度高いだけの微弱な放射を、はからずも捉えたのである。もしもあなたが一九六〇年代に生きていたなら、あなたもまたその放射を漏れ聞いたことがあったかもしれない。かつて旧式のテレビで、夜の放送が終了した局にチャンネルを合わせると聞こえたザーッというノイズの一部は、このビッグバンの名残の電波によるものだったのだ。

インフレーション宇宙論では、量子力学を考慮に入れることで、宇宙創造の残照に関する予測がさらに精確になる。量子力学とは、ミクロな世界の物理プロセスを記述するために、二〇世紀のはじめの数十年間に作られた一組の法則だ。われわれは宇宙全体という大きなものを見ているのだから、小さなものに焦点を合わせる量子物理学に出る幕はないだろうと思われるかもしれない。実際、もしもインフレーション宇宙論がなかったなら、あなたのその直観は当たっていただろう。だが、伸縮繊維《スパンデックス》の小さな布地を思い切り引き伸ばせば、布地を織り成す繊維の隙間が見えてくるように、インフレーションの爆発的な膨張により空間が引き伸ばされると、普通はミクロの世界に閉じ込められている量子的な特徴が見えるようになるのだ。要するに、インフレーションの膨張は、ミクロな世界にまで行き渡り、量子的な特徴を大きく空に引き伸ばして見せるのである。

この文脈でもっとも重要になるのが、古典的伝統との断絶を確立した量子効果、「量子力学の不確定性原理」だ。アイザック・ニュートンの伝統を受け継ぐ物理学者ならば、物体の状態は完璧な精度で決定できるときっぱり言い切るだろう。しかし、一九二七年にドイツの物理学者ヴェルナー・ハイゼンベルクにより発見されたこの不確定性原理は、量子のあいまいさのせいでぼんやりとしか決定できない物理的特徴があるというのである（たとえば、一個の粒子の位置と速度というふたつの特徴を、同時に正確に決定することはできない）。たとえて言うなら、古典物理学の伝統は、不純物のない完璧に磨き上げられたレンズを通して世界を見ているため、あらゆる物理的特徴がくっきり見えるのに対し、量子的に仕上げられたレンズははじめから曇っているというようなものだ。ありふれた日常経験からなるマクロな世界では、量子的レンズの曇りはあまりにもかすかなので世界の見え方には影響しないため、古典的な世界の見え方と量子的なそれとを区別するのは難しい。しかし、徐々に細かく世界を探っていくにつれ、量子のレンズの曇りはしだいに濃くなり、視野はぼやけはじめる。

こんなたとえ話をすると、量子のレンズの曇りを取りさえすれば、問題は解決するだろうと思われるかもしれない。しかし、不確定性原理は、どれほど細心の注意を払っても、どれほど高度な装置を使っても、最低限の曇りはつねに残ることを示したのである。実は、私のこのたとえ話は、はからずも人間経験のバイアスを露呈している。量子の領域で実在がぼんやり見えるのは、不正確であることが明らかな古典的世界像と比較してのことなのだ。古典的世界像は、われわれ人間がはじめて見出した世界の姿だが、それが最初の世界像になったのは、その世界像がシンプルだから、そしてわれわれの五感で感じ取れる細かさでは驚くほど正確だからなのだ。実際には、古典的な世界の見え方のほうこそ、真の世界のありようである量子的実在の近似であり、それゆえ不完全な見え方なのである。

なぜ実在は、量子の法則に支配されているのだろうか？　私はその理由を知らないし、それを知る者はいない。この一〇〇年間に積み上げられてきた実験から、量子力学の膨大な予測は正しいことが確かめられており、科学者たちは心の底からこの理論を受け入れている。しかし、典型的な量子の特徴はごく細かいところを探らないかぎり見えてこないため、日常生活でそれを経験することはない。ほとんどの人が、今もこの理論になじめないのはそのためだ。もしも日常生活で量子的な現象を経験していれば、われわれの常識的な直観は量子的なプロセスによって形成されていただろうし、量子物理学はわれわれの第二の天性になっていただろう。あなたがニュートン物理学を直観的に理解しているように――ガラスのコップを落とせば、あなたはコップがたどる軌道を瞬時に理解し、さっと手を伸ばしてそれを拾い上げるだろう――、われわれは量子力学を直観的に理解していただろう。しかし、そんな量子的な直観を持たないわれわれは、実験と数学に頼って、直接的には経験できない実在を描き出し、それを理解しようとするのである。

もっとも広く論じられるのは、すでにざっと説明した粒子の振る舞いで、その場合には、古典物理学に特有のくっきりした粒子経路を、量子力学の不確定性のためにふらふらと定まらない動きで上書きすればよい。粒子がある場所から別の場所へと移動する場合には、古典物理学者なら、先を削って尖らせた羽ペンで粒子の軌跡をくっきりと描くだろうが、量子物理学者は、まだ乾いていないそのインクに指を走らせ、粒子の軌跡をぼやけさせるだろう。[*5] しかも量子力学は、一個の粒子の運動をはるかに超える幅広い領域に関係していて、宇宙論の場合には、不確定性原理が、空間の急激な膨張に燃料を与えるインフラトン場の振る舞いに決定的な影響を及ぼす。私は先に、インフラトン場は、インフレーションを起こしている空間のすべての場所で同じ値になっているかのような言い方をしたが、実際には、インフラトン場の値は、量子の不確定性のためにぼんやりしている。不確定性が古典物理学的な均一性に量子のゆらぎを上書きするため、インフラトン場の値、つまりはインフラトン場のエネルギーは、場所によってわずかにゆらぐのだ。

インフレーションの膨張が、エネルギーの値に生じた微小な量子ゆらぎを急速に引き伸ばすと、ゆらぎは空間全体に広がる。その結果として、空間の温度もまた、場所ごとにわずかにゆらぐ。その差は大きなものではない。一九八〇年代に物理学者たちがはじめて数学的な解析を行ったとき、場所による温度差は、わずか一〇万分の一程度であることが示された。しかもその解析から、温度のゆらぎが非常に小さいことだけでなく、探し方を知ってさえいれば、温度ゆらぎはすぐにも観測できることがわかったのだ。計算によると、引き伸ばされた量子ゆらぎのために生じる温度ゆらぎのパターンは、天文学バージョンの科学捜査に利用できる、宇宙論的な指紋になってくれそうだった。そして実際、一九九〇年代のはじめに、地球大気のせいで生じる歪みの影響がない高度に打ち上げられる最初の望遠鏡が建造されて以降、次々とより性能の高い望遠鏡が作られ、そのつど、予想された温度変化のパターンがより高い精度で検出されてきたのである。

ここで一息ついて今の話を整理しておこう。物理学者たちは宇宙のごく初期を記述するためにアインシュタインの方程式を使うが、その方程式は、グースが提案した宇宙空間を満たす仮想的なエネルギー場を取り入れてアップデートされている。そのエネルギー場は、ハイゼンベルクが教えてくれた量子の不確定性に支配されている。インフレーションの爆発的な膨張を数学的に解析すると、消しようのない痕跡が残されていることがわかる。それは、夜空の温度の微小なゆらぎとして現れる特徴的なパターンで、宇宙創造の化石のようなものだ。そして、宇宙の誕生から一四〇億年ほどの時を経て、この銀河系で科学の時代に入った生物種が、最先端の温度計を宇宙空間に設置したところ、まさにそのパターンが検出されたのである。

これは目を見張るばかりの快挙であり、自然のパターンを表す数学のただならぬ威力を改めて示すものだった。だが、インフレーションの劇的膨張はたしかに起こったということが、観測によって立証されたとまで断言することはできない。百数十億年も前に起こった、実験室で扱うことのできるエネルギーの一〇〇〇万倍の一〇〇億倍も高いエネルギー・スケールの宇宙論的な出来事に焦点を合わせるとき、われわれにできることはせいぜい、観測と計算結果を地道につき合わせて、自分たちの説に自信をつけていくことだけなのだ。そして、宇宙論のデータを理解する唯一の方法がインフレーションの炸裂なら、われわれの自信は確信に近づくだろうが、想像力のある科学者たちはもうだいぶ前から、インフレーションに代わるアプローチを発展させている（第10章ではそんなアプローチのひとつに出会うだろう）。こう述べたうえで言うのだが、私自身は、主流の説に挑戦する新しいアイディアにはつねに心を開いておかなければならないとはいえ、過去四〇年間に発展してきたインフレーション宇宙論は、強力な証拠に支えられていると考えている。そしてそれは、私だけでなく多くの研究者の考えでもある。[*6] そんなわけで、これから先の旅のほとんどは、インフレーション理論によって切り開かれた道を進んでいこう。

進むべき方向を定めたところで、いよいよ、インフレーションによる宇宙の始まりは、無秩序へと駆り立てる熱力学第二法則といかにして調和するのかを考えることにしよう。

ビッグバンと熱力学第二法則

ドイツの哲学者ゴットフリート・ライプニッツは、「なぜ何もないのではなく、何かがあるのだろうか？」と問うた。その後数世紀をかけてわれわれは科学を発展させてきたが、「存在の謎」をギリギリまで切り詰めたこの問いに答えるという点では、ライプニッツが初めてこれを問うたときから前進していない。創造的なアイディアや、刺激的な理論に不足はない。しかし、究極の起源について問いを発するとき、われわれが探し求めるのは、それ以前の何かを必要としない答え、問いを一歩後退させない答えだ。「なぜその答えであって、あの答えではないのか」とか、「なぜその法則であって、あの法則ではないのか」といった問いを生じさせない答えがほしいのだ。存在の謎への説明としてこれまで提案された中に、その条件を満たすものはひとつもないし、それに近づいたといえるものさえない。

インフレーションの枠組みが、その条件を満たしていないのは明らかだ。インフレーション理論は、空間、時間、膨張の燃料(インフラトン場)など、多くのものを必要としているし、量子力学と一般相対性理論という専門的な装置も必要だ。そしてこれらの基礎理論それ自体が、多変数微積分学と線形代数から微分幾何学まで、さまざまな数学分野の上に成り立っている。こうした特定の数学的構成物を使って表現された、特定の物理法則を選び取ることを要請するような原理は知られていない。われわれ物理学者はそんな原理の代わりに、観測と実験、そして説明しがたい直観的な数学的センスに導かれて、特定の物理法則にたどり着くのである。そして、いずれかの物理法則を選び取ったなら、それらの法則を数学的に調べることで、誕生間もない宇宙のどんな環境条件が(そんな条件があったとして)、急激な空間の膨張をスタートさせたのかを判断することになる。幸運にもそんな条件が見つかったら、それがビッグバン直後に成り立っていたと仮定して、その後に何が起こるかを方程式を使って調べていく。

それが、今のわれわれにできる最善のことなのだ。そしてそれは、けっして軽んずべきことではない。一四〇億年ほど前に起こったと考えられる出来事を数学的に記述できるということ、そしてその記述から、強力な望遠鏡で今何が見えるかを予想して、観測でそれを確かめられるということは、驚くべき快挙なのだ。なるほど、深遠な問いはたくさん残っている。何が(あるいは誰が)、空間と時間を作ったのか。何が(あるいは誰が)、数学という牽引装置のハンドルをわれわれに握らせたのか。何が（あるいは誰が）、何もないのではなく何かがあるようにしたのか。しかし、多くの問いが未解決だとしても、われわれはすでに宇宙の歴史的発展について強力な洞察を得ているのである。

ここで私がやろうとしているのは、その洞察を使って、エントロピーが増大し続けてどんどん無秩序になることを運命づけられた宇宙が、その道のりの途上で、いかにして豊かな秩序を生み出すのかを明らかにすることだ。それを目標に据えて、まずは前章で触れた、一番基本的なことから始めよう。もしもエントロピーがビッグバン以降着実に増大してきたのなら、ビッグバンの時点でのエントロピーは、今日よりずっと低かったはずだ。[*7]

これはどう考えたらいいのだろう？

今ではみなさんも、高エントロピーの配置に出会ったら、肩をすくめてやり過ごすことに慣れただろう——それは表と裏がランダムに交じった硬貨の集まりかもしれないし、浴室を均一に満たしている蒸気かもしれないし、家中に広がったパンの焼ける香ばしい匂いかもしれない。高エントロピーの配置は、そうであることが予想される、何の変哲もないありふれた状態だ。しかし、もしも低エントロピーの配置に出くわしたら、肩をすくめてやり過ごすわけにはいかないことも、あなたはすでにご存知だ。低エントロピーの配置は、特別な状態だ。なぜそんなに秩序立っているのかは、説明を要することなのだ。

この論証を初期宇宙に当てはめると、科学上も哲学上も、重大な難問に突き当たる。いかなる力またはプロセスが、初期宇宙を低エントロピーの状態にしたのだろうか？　一〇〇個の一セント硬貨のすべてが表を出している状態のエントロピーは低いが、その理由はすぐに思いつく——テーブル上に硬貨をぶちまける代わりに、誰かがわざわざ硬貨をそのように並べたのだろう。しかし初期宇宙の場合には、いったい何が（あるいは誰が）、低エントロピーという特別な配置をお膳立てしたのだろうか？　宇宙の起源に関する完全な理論が得られていないため、科学はこの問いに答えることができない。実は私は、この問いのせいで幾晩も眠れぬ夜を過ごしたのだが（本当のことだ）、科学は、この問いにはそもそも頭を痛めるだけの価値があるのかどうかさえ判定できずにいる。なぜ何もないのではなく何かがあるのかがわからないということは、何かがあるという現実の状態が異常なことなのか普通のことなのかを判定するすべがないということだ。初期宇宙の詳細な条件は、肩をすくめてやり過ごすべきものなのか、あるいはハッとして振り返るべきことなのかを判定するためには、それらの初期条件が設定されたプロセスを明らかにする必要がある。

宇宙論の研究者が考えたひとつのシナリオでは、初期宇宙は混沌とした荒々しい世界だったため、インフラトン場の値は、場所ごとに大きく変動していたと想定する。そんな状況は、煮えたぎるお湯の表面とちょっと似ている。斥力的重力を生じさせてビッグバンをスタートさせるためには、インフラトン場の値が均一になった小領域が必要だ（量子的なゆらぎを考慮に入れて言い直すなら、均一にきわめて近い領域が必要だ）。しかし、激しく変動する混沌とした場の中に均一な領域を見つけるのは、大鍋いっぱいに煮えたぎるお湯の表面に、突如として平坦な領域が生じたのを見つけるようなものだ。そんなものが見つかったことは、かつて一度もない。見つからない理由は、それが起こりえないことだからではなく、起こる確率がとてつもなく低いからだ。大鍋いっぱいに煮えたぎるお湯の表面の一領域が、同じ時刻に同じ高さになり、ほんの一瞬、平坦で秩序立った均一な低エントロピーの配置が実現するためには、到底起こりそうもない驚くべき偶然が重ならなければならない。同様に、激しく変動するインフラトン場の値が、空間の小領域のいたるところで同じになり、インフレーションの膨張をスタートさせるためには、やはり到底起こりそうもない驚くべき偶然が重なる必要があっただろう。そんな、特別で、秩序が高く、エントロピーの低い、領域全体で均一な配置が実現することに対して何の説明もないというのは、物理学者にとってはひどく気持ちが悪いことなのだ。[*8]

その気持ちの悪さを解消しようと、研究者の中には簡単な経験則に頼る人たちがいる。その経験則とは、「必要なだけ長く待ちさえすれば、どれほど起こりそうにないことでもいつかは起こる」というものだ。一〇〇個の一セント硬貨が入った袋を揺すってテーブルにぶちまけるということを続けていれば、いつかはすべての硬貨が表を出して着地するだろう。そのときまでずっと息を止めて待つのは賢明ではないにしろ、いつかはそんなことも起こる。同様に、インフラトン場の値が大きく変動する混沌とした環境で、インフラトン場の値を場所ごとに上下させているランダムな変動がぴたりと揃う小領域が、いつかはまったくの偶然だけによって生じ、場の値はその小領域全体で同じになると断言することができる。そんな小領域が生じるためには、統計的には到底起こりそうもない驚くべき偶然が重ならなければならないし、結果として、秩序はより高く、エントロピーはより低くなるけれど、ときにはそんなことも起こるだろう。それは頻繁に起こるようなことではない。しかし、稀にしか起こらないからといって気にすることはない。仕組まれた陰謀のようなその出来事が起こったのは、われわれがビッグバンと呼ぶ急激な空間の膨張が始まる前なのだから、インフレーションの膨張が始まるのをイライラしながら待つ者はいなかったのだ。インフレーションというショーの前座には、たっぷり時間をかけてかまわない。そして、インフラトン場の値が均一な小領域が生じるという、統計的には到底起こりそうもないことがついに起こったとき、いっさいが変わる。そのときビッグバンが炸裂し、空間は膨張しはじめ、宇宙論的なショーが始まるのだ。

こう考えたからといって、空間、時間、場、数学、等々の起源に関するもっとも基本的な問いに答えられるわけではないが、この考えは、混沌とした環境が、いかにしてインフレーションが起こるために必要な、特別で、秩序の高い、低エントロピーの条件を生み出すかを例示してはいる。空間の小さな一部分が、統計的には到底起こりそうもない低エントロピーの状態への飛躍をついに遂げたとき、斥力的重力が一気に働きはじめ、空間の小領域だったものを、急激に膨張する宇宙にする。それがビッグバンだ。

インフレーションの膨張がどのように始まったのかを説明するための提案は、これひとつだけではない。インフレーション宇宙論のパイオニアのひとりであるアンドレイ・リンデは、三人研究者がいれば、これに関して少なくとも九つの意見があるという名言を吐いた。[*9] 空間の小領域が、どうやって均一なインフラトン場に満たされ、激烈な膨張を始めたのかという問いに対し、今説明したものよりもきちんとした答えを与えるためには、理論と観測の両面でさらなる研究が必要だ。したがって、われわれとしては、当面、初期宇宙はともかくも低エントロピーで秩序の高い配置になったと仮定することにしよう。宇宙がその配置になったおかげで、ビッグバンが炸裂し、われわれは、

「そこから先はご存知の通り」と言えるようになったのだ。

これが、われわれの旅の出発点だ。ここから歩きはじめて、無秩序な未来に向かって邁進する宇宙の中で、いかにして星や銀河のような秩序ある構造が形成されたのかを探っていくとしよう。

物質の起源と恒星の誕生

ビッグバンから、一〇億分の一の一〇億分の一のさらに一〇億分の一秒後には、斥力的重力は空間の小領域を大きく引き伸ばし、最先端の望遠鏡で見えるもっとも遠くよりもさらに先まで広がった。[*10] 空間はまだインフラトン場に満たされていたが、同じぐらい短い時間がさらに経過すると、状況が変わった。インフラトン場に満たされた膨張する空間領域のエネルギーは、膨らみつつある石鹸の泡の表面エネルギーと同じく、非常に不安定だ。石鹸の泡はいずれ破裂し、表面のエネルギーは石鹸水の霧になる。それと同じくインフラトン場もまた、いずれ「破裂」し、場のエネルギーは粒子たちの霧になる。

その粒子たちが正確には何だったのかはわかっていないが、高校の物理で習った、普通の物質を構成する粒子ではないのは確かだ。しかし、さらに数分ほど経過すると、空間のいたるところで急速な粒子たちのカスケード反応が起こる――重い粒子は崩壊して、より軽い粒子をたくさん生み出し、結合しやすい粒子同士はしっかりと結合する。こうして原初の粒子の混合物は、陽子と中性子と電子、そしてお馴染みの物質の混合物になった（それに加えて、長い天文観測の歴史が存在を証言している暗黒物質などのエキゾチックな粒子も、その原初の物質の混合物に含まれることになりそうだ)[*11]。ビッグバンからさして時間が経たないうちに、宇宙はこうして、高温でほぼ均一な粒子の霧に満たされた。膨張する空間に浮かぶ粒子たちの中には、よく知られたものもあれば、そうでないものもあった。

私が今、「ほぼ」という条件をつけたうえで「均一」だと述べたのは、インフラトン場の量子ゆらぎのためにビッグバンの残照の温度がゆらぐだけでなく、インフラトン場が崩壊した結果として生じた粒子の密度もまた、場所によりわずかにゆらぐからだ(粒子密度が場所によってわずかに高かったり低かったりする)。そしてその密度の変化が、次に起こる出来事にとって決定的に重要になる——物質が寄り集まった、恒星や銀河などの構造形成である。密度が周囲よりわずかに高い領域は、わずかに強い重力を周囲に及ぼし、近くの粒子をより多く引き寄せる。するとその領域はますます密度が高くなり、さらに大きな重力を及ぼし、ますますたくさんの物質を引き寄せる。こうして重力は、雪だるま式にどんどん物質を引き寄せるため、数億年ほどで、大きな質量が強く圧縮されて核反応が始まり、恒星が誕生する。量子の不確定性は、インフレーションによって引き伸ばされ、重力の雪だるま効果によって物質が寄り集まった結果として、夜空を彩る光の点が生まれる。

問題は次のことだ。重力が恒星を形成するプロセス、すなわち無秩序でほぼ均一な粒子の混合物を秩序立った天体物理学的な構造にするプロセスは、無秩序に向かうべしという熱力学第二法則の命令と、いかにして両立するのだろうか? この問いに答えるためには、エントロピー増大へ向かう道のりを、もっとていねいに見ていかなければならない。

無秩序への道にはハードルが置かれている

オーブンの中でパンが焼けるにつれ、放出された粒子が漂いだして、しだいに大きな体積を占めるため、粒子たちのエントロピーは増大する。しかし、あなたがキッチンから遠く離れた寝室にいれば、焼きたてのパンの匂いは、すぐには届かないだろう。パンの匂いが家中に広がるためには時間がかかる。匂いの分子が漂いだして、より高エントロピーの配置になるまで待たなければならない。これは典型的な状況だ。一般に、物理系は、一気に最大エントロピーの配置になることはできない。その代わりに、系の粒子たちがランダムに動くうちに、エントロピーは取りうる最大の値に向かって徐々に増大するのだ。

より高いエントロピーへと向かうその経路上には、進展を妨げるハードルが置かれていることがある。オーブンに目張りをしたり、台所のドアを閉めたりすれば、匂いは広がりにくくなり、エントロピーが増大するペースは遅くなる。これらのハードルは人間の介入によるものだが、物理的な相互作用そのものを支配する法則が、エントロピー増大の経路上にハードルを置くこともある。私が、子ども時代の事故のせいで身をもって知ることになったひとつの例は、パン焼きの例と同様、やはりオーブンに関係している。

小学校四年生のある日、学校から帰った私は、冷蔵庫に入っていた残り物のピザを温めることにした。私はオーブンの温度を二〇〇度に設定して、真ん中の段にピザを滑り込ませ、温まるのを待った。一〇分後、温まり具合を調べてみた私は、ピザが、包みから出したときと変わらず冷たいのに驚いた。そうして思い出したのは、ガスのスイッチは入れたが、オーブンの奥のほうにある種火に点火するのを忘れていたことだ（当時としてはそれが普通だったのだが、我が家のささやかなオーブンは種火がつけっぱなしのタイプではなく、使うたびに、オーブンの奥にある種火用のバーナーに点火する必要があった）。私は、両親が何百回となくやるのを見ていた手続きに従って、小さな種火バーナーに火をつけようと、オーブンにもぐり込むようにしてマッチを擦った。この頃までにはかなりのガスがオーブンの内部に溜まっていたため、マッチを擦るなり爆発が起きた。炎の壁が、私に向かってきた。炎が通り過ぎる瞬間、私はしっかりと目を閉じた。眉毛とまつげが焦げ、顔面は二度、耳は三度の火傷を負った。この経験の直接的教訓は、キッチンの設備は正しく使わなければならないということだ。その教訓は骨身に染みた——両親からは厳しく説教され、自分自身、治るまでに何ヵ月もかかった傷を受けたのだ（結局、私はまたキッチンを使うようになったし、今では料理はほとんど私が担当している——とはいえ、うちの子どもたちが自分で食べ物を作ろうとオーブンに点火するときには、一瞬心配になるのだが）。しかし、科学の観点からいっそう重要な教訓は、より高いエントロピーへと向かう経路上には、触媒の助けを借りてはじめて乗り越えることのできる障害が置かれているということだ。具体的には、次のようなことである。

天然ガスは（その主成分は、炭素と水素が結びついたメタンだ）、大気中で酸素と平和共存している。天然ガスの分子と酸素分子は、とくになにごともなく混じり合っていられるのだ。ところが、分子が拡散するにつれて、はるかにエントロピーの高い、単なる混合とは別の配置が手招きするようになる。しかし、ただ拡散するだけでは、分子たちがその配置になることはできない。エントロピーの高いその配置になるためには、化学反応を起こす必要があるのだ。ここで化学反応の詳細には立ち入らないので安心してほしいが、そのとき起こることについては簡単に説明させてほしい。天然ガスの分子一個が、酸素分子二個と結びついて、一個の二酸化炭素分子と二個の水分子、そして爆発のエネルギーになる(それが重要なところだ)。分子レベルで考えれば、天然ガスの燃焼とは、この反応のことだ。この化学反応で、ガス分子の強い結合に閉じ込められていたエネルギーが解放される。エネルギーの解放とは、一束の輪ゴムを引き伸ばしていって、ぱちんと切れたときに起こることと似ている。私自身のオーブン事故の例でいうと、恐ろしい爆発(大きな速度で激しく動きまわる分子たち)のせいで私は顔面を火傷した。つまり、燃焼の化学反応とは、秩序立った化学結合に溜め込まれていたエネルギーを解放して、高速で動きまわる分子たちの混沌とした運動に変換することにより、エントロピーを一気に増大させることなのだ。

この事故の委細は、ひとりの子どもの身に起きた災難の話だが、実はこのエピソードは、広く当てはまる物理原理をわかりやすく示している。その原理とは、エントロピー増大の道のりには、ときにバンプが設置されているということだ。天然ガスと酸素をただ放置しておけば、両者が結合して燃焼することはなく、よりエントロピーの高い配置にはならない。これらの化学物質は、燃焼反応を一気にスタートさせる触媒の助けを借りなければ、エントロピーのハードルを越えられないのだ。私の例では、その触媒になったのが火のついたマッチだった。小学校四年生の私がマッチを擦って作り出した小さな炎が、ドミノ効果をスタートさせた。マッチの炎のエネルギーは、いくつかの天然ガス分子を結びつけていた化学結合を破壊し、それによって自由になった炭素原子と水素原子は環境中の酸素原子と結合できるようになり、そうしてさらなるエネルギーが放出され、そのエネルギーは天然ガス分子を結びつけていた化学結合をさらに破壊する、というぐあいに、反応プロセスが先へ先へと広がっていった。あの爆発は、化学結合が急速に組み換えられることで起きた、エネルギーのカスケード現象だったのだ。

化学結合は電磁力のおかげで成り立っていることに注意しよう。正の電荷を持つ陽子は、負の電荷を持つ電子を引き寄せ（「反対の符号の電荷同士が引き合う」）、原子レベルの構成要素が結合して分子になる。そのことが意味しているのは、ガス分子が静かに混じり合っているだけの状態から、化学結合が壊れることによって起こる爆発的燃焼へと、エントロピーの飛躍的増大を引き起こしているのは、電磁力だということだ。われわれが日常経験するエントロピー増大のプロセスの多くは、電磁力に駆動されているのである。

地球上では電磁力ほど身近には感じられないが、宇宙で繰り返し演じられるいくつかの場面でエントロピーを増大に向かって駆動するのは、自然の力のうち電磁力以外のふたつ、重力と核力だ（核力には強い核力と弱い核力があり、強い核力は原子核をひとつにまとめ、弱い核力は放射線崩壊を引き起こす）。電磁力の場合と同じく、重力と核力が切り開く高エントロピーへの道もまた平坦ではない。その道にもハードルが置かれている。それも頻繁にハードルがある。宇宙がハードル――私が擦ったマッチの宇宙バージョン――を乗り越えるために使う手口は巧妙だ。そしてわれわれはみな、その手口をしっかりと見ておくべきなのだ。重力と核力が宇宙を高エントロピーに向かって駆り立てるうちにも、さまざまな構造がつかの間形成される。たとえば、恒星と惑星もそんな構造だし、ここ地球上では生命もそうだ。こうした秩序ある配置はみごとなものだが、実はそんな構造こそ、自然が重力と核力を使って宇宙を最大エントロピーへと追いやる、最大の駆動力なのである。

最初に重力に焦点を合わせよう。

重力、秩序、熱力学第二法則

重力は自然の力の中で一番弱い。簡単な実験をしてみれば、そのことはすぐにわかる。硬貨をひとつ拾い上げてみよう。あなたの腕の筋肉が、全地球が及ぼす重力に勝つのだ。華奢だろうが筋肉質だろうが、あなたが地球の重力に勝つという事実は、重力の本来的な弱さを見せつける。われわれが重力をかろうじて意識するのは、それが累積する力だからだ。地球を小部分に分けたとき、それぞれの小部分が、硬貨の小部分や、本書の小部分、あなたの小部分を引っ張る。地球には膨大な小部分があり、それらが及ぼす力が積もり積もって、われわれに感じ取れるほどの下向きの力になるのだ。しかし、たとえば二個の電子のような小さなもの同士のあいだに作用する重力は、それらに作用する電磁的斥力の、一〇〇万分の一の一〇億分の一の一〇億分の一の一〇億分の一の一〇億分の一にすぎない。

重力がこれほど弱いことが、これまでエントロピーの探究で重力にはひとことも触れなかった理由だ。バスルームの水蒸気の広がり方や、家中に拡散するパンの焼ける匂いといった日常的な状況で重力の影響を考慮に入れても、エントロピーの議論にはほとんど影響しない。重力が分子たちをそっと下向きに引っ張れば、バスルームの床に近い水蒸気の密度がわずかに高くなるだろうが、その効果はあまりにも小さく、定性的な理解にはほとんど関係がない。しかし日常を離れ、膨大な物質が関与する天文学的プロセスを考えるとき、エントロピーと重力とが互いに影響を及ぼし合う、深遠にして重要な場面に出会うことになる。

これから説明していくつかの考えが少し難しいことは認めなければならない。もしも負担に思えたら、すぐに本章最後のまとめの節に飛んでほしい。とはいえ、もしも私と一緒にこのまま歩みを進めてくれるなら、それだけの見返りは保証しよう。無秩序に向かって邁進する宇宙の中で、重力はいかにして自然な秩序を作り上げるのかが理解できるようになるだろう。

パン焼きのシナリオの宇宙バージョンを考えよう。あなたの家の代わりに、太陽よりもはるかに大きな箱がひとつ浮かんでいる以外には何もない、からっぽな宇宙を想像してほしい。オーブンから漂いだすパンの焼ける匂いの代わりに、その箱の中心部で球状に集まったガス分子が外向きにさまよい出るものとする（ガス分子は、周期表上でもっとも簡単な元素である水素としよう）。パンの焼ける匂いが家中に広がる場合から考えて、エントロピーを増大させるには、ガス分子が拡散して箱を均一に満たせばよさそうだ。しかし、ここでひとひねりを加えよう。パンを焼く匂いとは異なり、球状に寄り集まったガスの分子ははるかに数が多いため、重力が実際に問題になるのだ。与えられた任意の分子が経験する重力の引っ張りは、膨大な数の他のガス分子が及ぼす引力の和になるため、分子の運動に少なからぬ影響を及ぼすのである。では、われわれの結論はどう変わるのだろう？

外向きにさまよい出るガス分子の身になってみよう。中央部の分子集団から離れるにつれ、他のすべての分子があなたを引き戻そうとする引力的重力が感じられるだろう。その引力のせいで、あなたが外に向かうスピードは落ちる。スピードが落ちるということは、温度が下がるということだ。したがって、ガス雲が外向きに広がってガス雲全体としての体積が増えれば、新天地開拓のフロンティアである外縁部では、ガス雲の温度は下がる。このことを念頭に置き、次に、ガス雲の中心部近くに位置する分子の身になってみよう。中心部に近づくと、外縁部のフロンティアで経験したより、ずっと強い重力を感じるようになる。実際、十分な数の分子があれば、それらの分子が及ぼす重力の合計は、あなたが外に向かうのを十分妨げるほど強くなる。あなたは外側に向かう代わりに、内側に引き寄せられるだろう。あなたはどんどんスピードを上げながらガス雲の中心部に引き寄せられていく。スピードが上がるということは温度が高くなるということだ。つまり、重力はガス雲の中心部を収縮させて体積を減らし、それにつれて中心部の温度はますます上がる。

パン焼きの場合の予想と比べてみれば（その場合、ガスは時間とともに箱の中に均一に分布し、最終的には温度は均一になるのだった）、重力が重要になると事情は大きく変わることがわかる。重力の作用により、高温高密度の中心部に引き寄せられる分子と、低温で低密度の周辺部に出ていく分子に分かれるのだ。

とくに重要な結果とは思えないかもしれないが、今われわれが明らかにした重力の働きは、宇宙の秩序を作り出すにあたってもっとも重要な作用のひとつなのだ。そこを説明させてほしい。

モーニングコーヒーを飲もうとマグカップを手に取ったら、コーヒーを注いだときよりも温度が上がっていた、などということはけっして起こらない。なぜなら、熱は高温の物体から低温の物体にしか流れないから、淹《い》れたての熱いコーヒーは、その熱の一部をより温度の低い環境に移行させることになり、コーヒーの温度は下がるからだ。[*12] 大きなガス雲の場合にも、熱は、高温の中心部から低温の周辺部に流れる。したがって、コーヒーから空気に移行した熱がマグカップの温度を室温に近づけるのと同じく、ガス雲の熱が深部から周辺部に流れるから、中心部の温度は下がって周辺部の温度は上がり、中心部と周辺部の温度は近づきそうなものだ。だが、重力がこのショーの監督を務めると、結論は逆転する。熱が中心部から流れ出すにつれて、中心部の温度は上がり、周辺部は温度が下がるのだ。これは驚くべきことだし、その重要性は注目に値する。

その成り行きが直観に反しているのは間違いないが、そうなる理由を理解するためには、すでに打たれた点をつなぎさえすればよい。周辺部が中心部の熱を吸収するにつれ、増加したエネルギーはガス雲をさらに膨らませようとする。外に向かうガス分子は、内側に引っ張る重力に逆らって力を振り絞るため、スピードは落ちる。[*13] その正味の効果として、拡大する周辺部の温度は、上がるのではなく下がることになる。逆に、中心部は熱を手放すにつれてエネルギーが減少し、ますます収縮に拍車がかかる。中心に向かう分子は、内側に引っ張る重力と同じ向きに流れるため、落下するにつれて加速されてスピードが上がる。そのため、収縮する中心部の温度は、下がるのではなく上がることになる。

もしもあなたのコーヒーがそんな振る舞いをすれば、コーヒーは淹れたてを飲みなさいとアドバイスされるだろう。長く待てば待つほど、コーヒーはより多くの熱を周囲の空気に移行させながらも、温度はさらに上がるからだ。コーヒーの場合なら、実際にはこんな馬鹿げたことは起こらない。しかし、重力が主役を演じるほど大きなガス雲の場合には、実際にそれが起こるのだ。

少し考えてみればわかるように、今われわれが出くわしたのは、自己増幅するプロセスだ。それはクレジットカードの負債に起こることと似ている。借金ができればできるほど利息が増え、負のスパイラルになるのだ。ガス雲の場合、中心部が収縮して温度が上がるにつれて、さらに多くの熱が低温の周辺部に移行し、中心部の温度はますます上がる。同時に、周辺部に吸収された熱は、周辺部をさらに膨らませ、温度はますます下がる。中心部と周辺部の温度差はどんどん開いていくせいで熱はさらに激しく流れるようになり、そのサイクルはスパイラルを描いて加速する。

介入や環境の変化がなければ、自己増幅的なそのサイクルは弱まることなく続いていく。積もり積もったクレジットカードの負債の場合、あなたは金を支払うか、破産を宣言することで、そのサイクルに介入するだろう。圧縮されてどんどん温度が上がる中心部の場合、自然は新たな物理プロセスを開始することで、そのサイクルに介入する。それが《核融合》だ。原子集団が十分に高温高密度になると、原子たちが大きな力で衝突して、天然ガスの燃焼のような化学反応の場合よりも互いに接近する。化学的な燃焼は、原子の周辺部を取り巻く電子に関係する反応だが、核融合は、原子の中心部にある原子核を融合させる反応である。そんな深い結合をすることで、核融合は莫大な量のエネルギーを生み出し、そのエネルギーは猛烈なスピードで運動する粒子として現れる。そして、その猛烈な熱運動から、内向きに引っ張る重力に対抗できるほど強い、外向きの圧力が生じる。

かくして、中心部で起こった核融合が、ガス雲の収縮を食い止めるのである。こうして、ガス雲の中心部に、安定的に持続する熱と光の湧き出し口が生じる。

恒星の誕生だ。

恒星形成のプロセスでエントロピーの収支がどうなるかを知るために、エントロピーの増減にかかわる要素を洗い出してみよう。やがて恒星になるガス雲の中心部と、それを取り巻く周辺部の両方で、エントロピーを増大させる効果と減少させる効果が競争している。中心部では、温度が上がることでエントロピーは増大し、体積が減ることでエントロピーは減少する。増大と減少のどちらが勝利するかを知るためには、詳細を計算してみるしかない。実際にやってみると、エントロピーの増大分より減少分のほうが大きく、ガス雲の中心部では、正味のエントロピーは減少することがわかる。[*14] 重力の働きによって恒星のような大きな塊が形成されることは、たしかに秩序を高める動きなのだ。一方、周辺部では、体積が増えることでエントロピーは増大し、温度が下がることでエントロピーは減少する。この場合もまた、増大と減少のどちらが勝利するかを知るためには、詳細を計算してみるしかない。実際に計算してみると、増大分のほうが減少分よりも大きいことがわかり、ガス雲の周辺部では、正味のエントロピーは増大することがわかる。それがわかったことと同じぐらい重要なのは、この計算により、周辺部のエントロピーの増大分は中心部でのエントロピーの減少分よりも大きく、それゆえガス雲の全体としてのエントロピーは増大するとわかることだ。

この一連の出来事は、たしかに成り立っているのである。

熱力学第二法則は、高度に理想化されているし、単純化もされているが、その活動を支配する技師もいなければ、全エントロピーの増大を命じる熱力学第二法則もちゃんと成り立っているにもかかわらず、周囲よりもはるかにエントロピーが低く、秩序の高い恒星がなぜ自然発生的に生じうるのかを教えてくれる。宇宙の舞台は蒸気機関と比べて風変わりだが、この場合もまた、エントロピック・ツーステップが演じられている。蒸気機関とその環境が熱力学のダンスを踊るのと同じく（蒸気機関は廃熱を放出することでエントロピーを減少させ、環境はその熱を吸収することでエントロピーを増加させる）、重力が重要になるぐらいに大きなガス雲もまた、蒸気機関の場合とよく似たパ・ド・ドゥを踊っているのだ。ガス雲の中心部は、重力の働きで収縮することによってエントロピーを減少させて熱を放出する。その熱が、周辺部のエントロピーを増大させる。秩序ある小部分は、その秩序の増加を埋め合わせて余りあるぐらいに無秩序が増大する環境中で生まれるのである。

エントロピック・ツーステップの重力バージョンには、そのダンスが自己持続的だという新たな特徴がある。ガス雲が収縮して熱を放出するにつれて温度が上がり、ますます多くの熱を外向きに放出するようになり、ツーステップを持続させる。それとは対照的に、蒸気機関が仕事をして熱を放出すれば温度が下がる。燃料を追加で燃やしてふたたび蒸気を溜め込まないかぎり、ダンスを続けることはできない。蒸気機関を設計して建造し、燃料を与えるためには知能が必要だが、ガス雲が収縮して生じる恒星は、心を持たない重力によって作り出され、燃料を与えられている。それができる背景にはこんな理由があったのだ。

核融合、秩序、熱力学第二法則

ここまでの話を整理しておこう。

重力の影響が小さいとき、熱力学第二法則は、系を均一な状態に向かわせる。構成要素は拡散し、エネルギーは散逸し、エントロピーは増大する。そして、もしもそれが話のすべてなら、宇宙の歴史には何も起こらなかっただろう。しかし、重力の影響が無視できなくなるぐらい物質が存在すると、熱力学第二法則はヘアピンカーブを切って方向転換し、系を均一な状態から遠ざける。物質は一方で塊を作り、他方では拡散する。エネルギーも一方に集中し、他方では乏しくなる。エントロピーもまた、一方で増大し、他方で減少する。熱力学第二法則という監督の指示は、重力しだいで大きく変わる。重力が十分に強ければ――十分に寄り集まって塊になった物質が、十分にたくさん存在するなら――秩序の高い構造が形成される。その場合、宇宙の歴史ははるかに豊かになる。

すでに見たように、このプロセスで主役を演じるのは重力である。重力に比べれば、核融合を引き起こす核力は、せいぜい脇役にしか見えない。核力は核融合を引き起こすことで重力崩壊を食い止めるという、副次的な仕事しかしていないように見えるのだ。実際、科学者たちがよくやってしまいがちな大雑把な説明では、宇宙のあらゆる構造形成の究極の原因は重力だとされ、核力の役割にはひとことも触れない場合が多い。だが、核力の貢献をもっと寛大に認めるなら、重力と核力は、熱力学第二法則の物語を先に進めるために力を合わせて働いているのだから、対等なパートナーともいえるだろう。

重要なのは、核力もまたエントロピック・ツーステップを踊るということだ。原子核が核融合を起こすと、いっそう複雑で組織化され、エントロピーの低い原子ができる（太陽の中心部では、水素原子核が核融合を起こしてヘリウム原子核になる反応が、毎秒一〇億回の一〇億倍も起こっている）。その反応の過程で、もとの原子核の質量の一部がエネルギーに転換され（質量がエネルギーに転換されるときの処方箋が、$E=mc^2$だ）、そのエネルギーの大半は光子になる。その光子が恒星内部の温度を上げて、恒星の表面から光を放出させる。燃えさかる恒星は、外向きに流れ出す光子によって、膨大なエントロピーを環境へと移行させる。蒸気機関や収縮するガス雲と同じく、環境エントロピーの増加分は、核融合を起こした原子核のエントロピーの減少分を埋め合わせて余りあるため、正味のエントロピーは増大することになり、熱力学第二法則はここでもやはり成り立っていることが示される。

天然ガスと酸素が化学的な燃焼をスタートさせるためには触媒が必要だったように（私が擦ったマッチがそれだ）、原子核が核融合をスタートさせるためにも触媒が必要である。恒星の場合、その触媒になるのが重力だ。重力は、核融合をスタートさせるために必要な高温高圧に到達するまで、恒星の中心部にある物質を圧縮する。そうしていったん核融合が始まってしまえば、核融合の反応で、その後何十億年ものあいだ恒星を輝かせるだけのエネルギーを生み出すことができる。核融合は複雑な原子核を着々と合成するが、その一方で、さもなければ手が届かなかったはずの巨大なエントロピーの倉庫に手を伸ばし、そのエントロピーを光や熱として宇宙空間にばら撒く。次章で論じるように、核融合で生じる複雑な原子と安定的に流れ出る豊かな光は、あなたや私をはじめ、豊かで複雑な構造を形成するためになくてはならない素材になる。このように、恒星を形成し、その環境を安定的に維持するために決定的に重要な力は重力だが、いったん恒星ができてからは、その後数十億年にわたり、エントロピーを増大させるという仕事を先頭に立って推し進めるのは、核力なのだ。その観点から見るなら、重力の果たす役割は、単独の主役から、ふたりが手を取り合ってステップを踏む、長いダンスの相手役へと変わることになる。

以上の話をまとめておこう。宇宙は重力と核力を巧みに利用することで、手つかずのまま物質の内部に閉じ込められていたエントロピーの倉庫に手を伸ばす。重力がなければ、粒子たちは均一に散らばることでエントロピー最大の配置になるだろう——それはちょうど、焼けたパンの匂いが家中に広がるのと同じだ。しかし、重力があれば、粒子たちは巨大で高密度の球状に圧縮され、核融合によって崩壊をくい止められながら、エントロピーをさらなる増大へと駆り立てるのである。

重力が触媒となり、核力が遂行するこのバージョンのエントロピック・ツーステップこそは、物質が宇宙のいたるところで踏んでいるステップだ。ビッグバンの直後から、宇宙のダンスは主にこれだった。それにより膨大な数の恒星が生まれ、秩序立ったその天文学的構造から発せられる熱と光のおかげで、少なくともひとつの惑星に生命が宿った。次章で見ていくように、その展開に関与しているのが、エントロピーと並び立つもうひとつの柱であり、宇宙でもっとも洗練された構造を作る仕組み、進化である。

第4章

情報と生命力

構造から生命へ

「親愛なるシュレーディンガー教授」と、生意気さのかけらもないその手紙は始まる。一九五三年に、生物学者のフランシス・クリックが、量子力学の創始者のひとりであり、一九三三年にノーベル物理学賞を受賞したエルヴィン・シュレーディンガーに宛てた手紙だ。「ワトソンと私が、分子生物学という分野にどうやって参入しようかと話し合ったとき、われわれはふたりとも、あなたの小さな本『生命とは何か』に影響を受けていたことを知りました」。こうしてシュレーディンガーの本に言及したのに続けて、クリックは抑えきれない心の高ぶりがにじむ、次のひとことを書いた。「同封した抜き刷りに、もしや興味をお持ちになるのではないかとわれわれは考えました——あなたが〝非周期的な結晶〟とおっしゃったその言葉が、実に的を射ていたように思われるのではないでしょうか[*1]」

クリックが言及しているワトソンは、もちろん、「同封した抜き刷り」の共著者、ジェームズ・ワトソンだ。印刷されたばかりのその抜き刷りは、二〇世紀でもっとも賞賛される科学論文のひとつとなるべく運命づけられた論文のものだった。発表された形式では、雑誌の一ページにも満たないにもかかわらず、その論文は、DNAの二重螺旋の幾何学的構造を示すにも、また、クリックとワトソン、そしてキングズカレッジのモーリス・ウィルキンスが、一九六二年のノーベル賞を受けるにふさわしいことを証拠立てるにも十分だった。[*2]注目すべきは、そのウィルキンスもまた、遺伝の分子的基礎を確立したいという情熱を掻き立ててくれたのは、シュレーディンガーの本だったと述べていることだ。ウィルキンスの言葉によれば、それが彼を「動かした」のだ。[*3]

シュレーディンガーが『生命とは何か』を書いたのは一九四四年のことだが、本の内容は、彼がその前年に、ダブリン高等研究所［シュレーディンガーがアイルランドへの移住を希望していることを念頭に、一九四〇年、アメリカのプリンストン高等研究所をモデルとして、彼を唯一の教授とする理論物理学部と、ケルト学部の二学部をもって創設された同国の意欲的な高等研究機関］で行った公開連続講演の内容にもとづいていた。シュレーディンガーはその講演の告知文に、自分の扱うテーマは非常に難しく、「一般向けとは言い難い」と書いた。たとえ聴衆を減らすことになっても、そのテーマに全力で取り組みたいという彼の覚悟は賞賛に値する。[*4]講演は一九四三年二月の金曜日に、三週にわたって行われた。難しい話になることが事前に告知されていたにもかかわらず、そしてヨーロッパ大陸では第二次世界大戦が荒れ狂っていたにもかかわらず、ウィーン生まれのこの物理学者が生命科学に挑む話を聞こうと、四〇〇人以上もの聴衆が、ダブリン大学トリニティーカレッジのキャンパスにある、灰色の石造りのフィッツジェラルド・ビル最上階に設けられた講演会場に詰めかけた——聴衆の中には、アイルランドの首相と何人もの高官たち、そして富裕な社交界の面々がいた。[*5]

シュレーディンガーが自ら課した任務は、ある重要な問題に進展をもたらすことだった。「生物の空間的境界内で起こる空間と時間の中の事象を、物理学と化学によって説明するにはどうすればよいか？」。これをざっくりパラフレーズすれば、次のようになるだろう。石とウサギは違う。しかし、どう違うのだろうか？　そして、なぜ違うのだろうか？　どちらも、陽子、中性子、電子が膨大に集合したもので、粒子たちはみな——石の内部に閉じ込められているか、ウサギの内部かによらず——まったく同じ物理法則に支配されている。だとすれば、ウサギの体内で起こっているいったい何が、ウサギという粒子集団と、石という粒子集団を、これほどまでに違うものにしているのだろうか？

これはいかにも物理学者が設定しそうな問題だ。物理学者という人たちはたいてい還元主義者で、複雑な現象を説明するために、よりシンプルな構成要素の特性と、それら要素間の相互作用にもとづく説明を探そうとする傾向がある。生物学者はしばしば、生命の核となる活動によって生命を定義する——生命は、自己持続的な機能にエネルギーを供給するために原材料を取り入れ、そのプロセスで生成された老廃物を体外に排出し、もっとも成功した場合には生殖する。それに対してシュレーディンガーは、「生命とは何か」という問いに対し、生命を支えている基礎物理学にもとづく答えを探したのだ。

還元主義には強烈な魅力がある。もしも粒子の集まりに生命を与えているものを突き止めることができれば、あるいは別の言い方をするなら、生命の炎を掻き立てる分子の魔術を暴くことができれば、生命はどこから来たのか、生命はこの宇宙に普遍的に存在するのか――あるいは普遍的ではないのか――を明らかにするという目標に向かって、重要な一歩を踏み出すことができるだろう。それから半世紀以上を経て、物理学は、そしてとりわけ分子生物学は長足の進歩を遂げたにもかかわらず、研究者たちは今も、シュレーディンガーの問いかけのさまざまなバリエーションを追い続けている。生命（より一般には物質）を構成要素に分解するという点では瞠目すべき進展があったにもかかわらず、生命はいかにして出現するのかという気の遠くなるような難問は、相変わらず研究者たちの前に立ちはだかっている。生命の構成要素である粒子たちを、いったいどのように組み合わせれば生命が生じるのだろうか？　そんな「合成」は、還元主義のプログラムの重要な一部だ。なにしろ、生きているものをどんどん細かく分けていくにつれ、生きているのかどうかはますますわからなくなるのだから。一個の水分子、水素原子、電子に注目すれば、それらが集合したものが、生きているのか死んでいるのか、生物なのか非生物なのかを示す印は見当たらない。生物が生きているとわかるのは、粒子たちの集団的な振る舞い、大きなスケールで組織化された膨大な数の要素が（たったひとつの細胞にさえ一兆個以上もの原子が含まれている）、みごとに調和した動きをするからなのだ。生命について洞察を得ようとして基本粒子に目を向けるのは、ベートーヴェンの交響曲を理解しようとして、楽器の演奏をパートごとに聴いたり、音をひとつずつ順番に聞いたりするようなものだろう。

シュレーディンガーその人も、連続講演の第一回で、まさにこの点を強調した。彼はこう論じた。体や脳の機能が、一個の原子、あるいはほんの数個の原子がおかしな振る舞いをしたくらいで損なわれるようでは、その体や脳はまず生き延びられないだろう。体や脳が、全体として高度に調和した機能を維持できる、膨大な数の原子の集団として構成されているのは、そんな過敏さを免れるためなのだ、と。そんなわけで、シュレーディンガーはその研究の目標を、一個の原子の中にふわふわと漂っている生命を捉えることではなく、膨大な数の粒子が集合して生命が生じる様子を、原子に関する知識から出発して物理学的に説明することに据えた。彼の見るところ、その探究は、科学の概念構造を根本的に拡大しなければ達成することのできない多面的なものになりそうだった。実際、『生命とは何か』のエピローグには、意識について書かれたくだりがあり、シュレーディンガーはそこでヒンズー教のウパニシャッド哲学に訴えて、われわれはみな「至る所に存在する、いっさいを理解する永遠の自己」の一部なのであり、ひとりひとりの人間が行使する意志の自由が、われわれに神のような力を与えているのだと述べて、一部の顰蹙《ひんしゅく》を買った（最初の出版社はその部分のせいで版権を取るのをやめた）[*6]。

自由意志に関する私の考えは、シュレーディンガーのそれとは違うが（自由意志については第5章で取り上げよう）、私は説明のために広い展望に立つことにはあまり抵抗がなく、その点で彼と共有するものがあるのは間違いないだろう。深い謎を見通すためには、幾層にもなった物語の重なりによって生まれる透明さが必要だ。還元主義的であるか創発的であるかによらず、数学的であるか比喩的であるかによらず、また科学的であるか詩的であるかによらず、われわれは幅広くさまざまな観点から発せられた問いに答えようとすることで、さまざまな見方をつなぎ合わせ、このうえなく豊かな理解を作り上げるのである。

入れ子になった物語

過去数世紀にわたり、物理学もまたこの分野独自のやり方で、入れ子になった物語を作り上げてきた。物理学の物語は、関係する距離によって体系化されている。距離による体系化は、われわれが学生に徹底して教え込んでいる物理学のアプローチにとって中心的な重要性を持つ。「メジャーリーグの打者」マイク・トラウトのバットに当たって瞬間的に歪んだボールが、すぐに球形に戻るのはなぜかを理解するためには、ボールの分子構造を調べる必要がある。その構造こそは、粒子たちが及ぼす無数の力が、ボールの変形を元に戻したり、ボールを進行方向に押し出したりしている現場なのだ。しかし、ボールがどんなカーブを描いて飛んでいくかを知るためには、分子レベルの観点は役に立たない。ボールが回転しながらレフトのフェンスを越えるまでに、ボールを構成する何兆個の何兆倍もの分子たちが行う運動をすべて追跡するためには膨大なデータが必要だが、たとえそれらのデータがすべて得られたとしても、何もわかりはしないだろう。ボールの軌跡を知りたければ、分子たちがひしめく世界からズームアウトして、全体としてのボールの運動を調べる必要がある。分子の階層の物語と関係しているが、それとはまた別の、より高い階層の物語が必要なのだ。

この話は、単純だが広く成り立つ事実の一例である。「どの物語が一番役に立つかは、何を問うかによって決まる」というのがそれだ。そうなるのは、自然がたまたま持っているありがたい特質のおかげである。宇宙のどのスケールも、そのスケールの中だけで整合的に説明することができるのだ。ニュートンは、クォークや電子のことは知らなかったが、マイク・トラウトのバットを離れた瞬間のボールの速さと進行方向を教えれば、彼はその後のボールの軌道を易々と計算してくれるだろう。ニュートンの時代以来、物理学が進展するにつれ、どんどん小さなスケールで宇宙を調べることができるようになり、われわれの知識のギャップは著しく埋められた。しかし、それぞれの階層の記述は、のちに得られる、より小さなスケールに関する知識がなくても理解することができるのだ。もしもそうでなかったら――野球のボールの動きを理解するために、ボールを構成する粒子の量子的な振る舞いを理解しなければならないとしたら――われわれがどうやってここまで前進できたのか見当もつかないほどだ。「分割して征服せよ」［大きな問題を分割して、解決できるものから解決していくこと］は、長きにわたってみごとな勝利をもたらしてきた物理学の戦略なのである。

スケールごとに物語を作ることと同じぐらい重要なのは、さまざまなスケールの物語をなめらかにつないで、ひとつの物語として語れるようにすることだ。粒子と場の物理学について、その手続きをもっとも洗練された形に高めたのが、ケネス・ウィルソンである。彼はその仕事により、一九八二年のノーベル賞を受賞した。[*7] ウィルソンは、幅広い距離で――たとえば、LHC（大型ハドロン衝突型粒子加速器）で探索されるスケールよりもはるかに短いところから、一〇〇年以上前から探索できるようになっていた、それよりはずっと大きな原子スケールまで――物理系を調べるための数学的な手続きを発展させて、距離のスケールが変わるときに、物語を語るという仕事がどのようにバトンタッチされていくかを明らかにした。「繰り込み群」と呼ばれるその方法は、今では現代物理学の中核になっている。繰り込み群は、ある距離のスケールで語られる物語で使われる、言語、概念的な枠組み、そして方程式を、別のスケールで語られる物語でも使えるようにするための方法を教えてくれる。物理学者たちは繰り込み群を使って、入れ子状になったいくつもの物語を作り上げ、ひとつひとつの物語が、それと境界を接する他の物語に、どのように情報を伝えるのかを明らかにすることで、詳細な予測を引き出してきた。それらの予測は、実に多くの実験や観察で正しいことが確かめられている。

ウィルソンのテクニックは、現代の高エネルギー素粒子物理学者が使う数学的な道具立て（量子物理学と、その一般化である場の量子論）にぴったりと合わせて作り上げられたものだが、先ほど述べた重要な事実［どの物語が一番役に立つかは、何を問うかによって決まる］は、幅広い分野に当てはまる。世界を理解するための方法にはさまざまなものがある。従来用いられてきた科学分野の分類の仕方では、物理学は素粒子と、それらの相互作用を扱う分野であり、化学は分子や原子を扱う分野、生物学は生命を扱う分野とされてきた。これはかなり大雑把な分類だが、科学分野の線引きの仕方としてはおおむね妥当だろう――この分類法は今も生きているが、私が学生だった頃は、もっとずっと存在感があった。しかし、より最近になって研究が深まるにつれ、分野と分野のあいだに広がる領域を理解する必要があることが徐々に明らかになってきた。科学のさまざまな分野は、互いに切り離されているわけではないのである。そして、生命から知的生命へと焦点が移動すれば、科学の諸分野と重なり合う、さらに別の学問領域――言語学、文学、哲学、歴史、芸術、神話、宗教、心理学、等々——が、知的生命について語られる壮大な物語にとって非常に重要になってくる。筋金入りの還元主義者でさえ、野球のボールが描く軌跡を分子運動の観点から説明しようとするのは馬鹿げたことだと思うだろうが、ピッチャーがワインドアップから投球に入り、観客がどよめき、ボールが猛烈なスピードで接近してくるとき、バッターがどんな気持ちでいるかを説明しようとして分子運動という微視的視点を持ち出すのは、さらに馬鹿げていると思うだろう。むしろ、熟慮の言葉で語られた、より高い階層の物語のほうが、はるかに優れた洞察を与えてくれるに違いない。それでも——ここが重要なところだ——、バッターの心理を説明するのにふさわしい人間の階層の物語は、還元主義の物語と両立しなければならない。われわれは、物理法則に従う身体を持った生物なのだ。そんなわけで、物理学者たちが、自分たちの方法こそは、ものごとを説明する枠組みとしてもっとも根本的だと声高に主張しても、あるいは、人文系の学者たちが、そんな還元主義の傲慢を嘲笑っても、得られるものはほとんどない。知的生命についての細やかな理解は、さまざまな学問分野の物語を丹念に結び合わせていくことによって、少しずつ明らかになるようなものなのだ。*8

本章では還元主義の立場にコミットするが、後ろのほうの章では、還元主義とは相補的な人文主義の立場から、生命と心について見ていくことになるとあらかじめ言っておこう。ここでは、生命に不可欠な要素である原子と分子がどこから来たのか、そしてそれらの要素が、生命が発生して繁栄するためにちょうど良い具合に混じり合うことを可能にした環境——ほかならぬこの地球と太陽——は、いかにして生じたのかを説明しよう。また、あらゆる生命は驚くべき構造とプロセスを共有しているのだが、そのうちのいくつかを微視的物理学の観点から見ることにより、地球の生命は深いレベルでひとつだというあたりも見ていくことにしよう。[*9] 生命はいかに生じたのかという問いに答えることにはならないが（その問いは今も謎なのだ）、地球上のすべての生命は、共通祖先である単細胞生物までさかのぼれることがわかるだろう。それがわかれば、生命の起源を扱う科学が、究極的には何を説明しなければならないかが明らかになる。その目標に向かって、これまで発展させてきた熱力学という応用範囲の広い観点から、生命を見ていこう。そうすることで、生物は、単に生物同士のあいだで類似性を持つだけでなく、恒星や蒸気機関とさえ深い類似性を持つことがわかるだろう。生命は、物質に閉じ込められたエントロピーを解放するために、宇宙が利用しているひとつの手段なのだ。

私の目標は、本書を百科事典のようにすることではなく、自然のリズムを感じ取ってもらうために必要な程度の説明を与えることだ。そのリズムは、ビッグバンから地球上の生命まで、いたるところに鳴り響いているのである。

元素の起源

生物をできるだけ細かくすりつぶし、分子でできた複雑な機械をバラバラにすれば、その生物が何であったにせよ、同じ六種類の原子が含まれているだろう。その六つとは、炭素、水素、酸素、窒素、リン、硫黄である。学生はこれを覚えるために、頭文字を並べてSPONCHと言ったりする（同じ名前のメキシコのマシュマロクッキーと混同しないようにしよう）［Sは硫黄、Pはリン、O

は酸素、Nは窒素、Cは炭素、Hは水素の頭文字」。生命の原材料であるこれらの原子は、どこから来たのだろう？　この問いにはすでに答えが与えられており、その答えそのものが、現代宇宙論の偉大な成功物語のひとつを体現している。

どんなに複雑な原子でも、それを作るレシピは簡単だ。正しい数の陽子を正しい数の中性子と混ぜ合わせて、小さな球（原子核）に詰め込み、陽子と同数の電子をその球の周囲にまとわせ、量子物理学の命じる軌道に乗せてやればよい。これで原子の出来上がりだ。難しいのは、レゴのパーツを組み合わせるのとは違って、原子を構成する粒子たちはすんなり組み合わされてはくれないことだ。これらの粒子たちのあいだには強い引力や斥力が働くため、原子核の内部に簡単には入っていけない。とくに陽子は、みな同じ大きさの正の電荷を持ち、互いに電気的斥力を及ぼし合うため、原子以下のスケールで働く強い核力が支配的になる領域に押し込もうとすれば、途方もなく高い温度と圧力が必要になる。

ビッグバン直後の激烈な条件は、それ以降のどの時刻のどんな条件よりも極端だったため、陽子たちが電気的斥力を乗り越えて原子核を作るには絶好の環境だったように見えるかもしれない。超高密度の陽子と中性子が激しくぶつかり合えば、正しい数の陽子と正しい数の中性子の集団がおのずと形成され、周期表上の原子が次々と合成されていくだろう、と。実際、それこそは、ジョージ・ガモフ（ソビエトの物理学者で、一九三二年に試みた最初の亡命では、ほとんどコーヒーとチョコレートだけを持って、カヤックを漕いで黒海を渡ろうとした）と、彼の指導する大学院生ラルフ・アルファーが、一九四〇年代の末に提案したことだった。

ガモフとアルファーはおおむね正しかった。ひとつ見落としていたのは――ガモフとアルファーはそれに気づいた――ごく初期の宇宙は、温度が高すぎたことだ。初期宇宙では、空間は猛烈な勢いで飛びまわる超高エネルギーの光子で満ちていたため、陽子と中性子が結合するなり、その結合は光子によって打ち壊されただろう。しかし、宇宙誕生から一分半ほど経過すると――猛スピードで状況が変わる初期宇宙では、一分半は十分に長い時間だ――、状況は変わったはずだということに、ふたりは気がついた。その頃になると温度は十分に下がり、典型的な光子のエネルギーでは強い核力に打ち勝てなくなって、最終的には、陽子と中性子は結びついたままでいられるようになっただろう。

もうひとつ、ふたりが見落としていたのは、複雑な原子の合成は、時間のかかる複雑なプロセスだということだ――こちらは後年明らかになったことだ。複雑な原子を合成するためには、処方箋通りの個数の陽子と中性子が寄り集まって、一連の特殊な段階を踏まなければならず、そうしてできた粒子の集合は、やはり複雑な特定の粒子の集合とたまたま出会わなければならず、しかもその両者が混じり合って融合しなければならず……と、きわめて特殊な段階を順番に踏む必要がある。美味しい料理のレシピと同様、素材を混ぜ合わせる順番はきわめて重要だ。そして、そのプロセスをとくに厄介にしているのが、中間段階に現れる陽子と中性子の集合の中には、不安定なものがあることだ。その場合、粒子たちが集合してもすぐにバラバラになってしまうため、料理の段取りが狂い、原子の合成がスムーズに進まなくなる。そういう段取りの遅れが、大きな問題になるのだ。というのも、初期宇宙が猛烈なスピードで膨張するにつれて温度と密度はどんどん下がり続けるが、そのことは、陽子と中性子が十分に接近して融合できる時間の窓は、それほど大きくないということを意味するからだ。宇宙創造から一〇分ほど経つと、温度と密度が下がりすぎて、もはや原子核反応は起こらなくなるだろう。[*10]

今述べたことを定量的に調べると――アルファーが博士論文の中で最初にその仕事に取り組み、その後多くの研究者によって改良された――ビッグバン直後の時期に合成されたのは、周期表のはじめからいくつかの原子核だけだったことがわかる。計算から、それら軽い原子の存在量の比が得られる――水素（一個の陽子）が約七五パーセント、ヘリウム（二個の陽子と二個の中性子）が約二五パーセント、ごく微量の重水素（一個の陽子と一個の中性子からなる重い水素）、ヘリウム3（二個の陽子と一個の中性子からなる軽いヘリウム）、リチウム（三個の陽子と四個の中性子）だ。[*11] 原子の存在量に関する詳細な天文学上の観測データから、理論から得られたこれらの比は、現実の宇宙の元素の存在比とよく合うことが確かめられた。こうして理論と観測のみごとな一致が示されたことは、ビッグバン後の数分間に起こったプロセスの詳細を明らかにする、数学と物理学の勝利である。

生命にとって不可欠ないくつかの原子をはじめ、もっと複雑な原子はどうなるのだろう？ 複雑な原子の起源について初めて提案がなされたのは、一九二〇年代のことだった。イギリスの天文学者サー・アーサー・エディントン（「アインシュタインの一般相対性理論を理解している三人のうちのひとりだそうですね？」と尋ねられて、「三人目は誰だろう」と言ったことで有名）は、複雑な原子の起源について正しい考えを得ていた。恒星の内部は高温だから、複雑な原子をゆっくりと料理するには、お誂え向きだろうというのだ。この提案は、ノーベル賞受賞者のハンス・ベーテ（私がコーネル大学の教授陣に加わったとき、私の研究室の隣がベーテの研究室で、午後四時きっかりに聞こえてくる彼の大きなくしゃみで時計を合わせることができた）、この分野で絶大な影響を振るうことになったフレッド・ホイル（一九四九年に放送されたBBCのラジオ番組で、たった一度の大きな爆発で宇宙が創造されたとするこの説を嘲笑してビッグバンと呼び、図らずも科学分野でもっとも簡潔で力強いニックネームを生み出した）[*12]をはじめ、何人もの優れた物理学者たちの手を経て、成熟した予測能力を持つ物理的なメカニズムになった。

ビッグバン直後に起こった変化の猛烈なスピードに比べると、恒星は、何百万年、ことによると何十億年ものあいだ安定した環境を与えてくれる。陽子と中性子が集まってできた中間状態が不安定なら、核融合のパイプラインはそこで停滞するが、十分な時間がありさえすれば、ゆっくりとなら元素は合成できる。そのため、恒星の内部では、ビッグバンの直後とは異なり、水素がヘリウムになっても元素合成は終わらない。十分に質量の大きな恒星は、そこからさらに原子核同士を融合させて、周期表の先のほうにある、より複雑な元素を合成する。そしてその過程で、大量の熱と光を生み出し続けるだろう。たとえば、太陽質量の二〇倍の質量を持つ大きな恒星は、その一生のうち最初の八〇〇万年間は、水素を融合させてヘリウムを作り、その後の一〇〇万年間は、ヘリウムを融合させて炭素と酸素を作る。それが終わると、恒星の中心部の温度はどんどん高くなり、それにつれて反応が急速にスピードアップする。その恒星が炭素を融合させてナトリウムとネオンを作り、原材料である炭素の在庫が尽きるまでには、一〇〇〇年ほどかかるだろう。そこから六ヵ月でさらなる核融合が起こってマグネシウムが合成され、それからの一ヵ月ほどで硫黄とケイ素が合成される。その後わずか一〇日ほどで、残る原子が融合して鉄が合成される。[*13]

このプロセスは鉄でいったん停止するのだが、それには十分な理由がある。鉄の陽子と中性子は、あらゆる元素の中でもっとも強く結合している。その結合の強さが重要なのだ。鉄の原子核にさらに陽子と中性子を詰め込んでもっと重い元素を作ろうとしても、鉄の原子核は、それ以上陽子や中性子を受け入れない。鉄の原子核はその剛腕で、二六個の陽子と三〇個の中性子を強く締め上げ、可能なかぎりのエネルギーをすでに搾り取り、放出している。このうえ陽子と中性子を付け加えるためには、むしろエネルギーを入力——出力ではなく——しなくてはならないのだ。その結果として、鉄に到達した時点で、徐々に大きく複雑な原子を合成して熱と光を出してきた恒星の核融合プロセスは、ゆっくりと停止する。あなたの家の暖炉に溜まった灰のように、鉄はそれ以上燃えることができないのだ。

では、有用な元素である銅や水銀やニッケルや、人々が好きな銀、金、プラチナ、エキゾチックな重元素であるラジウムやウランやプルトニウムなど、鉄より大きな原子核を持つ原子はどこから来たのだろうか?

科学者たちは、そういう元素にはふたつの出所があることを突き止めた。恒星の中心部がほとんど鉄になると核融合が停止して、外向きに押し出すように作用するエネルギーと圧力が生み出されなくなり、重力による内向きの力に対抗するものがなくなる。すると恒星は崩壊しはじめる。恒星の質量が十分に大きければ、物質は猛烈な勢いで恒星の中心部に向かって落下する、それを「爆縮」

という。それが引き金となって、中心部の温度が跳ね上がり、落下した物質が外向きに跳ね返されて宇宙空間に飛び出す。そのときに生じる激烈な衝撃波が、恒星の中心部から表面に向かう途中で出会った原子核を強く圧縮する。その激烈な圧力によって、鉄より大きな原子核が合成される。激しく踊り狂う粒子たちによって、周期表で鉄より重い原子核がすべて合成されるのだ。そして、衝撃波が恒星の表面に到達したとき、さまざまな原子がまとめて宇宙空間に吹き飛ばされる。

重い元素の第二の出所は、中性子星同士の荒々しい衝突だ。中性子星は、太陽質量の一〇倍から三〇倍ほどの質量を持つ恒星が、今まさに死なんとする断末魔の中で作り出す天体だ。中性子星は、ほぼ中性子――陽子に変身することのできるカメレオンのような粒子――でできているため、原子核を作る材料に不足はない。しかし、ひとつ乗り越えなければならない壁がある。中性子は、中性子星のすさまじい重力から解放されなければ原子核を作ることができないのだ。そのために好都合なのが、中性子星同士の衝突である。その衝突の衝撃で、中性子は柱のように噴出する。中性子は電荷を持たず、電気的な斥力を感じないため集団を作りやすい。そうして集団になった中性子のいくつかは、カメレオンのスイッチを切り替えて陽子になり(そのとき電子と反ニュートリノを放出する)、複雑な原子核ができるのだ。二〇一七年には、中性子星同士の衝突によって発生した重力波が検出され(それは最初の重力波が検出された後のことだ。最初に検出されたのは、二個のブラックホールの衝突で生じた重力波だった)、それまでは理論的なおもちゃだった中性子星の衝突による原子核合成は、観察可能な事実の領域に入った。検出に続いて怒濤のように分析が行われ、中性子星同士の衝突は、超新星爆発よりもいっそう効率的に、しかもいっそう多くの重い元素を生み出すことが示された。宇宙に存在する重い元素の大部分は、天体同士の激しい衝突によって作り出されたのかもしれない。

恒星内部の核融合で作られたのちに超新星爆発で放出されるか、または星同士の衝突で放出された粒子の柱の中で合成されるかしたさまざまな原子は、宇宙空間を漂い、やがて空間の中で渦を巻き、大きなガス雲に成長し、長い時間をかけて寄り集まり、新たな恒星や惑星となり、最終的にはわれわれを作り上げた。それが、あなたがこれまでに出会ったものすべてを作り上げている材料の起源である。

太陽系の起源

齢四五億を過ぎてなお、太陽は宇宙の新入りだ。太陽は、宇宙の第一世代の恒星のひとつではなかったのだ。第3章では、恒星の先駆けとなった第一世代の星たちは、インフレーションの膨張で空間全体に引き伸ばされた物質とエネルギーの密度に生じた量子ゆらぎから生じたことを見た。その一連のプロセスをコンピュータでシミュレーションをしたところ、第一世代の恒星たちが核融合を始めたのは、ビッグバンから一億年ほどが過ぎ、宇宙が新たな激動の時代に入った頃であることが明らかになった。第一世代の恒星たちは、太陽質量の数百倍から、おそらくは数千倍もの質量を持つ巨星だった可能性が高く、そんな星たちは猛烈な勢いで燃料を使い尽くし、すみやかに死に絶えただろう。なかでもとくに重い恒星は、重力があまりにも強いために激しい爆縮で一生を終え、死後はブラックホールに成り果てただろう。ブラックホールは、われわれの旅の最後のほうで主な焦点となる、極端な配置になった物質だ。第一世代の恒星たちのうちでも、そこまで質量が大きくないものは、超新星爆発で一生を終えただろう。超新星爆発は、複雑な原子を空間に撒き散らすだけでなく、次世代の恒星を作るプロセスの第一歩でもあった。超新星爆発の衝撃波は、もとの恒星をバラバラに吹き飛ばし、その恒星を構成していた原子たちを莫大な力で圧縮して融合させた。しかしその衝撃波はそれだけでなく、猛烈な勢いで宇宙空間に広がりながら出会った分子雲をも圧縮した。そうして圧縮された領域は、周囲よりも密度が高いため、より大きな重力でまわりの粒子を引き寄せ、新たな重力の雪だるま現象を引き起こし、次世代の恒星誕生へと続く道のりの第一歩となった。

太陽物理学者たちは、太陽の組成――現在の太陽に含まれる重い元素の存在量で、分光学的な測定で決定される――にもとづき、太陽は第一世代の恒星の孫なのだろうと考えている。第三世代の登場である。しかし、太陽が生まれた場所は、まだよくわかっていない。これまでに挙がった候補のひとつに、メシエ67として知られる領域がある。その領域は、太陽系から三〇〇〇光年ほど離れたところにあって、化学組成が太陽に似た恒星のクラスターを含んでいるようで、密接な家族的類似がありそうだ。未解決の問題は、太陽、および太陽系の惑星たち（あるいは、のちに惑星になる原始惑星系円盤）は、どうやってそんな遠くの星のゆりかごから放り出され、ここまで漂ってきたのかということだ。太陽と惑星がたどった道のりに関する研究の中には、メシエ67で太陽が誕生した可能性はほとんどないと結論するものもあるが、もとの仮定にさまざまな修正を施すことを提案する研究の中には、有望そうな結果を出しているものもある。[*14]

もう少し自信を持って言えるのは、四七億年ほど前に、水素とヘリウム、そしてこれらよりも少しだけ複雑な原子をわずかに含むガス雲の領域を、超新星の衝撃波が通過しただろうということだ。その衝撃波はガス雲の一部を圧縮し、圧縮された部分は周囲よりも密度が高くなって重力が強まり、恒星のもとになるガスを引き寄せた。ガス雲は数十万年ほどかけて収縮し、あたかもスケート選手が優美にスピンしながら腕を引き寄せるように、最初はゆっくりと、しだいに速度を上げながら回転を始めた。スピンするスケート選手は外向きの力を経験するが（スケート選手のコスチュームの自由に動ける部分が外向きに広がるのは、その力のためだ）、回転するガス雲もそれと同じく外向きの力を受けて広がり、中心部の小さな球形領域を取り巻く円盤状になって回転する領域が生まれた。そのガス雲は、五〇〇〇万年から一億年ほどのあいだ、重力がある場合のエントロピック・ツーステップ（第3章）を確かな足取りで踊り続けた。球形の中心部は重力に圧縮されてますます高温高密度になったのに対し、周辺の物質はどんどん低温低密度になった。中心部のエントロピーは減少し、周辺部のエントロピーは、それを埋め合わせてさらにお釣りがくるほど増大した。中心部の温度と密度は高まり続け、ついに、核融合が始まるための敷居を越えた。

太陽の誕生である。

太陽が形成された後に残った物質は——その量はわずかで、渦巻き状のガス雲を形成していた物質の、一パーセントの数十分の一ほどにすぎない——、その後数百万年にわたり重力の雪だるま現象を何度となく起こして寄り集まり、太陽系の惑星たちになった。軽くて揮発性の高い物質——水素、ヘリウム、メタン、アンモニア、水など――は、太陽の強い放射によって吹き飛ばされ、外側に広がる低温領域に集まった。そうしてできたのが、ガスの巨大惑星、木星、土星、天王星、海王星だ。鉄やニッケルやアルミニウムといった、より重い元素は、太陽に近くてより温度の高い環境に踏み留まり、太陽系の内側には、水星、金星、地球、火星という、小さくて固い惑星になった。惑星たちは太陽よりもずっと質量が小さいため、それぐらいの重さなら自分たちが持つ原子に固有の抵抗力で圧縮に耐えることができる。惑星の中心部でもやはり温度と圧力は上昇するが、核融合が始まるレベルには遠く、生命にとってはありがたいことに、惑星の環境は比較的穏やかなものとなる。そんな環境は、われわれのような生命にとっては間違いなくありがたいし、もしかすると宇宙のあらゆる生命にとってそうなのかもしれない。

若い地球

地球の最初の五億年間は、冥王代と呼ばれている。ギリシャ神話の冥界の神ハデスにちなむこの名前は、荒れ狂う火山、噴出する溶岩、硫黄や青酸といった有毒物質の濃い蒸気に満ちた、地獄のような時代だったことをうかがわせる。しかし今日では、若い地球のイメージ・キャラクターとしては、海の神ポセイドンでもよいのではないかと考える科学者たちがいる。地球の海洋の変化は今も論争中のテーマで、議論を支える証拠はきわめて乏しい。それほど遠い過去になると、岩石試料は得られないからだ。しかし、研究者たちは、初期の地球でどろどろに融けていた溶岩が冷めて固化したときに形成された、「ジルコン結晶」という半透明の石のかけらがあることを突き止めた。ジルコン結晶は、誕生間もない地球がたどった経過を知るうえできわめて重要だ。なぜならその結晶は、何十億年も続いた地質学的に厳しい環境に耐え抜いた、不滅といってよいほど頑丈な物質であるだけでなく、ミニチュアのタイムカプセルの役割も果たすからだ。ジルコン結晶は、形成されるときに周囲の分子を取り込むのだが、その取り込みが起こった時期は、標準的な放射性年代決定法で特定できる。ジルコン結晶に含まれる不純物を詳しく分析すれば、古い時代の地球がどんな条件にあったかを教えてくれる標本が得られるのだ。

オーストラリアの西オーストラリア州で見つかったジルコン結晶は、四四億年前のものと年代が特定されており、それは地球と太陽系が形成されてからわずか数億年後だ。その結晶の成分を詳しく分析した研究者たちは、当時の地球は、かつて考えられていたよりずっと好ましいものだったかもしれないと言っている。初期の地球は比較的穏やかな水の世界で、地球表面はほとんど海洋に覆われ、そのあちこちには小さな陸地が点在していたかもしれないというのだ。[*15]

地球の歴史に劇的な時期がなかったわけではない。誕生から五〇〇〇万年から一億年ほど経った頃に、地球は、テイアという火星ほどのサイズの惑星に衝突されたらしい。その衝突で、地球の地殻は蒸発し、テイアは消滅して、塵とガスの雲が数千キロメートル先まで吹き飛ばされたとみられる。やがて、その塵とガスの雲が重力によって集合し、月ができた。月は、太陽系の衛星の中でとくに大きなもののひとつであり、そんな荒々しい出会いがあったことをうかがわせる。もうひとつ、そんな出会いを想像させるのが、地球の季節だ。暑い夏と寒い冬があるのは、地軸が傾いているために、太陽からやってくる光が地球に入射する角度が一年のあいだに変化するからだ。夏は、太陽光が地面に対して垂直に入射するのに対し、冬は斜めに入射する。その地軸の傾きを引き起こしたのが、テイアとの激しい衝突だったというのは、十分に考えられることだ。また、惑星との衝突ほどセンセーショナルではないが、地球と月の両方が、小さな隕石の連打に耐えなければならない時代があった。月には、浸食作用のある風もなければ地殻変動もないため、連打された傷跡がそのまま残っている。地球が受けた鞭打ちも、今では傷跡は目立たないものの、月の場合に劣らず激しかっただろう。生まれてまもない地球を見舞った隕石の中には、地球表面の水の一部、あるいはそのすべてを蒸発させるほどのものがあったかもしれない。それにもかかわらず、ジルコン結晶に保存された記録によれば、地球が形成されて数億年後には、大気に含まれていた蒸気が雨となって地表に降り注ぎ、海洋を生じさせ、今日の地球と多少とも似た地形ができるぐらいまで温度が下がったらしいのだ。少なくともそれが、ジルコン結晶を読み取ることで到達したひとつの結論だ。

地球の温度が徐々に下がり、ふんだんな水を享受できるようになるまでにかかった時間——数億年なのか、もっとずっと長かったのか——は、地質学的な歴史上、最初の生命が生まれた時期に直接関係するため、激しい議論が繰り広げられている。液体の水があるところには生命があるというのは強すぎる主張だが、液体の水のないところに生命はない、少なくともわれわれが知るような種類の生命はないということは、ある程度の確信を持って主張できるのである。

なぜそう言えるのだろう？　その理由を見ていこう。

生命、量子物理学、水

水は、自然界でもっとも身近で、もっとも重要な物質のひとつだ。化学における水の分子式H_2Oは、物理学におけるアインシュタインの$E=mc^2$に似たところがある。水の分子式は、化学で一番有名な式なのだ。ここではこの式に肉付けすることで、他の物質にはない水の特徴について洞察を得るとともに、物理学と化学のレベルで生命を理解するというシュレーディンガーのプログラムの鍵になる、いくつかのアイディアを見ていこう。

一九二〇年代の半ばまでには、世界の指導的な物理学者たちの多くが、自然の理法として広く受容されていたものが根本的な大変動の崖っぷちにあることを察知していた。惑星の軌道や石の運動を予測することにかけては、数百年にわたって正確さの典範であり続けていたニュートンの理論を、電子のような小さな粒子に当てはめてみたところ、惨憺たる失敗を喫したのだ。微視的な世界からニュートンのルールに従わないデータがあふれ出してくると、ニュートン的な理解という静かな海は、荒れ狂う嵐の海になった。物理学者たちはすぐに、そんな海には浮かんでいるだけでも大変だということを思い知らされた。ヴェルナー・ハイゼンベルクは、ニールス・ボーアとともに懸命に計算をして過ごしたある晩遅く、くたくたに疲れ切った頭で、コペンハーゲンの人気のない公園を目的もなく歩いていたときに、当時の状況をよく伝える次の言葉を口にした。「電子実験によれば自然はひどく馬鹿げたものに見えるが、自然がそこまで馬鹿げているなどということがあるものだろうか？」。[16]一九二六年に、この問いへの答え――完全なる「イエス」――をもたらしたのは、ドイツの物理学者マックス・ボルンだった。控えめな人柄のボルンが抜本的に新しいパラダイムを導入して、概念的な行き詰まりを打開したのである。ボルンは、一個の電子（あるいは何であれ一個の粒子）は、与えられた任意の場所に見出される確率という観点からしか記述することはできないと言ったのだ。ボルンの一撃のもと、物体はつねに確定した位置を持つという慣れ親しんだニュートン的な世界は、粒子はどこにあってもおかしくないという量子的な実在へと道を譲った。しかも、そんな確率的な枠組みが本来的に持っているあいまいさは、その新しい枠組みの欠陥であるどころか、深い洞察に満ちてはいるが明らかに粗いニュートンの枠組みが、長らく見逃してきた量子的実在の特徴を明らかにするものだった。ニュートンは、自分の目で見ることのできる世界という基礎の上に方程式を打ち立てた。それから数百年後のわれわれは、人間の弱い知覚力で到達しうる域を超えたところに、予想もしなかった実在があることを学んだのである。

ボルンの提案には、数学的な正確さがあった。[17]彼は、シュレーディンガーがそれより数ヵ月ばかり前に発表した方程式は、量子的な確率を予測するために使うことができると説明した。シュレーディンガーにとってそんな話は初耳だったし、誰にとってもそうだった。しかし、科学者たちがボルンの指示通りに計算してみると、たしかにボルンの数学でうまくいくことがわかった。それも素晴らしくうまくいった。それまで場当たり的に直観的なルールによって説明されていたデータや、まったくお手上げだったデータが、ついに完全に体系化された数学的解析によって理解できるようになったのだ。

その量子的観点を原子に当てはめたとき、あたかも惑星が太陽の周囲をめぐるように電子が原子核の周囲をめぐるとする、古い「太陽系モデル」はお払い箱になった。量子力学はその代わりに、原子核を取り巻くぼんやりした雲として電子を描き出す。その雲の密度が、電子がそれぞれの場所に見出される確率を与える。確率の雲が薄い場所では、電子が見つかる可能性は低く、確率の雲が厚い場所では、電子が見つかる可能性は高い。

シュレーディンガーの方程式は、今述べたことを数学的に明確にする。この方程式を使えば、一個の電子が、どの場所にどんな確率で見つかるかがわかるし、電子の存在確率を表す雲のそれぞれに、電子をいくつ収容できるかも厳密にわかる。ここでの話にとって重要なのは、電子の収容数だ。[*18] これを詳しく説明しようとすると、すぐに専門的になってしまうのだが、本質的なところを摑むためには、劇場のようなものをイメージするのがいいだろう。原子核を円形劇場の中央舞台、電子は、同心円状の客席から舞台を見ている観客だと思ってほしい。シュレーディンガーの数学を原子に当てはめると、そんな「量子の劇場」の観客である電子が、どの列の座席に座ればいいかがわかるのだ。

本物の劇場で、座席の脇の階段を上ってみたことはあるだろうか？　その経験から予想されるように、座席の列が高くなればなるほど、電子がそこまで上るためにはエネルギーが必要だ。そのため、原子が一番静かな状態、つまり最低エネルギー状態にあるときには、電子は下の列から順番に座席を占めていく、非常に行儀の良い観客だ。下の列に空席があるのに、それを飛ばして上の列に行く電子はひとつもない。では、それぞれの列に、電子は何個まで座れるのだろうか？　その答えを教えてくれるのが、シュレーディンガーの数学だ。その規則は、量子の劇場すべてに適用される消防条例のようなもので、第一列には二個、第二列には八個、第三列には一八個……となることが決まっている。実際に、強力なレーザーを照射されるなどして原子のエネルギーが増大すれば、電子の中には、高い列にジャンプできるだけのエネルギーを受け取って、元気になる（励起される）ものが出てくるが、外部から与えられたそんなエネルギーは長持ちしない。励起された電子はすみやかにエネルギーを放出して（そのエネルギーは、光子によって運び去られる）、もとの低い列の座席に戻り、原子はふたたび最低エネルギー状態になる。[*19]

シュレーディンガーの数学から、原子にはもうひとつ、奇妙な習性があることがわかる。それは原子ならではのこだわりのようなもので、そのこだわりが、宇宙のいたるところで化学反応を駆動している。原子は、中途半端に占められた列があるのが許せないのだ。列の座席がすべて空席ならかまわない。列の座席が全部埋まっているのもかまわない。しかし、一部に空席があると、原子はいてもたってもいられない。原子の中には、幸運にも自前の電子で列を埋められるものがある。ヘリウムは、二個の陽子と電気的に釣り合う二個の電子を持ち、その二個がめでたく第一列を満たす。ネオンは一〇個の陽子と釣り合う一〇個の電子を持ち、そのうち二個が第一列を、八個が第二列を満たす。しかしほとんどの原子は、陽子と釣り合う数の電子では、列を満たすことができない。[*20]

そんな原子は、どうするのだろう？

そういう原子は、別の原子と手を結び、電子を融通し合うのだ。あなたが、上の列にあと二個の電子を必要としている原子で、私が、その同じ列に二個しか電子を持たない原子だとすると、私が余分な二個をあなたに寄付すれば、われわれは占拠数の不満を満たすことができる。ふたりともすべての列が満席になるのだ。もうひとつ注目したいのは、あなたは私の電子を受け取ることで正味の電荷は負になり、私は電子を寄付したことで、正味の電荷は正になるということだ。符号が反対の電荷同士は引き合うから、あなたと私は手を結び、電気的に中性の分子になる。あるいはまた、われわれがふたりとも、あと一個の電子を必要としている原子なら、別の協定を結ぶこともできる。ふたりが一個ずつ電子を供出して二個の電子を共有し、互いの占拠数の不満を解消するのである。この場合も、われわれは共有した電子を通して手を結び、電気的に中性の分子になる。原子を結合させることで電子の列を満たすというこのプロセスが、われわれが化学反応と呼んでいるものだ。これらは、地球上や生物の体内、そして宇宙のいたるところで起こっている化学反応の典型である。

水はこのプロセスの重要な例である。酸素は八個の電子を持ち、うち二個は第一列、六個は第二列を占めている。第二列の最大占拠数は八個だから、酸素はあと二個の電子を得ようと躍起になる。電子をもらう相手として打ってつけなのが水素だ。どの水素原子も一個の電子を持ち、その電子はひとりぼっちで第一列にいる。第一列にあと一個の電子を取り込む機会があれば、水素原子はそれを逃さないだろう。かくして水素と酸素は二個の電子を共有することに合意し、水素は第一列を完全に満たし、酸素は一個の電子を得て、あと一個の電子を得れば第二列を満たせるようになる。そこで、水素原子をあと一個仲間に引き入れれば、酸素は首尾よく第二列を満たすことができる。こうして電子を共有することで、酸素原子はふたつの水素原子と結びつき、水の分子（H_2O）ができる。

酸素と水素のこの結合には、重大な帰結を持つ幾何学的特徴がある。原子間に働く斥力と引力のために、あらゆる水分子は広がったV字形になる。酸素分子を頂点として、ふたつの水素はV字の上端に位置する。H_2Oは正味の電荷を持たない中性の分子だが、酸素は電子軌道の列を満たそうと必死で、共有された電子を自分のほうに引き寄せるため、分子としての電荷分布が偏る。結果として、分子の頂点にある酸素のあたりは負の電荷を帯びるのに対し、V字のふたつの先端にある水素のあたりは正の電荷を帯びる。

水分子の全体としての電荷分布は、専門家にしか関係のない細かい話のように思われるかもしれないが、これはけっして細かい話ではない。水の電荷分布のこの偏り、つまり水分子の分極は、生命が出現するためには本質的に重要なのだ。分極しているおかげで、水はたいていのものを溶かし込むことができる。負に帯電した酸素が位置するV字の頂点は、多少なりとも正の電荷を帯びたものは何でもしっかり捕まえる。一方、正に帯電した水素が位置するV字のふたつの先端は、多少なりとも負の電荷を帯びたものは何でもしっかりと捕まえる。そのふたつの働きのおかげで、水分子の両端は、十分に長く水に浸っているものはほとんど何でも引き裂いてしまう、帯電したカギ爪のような働きをするのだ。

もっとも身近な例は食塩だろう。塩素原子とナトリウム原子が一個ずつ結合した食塩分子は、ナトリウム原子のあたりでわずかに正の電荷を帯び（ナトリウム原子は一個の電子を塩素原子に寄付している）、塩素原子のあたりでわずかに負の電荷を帯びている（塩素原子は一個の電子をナトリウム原子からもらっている）。食塩を水に入れると、H_2Oの酸素側（負に帯電）はナトリウム（正に帯電）を捕まえ、水素側（正に帯電）は塩素（負に帯電）を捕まえて、食塩分子を引き裂いて水溶液にする。そして食塩で成り立つことは、他のきわめて多くの物質でも成り立つ。細部は違えど、水分子の偏った電荷分布が、この物質を性能の高い溶媒にしているのだ。水で手を洗えば、たとえ石鹸がなかったとしても、水の電気的偏りがせっせと働き、異質な物質を溶かして流し去ってくれる。

物質を捕まえて運び去る水の力は、身のまわりを清潔にするというレベルをはるかに超えて、生命にとって不可欠だ。細胞の内部は、ミニチュアの化学実験室のようになっていて、さまざまな成分を迅速に移動させなければならない――栄養分を取り込み、老廃物を排出し、細胞機能に必要な物質を作るために化学物質を混合するといった仕事をこなさなければならない。それを可能にしているのが、水なのだ。細胞の重さの七〇パーセントほどを占める水は、さまざまなものを運ぶ生命の輸送液体なのである。ノーベル賞受賞者のセント＝ジェルジ・アルベルトは、そのことを次のような言葉で雄弁に語った。「水は、生命の物質にして母胎であり、生命の母にして培養液である。水なくして生命はない。皮膚を作ることを覚えたとき、生命は海を離れることができた。皮膚は水を入れておく袋なのだ。われわれは水を内部に取り込みながら、今も水の中で生きている」[*21]。詩として見るなら、これは水と生命に対する美しい頌歌《しょうか》だ。科学として見るなら、この言明が普遍的に成り立つことを立証する議論はまだないけれど、われわれは今日に至るも、水なしに生きていける生命形態をひとつとして知らないのである。

生命の統一性

簡単な元素と複雑な元素の合成、太陽と地球の誕生、化学反応とは何か、そして水の重要性を見てきたので、いよいよ生命そのものに目を向ける準備が整った。生命に目を向けるなら、まずは生命の発生から始めるのが当然だと思われるかもしれないが、まだ決着のついていないそのテーマに進む前に、生命の精髄と言われることもある分子の特質を見ておくのがいいだろう。過去三〇年にわたり、自然の基本力を統一する理論を追いかけてきた私のような人間にとって、その分子を見ていくことは、生物学的な統一性を解明することなのだ。微生物《マイクローブ》からマナティまで、地球上には厳密にいくつの種が存在するのかはわからないが、これまでの研究から、少なく見積もって数百万、多めの見積もりでは数兆という値が得られている。いずれにせよ、膨大な数だ。しかし、生物種がそれほど多いという事実は、生命の内部の仕組みの特異な性質を見えにくくしているのである。

　生きた組織を十分拡大して調べれば、生命の「量子」に出会うだろう――それが細胞だ。細胞は、生きていると判定することのできる、組織の最小単位なのである。どんな生物から取り出したどの細胞も、あまりにも多くの特徴を共有しているため、訓練のない者の目には、その試料が、マウスのものなのかマスチフ犬のものなのか、カメのものなのかタランチュラのものなのか、イエバエのものなのかヒトのものなのかを区別するのは難しい。細胞が区別できないというのは驚くべきことだ。われわれの細胞には、一見してヒトのものだとわかるような――他の生物のものではないことを示すような——何か重要な印が刻まれているのでは？　ところが、そんな印はないのである。この数十年で、その理由が明らかになった。複雑な多細胞生物はすべて、同じ単細胞の先祖から分かれた末裔なのだ。どの生物のどんな細胞もみなそっくりに見えるのは、出発点が同じだからなのである[*22]。

それが重要な手がかりになる。これだけ多種多様な生物がいるからには、生命にはいくつもの起源があっても不思議はなかっただろう。海に生息する軟体生物の系統をどこまでもさかのぼれば、ひとつの出発点に収束するとしても、ウォンバットの系統やランの系統には、それぞれ別の出発点があってもよかっただろう。ところが、証拠が強く示唆するところでは、軟体生物もウォンバットもランも、同じひとつの先祖に収束するらしいのだ。この説にさらに説得力を加えるのが、生命が普遍的に持つふたつの特質である。あらゆる生物が、深いレベルでそのふたつの特質を共有しているのだ。第一の特質は、生命の情報に関係するもので、こちらのほうがよく知られている。細胞が生命維持機能に指令を与える情報をエンコードし、それを利用するために使っている方法が、すべての生物で同じなのである。第二の特質は生命のエネルギーに関するもので、ひとつ目のものと同じぐらい重要であるにもかかわらず、あまり知られていない。細胞が生命維持に必要な機能を作動させるためのエネルギーを利用し、貯蔵し、配備する方法が、すべての生物で共通なのである。これから見ていくように、どちらの特質も、その詳細が、地球上の生命のすべてでまったく同じなのだ。

生命情報の統一性

ウサギが生きているかどうかを判断するためのひとつの方法は、それが動くところを見ることだ。もちろん、石も動くことはある。強い川の流れが石を下流に押しやることもあるし、火山の爆発が石を空中に吹き飛ばすこともある。ウサギの場合との違いは、石の運動は、その石に作用する力から理解することができるし、さらには予測さえできるということだ。水の流れや火山の爆発について十分な情報を与えてくれれば、私はその後の石の動きをほぼ正確に予測してみせよう。一方、ウサギの動きを予測するのは難しい。シュレーディンガーが「空間的な境界」と呼んだウサギの体の内側で起こることが、ウサギの動きを決める重要な要因になりうるからだ。ウサギは、鼻をぴくぴくさせたり、頭をくるりと回して背後を見たりするし、脚を地面にトントンと打ちつけたりもする。そんな振る舞いのため、ウサギは意志を持つように見える。ウサギであれ、他のどんな生物であれ(われわれを含めて)、実際に自発的な意志を持つかどうかは、何世紀ものあいだ議論の続けられてきた問題だが、それについては次章で取り上げることにしよう。当面、誰もが合意できるのは、石の内的活動は、われわれが観察する石の運動にはまったく影響を及ぼさないのに対し、いくつもの要素が連動し、複雑で自己決定的なウサギの動きは、そのウサギが生きていることを判断するための、かなり確かな手がかりになるということだ。

しかし動くからといって、生きているとは断言できない。自動化されたシステムは、ほとんど生きているかのように動くことができるし、テクノロジーが今後も進歩し続ければ、ますます上手に生命をエミュレートできるようになるだろう。しかし、まさにそこから、大きな論点が浮かび上がるのである。ここで問題にしているような動きは、情報と実行――ソフトウェアとハードウェア――の相互作用から生じているということだ。行動をソフトウェアとハードウェアの相互作用として捉えるその論点は、自動化されたシステムの場合にはそのまま当てはまる。ドローン、自動運転車、ルンバなどはみな、環境についてのデータを取り入れ、翼やローターやホイールなど、システムに搭載されたハードウェアの行動を決定する。ウサギの場合、それがいえるのはメタファーとしてでしかない。それにもかかわらず、ソフトウェア＝ハードウェアのパラダイムは、生命を考えるうえで非常に役立つのだ。ウサギは環境から得た知覚データを蓄積し、そのデータを「ニューラルコンピュータ」（ウサギの脳）で処理し、そのニューラルコンピュータは大量の情報を含む信号を神経路に送り出すことで、身体的な行動――そこらのクローバーを食べるとか、倒れた大枝を飛び越えるなど――を起こさせる。ウサギの動きは、ウサギの身体的構造を通り抜ける一組の複雑な指令を、内的に処理して伝達することによって生じる。つまり、生物学的ソフトウェアが、生物学的ハードウェアを動かしているのだ。石の場合には、そんなプロセスはいっさい存在しない。

もしもウサギの細胞のひとつに深く潜入したとすれば、それと似たことが、より小さなスケールで起こっているのを見ることになるだろう。細胞機能の多くは、タンパク質が遂行している。タンパク質は大きな分子で、化学反応の触媒となり、反応を調節し、生命に不可欠な物質を輸送し、細胞の形や運動などを細かく制御する。タンパク質は、「アミノ酸」と呼ばれる二十種類の小さな部品を組み合わせてできている。英語の単語が二六文字のアルファベットの組み合わせになっているのと同じことだ。単語が意味を持つためには、文字が特別な順番で並んでいなければならないが、タンパク質の場合も、タンパク質としての役目を果たすためには、構成要素であるアミノ酸が特定の順番で並んでいなければならない。もしもアミノ酸の並び方を単なる偶然に任せたとしたら、特定のタンパク質を組み立てるために必要なアミノ酸が、たまたま正しい順番でつながる確率は、ほぼゼロに等しい。そのことは、二〇種類のアミノ酸をつなげる組み合わせの数が途方もなく大きいことから明らかだろう。一五〇のアミノ酸がつながったタンパク質の場合（タンパク質としては小さい）、組み合わせの数は約10^{195}となり、観測可能な宇宙に含まれる粒子の数よりもはるかに大きい。猿のチームがランダムに文字をタイプすることを何十年続けても「to be or not to be」が正しく書ける確率はほぼゼロだという話はよく知られているが、それと同じく、ランダムにアミノ酸を並べて生命に必要な特定のタンパク質ができることは、ほぼないのである。

　複雑なタンパク質を作るためには、偶然に任せるのではなく、踏むべきステップが逐一書かれた指示書に従わなければならない――つなげるべきアミノ酸の順番が逐一書かれた指示書が必要なのだ。つまり、タンパク質を合成するためには、細胞レベルのソフトウェアが必要なのである。そんな指示書が、実際に個々の細胞の内部に存在している。ワトソンとクリックによって、その幾何学的な構造が発見された、生命を支える化学物質であるDNAに、タンパク質を作るための具体的な指示がエンコードされているのである。

　DNA分子はすべて、かの有名な二重螺旋の形をしている。それは長いはしごがねじれたような形をした分子で、横に渡された踏み板は、塩基と呼ばれる、より短い分子がふたつ連結されている。塩基は、Ａ、Ｔ、Ｇ、Ｃという記号で表されるのが普通だ（これらの記号に対応する塩基の専門的な名前はわれわれにとっては重要ではないが、それぞれアデニン、チミン、グアニン、シトシンである）。どの生物種も、それに属する個々のメンバーは、ほとんど同じ文字列を持つ。ヒトの場合、ＤＮＡの塩基配列はおよそ三〇億文字で、あなたの配列は、アルベルト・アインシュタインやマリー・キュリーやウィリアム・シェイクスピア、その他誰の配列とも一パーセントの四分の一以下しか違わない。それはつまり、五〇〇文字に一文字しか違わないということだ。[*23] しかし、歴史上もっとも有名な人物と（あるいは無名の悪党と）ほぼ同じゲノムを持っているという栄光に浴する一方で、あなたのＤＮＡの塩基配列は、どのチンパンジーの配列とも九九パーセント同じなのだ。[*24] ほんの小さな遺伝的違いが、非常に大きな影響を及ぼしうるのである。

ＤＮＡのはしごの横板を作るとき、塩基対のペアの相手は厳密なルールに従って選ばれる。はしごの一方のＡは、他方のＴと結合し、ＧはＣと結合する。そのため、はしごの一方の塩基配列がわかれば、他方の配列も一意的に決まる。その文字列には、細胞の活動に不可欠な重要な情報が含まれており、とくにアミノ酸の並び方を指定し、それぞれの生物種に特有の、その生命形態にとって不可欠なタンパク質を合成するために必要な指示がそれだ。

タンパク質を組み立てるためのその指示が、すべての生物で、まったく同じやり方でコードされているのである。[*25]

少し細かい話になるが、以上の仕組みが機能するためのマニュアル、すべての生命に組み込まれた分子のモールス信号は、次のように決まっている。DNAのはしごの一方に並んだ三つ組の文字は、二〇種類のアミノ酸のうちどれかひとつを指定する。[*26] たとえば、CTAの文字列はロイシンというアミノ酸を、GCTはアラニンというアミノ酸を、GTTはバリンというアミノ酸を指定する。DNAの一方のレールについたひとつの横板を調べたら、九文字からなる文字列CTAGCTGTTだったとすると、その文字列は、ロイシン（最初の三つの文字CTA）をアラニン（二番目の三文字GCT）に、それをさらにバリン（三つ目の三文字GTT）にくっつけろという指示である。たとえば、アミノ酸が一〇〇〇個つながってできたタンパク質は、三〇〇〇個の文字列で暗号化される（任意の文字列の出発点と終止点は、また特定の三文字でコードされている。それは英語の文が、大文字で始まりピリオドで終わるようなものだ）。そんな文字列がひとつの「遺伝子」を構成し、タンパク質を組み立てるための指示の青写真になっている。[*27]

こんな細かい話をしたのには、ふたつ理由がある。第一に、コードを見ることで、細胞のソフトウェアという概念が具体的になるからだ。DNAの一部分が与えられれば、そこから細胞内部の仕組みを動かしている指示を読み取ることができる。さまざまな要素が協調して働く、このような洗練された仕組みは、無生物にはないものだ。第二に、コードを見ておけば、生物学者たちが「コードの普遍性」と言うとき、それが何を意味しているのかわかるようになるからだ。DNA分子はみな、海草《シーウィード》のものであるかソフォクレスのものであるかによらず、タンパク質を作るために必要な情報を、まったく同じやり方でコードしているのである。

これが、生命の情報の統一性だ。

生命のエネルギーの統一性

蒸気機関が反復してピストンを押し出すためには、安定的なエネルギー供給が必要であるように、生命が成長、修復、運動、生殖という、生命にとって本質的な機能を遂行するためにも、安定的なエネルギー供給が必要だ。蒸気機関の場合、われわれは環境からエネルギーを抽出する。石炭や木材を燃焼させることで得られた熱を、蒸気機関内部のメカニズムが消費して、蒸気を膨張させるのだ。生物もまた、エネルギーを取り出している。動物は食物から、植物は日光から、エネルギーを取り出している。しかし蒸気機関とは異なり、一般に生命は、そのエネルギーをその場ですぐに使うことはしない。生命のプロセスは、蒸気の膨張や収縮よりも複雑なので、エネルギーを配達したり分配したりするためには、より洗練されたシステムが必要になる。生命は、細胞を構成するそれぞれの要素が必要とするときにエネルギーを供給できるように、燃料から得たエネルギーを、信頼性の高い系統的な方法で貯蔵し、分配しなければならない。すべての生命は、エネルギーを抽出して分配するという難しい課題に、まったく同じ方法で対処しているのである。[*28]

生命が思いついたその普遍的な解決策は、あなたやわたし、そして知られているかぎりありとあらゆる生物の内部で、今このときも起こっている複雑な一連のプロセスであり、生命が成し遂げた偉業の中でも、もっとも驚くべきもののひとつである。生命は、ゆっくりと進む一種の化学的な燃焼を利用して環境からエネルギーを抽出し、そうして得たエネルギーを、すべての細胞に組み込まれている生物学的電池を充電することで蓄える。充電された細胞電池は安定的な電気の供給源となり、細胞はその電気を使って、エネルギーを必要としている場所ならどこにでも届けられるよう、特別に誂えた分子を合成しているのである。

たいへんな仕事のように聞こえるかもしれないし、実際、それはたいへんな仕事だ。そしてそれは、非常に重要な仕事でもある。そこで少し時間を割いて、その現場を見ておくことにしよう。細部は理解できなくてもかまわない。ざっと見てまわるだけの小旅行でも、生命が自分に動力を供給するために使っている驚くべき方法が明らかになるだろう。

生命のエネルギー処理の中心となる化学的燃焼は、《酸化還元反応》と呼ばれるプロセスである。とくに心惹かれる名前ではないが、典型的な例——材木の燃焼——を見れば、そう呼ばれる理由は理解できるだろう。材木が燃えると、木の中の炭素と水素が空気中の酸素に電子を譲り（酸素はつねに電子に飢えていることを思い出そう）、水素と炭素がそれぞれ酸素と結びついて水と二酸化炭素の分子になり、その過程でエネルギーを放出する（炎が高温なのはそのためだ）。酸素が電子を捕まえているうちは、その酸素は《還元》されているという（酸素が電子を欲しがる気持ちが緩和されていると考えればいいだろう）。炭素や水素が電子を酸素に譲っているあいだ、その炭素や水素は《酸化》されているという。そのふたつを合わせて、酸化還元反応と呼ぶのである。

今日の科学者たちは「酸化還元」という言葉を、酸素が関係しているかどうかによらず、より幅広く、化学物質を構成する要素のあいだで電子がやり取りされる反応を指すために使っている。それでも、炎を上げて燃える材木が、化学的燃焼の良い例であることに変わりはない。部分的に満たされた列という厄介なお荷物を抱えた貪欲な原子は、電子を提供してくれるドナー原子からすさまじい力で電子をもぎ取る。そうして乱暴に電子をもぎ取るときに、それまで閉じ込められていたかなりの量のエネルギーが解放される。

生きた細胞の内部でも——話を明確にするため、ここでは動物に焦点を合わせよう——同様の酸化還元反応が起こっているのだが、重要なのは、あなたが朝食で取り込んで消化した原子からもぎ取られた電子は、そのまま酸素に引き渡されるわけではないということだ。もしもその電子を直接酸素に引き渡したりすれば、そのとき生じるエネルギーのせいで細胞は火事のようになるだろうが、生命は、そういうこと自体は避けたほうがよいと学んだのだ。直接酸素に引き渡される代わりに、食物からもたらされた電子は、中間的な一連の酸化還元反応を経ることになる。それらの反応は、旅の途中で立ち寄るパーキングエリアのようなもので、旅の最終目的地は酸素なのだが、一休みするたびに、比較的少量のエネルギーを解放することができる。野球場の観客席の階段を一段ずつポンポンと下ってくるボールのように、電子は、分子のアクセプタを次々と渡り歩く。どのアクセプタも、ひとつ前のアクセプタより電子に飢えているため、電子が飛び移るたびに、確実にエネルギーが解放される。あらゆるアクセプタの中でもっとも電子に飢えている酸素は、階段の一番下で電子を待ち構えている。いよいよ電子が階段の一番下にたどり着くと、酸素はそれをしっかりと捕まえ、その電子がまだ提供できるわずかばかりのエネルギーを一滴残らず絞り取るのだ。こうしてエネルギーの抽出過程は終わる。

植物の場合も、エネルギー抽出のプロセスはほぼ同じだ。主な違いは、電子の供給源である。動物は、電子を食物から得ているのに対し、植物は、電子を水から得る。緑色をした植物の葉っぱに含まれる葉緑素に日光が当たると、日光は水分子から電子をもぎ取って、その電子にエネルギーを充塡し、動物の場合と同様に酸化還元の階段に放り込む。このように、あらゆる生物のあらゆる行動を支えるエネルギーの出所を追跡してみると、電子がポンポンと階段を降りるようにして、細胞内で一連の酸化還元反応を経験するという同じプロセスにたどり着く。セント=ジェルジ・アルベルトは詩的な考察の最後に、「生命とは、一個の電子が、休息できる場所を探し求める行為にほかならない」と述べたが、それはこのことを言っていたのだ。

物理学の観点からすると、これは非常に驚くべきことだという点は強調に値する。エネルギーは、宇宙で起こるすべての活動に対価を支払うための硬貨で、さまざまな形に鋳造され、それを稼ぐための仕事はさらにさまざまである。多種多様な原子核のあいだで起こる核分裂や核融合で抽出される核エネルギーは、そんな硬貨のひとつである。また、荷電粒子が引力や斥力を及ぼすことで生み出される電磁的なエネルギーもそうだ。そのほかにも、大きな質量を持つ天体の相互作用で生み出される重力エネルギーがある。このように、エネルギー生成のプロセスにはいろいろあるなかで、地球上の生命はどれもみな、たったひとつのメカニズムを利用している。それが、電子が酸化還元反応の階段をポンポンと下りていく、特殊な電磁的化学反応のメカニズムだ。そのプロセスは、食物または水に始まり、酸素の力強い抱擁で終わる。

エネルギーを抽出するこのプロセスは、なぜ、どのようにして、生命にとってそれほど頼れるメカニズムになったのだろうか？　その理由は誰も知らない。しかし、このプロセスの普遍性は、遺伝コードの普遍性と同じく、生命の統一性を力強く語りかけてくる。あらゆる生命がまったく同じ方法で動力を得ているのはなぜだろう？　すぐにいえるのは、すべての生命は、同じ共通祖先の子孫なのに違いないということだ。研究者たちはその共通祖先を、四〇億年ほど前に存在したとみられる単細胞の生物種だろうと考えている。

生物学と電池

生命の統一性は、すでに強力な証拠に支えられているが、電子が酸化還元反応を繰り返すことで解放されたエネルギーのその後を追跡してみると、その証拠はさらに説得力を増す。解放されたエネルギーは、どんな細胞にも組み込まれている生物学的電池を充電するために使われる。そうして充電された電池は、細胞内で需要のあるところならどこにでも、いついかなるときも迅速かつ巧妙にエネルギーを配達する分子を合成するために使われる。複雑なその合成のプロセスが、生命という生命でまったく同じなのだ。

そのプロセスを大雑把に説明すれば、次のようになるだろう。酸化還元のアクセプタ分子は、電子を受け止めるために腕を伸ばしている。その腕に電子が飛び込むと、アクセプタ分子は周囲にぎっしり詰まった分子たちに対してぴくっと向きを変える。歯車が一段階だけ回転するのと同じように、気まぐれな電子が次の酸化還元で別のアクセプタ分子に飛び移ると、はじめの分子はもとの向きに戻り、新たに電子を受け取った分子がぴくっと向きを変える。電子はジャンプを繰り返し、電子を受け取った分子はぴくっと向きを変え、電子を手放した分子はもとの向きに戻る。

こうして電子がジャンプを繰り返し、アクセプタ分子がぴくっと向きを変えるということが繰り返されるうちに、微細ではあるが重要な仕事が成し遂げられる。アクセプタ分子が歯車を行きつ戻りつさせるうちに、一群の陽子《プロトン》をぐいっと押して周囲の膜を通過させ、薄いコンパートメントに溜め込む。そのコンパートメントは、いわば陽子がぎっしりと詰め込まれた待合室だ。普通の言葉でいえば、プロトン電池である。

普通の電池では、電子は化学反応によって一方の極（負極《アノード》）に詰め込まれる。同じ負の電荷を持つ電子たちは互いに反発して、機会がありさえすればそこから逃げ出そうとする。あなたが「オン」のボタンを押したり、スイッチを倒したりして電気回路をつなぐと、詰め込まれた電子たちは自由になって負極から流れ出し、装置――電球、ラップトップ、電話――を通過し、最終的には電池のもう一方の極（正極《カソード》）にたどり着く。電池はありふれた装置だが、実に独創的な仕組みだ。電池は、すぐにもエネルギーを手放せる状態の電子たちを待機させて、あなたが好きに選んだ装置に、すぐに電力を与えてくれる。

生きた細胞の内部でも、われわれはそれとよく似た状況に出会う。ただし細胞の場合、待合室に詰め込まれているのは、電子ではなく陽子だ。しかし、電子が陽子に変わっても、ほとんど違いはない。陽子は電子と同様、どれもみな同じ種類の電荷を持ち、それゆえ互いに反発する。細胞の酸化還元反応によって待合室に詰め込まれた陽子は、電子の場合と同じく、同じ電荷を持つ仲間たちから逃げ出すチャンスをうかがうようになる。それが、細胞の酸化還元反応で、プロトン電池が充電された状態だ。実際、陽子たちは非常に薄い膜（その厚みは、原子数十個分しかない）の一方の側に集まっているため、電場（膜の電位を膜の厚さで割ったもの）は途方もなく大きくなり、一メートル当たり何千万ボルトにも達することもある。細胞の生物学的電池は、なかなかのものなのだ。

では、細胞は、このミニ発電所を使って何をするのだろうか？　それを考えるとき、この物語はさらに驚くべき展開を迎える。待合室の膜には、ナノスケールのタービンがたくさん設置されている。ぎっしりと詰め込まれた陽子たちが、膜の特定の場所を通って待合室から出られるようになると、あたかも疾風が風車を回すように、小さなタービンを勢いよく回す。何百年か前までは、小麦などの穀物を製粉するために風車が利用されていたが、細胞の風車は、それと同様の粉挽き作業をやっている。ただし、細胞の場合、構造が粉砕されるのではなく、構造が作られるのだ。分子のタービンが回転すると、ふたつの入力分子（ＡＤＰすなわちアデノシン二リン酸とリン酸）が合体して、ひとつの出力分子（ＡＴＰすなわちアデノシン三リン酸）になる。タービンによって無理やり結合させられた、ＡＴＰ分子を構成するふたつの分子は、緊張関係にある。互いに斥力を及ぼし合うこれらふたつの分子は、化学結合によってかろうじてつなぎ留められているだけなので、圧縮されたバネのように、その関係から逃れようとする。その緊張が、非常に役に立つのだ。ＡＴＰ分子は、細胞のどこにでも移動することができ、必要に応じてその化学結合を切り離すことで、溜め込まれていたエネルギーを放出し、構成要素である分子たちを、エネルギーがより低くて居心地の良い状態にしてやる。ＡＴＰ分子を構成していたふたつの分子がそうして切り離されるときに放出されるエネルギーが、細胞機能に動力を供給するエネルギーになるのだ。

細胞発電所が休みなく働いている様子を知るために、いくつか数字を挙げておこう。典型的な細胞を一秒間生かしておくためには、一〇〇〇万個ほどのATP分子に貯蔵されたエネルギーが必要だ。あなたの体には、数十兆ほどの細胞が含まれているから、あなたは一秒間に一億個の一兆倍の(10^{20})ATP分子を消費していることになる。ATPが一個使われるたびに、分子はふたつの素材(ADPとリン酸)に分かれる。その後、プロトン電池に駆動されたタービンはそれらの素材をふたたび合体させて、すっかり若返ったATP分子を新しく作る。そのATP分子は配達の旅に出て、細胞内のどこにでもエネルギーを届ける。細胞タービンは驚くほど効率的に働いて、あなたの体のエネルギー需要に応えているのだ。たとえあなたの読書スピードがどれほど速くても、この一行を読むあいだに、あなたの体は五億個の一兆倍ほどものATP分子を合成している。そして今この瞬間にも、三億個の一兆倍ものATPが新たに作られているのだ。

まとめ

細かいことは脇にのけて、ここでの話をまとめておこう。食物からもたらされたエネルギー豊富な電子(もしくは植物の中で、太陽のエネルギーを受け取った電子)が化学の階段をポンポンと下り、各段階で放出されたエネルギーを使って細胞内の生物学的電池が充電され、電池に貯め込まれたエネルギーは分子の合成に使われる。合成された分子は、宅配業者のトラックが荷物を運ぶように、動力を運ぶ。エネルギーが梱包された荷物を、細胞内でそれを必要としている場所に、高い信頼性をもって配達するのだ。これが、あらゆる生命が動力を得るために使っている普遍的なメカニズムである。この独特のエネルギー経路が、われわれが行うすべての行動、すべての思索を支えているのだ。

少し前に、DNAを見るために小旅行をしたときと同様、この場合もまた、重要なポイントは細部を超えている。一見すると複雑怪奇な細胞のエネルギー供給のプロセスを、すべての生命が使っているということが重要なのだ。この統一性と、細胞の取扱説明書としてのDNAコードの普遍性が、すべての生命は同じ共通先祖から生じたということを、圧倒的な説得力で証拠づけているのである。

アインシュタインが自然の力の統一理論を探し求めたように、そして今日の物理学者が、物質と、さらには空間と時間までも視野に入れた、いっそう大きな統一を夢見ているように、一見するとまったく異なるさまざまな現象の共通性を突き止めようとすることには絶大な魅力がある。カーペットにのんびりと横たわっている我が家の二頭の犬から、私の部屋の窓近くの外灯に引き寄せられて混沌と飛びまわっている昆虫や、近くの池で合唱している蛙、そして今私の耳に声が届いた、どこかで遠吠えをしているコヨーテまで、あらゆる生命の内的な仕組みが、まったく同じ分子レベルのプロセスに頼っているのは、圧巻と言うしかない。そこで、細かいことは脇にのけて、最後の話題に進む前に一息入れて、この驚くべき知識をしっかりと噛みしめてほしい。

進化の前の進化

決定的に重要な知識が得られると、思いもよらなかった確かさでものごとが見えるようになるだけでなく、そのような知識はわれわれを触発してさらなる探究に駆り立てる。あらゆる複雑な生命の共通祖先は、どのようにして生じたのだろうか？　さらに深く掘り下げるなら、生命はどのようにして始まったのだろう？　科学者はまだ生命の起源を明らかにしていないが、本書でこれまで見てきたことから、その問いは三つの部分から出来ていることは明らかだろう。遺伝的要素――情報を貯蔵し、利用し、複製する能力――は、いかにして生じたのか？　代謝的要素――化学的エネルギーを取り出し、貯蔵し、利用する能力――は、いかにして生じたのか？　そして、これらふたつの任務を担う多様な分子機械を収めている、自己充足的な袋――細胞――はどのように生じたのか？　生命の起源について語ろうとすれば、これら三つの問いに答えなければならないが、たとえ完全な答えはまだ得られていなくとも、将来的に語られるであろう物語の重要な柱になることはほぼ確実な説明の枠組み――ダーウィンの進化論――を頼りに進むことはできる。

私がはじめてダーウィンの進化論について学んだとき、生物学の先生はこの理論のことを、いったん理解してしまえば、自分の頭をポンと叩きながら、「どうして思いつかなかったんだろう？」と言ってしまいそうな、頭の体操への独創的な答えででもあるかのように教えてくれた。問題は、地球という惑星に生息する多種多様な生物種は、どのように生じたのかということだ。これに対するダーウィンの答えは、互いに関連するふたつのアイディアに帰着する。ひとつは、生物が生殖すると、一般には親に似た子が生まれるが、親と完全に同じではないということ。ダーウィン自身の言葉によれば、「生殖は変異をともなう次世代をもたらす」ということだ。ふたつ目は、資源の限られた世界では、生き残りをかけた生存競争が起こるということ。その競争で勝ち残る可能性を高めるような変異は、その変異を持つ個体が十分に長生きして子をなし、その特徴を次世代に伝える見込みを大きくする。長い時間が経つうちには、生き残りに有利な変異のさまざまな組み合わせがゆっくりと蓄積し、もとの生物集団を分岐させて、さまざまな種を作り出す。[*29]

ダーウィンの進化論は、シンプルで直観的で、ほとんど自明に思えるほどだ。しかし、この理論の説明の枠組みがどれほど説得的でも、もしもデータの支持がなかったなら、科学上のコンセンサスは得られなかっただろう。説得力があるというだけでは不十分なのだ。ダーウィンの進化論が正しいという確信は、生物の構造が徐々に変化していく様子を追跡して、変化の多くは適応上有利であることを明らかにした科学者たちから寄せられた圧倒的な支持の上に成り立っているのである。もしも適応上有利な形質の変化が起こらなかったり、明白なパターンなしに起こっていたり、新しい形質を得た生物の生き残りと繁殖能力に関係がなかったとしたら、子どもたちが学校でダーウィンの進化論を学ぶことにはならなかっただろう。

ダーウィンは、変異をともなう遺伝のメカニズムを示さなかった。生物はいかにして自分の特徴を子に伝えるのだろうか？　子に伝わる特徴が、親の特徴と違うのはなぜだろう？　ダーウィンの時代には、これらの問いへの答えはまだ得られなかった。子が親に似ることは誰もが知っていたが、親の特徴を子に伝える分子レベルのメカニズムが明らかになるまでには、まだいくつもの発見をする必要があったのだ。ダーウィンがそうした細部を知らずに進化論を作り上げることができたことは、先に述べたふたつの考え［変異をともなう遺伝と、生存競争］の普遍性と威力を物語っている。このふたつは、細部を超えて本質を捉えていたのである。DNAの構造が明らかになり、遺伝の分子的基礎へと続く道が見えたのは、それから約一〇〇年後の一九五三年のことだった。ワトソンとクリックがその論文の末尾に書いた次の言葉は、科学論文では自分の主張は控えめに述べるほうがよいと教えられるときの、もっとも有名な例文のひとつになっている。「われわれが仮定した特定の対形成が、そのまま遺伝物質の複写のメカニズムとなりうることに気づかずにはいられなかった」。

ワトソンとクリックが明らかにしたのは、細胞内の取扱説明書を収めている分子を複製する方法だった。その分子を複製すれば、取扱説明書を子に伝えることができる。すでに見たように、細胞のさまざまな機能に指示を与える情報は、DNAのねじれたはしごのレールに沿って並ぶ塩基配列にコードされている。細胞が複製のためにふたつに分かれる準備を始めると、DNAのはしごは真ん中から分かれて、塩基配列のついた二本のレールになる。ふたつの塩基配列は互いに相補的なので（一方の横板がAなら、他方の横板はT、一方の横板がCなら、他方の横板はG）、一方の横板が他方のテンプレートになる。細胞は一方の横板の塩基に、それと対になる相補的な塩基をくっつけて、オリジナルなDNAの完全なコピーをふたつ作り上げる。その後、細胞が分裂してふたつの娘細胞になるとき、そうして複製されたDNAをひとつずつ娘細胞に渡されて、次の世代に遺伝情報を伝える――それが、ワトソンとクリックが気づかずにはいられなかった遺伝物質の複写のメカニズムである。

この複写のプロセスでは、まったく同じDNAがふたつできる。では、なぜ娘細胞に、新しい、つまり変異した特徴が生じるのだろう？　その答えは、複写のエラーだ。どんなプロセスも一〇〇パーセント完璧にはいかない。稀にではあっても、間違いは起こる。ときには、完全なる偶然だけによって、あるいは複写のプロセスを台無しにしかねない高エネルギーの光子――紫外線やX線の放射――に衝突されるといった環境の影響により、複写にエラーが起こる。そのエラーのせいで、娘細胞が受け継ぐDNAの塩基配列が、母細胞のものとは変わるのだ。そんな変異は、『戦争と平和』の四一三ページ目にひとつ誤植があるというのに似て、ほとんど影響を及ぼさないことが多い。しかし、なかには、良かれ悪しかれ細胞の機能に影響を及ぼすものがある。良いエラーは、適応度を上げて続く世代に受け継がれる見込みが高く、それゆえ集団内に広がっていく。

有性生殖の場合は、単純に遺伝物質を複製するだけでなく、雌雄両方の親から受け継いだものを混ぜ合わせることになるため、複写のプロセスはさらに込み入ったものになる。しかし、有性生殖は地球上の生命の歴史における重大な一歩ではあるが――有性生殖の起源については今も議論がある――ダーウィンの進化論の基本的な考え方は、この場合にもまったく同じに当てはまる。遺伝物質を混ぜ合わせて複写することで、受け継がれる特徴にさまざまなバリエーションが生じる。そうして生じたさまざまな特徴の中でも、それを持つ個体が生き残って子をなす可能性を高めるようなものは、多くの世代に長く引き継がれる見込みが大きい。

進化にとって本質的なのは、親から子へと受け渡されるときにDNAに起こる変異は、普通はきわめて少ないということだ。DNAのこの安定性のおかげで、何世代ものあいだ蓄積されてきた遺伝的な改良が、すぐに劣化したり消滅したりせずにすむ。複写エラーのせいで起こるDNAの変異がどれだけ少ないかを感じてもらうために、具体的な数字を挙げると、複写エラーは、ざっと一億のDNA塩基対にひとつの割合でしか起こらない。それは、中世の写字生が聖書を三〇回書き写して、一文字の書き間違いを犯すことに相当する。しかも、その小さな数字でさえ過大評価なのだ。というのも、複写エラーの九九パーセントは、細胞内で行われる化学的な校正メカニズムによって修復されるため、エラーが起こる正味の確率は、一〇〇億塩基対につき一回ほどにまで減少するからだ。

それほど少ない遺伝的変異でも、非常に多くの世代を経て蓄積していけば、物理的、生理的に大きな発展になりうる。それは、誰もがすぐに思いつく説明ではない。眼のみごとな仕組みや、脳の高度な能力、あるいは細胞のエネルギー機構の複雑さに直面して、そんな素晴らしいものが高い知性の導きなしに進化するはずがないと結論する人もいる。もしも進化による組織の発展が、われわれにとっておなじみの時間スケールで起こったのであれば、そう結論するのは妥当だ。しかし進化はそんな短い時間スケールでは起こるものではない。生命の進化には、数十億年という時間がかかった。それは一〇〇万年を何千回も繰り返した年数だ。一年間をプリンターの出力用紙一枚の厚みで表せば、一〇〇億年は、一〇〇キロメートルほどの高さに積み上げられた用紙の山に相当する。その紙の山を、エベレストの高さの一〇倍以上もの厚さのパラパラ漫画だと考えてみよう。それぞれのページの絵は、ひとつ前のページの絵とほとんど違わないとしても、最初のページの絵と最後のページに描かれている絵が、アメーバとチンパンジーほども違っていても何の不思議もないのである。

こんな例を挙げたからといって、遺伝的な変化は、簡単なものから複雑なものへと、ページをめくるごとに着実かつ効率的に進展するように注意深くデザインされた計画に従っていると言いたいわけではない。むしろ自然選択による進化は、試行錯誤によるイノベーションにたとえるのがふさわしい。そのイノベーションを起こすのは、遺伝物質のランダムな組み合わせと変異である。「試行」は、生き残りをかけた競技場でイノベーション同士を戦わせること。「錯誤」は、その戦いに負けたほうのイノベーションだ。試行錯誤でイノベーションを試みるのは、たいがいの企業を破産に導く戦略だ。いつかはどれかのアイディアがヒットするだろうという空頼みのもと、ランダムに次から次へと試していくのは非常にまずい戦略だ――なんなら、取締役会でそんな戦略を提案してみればいい。しかし自然は、企業には乏しい資源をふんだんに持っている――その資源とは時間だ。自然は急いでいないし、帳尻を合わせる必要もない。ランダムに起こる小さな変化でイノベーションを試してみるコストは、自然には負担できるコストなのだ。[*30]

これもまた本質的な要素なのだが、進化のパラパラ漫画は、ひとつだけ孤立して存在しているのではない。この惑星のどの一角を占めたどんな生物の内部で起こったどんな細胞分裂も、ダーウィン進化論の物語に、小さなエピソードを付け加えている。そのまま立ち消えになったエピソードもある（有害な遺伝的変異）。ほとんどのエピソードは、進行中のプロットになんら新しい要素をつけ加えなかった（遺伝物質が変更されずに次世代に渡された）。しかし、なかには予想もしなかったひとひねりを物語につけ加えたエピソードもあり、そこから新たなパラパラ漫画が始まることもあった（適応に役立つ遺伝的変異）。それどころか、そうして付け加えられたひとひねりの多くが、相互依存するプロットと、そこからさらに枝分かれする下位のプロットを支えることになるのだ。そんなわけで、ひとつのパラパラ漫画で語られる進化の物語は、ほかの多くのパラパラ漫画で語られる進化の物語の影響を受けている。地球の生命の豊かさは、進化論の壮大な叙事詩で語られる時間が、途方もなく長いことの反映だが、しかしその豊かさはまた、自然がこれまでに膨大な量の物語を書いてきたことの反映でもあるのだ。

健全な研究分野はどれもそうであるように、ダーウィンの進化論もまた、ここ数十年の議論を経て改善されてきた。種はどんなスピードで進化するのだろうか？　進化のスピードが大きく変わることはあるのか？　長い停滞期のあとで、比較的短期間に急速な変化が起こるのか、それとも変化はつねに少しずつ起こるのか？　ある生物の生存確率は減少させるが、生殖可能性は増加させるような特徴については、どう考えればいいのだろう？　世代から世代へと遺伝子が変化できるメカニズムにはどんな種類があるのか？　進化の記録の空白に対しては、どんな姿勢で向き合えばいいのだろう？　こうした問題の中には、熱い科学論争の種になってきたものもある。しかしどの場合も——ここが重要なところだ——進化そのものに疑問を投げかけてはいない。どんな説明の枠組みも、時間をかけて細部に磨きをかけることはできるし、そうであるべきだ。ダーウィン進化論も、細部はさらに磨かれていくだろうが、その基礎がゆらぐことはないだろう。

そのことから、ひとつの疑問が生じる。ダーウィン進化論の枠組みは、生命より広い領域に関係しているのではないだろうか？　つまるところ、進化論の本質的な要素——複製、変異、競争——

は、生物だけのものではない。プリンターは印刷物を複製するし、光学的な歪みは印刷物に変異を引き起こすし、プリンターのワイヤレスレシーバーは、有限なバンド幅をめぐって競争する。では次に、仕事場のプリンターよりは生命に近いが、明らかに生命でないものを考えよう。それにあたるのが、複製能力を獲得した分子だ。DNAはまさに打ってつけの例なので、この分子を念頭に置くことにしよう。しかし、DNAの複製プロセス——ねじれたはしごが真ん中から分かれてできたレールのそれぞれから、完全なDNAの娘分子が再構築される——は、多くの細胞タンパク質に依存しているため、生命のさまざまなプロセスが、すでに利用できるようになっている必要がある。

そこで、DNA分子の代わりに、生命がまだ出現していない遠い昔に、自力で複製できる分子があったと想像しよう。どれかの複製メカニズムに肩入れする必要はないが、具体的なイメージを持つために、その分子は化学物質をたっぷり含む液体中に漂っていて、磁石のような力を及ぼして、自分の構成要素となる化学物質を引き寄せ、それらの要素から自分と同じ分子を組み立てるためのテンプレートを持っているものとしよう。また、その分子の複製プロセスは、この世のどんなプロセスとも同じく不完全だとしよう。ほとんどの場合、新たに合成された分子は、もとの分子とまったく同じだろう。しかし、ときに少しだけ違う分子ができる。非常に多くの分子が生成されるうちには、もとの分子から変異した多種多様な分子たちが生息する、エコシステムのようなものができるだろう。

どんな環境でも、原材料には限りがあり、資源には制約がある。そのため、分子のエコシステムが複製を続けるうちに、もっとも効率的で正確に複製する分子——少ない原材料ですばやく複製できるが、けっして暴走しない分子——が優勢になるだろう。そんな分子はもっとも「適応度」が高く、時間が経つにつれ、圧倒的多数を占めるようになるだろう。複製は不完全なので、その後生じる変異は、分子の適応度を少しずつ変えていく。そして生物と同じく無生物である分子の場合にも、分子の適応度を上げる変異は、適応度を上げない変異に勝利するだろう。適応度の高い分子が多産であればあるほど、その分子はどんどん増えていく。

これが、分子バージョンの進化、《分子ダーウィニズム》だ。分子ダーウィニズムは、物理法則だけに導かれて引力と斥力を及ぼし合う粒子集団が、いかにして自分を複製できるようになるかを示している。われわれは普通、複製という性質を生命に結びつけて考える。このことが示唆するのは、最初の生命が出現する以前には、分子ダーウィニズムが決定的に重要なメカニズムだったかもしれないということだ。コンセンサスが得られているとは到底いえないが、多くの支持者を得ている分子ダーウィニズムの一バージョンは、ある特殊で多才な分子に望みを託している。それがＲＮＡだ。

生命の起源を明らかにするために

さかのぼって一九六〇年代のこと、フランシス・クリックと化学者のレスリー・オーゲル、生物学者のカール・ウーズら、何人かの優れた研究者たちが、四〇億年ほど前に、生命の先ぶれとなる分子ダーウィニズムの段階をスタートさせたかもしれない分子として、ＲＮＡ（リボ核酸）に人々の注目を向けさせた。RNAはDNAのごく近い親戚だ。

RNAはあらゆる生命体にとってなくてはならない分子であり、ずば抜けた万能の働き手である。RNAは、DNAより短く、塩基の並ぶレールが一本しかないバージョンのDNAと考えればいいだろう。RNAは細胞内でさまざまな役割を果たしている。たとえば、ちょうどあなたが大きく口を開けて上顎と下顎を離したときに歯医者が歯形を取るように、「ジッパーのはずれた」DNAの一本のレールのさまざまな小部分を写し取り、その情報を細胞内の別の場所に運び、その場所で特定のタンパク質を合成するための指示を出すという、化学的な媒介者の役割を果たすこともそのひとつだ。DNAと同じくRNA分子も、細胞の情報を具体的に表し、それゆえ細胞のソフトウェアを構成する部品のひとつである。しかし、RNAとDNAには、ひとつ重要な違いがある。DNAが、細胞の神託を伝える媒体、細胞の活動に指示を与える知恵の泉という立場に満足しているのに対し、RNAは自ら進んで手を汚し、化学的な反応プロセスの手作業に従事していることだ。実際、細胞のリボソーム——アミノ酸をつないでタンパク質を作るミニチュアの工場——の中核を担っているのは、特定の種類のRNA（リボソームRNA）なのだ。

このように、RNAはソフトウェアであると同時にハードウェアでもある。この分子は、化学反応に指示を出すこともできるし、化学反応の触媒になることもできる。そして、RNAが自ら指示を出して触媒にもなる反応の中には、自分自身の複製がある。DNAのコピーを作るための分子機械は、大小さまざまなパーツからなる複雑な化学装置を含むのに対し、RNAは、自分の複製するために必要な塩基対を自分で作ることができる。その意味をよく考えてみよう。ソフトウェアとハードウェアの複合体であるRNA分子は、鶏が先か卵が先かという難問を回避する可能性がある。分子の組み立て方を指示するソフトウェアを最初に手に入れなければ、ハードウェアを作ることはできない。一方、分子合成のインフラであるハードウェアを最初に手に入れなければ、分子のソフトウェアを合成することはできない。しかし、その両方の機能を持つRNAは、鶏と卵を合体させて、分子ダーウィニズムの時代をスタートさせる力を持つのだ。

以上が、RNAワールドという提案の内容である。この提案は、生命が誕生する以前に、RNA分子に満ちあふれた世界があり、そのRNA分子は想像を絶するほど多くの世代を重ねながら分子ダーウィニズムによる進化を続け、やがて最初の細胞になる化学的構造物になったと主張する。この提案の細部は今も暫定的なものに留まっているが、科学者たちはすでに、分子進化のこの段階を、大まかにながら描き出している。一九五〇年代には、ノーベル賞受賞者のハロルド・ユーリーと大学院生のスタンレー・ミラーが、地球の初期の大気を構成していたと彼らが考えたいくつかのガス（水素、アンモニア、メタン、水蒸気）を混合し、それに雷が当たったらどうなるかをシミュレートするために、混合ガスに電流を流すという実験を行い、その結果として生じた茶色の泥に、タンパク質の構成要素であるアミノ酸が含まれていたと発表したのは有名な話である。その後の研究で、ユーリーとミラーが最初に調べた混合ガスは、初期の地球の大気を構成する化学物質を正確には反映していなかったことが明らかになったが、初期の大気に近いと考えられるさまざまなガスの混合物に対し、彼らと同様の実験を行ったところ、その場合もやはり、同程度のアミノ酸が生じることが示された（後年行われた実験で用いられたガスの混合物の中には、ミラーとユーリーが、活火山の有害な噴煙をモデルとして作ったものと同じものもあったのだが、興味深いことに、その実験データは半世紀ものあいだ分析されないまま放置されていた)[*31]。さらに今日では、星間雲、彗星、隕石からもアミノ酸が検出されている。したがって、若い地球に存在した化学物質には、おそらくは複製するRNA分子と、さまざまな組み合わせのアミノ酸とが、一緒に含まれていたのだろう。

次に、RNA分子が複製を続けるうちにたまたま起こった変異のために、何か新しいことが起こりやすくなったと想像してみよう。具体的には、たまたま生まれたミュータントRNAが、環境に存在する化学物質の混合物に含まれるアミノ酸のいくつかを鎖のようにつなげて、最初の簡単なタンパク質を作ったとしよう(それは、現在、リボソームの内部で起こっているプロセスの粗削りなバージョンだ)。そうしてできた初歩的なタンパク質の中に、たまたまRNAの複製効率を上げるようなものがあれば——なんといっても、化学反応の触媒になることは、タンパク質の仕事のひとつなのだ——そのタンパク質は優遇されただろう。そのタンパク質のおかげで増えたミュータントRNAは、そのタンパク質がますます増えるように計らっただろう。これらの要素が組み合わさって、たまたま変わり種として生じたミュータントRNAを標準的なRNA分子にする、自己強化する化学反応のループができただろう。そんな分子のたくらみが続くうちに、たまたま二本のレールを持つはしご状の分子——原始的なDNA——が生まれた。二本のレールを持つその分子は、分子複製のための、より安定でより効果的な構造であることが明らかになり、複製のプロセスはしだいにその新しい分子に乗っ取られて、RNAは補助的な役割に追いやられた。そうこうするうちに、分子でできた袋——細胞膜——がたまたま形成されると、外部から切り離された領域に化学物質を集めて環境の攪乱から守られるようになり、適応度はさらに上がった。最初の原子的な細胞ができるために不可欠なその袋は、分子の集団内に広まっただろう。[*32]

あとは生命の誕生を待つばかりだ。

しかし、RNAワールドはたくさんある提案のひとつにすぎない。それは、生命の遺伝的要素――情報を体現し、複製を通してその情報を続く世代に伝える分子――に重きを置く提案の一例だ。この提案の正しさが証明されたとしても、RNAそれ自体はどこから来たのかという問題が残る。RNAは、分子進化のもっと早い段階に存在した、よりシンプルな化学的な要素から生じたのかもしれない。それとは別の提案として、生命の代謝的要素――反応の触媒となる分子――に重きを置くものがある。そんなシナリオでは、タンパク質の役割を演じることのできる自己複製する分子から始めるのではなく、自己複製できるタンパク質分子から始める。さらに別の提案として、異なるふたつの成り行きを考えるものがある。一方の成り行きでは、複製する分子が生じ、他方の成り行きでは、化学反応の触媒となる分子が生じる。その後、それらのプロセスが融合して、複製作用と代謝作用の基本的な機能を果たすことのできる細胞が生じるとする。

生命の化学的先祖となる分子が最初に形成された場所についても、さまざまな提案がある。研究者の中には、何億年ものあいだ隕石が降り注ぐ厳しい環境だった地表は、生命にやさしい場所ではなかったことから、ダーウィンが無造作に提案した「生ぬるい小さな池」は、あまり有望ではないと言う人たちがいる。[*33] しかしそうだとしても、生物学者のデーヴィッド・ディーマーが言うように、生命が誕生するためには、池や湖の縁のように、濡れては乾くということが繰り返される環境であることが決定的に重要だったかもしれない。ディーマーのチームが行った研究によると、濡れては乾くということが繰り返されると、脂質から膜——細胞膜——ができやすくなり、その膜の内部で、短い分子がうまい具合につながり、長い鎖状のRNAとDNAに似た分子ができるとみられる。[*34] 化学者のグラハム・ケアンズ＝スミスは、粘土を構成する結晶——秩序ある、反復されるパターンの中に原子を連続的に閉じ込めることによって成長する構造——は、初期の自己複製する系だったのではないかという説を打ち出した。ケアンズ＝スミスによれば、そんな結晶構造を持つ系は、生命へと続く道のりにおいて、いずれはより複雑な有機分子の内部で行われることを、いち早く実現した先駆者だったかもしれない。[*35] それとはまた別の説得力ある主張として、地球化学者のマイク・ラッセルと生物学者のビル・マーティンは、生命は海洋底の割れ目で誕生したという説を発展させた。彼らの言う海底の割れ目は、海水と、地球のマントルを構成する岩との相互作用によって生み出されるもので、その割れ目からは、温かくてミネラルが豊富な水柱が噴き上がっている。[*36] そのいわゆる「アルカリ熱水噴出孔」には、自由の女神の像よりも高い、五〇メートル以上もの高さにまで煙突状の石灰質を析出させ、その煙突から、化学物質をたっぷりと含んだ水流が勢いよく噴き出している。ラッセルとマーティンの提案は、そんな煙突の内部では無数の渦が生じ、その渦の中で分子ダーウィニズムが化学の魔法を使って、複製する分子を生み出し、長い時間が経つうちに、それらの分子はどんどん複雑で洗練されたものになり、ついには地球上に生命が生じたとする。

これらの提案の詳細については、今もさかんに研究が行われている。こうしたプロセスを実験室で再現しようというのは魅力的な試みだが、決定的な結果はまだ得られていない。われわれは、ゼロから生命を作り出してはいないのだ。いつの日か、おそらくそれほど遠くない将来に、それができるようになることを、私はほとんど疑わない。生命を作り出すことはまだできていないものの、生命の起源に関する重要な科学的物語は、すでに姿を現しつつある。いったん分子が複製能力を身につけてしまえば、たまたま起こるエラーと変異によって、分子ダーウィニズムが作動しはじめる。そして、適応度を高めるという何より重要な方向で、化学のたくらみを邁進させるだろう。何億年以上ものあいだ演じ続けられてきたそのプロセスには、生命の化学的な構造を作る力があるのだ。

情報の物理学

以上の話を読んだあなたは、生命の分子たちは、有機化学の成績がAだったに違いないと思ったかもしれない。さもなければ、生命の分子はどうやって、どんな分子になればよいかを知ったのだろう？　DNAはどうやって、真ん中からふたつに分裂し、むき出しになった塩基配列に相補的な塩基をくっつけて複製分子を作ればよいことを知ったのだろう？　RNAはどうやって、DNAの一部分を複製することによって得た情報を、別の場所まで――関係する分子が遺伝コードを読み取ってアミノ酸をつなげ、きちんと機能するタンパク質を作ってくれる場所まで――運べばよいことを知ったのだろう？

もちろん、分子は何も知らない。分子の振る舞いは、行き当たりばったりで、考えもなければ教育もない物理法則に支配されている。しかしそうだとしても、分子はいったいどうやって、驚くほど複雑な一連の化学反応を、整合的で信頼性の高いかたちで遂行するのだろうか？　この問いは、『生命とは何か』におけるシュレーディンガーの主要な問題提起を、私がパラフレーズしたものを思い出させる。石の中に閉じ込められて疾走する分子たちは、物理法則に支配されている。ウサギの内部に閉じ込められて疾走する分子たちもまた、物理法則に支配されている。では、石の分子とウサギの分子とでは、何が違うのだろうか？　これまで見てきたように、ウサギの粒子は、物理法則とは異なる影響力——ウサギの内部にある情報の保管庫、すなわちウサギの細胞のソフトウェア——に導かれている。しかし、とくに生命について考えるときに決定的に重要になるのは、ウサギの分子を導く情報は、物理法則に取って代わるようなものではないということだ。ウォータースライダーは重力法則に取って代わるのではなく、それがなかったならばけっして取らない経路——滑り台の形で決まる経路——に沿って滑り降りるよう乗客を導くのと同じく、ウサギの細胞のソフトウェアは、それがなかったならばけっして取らない経路——そのソフトウェアの化学的な配列の形、構造、構成要素によって決まる経路——に沿って動くよう、さまざまな分子を導くことによって実行されるのである。

では、分子はどのようにして、ソフトウェアに導かれるのだろうか？　ある分子が特定のアミノ酸を引き寄せ、別のアミノ酸は押しのけ、それ以外のアミノ酸にはまったく関心を示さないのは、その分子を構成する原子の配置のためかもしれない。あるいは、きちんと組み立てられたレゴのブロックのように、特定の分子は特定の種類の分子とだけ結びつくのかもしれない。そうしたことはみな、物理的なプロセスである。原子と分子が反発したり引き寄せ合ったり、ぴったり嚙み合ったりするときに、そこで働いているのは電磁力なのだ。重要なのは、細胞内の情報は、抽象的な何かではないということだ。その情報は、分子が、学習し、記憶し、遂行しなければならないような、なんとなく感じ取れる指示の集まりではない。細胞内の情報は、分子配列そのものにコードされ、その配列が他の分子に働きかけて、衝突させたり結合させたり相互作用をさせたりすることによって、細胞に関係する成長や修復や複製といったプロセスを遂行するのである。細胞内に生息する分子には意図も目的もなく、何の考えもないにもかかわらず、それぞれの分子の物理的な構造ゆえに、それぞれの構造に特化された仕事をこなすことができるのだ。

この意味において、生命のプロセスは、分子たちのとりとめのないそぞろ歩きであり、その道行きは物理法則によって完全に記述される。それと同時に、分子たちの歩みは、情報に基礎づけられた、より高いレベルの物語でもある。石には、より高いレベルの物語はない。物理法則を使って、石の分子たちが押し合いへし合いする様子を記述すれば、あなたの仕事はそれで終わりだ。しかし、その同じ物理法則を使ってウサギの分子たちが押し合いへし合いする様子を記述しても、あなたの仕事は終わらない。終わらないどころか、まだ始まってすらいないほどだ。還元主義［物理法則で分子の運動を記述する］の物語に加え、それをすっぽり覆うように、完全な一揃いの物語がある。それらの物語で語られるのは、ウサギならではの分子配置だ。その配置が、組織化された分子の動きという、みごとなまでに精巧なダンスに振り付けをしている。そうして振り付けられた分子の動きが、ウサギの細胞内部で起こる、より高いレベルのプロセスを処理しているのである。

実は、ウサギの場合には、そしてわれわれの場合にも、そんな生物学的情報は、さらに大きないくつものスケールで組織化されている。大きなスケールで組織化された情報が、個々の細胞の内部だけでなく、細胞のさまざまな集合体で作動しているプロセスを導き、生命ならではの調和の取れた複雑さをもたらしているのだ。一杯のコーヒーに手を伸ばすとき、あなたの手、腕、身体、脳を構成するすべての分子を構成するすべての原子は、完全に物理法則に支配された運動をする。ここでもまた力を込めて言うが、生命は物理法則に反していないし、反することはできない。それができるものはないのだ。しかし、あなたを構成する膨大な数の分子が協調して動くことができるという事実――あなたの腕が食卓の向こう側に伸びて、あなたの手がマグカップを摑むという、全体としてのあなたの動きは、分子たちの連携によって生じているという事実――には、豊かな生物学的情報が反映されている。原子と分子の複雑な配置の中に埋め込まれたその情報が、豊かで複雑な分子的プロセスを指揮しているのだ。

生命は、組織化された物理的プロセスなのである。

熱力学と生命

ダーウィンによれば、進化は、分子から単細胞生物へ、そこからさらに複雑な多細胞生物へと、構造の発展を導く。ボルツマンによれば、エントロピーは、家の中に漂うパンが焼ける香りや、ガチャンガチャンとやかましい熱機関、さらには燃焼する恒星に至るまで、物理系の展開のおおまかな筋書きを決める。生命は、これらふたつの影響力の両方に従っている。生命は進化によって生まれ、改良されてきた。そしてあらゆる物理系がそうであるように、生命もまたエントロピーの命じるところに従う。シュレーディンガーは、『生命とは何か』の最後の二章で、これらふたつの力の緊張関係のように見えるものを探究した。物質が寄り集まって生命になると、その生命は長期にわたり秩序を保つ。そして生命が生殖すれば、やはり秩序のある構造に配置された分子集団が新たに生じる。そんな生命の営みのいったいどこに、エントロピーや無秩序や熱力学第二法則の出る幕があるのだろう?

シュレーディンガーは、この問いへの答えの中で、生物は「負のエントロピーを餌として取り入れる」ことで、エントロピーの増大に抵抗していると述べた。[*37] 彼のその表現は、その後の何十年間、さして大きくはない混乱と、重箱の隅をつつくような批判を招いてきた。だが、表現は多少違うが、シュレーディンガーのその答えは、われわれが本書の中で発展させてきたエントロピック・ツーステップと同じなのは明らかだろう。生物は環境から孤立しているわけではないから、熱力学第二法則に従う取引があれば、それを逐一周囲の環境に反映させなければならない。ここは私を信じてほしいが、私は過去半世紀以上にわたり、自分のエントロピーを急激に増大させずにいることができた。私はそのために、秩序ある構造(主として野菜や、木の実や、穀物)を摂取してゆっくり燃焼させることでエネルギーを解放し(私はそのエネルギーを、酸化還元反応で食物から抽出した電子にエネルギーの階段を下りさせ、最終的には私が吸い込んだ酸素と結合させることで得た)、そのエネルギーを使ってさまざまな代謝活動に動力を与え、その活動の老廃物と熱を介してエントロピーを環境に捨ててきた。エントロピック・ツーステップのために、私のエントロピーは熱力学第二法則に反しているかに見えるが、環境は私の味方になって、私の分までエントロピーを増大させてくれた。細胞機能に動力を与える燃焼、貯蔵、エネルギー放出のプロセスは、蒸気機関に動力を与えるプロセスよりも複雑だが、エントロピーの観点からすれば、本質的な物理的プロセスはまったく同じなのだ。

シュレーディンガーの言葉の選び方は別にして、それほど些細ともいえない気がかりな点は、高品質でエントロピーの低い栄養は、どこから来るのかということだ。動物から食物連鎖を下っていくと、直接的に太陽光を取り入れる植物に出会う。植物のエネルギーサイクルは、エントロピック・ツーステップの、また別の一例である。太陽からやってきた光子が植物に吸収されると、光子は植物の中の電子をより高いエネルギー状態に蹴り上げ、細胞内の機械装置はそれを利用して（電子にエネルギーの階段を下りさせる一連の酸化還元反応を介して、エネルギーを取り出して利用する）、さまざまな細胞機能に動力を与える。つまり太陽からやって来た光子は、植物にとって低エントロピーで高品質の栄養であり、植物はそれを吸収して生命活動のプロセスに利用したのちに、品質の下がった高エントロピーの廃棄物として環境中に放出しているのである（太陽から飛んできて植物に吸収された光子一個につき、地球は、秩序が失われてエネルギーとしての質の劣化した散在する赤外線の光子を、数十個ほど宇宙空間に放出している）[*38]。

低エントロピーの栄養源を探してさらに先まで進めば、太陽の起源を探ることになるが、その物語は、第3章で扱った重力の物語と重なる。重力は、ガス雲を収縮させて恒星を作ることでエントロピーを減少させる一方で、恒星に熱を放出させることで環境のエントロピーを増大させる。やがて原子核反応が始まって星に明かりが灯ると、恒星は流れるように光子を外に送り出す。もしもその恒星が太陽なら、地球に届く光子は植物の代謝に動力を与える低エントロピーのエネルギー源になる。研究者たちはしばしば、生命を維持しているのは重力だというが、その背景にはこういう事情があるのだ。たしかに、重力は生命を維持している。しかし、今ではあなたもご存知のように、私は重力に対するその評価を、より公正なものにしたいと思っている。物質を集合させて恒星という安定な環境を保証していることに対し、重力を讃えるとともに、何百万年、何十億年もの長きにわたって高品質の光子の流れを着実に生み出すことに対し、核融合にも同じだけの賞賛を送りたいと思うのだ。

核力は、重力と力を合わせて、生命を生み出す低エントロピーの燃料をこんこんと湧き出させる泉なのである。

生命誕生に普遍性はあるのか？

シュレーディンガーは一九四三年の連続講演で、科学が怒濤のごとく進展した結果として、「ひとりの科学者の頭脳が、専門化された小さな一領域を超えた広い分野に通じるのはほとんど不可能になった」と力説した。[*39] そのことを踏まえて、彼は、伝統的な専門領域を広げ、その領域を拡大するようにと研究者たちを励ました。そしてシュレーディンガーは、『生命とは何か』を本として公刊するとともに、物理学者として受けてきた訓練や、直観や感性を総動員して、生物学のいくつもの謎に取り組んだのだった。
　それからの数十年間に知識がさらに専門化し、彼と思いを同じくする研究者はますます増えて、学際研究に向かえというシュレーディンガーの叱咤激励の声を鳴り響かせてきた。そして実際、多くの人たちがその声に応えた。高エネルギー物理学、統計力学、コンピュータ・サイエンス、情報理論、量子化学、分子生物学、宇宙生物学、その他にも多くの分野で訓練を受けた研究者たちが、生命の本性を探ろうと、新しくて洞察に満ちた方法を開発してきた。本章を終えるにあたり、そうした発展のなかでも、ここで扱った熱力学のテーマを拡張するものに焦点を合わせて見ていこう。もしもそのプログラムが成功すれば、いつの日か、科学のもっとも深遠な問いのいくつかに答える一助となるかもしれない。生命は、恒星――その多くは惑星を従えている――が一〇億の数百倍も集合した銀河を一〇億の何百倍も含む宇宙の中で、たった一度だけ生じるような、途方もなく確率の低い現象だなどということがありうるだろうか？　もしかすると生命は、基本的で比較的ありふれた環境条件が整いさえすれば、自然に生じる、あるいはむしろ不可避的に生じるのではないだろうか？　もしそうなら、宇宙には生命が満ち溢れているのだろうか？
　幅広い分野にとって重要性を持つ、この問題にアプローチするためには、それと同じぐらい幅広い分野に通用する原理が必要だ。これまで見てきたように、熱力学が幅広い分野に通用することを示す証拠はたくさんある。なにしろ熱力学は、アインシュタインをして、『これが打倒されることはけっしてないだろう』と自信を持って宣言できる唯一の理論」と言わしめた物理理論なのだ。[*40]も
しかすると、生命の本性――生命の起源と進化――を分析すれば、熱力学の観点からの眺望をさら

に拡大できるかもしれない。

過去数十年間に、科学者たちはまさにその課題に取り組んできた。そうして出現した研究分野では（《非平衡熱力学》と呼ばれている）、われわれがこれまで繰り返し見てきたような状況が系統的に分析されている。その状況とは、高品質のエネルギーが系を通過してエントロピック・ツーステップに動力を与え、さもなければ断固として譲らなかったであろう無秩序へと向かう力に抵抗させるようなものだ。ベルギーの物理化学者イリヤ・プリゴジンは、この分野での先駆的な仕事により、一九七七年のノーベル賞を受賞した。プリゴジンの仕事は、たえずエネルギーが供給されると自発的に秩序を持つような物質配置を分析するための数学を開発することだった。プリゴジンはそんな秩序形成を、「カオスからの秩序」と呼んだ。もしもあなたが高校時代に良い物理学の授業を受けたなら、ベナール渦という、シンプルだが印象的な例を見たのではないだろうか。粘性のある油を入れた平らな皿を加熱すると、はじめのうちは大したことは起こらない。しかし、液体中に入るエネルギーを徐々に増やしていくと、ランダムな分子運動が協同して、目に見える秩序を生むのだ。その油を上から見下ろすと、小さな六角形の小部屋に分かれているのがわかる。横から見ると、液体が安定して規則的パターンを作り、ひとつひとつの六角形の小部屋の床から立ち上がって天井に達し、そこからまた底に戻るというループ状の運動をしているのがわかるだろう。

熱力学第二法則の立場からすると、そんな自発的な秩序形成はまったく予想外の出来事だ。そんな秩序が生まれるのは、液体分子が、特定の環境の影響下にあるからだ——この場合には、たえず熱せられている。そして、エネルギーがたえず注入されることには、重大な影響があるのだ。どんな系も自発的なゆらぎによって、小さく局在した秩序パターンが生じることはある。普通は、そんな小さなゆらぎはすぐに消え去り、秩序は失われる。しかしプリゴジンの分析から、ある特別なパターンになった粒子は、エネルギーを例外的にうまく吸収できるようになり、別の運命をたどることがわかった。環境から物理系へと凝集したエネルギーがたえず流入すると、特殊なパターンを形成した粒子集団は、そのエネルギーを使ってパターンを維持するか、または強化することができる。そしてその一方で、物理系は劣化したエネルギーを環境に棄てる。そんな秩序あるパターンは、「エネルギーを［環境に］散逸させる」ことから、《散逸構造》と呼ばれている。環境のエントロピーまで含めた全エントロピーは増加するが、系にたえずエネルギーを注入してやれば、エントロピック・ツーステップを継続させて秩序を生み、それを維持することができるのだ。

プリゴジンの記述は、生物はいかにしてエントロピーの［増大にともなう］劣化を遅らせるのかという、シュレーディンガーにさかのぼる問題に、物理的な説明を与えるものだ。このように述べたからといって、ベナール渦は生きていると言いたいわけではない。そうではなく、生物もまた散逸構造であり、環境から吸収したエネルギーを利用して、それぞれに秩序を維持したり強化したりしながら、劣化したエネルギーを環境に戻しているということだ。プリゴジンの結果は、「カオスからの秩序」という彼のスローガンを数学的に厳密に表すものだった。その後多くの研究者が、プリゴジンの数学はさらに発展させることができるだろうと予想した。もしかするとその数学は、生まれてまもない地球で起こったランダムな分子運動のカオスから生命が出現するために必要な、秩序を持つ分子が出現した経緯についても、何か洞察を与えてくれるのではないかと考えたのだ。

この研究プログラムに沿った数多くの貢献の中でも、とりわけ胸躍るのが、ジェレミー・イングランドの最近の仕事だ（イングランドの仕事は、クリストファー・ジャージンスキーとギャビン・クルックスらが発展させた初期の仕事の拡張である）[*41]。イングランドは巧みな数学的操作を施して、外部のエネルギー源から動力を得ている系に熱力学第二法則を当てはめたらどうなるかを丹念に調べた。そして、そういう系での熱力学第二法則の意味を明らかにしたのだ。彼が得た結果をイメージするために、あなたが公園でブランコに乗っていると想像しよう。子どもなら誰でも直観的に知っているように、ブランコがリズミカルな振動運動を続けるためには、正しい速さで足を上下に強く振る必要がある（体をリズミカルに傾ける必要もある）。初歩的な物理学によれば、足を振る速さは、ブランコの椅子から、そのブランコを吊り下げている支点までの距離による。もしもあなたがおかしな速さで足を振れば、リズムが合わないせいで、ブランコはあなたの足が供給するエネルギーを効率的に吸収できず、あなたは高い位置まで上がれないだろう。しかし、このブランコには、ちょっと変わった特徴があるとしよう。あなたが足を振ると、ブランコとあなたのリズムが合うようにロープの長さが自動的に変わり、ブランコの振動とあなたが足を振る運動の周期がぴったり合うように調節してくれるのだ。この「適応」のおかげで、ブランコはあなたが足を振るリズムにすみやかに同調し、あなたが与えるエネルギーを効率よく吸収して、スイングするたびに、あなたはより高い地点に達して、まもなく満足のいく高さになるだろう。いったんそうなってからは、ブランコはあなたが足を振る運動のエネルギーを吸収しても、もはやそれ以上高い地点には到達しない。そのかわりに、あなたが投入するエネルギーは摩擦力に逆らうために費やされて、ブランコの振動運動は一定に保たれ、環境に散逸していく廃棄物（熱、音、等々）を生じさせる（あなたは私の娘のように無茶をするタイプではないものとする。彼女はブランコが一番高い点に到達すると、座っている板から飛び出して、空中を舞って地面に転がることでエネルギーを散逸させるのだ）。

イングランドの数学的分析から、分子の領域では、外部のエネルギー源に「押してもらっている」粒子集団は、あなたの公園での経験と似たような経験ができることが明らかになった。はじめは無秩序だった粒子集団が、「リズムに乗る」ために、自分たちの粒子配置を適応させるのだ。つまりそんな分子は、環境からのエネルギーをより効率的に吸収し、秩序ある運動や構造を集団として維持したり強化したりすることにそのエネルギーを使う一方で、劣化したエネルギーを環境に戻して散逸させることができるのである。

イングランドはこのプロセスを《散逸適応》と呼ぶ。散逸適応は、ある種の分子の系に、立ち上がってエントロピック・ツーステップを踊ろうと誘いかけるための普遍的なメカニズムになる可能性がある。そしてそれは、生物が生きるためにやっていることなのだから（生物は、高品質のエネルギーを取り込んで利用し、熱やその他の老廃物という形で、低品質のエネルギーを環境に戻す）、おそらく散逸適応は、生命が発生するためには欠かせないメカニズムだったのだろう。[*42] イングランドは、複製することとそれ自体が、散逸適応を推進する有力な道具になることに注目する。もしも粒子の小集団がエネルギーを吸収してそれを利用し、環境に散逸させるのが上手になれば、そんな集団は、ひとつよりもふたつあったほうが効率が上がるだろうし、四つ、八つと増えていけばさらに良いだろう。そうだとすれば、自己複製できる分子の登場は、散逸適応の産物として予想されることなのかもしれない。そして、自己複製する分子がいったん舞台に登場してしまえば、分子ダーウィニズムが働きだし、あとは生命に向かってまっしぐらだ。

これらのアイディアはまだ初期の段階にあるが、シュレーディンガーがこの話を聞いたら、きっと喜んだだろうと思わずにはいられない。われわれは基礎物理学の原理にもとづき、ビッグバン、恒星と惑星の形成、そして複雑な原子の合成についての理解を得てきた。そして今や、そうして合成された原子が、どうやって自己複製する分子——環境からエネルギーを抽出し、そのエネルギーを使って秩序ある形を作り、その形を維持するように適応した分子——になったのかを解明しようとしている。そんな分子は、適応度がより高い分子集団を選択する分子ダーウィニズムの力によって、情報を貯蔵し、伝達する能力を獲得しただろう。われわれはすでに、そのプロセスを想い描くことができる。ひとつの分子から次世代の分子へと渡された取扱説明書は、どの分子が支配的になるかを決定する大きな力であり、その取扱説明書には、生存をかけた闘いという試練に耐えた、適応度を高めるための戦略が保存されている。分子の世界のそんなプロセスが数億年ものあいだ続くうちに、最初の生命が徐々に彫琢されていったのかもしれない。

今後新しい発見があれば、これらのアイディアの細部は変わるかもしれない。それでも、物理学の観点から語られる生命の物語の大筋は見えてきた。そして、もしもその物語が、最近の研究が示唆するほど普遍的であることが示されれば、生命は宇宙のいたるところに見られるありふれた様相なのかもしれない。もしもそうならわくわくするが、たとえ生命がありふれているとしても、知的生命もそうだということにはならない。火星に、あるいは木星の衛星であるエウロパに、微生物が見つかれば記念碑的な大発見になるだろうが、たとえそうなっても、ものを考え、対話し、創造する存在としてのわれわれに仲間がいるという話にはならないだろう。

では、生命から意識へと続く小道は、どのようなものなのだろう?

第5章

粒子と意識

生命から心へ

四〇億年前の最初の原核生物の細胞と、人間の脳の、一〇〇兆のシナプス結合でネットワーク状に絡み合った九〇〇億のニューロンとのあいだのどこかで、考えたり感じたり、愛したり憎んだり、恐れたり焦がれたり、尽くしたり崇敬したり、想像したり創造したりする能力が出現した――新たに見出されたその能力は、計り知れない破壊を引き起こすことにもなるのだが、華々しい成果が爆発的に上がるようになったのも、もとはといえばその能力のおかげなのだ。アルベール・カミュはその能力について、「いっさいは意識とともに始まり、意識を介することなくして、何かに値するものはひとつとしてない」と言った。[*1] しかし最近になるまで、意識は、ハードサイエンスでは歓迎されざる言葉だった。研究者人生の黄昏時を迎えた老いた科学者ならば、心という周辺的なトピックに取り組んでも大目に見てもらえるかもしれないが、主流の科学研究の目標は、客観的な実在を理解することにある。そして多くの科学者にとって、また長きにわたって、意識は科学研究で取り組むべきまっとうなテーマとは見なされていなかった。なんといっても、あなたの頭の中でおしゃべりする声は、あなたの頭の中でしか聞こえないのだから。

意識をこんなふうに見てしまうのは皮肉なことだ。デカルトの「我思う、ゆえに我あり」は、われわれと実在との接点のあり方をひとことで要約している。ほかのいっさいが幻影だとしても、自分が思考しているということは、筋金入りの懐疑主義者でさえ確かだと思えることなのだ。アンブローズ・ビアースは、「我思うと我思う、ゆえに我ありと我思う」[*2]と揶揄したが、もしもあなたが今このとき考えているのなら、あなたの存在には強力な論拠がある。科学が意識を無視するのは、われわれのひとりひとりがまさに頼りにできるもの、唯一頼りにできるものを見捨てることなのだ。

なるほど、数千年という長い時の流れの中では、多くの人たちが、意識の不死性に希望を託し、死んでしまえばすべては終わるという考えを否定してきた。肉体は死ぬ。それは見ればわかるし、あまりにも明らかなので否定しようがない。しかし、ひとりひとりの主観的世界を満たしている、思考、感覚、感情と、繰り返し聞こえてくるわれわれの内なる声は、物理的な存在に関する基本的事実に縛られない、この世ならぬ何かが存在していることの証拠なのだろうと考えた人たちがいた。その、この世ならぬ何かに対しては、アートマン、アニマ、不死の魂、といったさまざまな名前が与えられてきたが、どの名前にも暗黙のうちに込められているのは、意識を持つ自分は、物理的な形が失われてもなお残る何か、伝統的な機械論的科学を超越した何かにつながっているという信念だ。もしかすると心は、われわれを実在に結びつけているだけでなく、永遠にも結びつけているのではないだろうか、と。

そこにこそ、なぜハードサイエンスが長きにわたり、意識に関係することのすべてに抵抗してきたのかを知るための、いっそう啓発的な［ハードサイエンスは、意識は客観的実在の一部ではないと考えているということよりも多くを物語る］手がかりがある。科学は、物理法則の及ぶ範囲を超えた話を聞かされると、不機嫌そうなしかめ面をして、さっときびすを返して研究室に戻るがごとき反応をする。相手を馬鹿にしたそんな態度は、主流の科学のありかたを表しているだけでなく、科学の物語に大きく口を開けた深い裂け目《ギャップ》、いまだ語られぬ領域があることを見せつけもする。われわれは今も、意識経験を科学的に明確に説明することができない。見ること、聞くこと、感じることという個人的な世界に、意識がどのようにして出現するのかを、明確に説明することができていない。意識は伝統的な科学の手の及ばないところにあるという断定的な意見に対し、われわれはいまだ反論することができずにいるのだ——少なくとも、何の躊躇もなく反論することはできない。その裂け目が近いうちに埋められる見込みはなさそうだ。考えることについて考えたことのある者はほぼ全員が、意識を解明して、われわれの内なる世界を純粋に科学的な言葉で説明することは、われわれが直面するもっとも難しい課題のひとつだと考えている。

アイザック・ニュートンは、人間の感覚でアクセスできる実在の一部分にパターンを見出し、それらを運動法則として体系化することで、近代科学を本格的に発進させた。それから数世紀を経た今日、ニュートンが到達した地点からさらに前進するためには、三つの道を切り開く必要があることが明らかになっている。第一の道は、ニュートンが考察したスケールよりもはるかに小さなスケールでの実在の理解へとつながる道で、われわれを量子物理学へと導いたのはこの道である。量子物理学は、基本粒子の振る舞いを説明し、とくにここでの話題に関連していえば、生命の基礎となる生化学的なプロセスに説明を与えた。第二の道は、ニュートンが考えていたスケールよりもはるかに大きなスケールでの実在の理解へとつながるもので、われわれを一般相対性理論へと導いたのはこの道だ。一般相対性理論は、重力を説明し、とくにここでの話題に関連していえば、生命の出現にとって欠くことのできない、恒星と惑星がいかに形成されたのかを説明した。そして第三のフロンティアとして、ニュートンが考えたものよりもはるかに複雑なものを理解する必要がある。その理解へと続く道は、三つの中でもっとも入り組んだ迷路だ。その道を進めば、多くの粒子の集合体が、いかにして生命になるのか、そしていかにして心を生じさせるように集合するのかを説明する理論が、きっと得られるに違いないとわれわれは予想している。

ニュートンはその圧倒的な頭脳を、高度に単純化された問題に向けることにより——たとえば彼は、太陽と惑星たちのダイナミックな内部構造を無視して、それぞれを単なる球体として扱った——正しいことをやった。科学の腕の見せどころは——ニュートンはその道の達人だった——、得られる結論がお門違いにならない程度に問題のエッセンスを保ちながら、実際に扱えるところまで、熟慮のうえで問題を簡単化することにある。厄介なのは、あるクラスの問題には有効な簡単化が、それ以外の問題にはあまり有効ではない場合があることだ。惑星を球体としてモデル化すれば、その惑星の軌道を、簡単かつ正確に求めることができる。しかし、あなたの頭を球体としてモデル化しても、そうすることで得られる心の本性についての洞察は、あまり役に立たないだろう。しかし、役に立たない近似はやめて、脳と同じぐらいたくさんの粒子を含む系の内的な仕組みを明らかにするためには――それはあっぱれな目標だ――、今日使えるもっとも洗練された数学と計算をもってしても到底歯が立たないほどの、途方もない複雑さをねじ伏せる豪腕が必要だろう。

近年の新しい変化は、最低でも意識経験をともなうとみられるプロセスにつながる脳の活動の、観測して測定できる特徴にアクセスできるようになったことだ。そのおかげで、fMRIを使って、ニューロンの活動を支える血流を細かく追跡したり、脳の深部に探針を挿入して、一連のニューロンを次々と発火させる電気的興奮を検出したり、EEG（脳波計）を使って、電磁波がさざ波のように伝わる様子をモニターしたりすることができるようになった。そうして得られたデータが、被験者の実際の振る舞いと、その被験者が内的経験について語ることの両方を反映したパターンを示せば、物理現象としての意識にアプローチしていると考える根拠はかなり強まる。実際、こうした進展に勇気づけられた研究者たちは、意識的な経験の科学的基礎を発展させるための機は熟したと考えるようになっている。

意識、そして物語を語ること

何年か前に、テレビの深夜番組に出演して、宇宙を記述するために数学が果たす役割について、穏やかながら熱のこもったやり取りをしていたときのことだ。私は番組の司会者に向かって、あなたは物理法則に支配されている粒子たちが詰め込まれた袋にすぎない、と言い放った。冗談のつもりではなかったのだが、司会者はあっさりそれを冗談にしてしまった（「それはまた、イケてる口説き文句だね」）。また、私は相手を愚弄するつもりもなかった。なにしろ、それに関するかぎり、司会者について成り立つことは、私にも成り立つからである。それは冗談や愚弄ではなく、私の心に深く根を下ろしている、還元主義へのコミットメントから飛び出したセリフだった。還元主義とは、宇宙の基本構成要素の振る舞いを完全に把握することによって、われわれは実在について厳密で自己充足した物語を語るとする立場だ。研究の最前線には未解決の問題が山積しているのだから（このあとすぐに、そんな問題のうちのいくつかに出会うことになるだろう）、その物語の最終稿はまだ完成していない。それでも、なんであれ起こることはすべて、いつ、どこで起こるにせよ、その背景にある微視的物理学の基本過程を科学者たちが数学的に完全に記述できるようになった未来を、私は想い描くことができるのだ。

その展望には、なにかしら腑に落ちるものがあるし、二五〇〇年前のデモクリトスの次の感慨と美しく響き合う――デモクリトスは、「甘いものは甘いとされ、苦いものは苦いとされ、熱いものは熱いとされ、冷たいものは冷たいとされ、色は色とされる。しかし真実は、ただ原子と虚空だけがある」と言った。[*3] ここでのポイントは、まったく同じ物理原理に支配された、まったく同じ構成要素が集合することで、ありとあらゆるものが出現するということだ。それらの物理原理は、ここ数百年間に行われた観測、実験、理論が証言するように、ひとにぎりの方程式に表れるわずかばかりの記号によって表現されることになりそうだ。それができるのが、エレガントな宇宙だ。[*4]

そんな記述は非常に強力なものになるだろうが、それでも、われわれが語る多くの物語のひとつという位置に留まるだろう。われわれには、焦点を移動させ、新たに解像度を設定し、さまざまなやり方で世界とかかわる能力がある。完全な還元主義の記述は、科学に確固たる基礎を与えるだろうが、実在に関するその他の記述、その他の物語は、より経験に近いがために、多くの人にとってより切実な洞察をもたらす。すでに見たように、そんな物語の中には、新しい概念と新しい言語がなければ語りえないものがある。エントロピーは、たくさんの粒子からなる集団――それは、あなたの家のオーブンから漂い出す粒子たちの集団かもしれないし、寄り集まって恒星になりつつある粒子たちの集団かもしれない――の、乱雑さと組織化の物語を語るために役に立つ。進化は、分子集団――その集団が生きているにせよ、そうでないにせよ――が複製したり変異したりしながら、環境に適応していくにつれて繰り広げられる、偶然と選択の物語を語るために役に立つ。

それらよりもさらに切実だと多くの人がみなす物語は、意識に焦点を合わせたものだ。思想、感情、記憶を完全に理解することは、人間経験の核心部分を完全に理解することだ。それはまた、われわれがこれまで採用してきたどのパースペクティブとも定性的に異なるパースペクティブを必要とする物語でもある。エントロピー、進化、生命はみな、「外部にある」ものとして研究することができる。それらはみな、完全に三人称で語ることができる。われわれはそれらの物語の目撃者であって、もしも十分に努力すれば、語られている対象についてすべてを語り尽くすことができる。それらの物語は、開かれた本に書き込まれており、そこには何も秘密はない。目に見えるもの、耳に聞こえるもの、喜びや悲しみ、意識を含む物語となると、そうはいかない。

慰めや痛み、安心や不安といった、内なる感覚にまで立ち入る物語は、一人称でなければ語ることができない。それは、われわれのひとりひとりが筆者であるらしき個人的なことがらが書かれた原稿にもとづき、内なる意識の声から情報を得て綴られた物語だ。私は、主観的な世界を経験しているのみならず、その世界の中で、自分の行動を支配しているという鮮明な感覚を得ている。あなたもまた私とまったく同じく、あなた自身の行動を支配しているという感覚を得ているに違いない。「物理法則などくそくらえ、我思う、ゆえに我コントロールする、だ」と感じているだろう。意識のレベルで宇宙を理解するためには、完全にその人個人の内面から発しているように見える主観的な実在と、がっぷり四つに組んだ物語が必要なのである。

かくして、意識に光明を投げかけようとすると、互いに関係のあるふたつの難題にぶつかる。物質は、それ自体の力で、意識の感覚を生み出すことができるのだろうか？　自分は自発的に行動しているのだというわれわれの意識の感覚が、脳や身体を構成する物質に働きかける物理法則の現れにすぎないなどということがありうるものだろうか？　これらの問いに対するデカルトの答えは、断固たる「否」だった。彼の見方によれば、物質と心との明白な違いには、深い分断が反映されている。宇宙には、物理に属するものと、心に属するものがある。物理に属するものは、心に属するものに影響を及ぼすことができるし、心に属するものは、物理に属するものに影響を及ぼすことができる。しかし、これらふたつの種類のものは、あくまで別だというのだ。今日的な言い方をするなら、原子と分子は、思考に属するものではない、ということになる。

デカルトの立場には、心を誘う魅力がある。私は、椅子やテーブル、猫や犬、草や木は、私の頭の中での考えとは別ものだと証言できるし、あなたもきっと同意してくれるだろう。手で触れられる外なる実在の要素を構成する粒子と、それらの粒子を支配する物理法則が、いったいどうやって、意識経験という、私の内なる世界に関係するのだろう？　外なる世界と内なる世界が別のものなら、意識についての理解は、おそらくは単により高い階層に属する物語ではなく——つまり、外から内へと視線を移動させただけで語ることのできる物語ではなく——、何か根本的に異なる種類の物語、量子物理学と相対性理論の革命に匹敵するような、概念的な革命を必要とする物語だと考えるべきなのかもしれない。

知的な革命は、私としても大歓迎だ。定説となった世界観を打ち倒すような発明以上に、興奮させられるものはない。そして以下では、何人かの意識の研究者たちが、今後われわれを導いてくれるのではないかと考える大変動について論じよう。しかし、のちほど明らかになる理由により、私は、意識というものは、思うほど謎めいてはいないのではないかと考えている。いずれは、物質の構成要素である粒子と、それらの粒子を支配している物理法則についての通常の理解をいっさい超えることなく、意識を説明できるようになるだろうと思うのだ。それはテレビの深夜番組で私が言い放ったセリフにも通じる考えだが、しかしそれ以上に重要なのは、私のその考えは、これらの問いに答えるために専門家としての人生を捧げてきた一群の研究者たちの考えとも響き合っているということだ。もしも意識がそのように説明できるようになれば、それ自体がひとつの革命になるだろうし、その革命の結果として、物理法則は事実上無制限のヘゲモニーを手にするだろう。物理法則は、客観的な実在からなる外なる世界にどこまでも手を伸ばしていくだけでなく、主観的な経験という内なる世界にも、どこまでも深く入り込んでいくだろう。

無意識下で起こっていること

脳の機能のすべてが、かくも尊ばれる意識を支配しているわけではない。神経活動の多くは、意識という表面の下で組織されている。あなたが日没を眺めているとき、あなたの脳は、網膜の光受容体に毎秒何兆個も当たる光子によって運び込まれるデータをすみやかに処理し、盲点を埋め合わせるための画像を律儀にも挿入し（盲点はふたつの眼球それぞれの内部で視神経が網膜につながる場所で、そこには光受容体がない。光子がもたらしたデータは、視神経によって、盲点から脳の外側膝状体（LGN）へ、そこからさらに視覚野へと運ばれる）、あなたが視線を移動させたり、頭を動かしたりするたびに生じるブレを打ち消し、眼球内部の細かな不規則性のためにブロックされたり散乱されたりしたせいで乱れた光子のデータを修正し、画像を正しい向きに直し、両目に共通する画像部分を調整して一致させるといった処理が施されている。太陽からやって来たその日最後の光を静かに眺めているあなたは、そのとき自分の眼球の背後で起こっていることにはいっさい気づいていない。それと同じことは、今、これらの文を読んでいるあなたについてもいえる。そんな意識の構造《アーキテクチャ》のおかげで、あなたはここに書かれている言葉によって表される概念的アイディアに意識を集中することができるのだ。そうするうちにも、あなたにはまったく気づかれることなく、大量の視覚的・言語的なデータ処理が、脳の機能にゆだねられている。それよりもさらに先天的な能力といえるのは、あなたが日々、歩いたり話したりすることや、あなたの心臓が拍動し、血液は流れ、胃は消化し、筋肉は収縮することだ。そうしたことのいっさいが、ほんのわずかの注意すらも払う必要なく起こっているのである。

脳は、内省によっては検知されない、影響力のあるプロセスに満ちているというのは、長い歴史のあるひとつの前提である。この前提は、数え切れないほどさまざまな文言で表現されてきた。三〇〇〇年前のヴェーダの文書は、ものごとを説明するために無意識に訴えた。それから何世紀のあいだ、洞察力のある思想家たちが、意識によっては知りえない心の特質が放つ気配に思いをめぐらすときには、つねに無意識を持ち出してきた。たとえば、聖アウグスティヌス（「このように、心はそれ自体を含むほど大きくはない。では、心に含まれない部分はどこに存在できるのだろうか」）[5]、トマス・アクィナス（「心は自己を、自らの本質によって見るのではない」）[6]、ウィリアム・シェイクスピア（「ご自分の胸中を訪れて、扉を叩き、お前は何を知っているのかとお尋ねください」）[7]、ゴットフリート・ライプニッツ（「音楽とは、心が行う、隠された《オカルト》算術的計算なのですが、心は自分が計算をしていることに気づいていないのです」）[8]らの例がある。それとともに心惹かれるのは、レーダーにはかからない低空に生息しているようにみえるのだが、それでいて意識的な処理によってアクセスできる音波《エコー》を生じさせるプロセスだ。たとえば、無意識のうちに心が問題を解いて、答えがおのずと湧き上がってきたという話は枚挙にいとまがない。もっとも鮮烈な逸話に、ドイツの薬理学者オットー・レーヴィのものがある。レーヴィは、一九二一年の復活祭の日曜日の前夜にふと目を覚まし、そのとき夢で見ていたアイディアをノートに書きつけた。朝になり、夜中に書いたことにはきわめて重要な洞察が含まれているという強い感触を得た彼は、それがどういうものだったかを思い出そうとしたが、どうにも思い出すことができなかった。次の夜、彼はまた同じ夢を見て、今度はすぐに起き出して実験室に行き、夢の指示に従って実験を行った。それは、細胞のコミュニケーションにとって決定的に重要なのは、電気的なプロセスではなく、化学的なプロセスだという、彼が長らく抱いていた考えを検証する実験だったのである。翌週の月曜までには、夢にヒントを得た実験が首尾よく成功し、最終的にレーヴィはノーベル賞を受賞した。[*9]

大衆文化は、水面下の心の働きを、ジークムント・フロイトの仕事と結びつけがちだ（フロイトに何年も先立って、同様のアイディアを追究した一群の科学者たちがいたにもかかわらず[*10]）。フロイトは、人間の行動は、抑圧された記憶、願望、葛藤、恐怖症、コンプレックスなどに支配されていると考えたのだった。しかし今日では当時とは大きく異なり、心の生活［行動や外見には表れない精神活動のさまざまな様相］をめぐる思弁や勘、直観的洞察は、かつては得られなかったデータに直面している。研究者たちは、心の奥を覗き見て、意識によっては捉えることのできない、低い階層での脳の働きを追跡するための巧妙な方法を開発してきた。

とくに目を引く研究に、神経機能を多少とも失った患者について行われたものがある。有名なのは、一九八〇年代にピーター・ハリガンとジョン・マーシャルにより記載された、P・Sとして知られる被験者についての研究だ。この被験者は、右脳に損傷があった。[*11] このタイプの損傷で予想されるとおり、P・Sは、示された画像の左端については詳しく記述することができなかった。たとえば、一軒の家を深い緑色の線で描いた二枚の絵があり、一方の絵では、家の左側は燃えさかる赤い炎に呑み尽くされようとしていたにもかかわらず、二枚の絵はまったく同じだと主張した。しかし、どちらの家に住んでみたいかと問われれば、P・Sは一貫して、燃えていないほうの家を選んだのだ。研究者たちは、P・Sは、炎についての意識を得ることができない、つまり、炎に気づいている自分を意識することはできないが、家が燃えているという情報は彼女の中にこっそりと入り込んでいて、知らず知らずのうちに決定に影響を及ぼしているのだろうと論じた。

健康な脳もまた、隠れた影響力に左右されている。心理学者たちは、たとえあなたが注意深くスクリーンを見ていたとしても、四〇ミリ秒以下のきわめて短い露出時間で映写される像は（その像は、より露出時間の長い、「マスク」と呼ばれる画像でサンドイッチ状に挟まれている）、あなたの意識に入り込むことはできないことを示した。それにもかかわらず、そんなサブリミナル映像は、あなたが意識的に下す決断に影響を及ぼすことができるのだ。映画館で、「コークを飲もう」というサブリミナルなコマが挿入されたために、ソフトドリンクの消費量が増えたという有名な主張は、一九五〇年代の末に、成果をあせった市場調査担当者が広めた都市伝説だった。[*12] しかし、巧みに工夫された実験が行われた結果、秘密裏に進展する心のプロセスの中でも特定のタイプのものに関しては、たしかにそんな効果があるという説得力のある根拠が得られている。[*13] たとえば、スクリーン上に1から9までのどれかの数が映し出され、あなたは、その数が、5よりも大きかったか小さかったかをすばやく判断しなければならないとしよう。あなたの反応時間は、その数が映し出される直前に、その数と同じ区分に属する数（5よりも大きいか、または小さい数）がサブリミナルで示された場合のほうが短いだろう（サブリミナルで3が示されたあとに4が示された場合に、あなたの反応は速くなるだろう）。逆に、ある数が示される前に、5を挟んで反対側の区分に属する数がサブリミナルで示された場合には、あなたの反応は遅れるだろう（たとえば、サブリミナルで7が示された後に4が示された場合、あなたの反応は遅くなる）。[*14] あなたはほんの一瞬示される数に意識的には気づかないが、それらの数は脳裏を一瞬横切り、あなたの反応に影響を与えるのだ。

以上の話をまとめておこう。あなたの脳は、調節、機能、データマイニングという驚くべき仕事を、ひそかにコーディネートしている。それは驚くべき脳の活動だが、そこに謎めいたことは何もない。脳は、神経線維に沿って高速で信号を送受信することにより、生物学的なプロセスをコントロールし、信号への応答として行動を起こさせる。そんな脳の機能と振る舞いの基礎にある神経経路と、その生理学的な詳細を解明するためには、科学者たちはこれまでに達成した仕事の正確さを大きく超えるレベルの正確さで、複雑な生物学的な回路がぎっしりと詰め込まれた広大な領域の地図を作るという、気の遠くなるような仕事をする必要がある。それでも、新たに得られつつある知識はすべて、次のことを示唆している。どれほど難しい仕事であろうと、その仕事を成し遂げるためにどれほどの創造性と勤勉さが必要になろうと、科学のおなじみの戦略が勝利すると信じるだけの理由があるということだ。

もしも心に、ある厄介な特質がなかったならば、それが話のすべてだったろう。しかし、心がこなしている作業を超えたところに目を向けて、心の感覚——人間としての本質をなす内的経験——について考えるとき、研究者の中には、今述べたものとは異なる予測に達した人たちがいる。その予測は、今述べたものとは逆に、伝統的な科学が洞察を与える能力に対して悲観的だ。かくしてわれわれは、一部の人たちが「意識のハードプロブレム」と呼ぶものへと導かれるのである。

意識のハードプロブレム

ヘンリー・オルデンバーグは、近代科学の形成期を通じてもっとも多くの手紙を書いた人物のひとりだが、そのオルデンバーグに宛てた一通の手紙の中で、アイザック・ニュートンは次のように述べた。「光とは何なのか……（中略）……そして、光はいかなるモードないし作用によって、われわれの心中に色彩の幻影《ファンタズマ》を生み出すのかを、より完全なかたちで確定するのは、それほど容易なことではありません。そして私は、予想を確実さと混ぜ合わせることはしません」[*15]。ニュートンが苦心していたのは、あらゆる経験の中でももっともありふれたものを説明することだった。その経験とは、あれこれの色に対して、内なる感覚を持つことである。バナナを考えてみよう。もちろん、バナナを見て、それが黄色いと断定するのはさして難しいことではない。もしもあなたが良いアプリを持っているなら、あなたのスマートフォンがそれをやってくれるだろう。しかし、われわれが知るかぎりにおいて、スマートフォンがそのバナナは黄色いと教えてくれるとき、スマートフォンは黄色という内なる感覚を得ているわけではない。スマートフォンは、黄色を心の中で感じてはいない。スマートフォンは、心の眼で黄色を見てはいない。しかし、あなたは心の眼で黄色を見ている。私もそれを見ている。ニュートンも見ていた。彼が直面した難問は、われわれはいったいどうやって、それをしているのかを理解することだった。

その難問は、心に浮かぶ黄色や青色や緑色の「幻影」をはるかに超えた領域に関係する。私が、ポップコーンをつまみながら、低い音量でBGMの流れる部屋でこれらの言葉をタイプしているとき、私はさまざまな内的経験を感知している。指先を押し返してくるキーボードの圧力、口に残る塩気、アカペラ・グループ「ペンタトニックス」のみごとな歌声、このセンテンスの次のフレーズへと私を導く頭の中のモノローグ。そして読者であるあなたの内なる世界は、これらの単語を取り入れている――おそらくはあなたの頭の中に響く心の声が、これらの言葉を読み上げているのだろう。それに加えて、あなたは冷蔵庫にしまってあるチョコレートケーキの最後のひと切れが気になっているかもしれない。要するに、あなたの心の中には、さまざまな内的感覚――思考、感情、記憶、映像、願望、音、匂い、その他いろいろなもの――が宿っていて、われわれはそのすべてを意識という言葉で表現しているのだ。[*16] ニュートンと同様に、そしてバナナの場合と同様に、難しいのは、われわれの脳はいかにして、このような生き生きとした主観的経験という世界を作り出し、それらを維持しているのかを明らかにすることだ。

この難問がどれだけ深いかを理解するために、あなたには超人間的な視覚があり、そのおかげで私の脳の中を覗き込み、一兆の一兆倍のさらに一〇〇〇倍ほどの粒子たち――電子、陽子、中性子――がぶつかり合ったり、押したり引いたり、流れるように移動したり、衝突して散らばったりしているのが見えるものと想像しよう。[*17] オーブンから流れ出す膨大な数の粒子たちや、寄り集まって恒星になっている粒子たちとは異なり、脳を構成する粒子たちは、高度に組織化されてパターンを作っている。それでも、どれかひとつの粒子に焦点を合わせれば、その粒子は、あなたの家のキッチンに浮かんでいるか、北極星のコロナに含まれているか、私の脳の前頭前皮質にあるかによらず、同じ数学で記述される同じ力によって、その他の粒子たちと相互作用しているのがわかるだろう。そしてその数学的な記述——それは、粒子衝突型加速器や強力な望遠鏡を使って、数十年という時間をかけて得られてきたデータによって正しいことが証明されている記述だ——の中には、これらの粒子たちがいかなる方法でか生じさせている内的経験の存在をほのめかすようなものは何もない。心も思考も感情もない粒子たちの集まりがいったいどうやって、色や音、気持ちの高まりや感嘆の念、混乱や驚きといった内なる感覚を生み出すのだろう？ 個々の粒子は、質量、電荷、その他いくつかの特徴（電荷よりもエキゾチックないくつかの「荷」）を持つ。しかし、これらの特質はどれも、主観的な経験らしきものとは無縁に思われる。そうだとすれば、頭の中で走りまわっている膨大な数の粒子たちは——それこそは脳の実体だ——いかにして、印象や感覚や感情を生み出しているのだろうか？

哲学者のトマス・ネーゲルは、この説明のギャップを、ひときわ印象的な言葉で説明した。[*18] 彼はこう尋ねた。コウモリであるとはどういうことだろうか？ 想像してみよう。闇に沈む光景の中、あなたは空高く舞い上がり、クリック音を立てながらたえず音波を発し、木々や岩や昆虫に当たって戻ってくるエコーをもとに周囲の環境の地図を作る。あなたはそのエコーから、上方に蚊がいて、右向きに移動していることを知り、その蚊に飛びかかってちょっとしたご馳走にありつく。コウモリが世界とかかわるやり方は、われわれのそれとは根本的に違うため、コウモリの内なる世界についてわれわれが想像できるのはせいぜいこの程度だ。たとえコウモリをコウモリにしている基礎的な物理学、化学、生物学が完全に説明されたとしても、われわれの記述では、コウモリが「一人称」で語る主観的な経験に触れることはできそうにない。物質に関するわれわれの理解がどれほど詳細にわたっても、コウモリの内なる世界には手が届きそうにないのだ。

コウモリについていえることは、われわれのひとりひとりについてもいえる。あなたは相互作用をする膨大な数の粒子の集合体である。私もそうだ。そして私は、あなたの粒子たちがいかにして、「私は黄色い色を見た」とあなたに言わせるのかは理解している——あなたの声帯、口、唇を構成する粒子たちは、その各部にそのように振る舞わせるための振り付けをすればよい。しかし、それがわかっていても、あなたにその外的な振る舞いをさせるために、粒子たちがいかにして黄色という主観的な内なる経験をあなたにさせているのかを説明するのは、はるかに困難な仕事になるだろう。あなたの粒子たちが、いかにしてあなたを微笑ませたり、しかめ面をさせたりするのかはわかっても(粒子たちはしかるべき動きを振り付ければよい)、喜びや悲しみといった内なる感覚を、粒子たちがいかにして生じさせているのかを理解しようとすると、私は途方に暮れる。実際、私は自分の内なる世界に直接的にアクセスしているにもかかわらず、その世界が、私自身を構成する粒子たちの運動と相互作用からいかにして出現するかを理解しようとすれば、私はやはり途方に暮れるのだ。

もちろん、それ以外のさまざまな現象、たとえば太平洋に発生する台風から、荒れ狂う火山までの現象を、断固たる還元主義の言葉で説明しようとすれば、私はやはり挫折するだろう。しかし、台風や火山といった出来事や、それらに類似の例にあふれた世界が突きつける困難は、膨大な数の粒子たちの複雑なダイナミクスを記述する困難でしかない。もしも技術的なハードルを越えることができれば、そういった出来事も説明できるだろう。[*19] そしてそれができるのは、ひとえに、台風や火山には、「それであるということはどういう感じなのか」という内なる感覚を持たないからなのだ。われわれが知るかぎりにおいて、台風にも火山にも、内なる経験という主観的な世界はない。われわれは、台風と火山の一人称の記述が得られずに困っているわけではない。しかし、なんであれ意識を持つ対象となると、内なる経験という主観的な世界こそは、われわれの客観的で三人称の記述に欠けているものなのだ。

一九九四年、肩より下まで伸びた髪をなびかせたオーストラリアの若き哲学者デーヴィッド・チャーマーズは、意識に関するツーソン会議［アリゾナ大学が主催する国際会議で、意識研究の世界的中心となっている］の年会で壇上に立ち、この欠落を、意識の「ハードプロブレム」だと述べた。「イージー」なプロブレム——脳のプロセスはどのような仕組みになっているのか、そしてその仕組みはいかにして記憶を刻み、刺激に反応して人に行動を取らせるのかを理解すること——がやさしいというわけではない。それらの問題が「イージー」だというのは、問題への答えがどのようなものになるかを思い描くことができるという意味でなのだ。粒子のレベルや、細胞や神経といった、より複雑な構造のレベルでは、原理的なアプローチを明確に示すことができて、そのアプローチは全体として統一が取れているように見える。一方、意識については、そういう解決策を思い描くのは難しいというのが、チャーマーズがそれを「ハード」だとした動機だった。彼はこう論じた。心を持たない粒子たちと、意識的な経験のあいだのギャップを渡らせてくれる橋をわれわれは持たないばかりか、もしも還元主義の青写真――つまり、われわれが知るようなかたちの科学を基礎づけている、粒子および法則を利用すること――でそのギャップに橋をかけようとすれば、われわれは失敗するだろう、と。

彼のその意見には、人の感情を掻き立てるものがあった――その意見に共鳴する人たちもいれば、反発する人たちもいた。それ以来、彼の提案は意識研究のいたるところで、和音と不協和音を響かせ続けている。

メアリーの物語

ハードプロブレムについては、批判的な軽口を叩くのは簡単だ。過去の私の応答も、そんなふうに見えたかもしれない。この問題について尋ねられると、私はよく次のように言ったものだった。意識経験とは、ある種の情報処理が脳内で起こったときに、意識経験のように感じられる何かにすぎない、と。しかし、この問題の中核は、そもそも「意識経験として感じられるもの」がなぜ存在しうるのかを説明することなのだから、私のその言い方は、ハードプロブレムについて、そんな問題はハードではないし、そもそも問題ですらないと、性急に切って捨てるものだ。そこまで悪く取らないにしても、私の反応は、「考えるということを大げさに扱いすぎる」という、広く受け入れられた観点に立っている。ハードプロブレムの熱烈な愛好家の中には、意識を理解するためには、標準的な科学の外から概念を持ち込む必要があると論じる人たちもいる。しかしその一方で、伝統的な科学の方法や、物質の物理的特性を賢明に解釈して創造的に応用すれば、意識は理解できるだろうと予想する人たちもいる――それが、いわゆる《物理主義》の立場だ。実際、物理主義のパースペクティブは、私が長きにわたって支持してきた見方を要約している。

しかし、長年にわたり意識の問題をより注意深く考えるうちに、私は何度か、自分の考えに自信がなくなるという深刻な経験をした。とくに驚いたのは、ハードプロブレムにハードというレッテルが貼られる一〇年も前に、哲学者のフランク・ジャクソンが提出した有力な論証に出会ったときのことだ。[*20] ジャクソンは、少しばかり芝居がかってはいるが、シンプルな話をする。遠い未来に、メアリーという頭の良い少女がいると想像してほしい。メアリーには重度の色覚障害がある。生まれてからこのかた、彼女の世界にあるものはすべて白黒に見えていた。彼女の症状は高名な医師たちにも理解できなかったため、メアリーは自力でそれを解明することにした。メアリーは自分の障害を治すという夢に駆り立てられて、何年ものあいだ研究と観察と実験に打ち込んだ。その努力が実って、メアリーはかつてこの世に存在したことがない偉大な神経科学者になり、長らく人類の手を逃れてきた目標を達成する。彼女は、脳の構造、機能、生理学、化学、生物学、物理学を、あらゆる詳細に至るまで完全に明らかにしたのだ。脳の仕組みについて知るべきことのすべてを完全に知り、脳の全体としての構造と、微視的物理学の反応過程についての知識を完璧に身につけた。われわれが深い青色をした空を見て感嘆したり、みずみずしいプラムを味わったり、ブラームスの交響曲第三番にわれわれを忘れて聴き入るときに起こる神経発火と粒子のカスケードを、すべて理解したのである。

この偉業を成し遂げたメアリーは、自ら視覚障害を治す方法を突き止め、治療のための外科手術を受けることになった。手術から数ヵ月後、医師たちは包帯をはずす用意を整え、メアリーはいよいよ世界を新たなやり方で受け止めるときを迎えた。赤いバラの花束の前に立ち、メアリーはゆっくりと目を開く。さて、ここで問題だ。はじめて赤い色を経験することで、メアリーは何か新しいことを学ぶだろうか？　ついに色について内なる経験をすることで、彼女は色について新たな知識を得るのだろうか？

この物語を心の中で反芻してみると、赤という感覚をはじめて内的に経験したとき、メアリーがその経験に強い感銘を受けるであろうことは明らかなように思える。彼女は驚くだろうか？　驚くだろう。興奮するだろうか？　もちろん興奮するだろう。感動するだろうか？　深く感動するはずだ。はじめて色を直接的に経験するというその体験によって、メアリーは、人間の知覚と、その知覚が生み出しうる内なる反応について、ある種の理解を得るだろう。多くの人に共有されるこの直観から、ジャクソンは、では、その意味を考えてみようと言う。メアリーは、脳の物理的な仕組みについて知るべきことのすべてを、すでに学んでいる。それにもかかわらず、この出会いを通じて、彼女は明らかに知識を増やした。彼女は、赤という色に対する脳の反応にともなって起こる意識的な経験についての知識を得たのだ。そこから何が結論されるだろうか？　脳の物理的仕組みに関する完全なる知識からは、何かが抜け落ちているということだ。その完全な知識によっては、主観的な感覚を明らかにしたり、主観的感覚を説明したりすることができないのだ。もしも物理的な知識にすべてが含まれているのなら、包帯を取ったメアリーは、肩をすくめただろう。

初めてこの記述を読んだとき、私はふとメアリーに共感を覚えた。それはあたかも、意識の本性へとつながる不透明な窓を開くための、矯正手術を受けたかのようだった。脳内で起こる物理的プロセスこそが意識だという、私の無造作な確信が突如としてゆらいだのだ。メアリーは、脳のあらゆるプロセスについて得られるかぎりの知識を持っていた。ところが、このシナリオによれば、脳について彼女の理解は不完全だったということになりそうなのだ。このことがほのめかすのは、こと意識経験となると、物理的プロセスは物語の一部ではあるが、それがすべてではないということだ。私がジャクソンの論文に出合うはるか前、その論文が初めて世に出たとき、専門家たちもまた激昂し、それからの数十年にわたりメアリーは多くの反応を引き起こしてきた。

哲学者のダニエル・デネットは、メアリーが物理的事実について網羅的で完全な知識を得ているということの意味を、まじめに考えてみてほしいと言う。デネットの論点は、われわれには完全な物理的理解がどういったものなのか見当もつかないせいで、そんな理解が与えてくれる説明の力をとてつもなく過小評価するだろうということだ。光の物理学から眼の生化学まで、そこからさらには脳の神経科学まで、ありとあらゆる知識を身につけたメアリーは、赤い色の内なる感覚を実際に経験するよりずっと前に、理解できるようになっていただろう。[21] 包帯を取ったメアリーは、赤いバラを見て、その美しさに反応するかもしれないが、バラの赤い色を見ることは彼女の予想を裏づけることでしかないだろう、とデネットは言うのだ。哲学者のデーヴィッド・ルイス[22]とローレンス・ネミロウ[23]は、デネットとはまた別の路線を取り、メアリーは新しい能力——赤という内なる経験を同定して記憶し、想像する能力——を手に入れるが、その能力は彼女がそれまでに身につけたことの外部にある新事実ではないと言う。包帯を取ったメアリーは、肩をすくめはしないまでも、彼女が発するかもしれない「ワオ」は、古い知識についてより深く考えるための、新しい方法を手に入れた喜びを表しているにすぎない、とルイスとネミロウは言う。ジャクソンその人でさえ、長年メアリーについて熟慮を重ねた末に考えを変えて、今では自分の最初の結論に反対している。直接的な経験を通して世界について学ぶこと――たとえば、赤を見ることによって、赤を感じるというのがどういう感覚かを知ること――にわれわれは慣れきっているため、その知識を得るためには、そういう経験をするしかないと、暗黙のうちに仮定してしまう。しかし、ジャクソンによれば、その仮定は正当化されない。メアリーの学習プロセスは、普通の人ならば直接的な経験に頼る場面で、演繹的な論証を持ち出すというなじみのないものかもしれない。しかし、彼女は物理的な知識を完全に身につけているのだから、赤を見るとはどのようなことかを（どんな感じなのかを）論証できるだろうと言うのである。[*24]

誰が正しいのだろうか？　もともとのジャクソンと、彼の最初の考えに追随する人たちだろうか？　それとも、後年のジャクソンと、バラを見たメアリーは新しいことは何も学ばなかったと確信しているすべての人たちだろうか？

ここには大きなものがかかっている。もしも意識を、世界を構成する物質的な要素に働きかける物理的な力についての事実で説明できるのなら、どうすればそれができるのかを明らかにしなければならない。もしもその路線では意識を説明できないのなら、われわれが取り組むべき課題は、もっと大掛かりなものになるだろう。その場合、意識を理解するために必要な、新しい概念と新しいプロセスを突き止めなければならず、それらを探す旅は、今日の科学の領分を大きく超えたものになるのは、まず間違いないだろう。

歴史的には、われわれが人間の直観という波立ち騒ぐ海域を自信を持って舵取りすることができたのは、対立する観点から導かれる結果のうち、検証可能なものを突き止めることによってだった。しかし、メアリーの物語が提起する問題を、最終的にきっぱり解決できるような、あるいはより野心的な目標として、内なる経験がどこから生じるのかを明らかにできるような、実験や観測や計算を提案した者はいない。一応の標準に達したいくつものパースペクティブのうち、どれが良さそうかを判断するためにわれわれに使える考察は、もっともらしいとか、直観的に魅力を感じる、といったことぐらいだ。そういう判断基準は融通が利くため、以下に見るように、これまでには実にさまざまな観点が考案されてきた。

生命の「ハードプロブレム」と電磁気の「イージープロブレム」

意識を説明するための戦略には、実にさまざまなアイディアがある。一方の極には、意識は幻想だとして切って捨てるもの(《消去主義》)、他方の極には、意識は唯一リアルな世界の特質だとするもの(《唯心論》)がある。そしてその両極のあいだで、多彩な提案がなされてきた。そうした提案の中には、伝統的な科学的思考の範囲に収まるものもあれば、現行の科学的知識では把握されない領域に入り込むものもあり、もっとも基本的なレベルで実在を規定すると長らく考えられてきた特質に、新しい特質を追加しようという提案もある。ここでは、これらの提案に歴史的な文脈を与えてくれる、ふたつの物語をしよう。

もしもあなたが一八世紀から一九世紀までのどこかの時期に、生物学者たちのあいだで交わされる議論を聞いていたとすると、あなたは《生気論》に通じることになっただろう。生気論は、生命の「ハードプロブレム」と言ってよさそうな問題に立ち向かうために考え出された説である。世界の基本構成要素は無生物だが、そんな生気のない要素が集まったところで、生物が生じるものだろうか？　この問いに対する生気論の答えは、きっぱりとした「否」だった。無生物が集まっても、生物になることはできない。少なくとも、無生物が集まっただけでは、生物にはなれない。生物ならぬ物質に生命という魔法をかける非物理的な火花、すなわち生命力《ライフフォース》こそは、生物と無生物をつなぐミッシングリンクとなる要素だ、というのが生気論の主張だった。

さて次に、あなたが一九世紀の、ある特定の分野の物理学者たちの集まりに入り込んだとすると、電気と磁気に関する、熱気のこもった会話を聞くことになっただろう。当時、マイケル・ファラデーをはじめとする人たちが、しだいに面白くなりつつあったこの分野にどんどん深く踏み込んでいた。あなたが出会ったであろうひとつのパースペクティブは、電気と磁気に関係する新奇な現象は、アイザック・ニュートンから受け継いだ機械論的アプローチという標準的な科学の枠組みの中で説明可能だと論じるものだ。そのためには、新しい現象を巧みに説明する流体の組み合わせを見出して、ミニチュアの歯車を精巧に組み立てなければならないだろう。それは容易な仕事ではないが、現象を理解するための基礎は、すでに得られているというのだ。通常の科学的論証ですむと考えられていたのだから、これは電気と磁気の「イージープロブレム」と言っていいだろう。

歴史が明らかにしたように、生物学と物理学の分野から採ったこれらふたつの物語は、どちらも予想がはずれた。それから二世紀を経た今日の目で見ると、生命が呪文を唱えて呼び出した、ほとんど神秘的といってよい謎は消え失せた。生命の起源は、いまだ完全に明らかにはなってはいないが、魔法のような火花が散る必要がないということには、科学者のあいだで広くコンセンサスが得られている。粒子はヒエラルキー構造になっていればよい、つまり、原子、分子、細胞小器官、細胞、組織、等々の階層構造がありさえすればよいと考えられているのだ。生命を説明するためには、すでに得られている、物理学、化学、生物学の枠組みがありさえすれば十分だという主張には、強力な証拠がある。生命のハードプロブレムは、確かに難しい問題ではあるが、イージープロブレムに分類を変更されたのである。

電気と磁気については、注意深く行われた実験で集められたデータから、科学者たちは、一八〇〇年代以前の本に書かれていた物理的実在の特徴を超えるものを探し出す必要に迫られた。それまでの知識は、ジェームズ・クラーク・マクスウェルが発展させた、まったく新しい一組の方程式（最初の定式化では、マクスウェルの方程式は二十あった）で記述される、まったく新しいタイプの影響力（空間を満たした電場と磁場）に対応する、まったく新しい物理的な物質の質（電荷）に取って代わられた。解決されたとはいえ、電気と磁気のイージープロブレムは、ハードプロブレムだったことが判明したのだ。[*25]

多くの研究者は、意識の場合には、生気論の物語が繰り返されるだろうと考えている。脳について、どんどん深い理解が得られるようになれば、意識のハードプロブレムはゆっくりと蒸発していくだろう。今は謎めいているように見えるとしても、内なる経験は脳の生理学的活動から直接生じていることが、徐々に明らかになるだろう。われわれにまだできていないのは、脳の内部の仕組みを完全に掌握することであって、新しい種類の「心をつくるモノ」を見つけ出すことではない、というのだ。この物理主義的な立場からすると、いつの日か人びとは、かつての自分たちが意識に対し、感動的ではあるけれども何の裏づけもない謎をまとわせていたことを振り返り、微笑むことになるだろう。

一方、意識の場合にも、電磁気の物語がモデルになると考える人たちもいる。世界について知っていることにそぐわないおかしな事実に出会えば、それを既存の科学的枠組みに組み込もうとするのは自然な反応だ。しかし、既存のテンプレートには合わない事実もあるかもしれない。また、実在の新しい特質を暴くような事実もあるかもしれない。この陣営の考えでは、意識には、まさにこの種の事実がふんだんに含まれている。もしもこのパースペクティヴの正しさが証明されれば、主観的な経験を理解するためには、知的な活動の場を大きく組み替える必要があるだろう。その影響は、心の問題だけにとどまらず、幅広い範囲に及ぶかもしれない。

そんな提案の中でももっとも過激なもののひとつが、ミスター・ハードプロブレムである、デーヴィッド・チャーマーズその人から提出されている。

意識と物質の統一理論？

チャーマーズは、心を持たない粒子たちが飛び交う中から意識が出現することはありえないと確信して、電磁気の物語の教訓が繰り返されるのを覚悟したほうがいいと言う。一九世紀の物理学者たちは勇敢にも、普通の科学を使って電磁現象にこじつけの説明をすることの不毛さを直視したが、われわれもまた、意識を脱神秘化するためには、既知の物理学的な質の向こうを見なければならないことを認める勇気を持つ必要があると彼は言うのだ。

しかし、どうやって？　シンプルかつ大胆なひとつの可能性は、個々の粒子が、意識という固有の属性、すなわち、より基本的なものに還元することのできない属性を持つというものだ。喜びにわれを忘れる電子とか、頭のおかしいクォークといったイメージを持たれないよう、その属性を「原意識《プロト》」と呼ぶことにしよう。つまり、実在に関するわれわれの記述は、自然界の物質的な基本構成要素に吹き込まれている主観的な特質、それぞれの要素に固有の、それ以上基本的なものに還元することのできない特質を含めるように拡張しなければならないということだ。われわれが長らく見落としてきたのは、その特質であって、その見落としのせいで、われわれは意識経験の物理的基礎を説明できずにいたというのだ。心を持たずに飛び交う粒子たちが寄り集まって、心を作ることはできるのだろうか？　できない。意識的な心を作り出すためには、心を持つ粒子の群れが必要だ。心を持つ粒子たちがそれぞれ「原意識という特質」を共同出資することにより、たくさんの粒子の集まりから、おなじみの意識経験が生じるのである、と。もしもそうだとすると、この提案は、これまで詳細に調べられてきた物理的特性（質量、電荷、さまざまな荷《チャージ》、スピン）に加えて、これまで見落とされていた原意識という特質が、粒子に付与されると主張していることになる。かくしてチャーマーズは、歴史的なルーツを古代ギリシャにまでさかのぼる汎心論を復活させて、コウモリの脳であれ、野球のバット《バット》であれ、粒子から構成されるものすべてにとって、意識が関係してくる可能性があると考えるのである。

もしもあなたが、原意識とは実のところ何なのか、それはいかにして粒子に書き込まれるのかと不思議に思っているなら、あなたの好奇心は褒められるべきだが、チャーマーズであれ他の誰であれ、その問いに答えることはできない。それでも、これらの問いを文脈の中に置いて見ておくことは役に立つ。もしもあなたが私に向かって、質量と電荷について同様の質問をしたとすれば、あなたは原意識について質問した場合と同じぐらい、納得がいかないまま立ち去ることになりそうだ。私は質量が何であるかを知らないし、電荷が何であるかを知らない。私が知っているのは、質量は重力を生み出し、重力に応答するということ、そして、電荷は電磁力を生み出し、電磁力に応答するということなのだ。このように、私は、質量や電荷といった粒子の特性が「何であるか」という問いには答えることはできないが、それが「何をするものか」という問いには答えることができる。原意識についてもそれと同じく、研究者たちは、それが「何であるか」は説明できなくても、それが「何をするものか」を説明する理論――原意識はいかにして意識を生み出し、意識に応答するかを説明する理論――なら作ることができるかもしれない。重力と電磁力について、それが「何であるか」を説明せず、力の作用と応答を説明するだけですませているのはインチキっぽいというやましさは、これらふたつの力について得られている数学的な理論が与えてくれる驚嘆するほど正確な予測によってなだめられている——ほとんどの研究者は、それで気持ちをなだめている。いつの日か、重力と電磁力の場合に匹敵するぐらい正確な予測をすることができる、原意識についての数学的理論が得られるかもしれない。しかし今のところは、われわれはそんな理論を持っていない。

ずいぶん突飛な話に聞こえるかもしれないが、チャーマーズは、適切に解釈すれば、自分のアプローチは科学の領分にきちんと収まるはずだと論じる。科学者たちは何世紀ものあいだ、実在を客観的に解明することに的を絞り、それを目標に、実験と観測で得られたデータを説明する数式を作るという点ではみごとな仕事をしてきた。しかし、そういうデータは三人称で語り尽くすことができる。チャーマーズは、そういうデータとは別の種類のデータ、内なる経験についてのデータ、そしておそらくは内なる領域のパターンと規則性を捉えるような、別の方程式が存在するのではないかと言っているのだ。従来の科学は外なるデータを説明するのに対し、科学の次なる時代は、内なるデータを説明することになるだろう、と。

少し違った言い方をしてみよう。だいぶ前から、物理学のもっとも基本的な通貨として、情報を考えようという動きがある。言いだしっぺは、物理学者のジョン・ホイーラーとされることが多い(ホイーラーは、世間的には「ブラックホール」という言葉を生み出したことで知られる)。私は、現時点での世界の状態を記述するために、動きまわる粒子たちと、空間に広がって波打つ場のすべての配置を特定するための情報を提供する。物理法則はその情報を取り入れて、それ以降の世界の状態を詳述する情報を出力する。このように考えれば、物理学がやっていることは情報処理だ。

この言い方をすると、チャーマーズは、情報にはふたつの面があると言っていることになる。情報には、客観的で、当事者以外にもアクセスできる特質がある――その情報は、これまで何百年にもわたり、伝統的な物理学の領分にあったものだ。それとは別に、情報には、物理学がこれまで考えてこなかった、主観的な、一人称によってアクセスできる特質がある。完全な物理理論は、外なる情報だけでなく、内なる情報をも、もれなく取り入れる必要があるだろうし、これらふたつのタイプの情報のダイナミカルな変化を記述する法則も必要になるだろう。内なる情報を処理することによって、意識的な経験に対し、物理的な基礎を与えることができるだろう。

アインシュタインの夢だった物理学の統一理論は、ひとつの数学的定式化によって、自然界のあらゆる粒子とすべての力を記述できる理論である。その夢は、「すべてを説明する理論」の探究と呼ばれてきた。その残念な誇張のされ方は、しばしば私自身の研究分野であるひも理論に対してもなされてきた。私が意識についてこれほど頻繁に意見を求められるのは、そのためなのだ。すべてを説明できる理論なら、意識も説明できるだろうというわけだ。しかし、意識について質問してくる人たちに私がしばしば言ってきたように、素粒子の物理学を理解することと、そうして得られた知識を人間の心に当てはめようとすることとは、まったく別のことなのである。大きく異なるスケールを結びつける装置を作ることは、われわれが取り組む科学の難問の中でも、もっとも難しいもののひとつなのだ。しかし、もしもチャーマーズが正しければ、意識は、科学的な記述の一番低い階層に入り込んでくるだろう。その層には、基本方程式と、もっとも基本的な構成要素が含まれる。

もしもそうなれば、いつの日か、情報処理の外なる面と内なる面を――客観的で物理的なプロセスと、主観的で意識的な経験を――はじめから組み込んだ理解が得られるかもしれない。それはひとつの統一理論となるだろう。私は今後も、「すべてを説明する理論」という言い方には抵抗するつもりだ――私の予想によれば、私が明日の朝食に何を食べるかを予測するためには、科学はまだまだたいへんな努力を続けなければならないだろう。しかしそんな理解が得られれば、たしかに革命的ではあるだろう。

これは正しい方向なのだろうか？ もしもそうなら、私はとても興奮するだろう。探索されるのを待っている完全に新しい実在の領域のフロンティアが、われわれの目の前に広がるだろう。しかし、あなたはおそらく予想しているだろうが、意識の出所を見つけるために、科学がそれほどエキゾチックな土地を旅する必要があるのかどうかは、大いに疑問なのである。カール・セーガンの有名な格言――「途方もない主張をするためには、途方もない証拠が必要だ」――は、われわれにとって適切な導きの言葉になってくれる。何か途方もないこと――われわれの内なる経験――が存在することには、たしかに圧倒的な証拠がある。しかし、その経験が伝統的な科学に説明できる範囲を超えているかどうかとなると、説得力のある証拠ははるかに乏しいのだ。

もしも主観的な経験を生むために必要な物理的条件を特定することができれば、この問題についても理解は深まるだろう。そんな条件を突き止めることは、われわれが考えている意識の理論にとって、きわめて重要である。

トノーニの統合情報理論

脳は、シワがあって、湿っていて、情報処理をする細胞の集まりだということに議論の余地はない。脳のスキャンや侵襲的な精査で明らかになったように、脳は部分ごとに特定のタイプの情報——視覚情報、聴覚情報、嗅覚情報、言語情報、等々——を処理している。[*26] しかし、情報処理を行うというだけでは、脳に固有の特質を捉えたことにはならない。算盤からサーモスタット、さらにはコンピュータに至るまで、実にさまざまな物理系が情報処理を行っているし、ホイーラーのパースペクティブを念頭に置くなら、あらゆる物理系は、ある意味では情報処理装置だといえる。では、情報を処理した結果として意識をもたらす情報処理は、その他の情報処理とどこが違うのだろうか？　精神科医にして神経科学者でもあるジュリオ・トノーニは、まさにこの問いに導かれて、神経科学者クリストフ・コッホの探究に参加した。トノーニらの研究から生まれたのが、「統合情報理論」と呼ばれるアプローチだ。[*27]

その理論の感じを摑むために、私があなたに新品の赤いフェラーリをプレゼントしたと考えてほしい。あなたがハイエンドスポーツカーのファンかどうかによらず、フェラーリを前にして、あなたの脳はさまざまなセンス・データの刺激を受ける。その車のビジュアル、手触り、嗅覚という特質を表す情報とともに、路上での力強い走りから、贅沢さと富を連想させることまで、より抽象的で暗示的な意味が即座に絡み合って、統一されたひとつの認知経験になる。その経験には、トノーニならば高度に統合されていると特徴づけるであろう情報内容がある。情報を少し絞り込んで、車の色に焦点を合わせたとしても、あなたの経験は、無色のフェラーリに、あなたの心が赤い色をつける場合の経験とはまるで違うだろう。またその経験は、あなたの心がフェラーリとして形づくる、抽象的な赤い環境を経験することとも違う。車の形についての情報と、色についての情報は、それぞれ視覚野の別の場所を刺激して活性化させるにもかかわらず、フェラーリの形と色についてのあなたの意識経験は、分かち難く結びついている。あなたは車の形と色を、ひとつのものとして経験するのだ。トノーニによれば、それは意識に固有の特質である。意識経験を織りなす情報の糸は、ぴったりと隙間なく織り上げられているのだ。

意識に固有のふたつ目の特質は、あなたが心の中に保持できることは、途方もなく広範囲にわたるということだ。目がくらむほど多くの知覚経験、想像を豊かにふくらませる刺激、抽象的な計画、考え、心配、予想、等々、あなたの心にはほとんど無限に多くのものが含まれる。ということは、たとえば赤いフェラーリというひとつの意識経験に焦点を合わせているとき、その経験は、あなたが心的に経験しうる圧倒的多数のその他の経験から、高度に区別されているということだ。トノーニの提案は、心を直接観察することから得られたこの事実を、意識経験を特徴づける特質の地位に昇格させようというものだ。意識は、高度に統合されているとともに、高度に区別されてもいる情報である。

ほとんどの情報には、これらの特質が欠けている。赤いフェラーリの写真を撮ることで得られたデジタルファイルを考えよう。話を複雑にしないように、画像の圧縮といった詳細は気にせず、そのファイルには、画像の各ピクセルの色と明るさを示す数値が記録されているものとする。それらの数値は、あなたのカメラの中のダイオードが、フェラーリの表面の各点で反射されてきた光に反応して生成したものだ。さて、ファイルに記録されたこれらの情報は、どれくらい統合されているだろうか？　個々のフォトダイオードの反応は、その他のフォトダイオードの反応とは切り離されている——ダイオードの反応のあいだにコミュニケーションや結びつきはない。したがって、デジタルファイル上に記録された情報は、完全にバラバラだ。各ピクセルのデータを別々のファイルに保存したとしても、全体としての情報内容は変わらない。つまり、情報はまったく統合されていないということだ。では、そのデジタルファイル上の情報は、どれだけ区別されているだろうか？カメラのデジタルファイルにはさまざまな画像を保存することはできるが、その情報内容には、互いに独立な数値を収納する容量があらかじめ決まっていて、それ以上の情報を詰め込むことはできない。デジタル写真の情報を収めたファイルは、死刑の倫理について考えたり、フェルマーの最終定理を証明する苦闘について深く考えたりするようには設定されてはいないのだ。この意味において、カメラのデジタルファイルの情報内容は大きく制限されており、情報を区別するという観点からは、カメラの得点は高くない。

このように、あなたの脳が心的表象を作り上げるとき、あなたの脳の情報内容はすみやかに高度に統合されると同時に、高度に区別されるのに対し、カメラがデジタル写真を構成するときには、その写真の情報にはこれらふたつの特徴はない。トノーニによれば、それこそが、あなたがフェラーリを意識的に経験するのに対し、あなたのデジタルカメラは意識的な経験をしない理由である。

トノーニはこれらの考察を定量化することを目指して、与えられた任意の系に含まれる情報に、数値を与える式を提案した。その数値は、普通は、Φ《ファイ》という文字で表される。Φの値が大きければ、区別の程度も統合の程度も大きい。つまりトノーニの理論によれば、Φの値が大きい系は、意識のレベルが高いということになる。こうして彼のアプローチは、意識のレベルについてひとつの連続体を提案する。わずかな情報を統合して区別する、初歩的な意識を持つかもしれない系もあれば、あなたや私のように、多くの情報を十分に統合して区別する、おなじみの意識を持つ複雑な系もあるし、さらには、われわれの情報能力——そして意識経験——を超える系もあるかもしれない。

チャーマーズのアプローチもそうだったように、トノーニの理論もまた、汎心論に傾いている。彼の提案の中には、特定の物理的構造に本質的に結びついているものは何もない。あなたの意識の経験は生物学的な脳の中で起こるが、トノーニと彼の数学によれば、Φの値が十分に大きければ意識経験があるので、その系がニューロンのシナプスに含まれていようと、中性子星に含まれていようと関係がない。コンピュータ科学者スコット・アーロンソンとその他数名の人たちにとっては、そんなトノーニの提案には致命的な欠点がある。アーロンソンは、簡単な論理ゲート（もっとも基本的な電子的スイッチ）をうまく連結して作ったネットワークでは、Φの値はどれだけでも大きくなりうることを計算で示したのだ。人間の脳のΦ値に匹敵するほど大きくなることもできるし、それよりさらに大きくなることもできる。[*28] それゆえ、トノーニの統合情報理論によれば、そのスイッチのネットワークは意識を持たなければならない。そしてそれは、アーロンソンが——そしてたいていの人は直観的に——馬鹿げていると考える結論なのだ。では、その批判に対して、トノーニはどう答えるのだろうか？　彼は、その結論がいかに奇妙で異常に思えようとも、そのネットワークは意識を持つと考えるのだ。

トノーニが本気でそんなことを考えているはずがない、とあなたは思うかもしれない。しかし、あなたがそう思う背景を探ってみよう。二キログラムにも満たない物質の塊である脳が、血液の供給と神経のネットワークに適切に結びつけられたときに、おなじみの意識経験はいかにして可能になるのだろう？　意識経験ができているということは――それは科学がこれまで明らかにしたことすべてにもとづく主張だ――、信じられないようなことなのである。それなのに、あなたは自分が内なる世界を現に持っているという理由により、あっさりとその主張を受け入れる。もしも私が、身体と脳を持たない何かをあなたに手渡して、それにも意識があるのです、と言ったら、その新しい主張を受け入れるのはきわめて難しいだろう。しかし、実は私は、それほど大それたことを言っているわけではない。とろっとした灰色のニューロンの塊が意識を持つという、ほとんど笑い話のような提案を受け入れた時点で、あなたはすでに大きな一歩を踏み出しているのだ。これは、トノーニの提案を支持するために言っているのではなく、何かに慣れ親しんでいるということは、何が馬鹿げていて、何が馬鹿げていないのかを判断するわれわれの感覚をゆがめる場合があるということを示すために言っているのである。

もしもトノーニのアプローチが正しければ、意識経験を生むために系が持たなければならない特質が明らかになるだろう。そうなれば大きな進展だ。それでも、今のかたちの統合情報理論は、意識はなぜ、現に意識として感じられるようなものとして感じられるのかを教えてはくれない。高度に区別され、高度に統合された情報は、いかにして内なる気づきをもたらすのだろうか？　トノーニによれば、その情報はただそれをするのだ。あるいはより正確には、彼は、それは問うべき問いではないとほのめかすのである。彼の観点からすると、われわれがなすべきは、意識経験はいかにして膨大な数の動きまわる粒子たちから出現するのかを説明することではなく、系が意識経験をするようになるために必要な条件を決定することであり、そしてそれが、統合情報理論がやろうとしていることなのだ。私はこのパースペクティブはよくわかるが、しかしその一方で、還元主義的説明のみごとな成功によって形成された私の直観は、おなじみの粒子的構成要素に関係する物理的なプロセスを心の感覚に結びつけることができるようになるまでは、満足しないだろう。

最後に、今までのものとは別の戦略を採る、もうひとつの提案を取り上げよう。それは徹底した物理主義的な説明であり、意識の謎に対するもっとも啓発的なアプローチのひとつだ。

心は心のモデルを作る

神経科学者マイケル・グラツィアーノによる意識の理論は、誰もが認める脳機能のふたつの特質から出発する。[*29] それらの特質をしっかり理解しておくために、ここでもう一度、フェラーリの話に戻ろう。あなたはその車の艶やかな赤い外観を見、人間工学にもとづくなめらかな形をしたドア・ハンドルに触れ、間違えようもない新車独特の香りを嗅いでいると想像してほしい。われわれは直観的に、こうした車の特徴を、人は外なる実在として直接的に経験しているのだろうと思うが、実はそうではないことは何世紀も前から知られている。現代科学はそのことを具体的に明らかにした。フェラーリの表面に反射する赤い光は、毎秒四〇〇兆回ほど振動する電場が、やはり同じように振動する磁場と直交し、どちらの場も毎秒三億メートルの速さであなたに向かって進んできた振動する電磁場なのだ。それが赤い光という物理的現象であり、あなたの目が出会う刺激である。[*30] 物理的な記述には、「赤」という言葉は出てこないという点に注意しよう。赤い光は、その電磁場の振動があなたの目に入り、あなたの網膜上にある、光に感受性を持つ分子をくすぐる。そうして生じた信号があなたの脳に運ばれ、もっぱら視覚の情報処理を担当する視覚野がそれを解釈する。赤という色は、あなたの頭の奥深くで、人間によって構成されたものなのだ。では、あの新車独特の匂いはどうだろう？　それについても色の場合と同様の物語がある。車のシート、カーペット、カー・ラッピングのフィルムから出て車内に充満する気体分子が空気中を漂いだしてあなたの鼻腔に入り、嗅上皮の嗅覚受容ニューロンをこすり、それによって生じた信号が嗅神経に沿って嗅球に向かい、嗅球は匂いに関する信号をさまざまな神経構造に送り出し、解釈してもらうのだ。赤い色の場合と同じく、新車独特の匂いが発生する唯一の場所は、あなたの頭の中なのである。

そんなわけで、フェラーリがあなたの注意を引くと、認知データの処理に携わる一群の歯車が回転しはじめる。赤い色、良い匂い、つややかさ、メタリックな輝き、ガラス、タイヤ、エンジン、パワー、速度、等々——物理的な質と機能の多様な取り合わせが、あなたの脳によって呼び出され、互いに結びつけられて、あなたが思い描く車になるのだ。ここまでの話を聞けば、トノーニの統合情報理論と似ているように感じられるかもしれないが、グラツィアーノの提案は、こうした知識を別の方向に向かわせる。彼の提案の中核となるテーゼは、あなたがどれほど細部に注意を払おうとも、あなたが心に思い描くものは、つねに大幅に簡単化されているということだ。そのフェラーリを「赤い」と記述することさえ、車の表面のさまざまな部分から反射されてくる、ほとんど同じだが厳密には異なるたくさんの振動数――赤にもいろいろな色がある――を簡単化した表現にすぎない。たとえば、あなたの目に飛び込んでくる光は、サイドドアのある一点からやって来た振動数435172874363122毎秒の電磁波や、ボンネット上のある一点からやって来た振動数447892629261106毎秒の電磁波など、さまざまな振動数の光が混じっている。[*31] そこまで細かい情報を扱わなければならないとしたら、あなたの心は目眩《めまい》がするだろう。そんなわけで、細かいことを何から何まで把握する代わりに、「赤」だと思ってしまうことは、あなたの心にとってみれば、模式的《スキマティック》ではあるが歓迎すべき単純化なのだ。心が行うその他多くの単純化についても同じことがいえる。あなたがかつて環境の中で出会ったことのあるものすべてを模式的に表現することは、単に適切な取り扱いであるばかりか、生命を支えている心の資源を、膨大な仕事から解放することでもある。遠い昔、物理的世界の膨大な詳細に気を取られていた脳は、あっというまに捕食者の餌食になっただろう。生き残ったのは、生き残りに関係のない情報であふれかえらずにすんだ脳だったはずだ。赤いフェラーリを、地鳴りを轟かせながら襲いかかってくる雪崩や、大揺れに揺れる大地に置き換えてみればよい。おおざっぱな心的表象が瞬時に得られれば、とっさの行動が取りやすくなり、生き残る可能性は高まるだろう。

あなたの注意が、車や雪崩や地震ではなく、動物や人間に向けられているときにも、あなたはやはり模式的な心的表象を作り出す。しかし動物や人間については、あなたは物理的形態だけでなく、それらの心についても心的表象を作り出す。動物や人間の頭の中で何が起こっているか——あなたが注意を向けている対象の動物や人間が、友だちなのか敵なのか、安全を与えてくれるのか、危険を押し付けてくるのか、お互いにうまくやろうとしているのか、自分だけ利益を得ようとしているのか——を見定めようとするのだ。他の生き物と出会ったとき、相手が何者かをすばやく見定めることは、生き残りという観点から、大きな価値があったのは明らかだろう。何世代もかけて自然選択により磨かれてきたこの能力を、研究者たちは、《心の理論》[*32]（われわれは直観的に、生き物は多かれ少なかれ、われわれの心と似たような働きをする心を持つものとして相手を理論化する）とか、《意図スタンス》[*33]［志向姿勢とも］（われわれは、自分が出会う動物や人間には、知識、信念、願望を持つものと考える。つまりわれわれは、相手に意図を与える）などと呼んでいる。

グラツィアーノは、あなたはその能力を、当然のごとく、あなた自身にも当てはめていると力説するのである。あなたは自分の心の状態について、模式的《スキマティック》な心的表象をたえず作り出している。赤いフェラーリを見ているのなら、あなたはその車について模式的な表象を作り出すだけでなく、そのフェラーリに焦点を合わせるあなたの注意のありかたについても模式的な表象を作り出す。フェラーリを表象するためにあなたが結びつけたすべての特徴に加えて、あなた自身の心がフェラーリに焦点を合わせているということを簡約した特質が与えられる。フェラーリは赤くて、つややかで、光を反射している。そしてあなたは、フェラーリが赤くて、つややかで、光を反射しているということに焦点を合わせている、と。それが、あなたと世界とのかかわりを追跡するために、あなたがやっていることなのだ。

フェラーリの表象や、他人が何かに注意を向けていることについての表象と同じく、あなた自身の注意の表象からも、細部が抜け落ちている。あなた自身の注意の表象は、基礎的なニューロンの発火を無視しているし、あなたに注意を向けさせるために行われている情報処理や、それにともなう複雑な信号のやりとりを無視している。その代わりに、あなた自身の注意の表象は、注意を向けるということそれ自体を大まかに描き出す。それが、ごく普通に「気づき」と言われているものだ。そしてその細部の欠落こそは、グラツィアーノによれば、意識経験が心の中で、あたかも錨を上げて漂っているかのように感じられる理由の核心なのだ。簡略化された模式的な表象を好むという脳の傾向を、脳そのものに当てはめれば、結果として得られる記述は、脳が注意を向けることそれ自体の基礎となる物理プロセスを無視したものになる。思考と感覚は、どこかしらこの世ならぬもののように感じられ、どこからともなく現れて、頭の中に浮かんでいるように思われるのはそのためだ。もしもあなたの脳があなたの身体について作り出した模式的表象から、両腕が抜け落ちていたとすれば、あなたが手を動かすときの様子も、どこかしらこの世ならぬ感じがするだろう。意識経験が、粒子や細胞といったわれわれの身体の構成要素によって遂行される物理的プロセスとは別のものに感じられるのはそのためなのだ。ハードプロブレムがハードに思われる、つまり、意識が物理的なものごとを超越しているように思われるのは、われわれの模式的な心のモデルは、われわれの思考と感覚を物理的な基礎に結びつける脳のメカニズムに関する認知を消し去っているからなのである。

グラツィアーノの理論のような物理主義的理論（彼と、その他の人たちが、これまでに提案し、発展させてきた理論）[*34]の魅力は、生命と同じく意識もまた、考えもしなければ感情も持たない無生物である構成要素が、生命を生み出す配置を取ることに還元できると考える点にある。なるほど、そんな還元主義的理解の「約束の地」とわれわれとのあいだには、神経学の途方もないランドスケープが広がっている。しかし、チャーマーズが思い描く未知の地《テラ・インコグニタ》――その地に分け入った研究者たちは、風変わりな地方やうっそうと生い茂る見知らぬ植物のあいだを進む必要があるだろう――とは異なり、物理主義的な探検では、エキゾチックなものには出会わないだろう。物理主義的探検の難しさは、見知らぬ世界を調べることにではなく、われわれ自身の世界――脳――の地図を、かつてないほど詳細に作らなければならないという点にある。その旅を驚きに満ちたものにするのは、それが慣れ親しんだ土地だからなのだ。科学を超えた生気《スパーク》のようなものをいっさい必要とせず、物質の特質として目新しいものは何ひとつ持ち出さずに、意識はただ出現するだろう。普通の法則に支配され、当たり前のプロセスを遂行する普通のものたちが、考え、感じるという、普通ではない能力を持つことになるだろう

私はこれまで、このパースペクティブに抵抗する多くの人たちに出会ってきた。そういう人たちは、世界についての物理的な記述に意識を組み込もうとする試みはなんであれ、このうえなく尊いわれわれの特質を貶めるものだと感じているのだ。物理主義のプログラムは、唯物論に目がくらんで、意識的な経験の真の驚異がわからなくなっている科学者たちによる不細工なアプローチだ、と。もちろん、物理主義的なプログラムがどんな結果になるかは誰も知らない。今から一〇〇年後や

一〇〇〇年後には、物理主義のアプローチは稚拙だったということになっているかもしれない。しかし私は、そうはならないだろうと思うのだ。しかしその立場を表明するにあたっては、意識の物理的基礎を明らかにすることは意識の価値を引き下げることだという前提に論駁しておくことも重要だ。心の働きそのものが驚異的なのだ。コーヒーカップとまったく同じ構成要素と、それらの要素間に働く力だけを使って、心のあらゆる働きがすべて実現できる可能性があるということが、ただでさえ驚異的な心の働きをいっそう驚くべきものにする。意識は、名誉を傷つけられることなく、神秘性を取り除かれるだろう。

意識と量子物理学

過去数十年間にわたり、意識を理解するためには、量子物理学が必要不可欠だという提案がしばしばなされてきた。ある意味では、それはその通りである。脳を含めて物質的な構造は、量子力学の法則に支配される粒子でできているのだから、量子力学は心を含めてあらゆることを物理的に支えている。しかし、意識が量子に出会うとき、そこには何かもっと深い結びつきがあるかのように言われることが多い。そういう発言の多くを動機づけているのは、量子力学についての理解には、今も埋められていないギャップがあることだ。世界でもっとも優れた科学者や哲学者が一世紀のあいだ考え続けてきたにもかかわらず、この理論には今も謎が残されているのである。それについて説明しよう。

量子力学は、物理的なプロセスを記述するために作られたあらゆる理論的枠組みの中で、もっとも精度が高い。量子力学による予測で、再現可能な実験と矛盾したものはただのひとつもない。もっとも詳細な量子力学の計算の中には、一〇億分の一より高い精度で実験データと合う結果を出すものがある。もしもあなたが定量的な数値に興味がなければ、たいていの場合、数値の話は飛ばしてもらってかまわない。しかし今は違う。私が今述べた数値の意味を、ぜひともわかってほしいのだ。シュレーディンガー方程式による量子力学の計算は、小数点以下九桁より高い精度で実験の測定と一致するのである。[*35] ここはトランペットが高々と吹き鳴らされるべきところだ。その数字は、人間の理解のみごとな勝利を表しており、人類はその喝采に対し、返礼の会釈をするべきなのである。

それにもかかわらず、量子論の核心部分には、容易には解けない難問が横たわっている。量子力学の新しい特徴の中で、もっとも重要なのは、この理論の予測は確率的だということだ。たとえば、一個の電子がある場所で見つかる確率は二〇パーセント、別の場所に見つかる確率は三五パーセント、さらにまた別の場所に見つかる確率は四五パーセントと予測されるかもしれない。その後、まったく同じく準備された同じ実験を何度も行って原子の位置を測定すれば、電子は驚くほど高い精度で、全測定回数のうち、二〇パーセントで予測された第一の場所に見つかり、三五パーセントで第二の場所に見つかり、四五パーセントで第三の場所に見つかるだろう。われわれが量子論を信用するのは、こうして理論的予測と実験結果がぴたりと一致するからなのだ。

さて、量子力学が確率に頼るのは、それほどおかしなことではないだろうと思われるかもしれない。つまるところ、われわれはコイン投げをするときにも確率的な話をする。コインが表を出して着地する確率は五〇パーセント、裏を出して着地する確率は五〇パーセント、などと。しかしそこにはひとつ違いがある。その違いのことを知っている人は多いが、そういう人たちにとってさえ、それは衝撃的な違いなのだ。普通の古典的な記述では、あなたがコインを投げ、そのコインが表と裏のどちらを出して着地するかをまだ見ていないとき、あなたは単に結果を知らないだけだ。それに対して量子的な記述では、電子のような粒子が五〇パーセントの確率で第一の場所に存在し、五〇パーセントの確率で第二の場所に存在するとわかっていても、実際にその粒子がどこに存在するかを実験で確かめるまでは、その粒子はどちらか一方の場所にあるのではない。量子力学によると、その粒子はそれぞれの場所にあるふたつの状態があいまいに混じり合った状態にあるのだ。そして、電子がさまざまな場所に存在する確率がゼロでなければ、量子力学によれば、電子は、存在確率がゼロではない場所のすべてに同時に存在する。電子は、たくさんの状態がぼんやりと混じり合ったものとして漂っているのだ。これはあまりにも奇妙な話で経験に反しているため、そんな理論はすぐに棄ててしまったほうがいいと思うかもしれない。そして、もしも量子力学がとてつもなく高い精度で実験データに合うのでなければ、あなたのその反応は、単に一般的であるだけでなく、正しい反応とされるだろう。しかし、データを見るかぎり、量子力学は最大級に尊重しなければならない。そこでわれわれ科学者は、直観に反する量子力学のこの特徴[*36]を理解するために、たゆまぬ努力を続けてきた。

問題は、そうして研究すればするほど、話がおかしくなってきたことだ。量子力学の方程式の中には、たくさんの可能性がぼんやりと混じり合った状態から、測定結果として得られるひとつの確定した状態へと、実在がいかにして移行するのかを教えてくれるものは何もない。実際、もしも実験に合う量子力学の方程式が、あなたが研究対象としている電子（およびその他の粒子）だけでなく、あなたの実験装置や、あなた自身や、あなたの脳を構成している電子（およびその他の粒子）にも当てはまるものと仮定するなら――それはまったく妥当な仮定のように思われる――、量子力学の数学によれば、そんな移行は起こるはずがないのだ。もしも一個の電子が二ヵ所に同時に存在するのなら、あなたの実験装置は、電子をその二ヵ所で検出するはずだ。そしてあなたがその装置の表示を読み取れば、あなたの脳は、電子はその二ヵ所に存在すると考えるはずだ。つまり、あなたの研究対象である粒子のぼんやりした量子的な状態は、測定後には、あなたの装置にも、あなたにも、さらにあなたの意識にも感染して、あなたの思考はふたつの結果があいまいに混じり合った状態に漂うことになる。ところが、どんな測定を行っても、あなたがそんな結果を報告することはない。報告によれば、実験をすればひとつの確定した結果が得られるのである。これは《量子力学の測定問題》として知られているもので、われわれが取り組むべき課題は、方程式が記述するぼんやりとした量子の実在と、測定をするたびに経験する鮮明な実在との、不思議な分裂を解消することだ。[*37]

さかのぼって一九三〇年代のこと、物理学者のフリッツ・ロンドンとエドモンド・バウアー[*38]、そして数十年後にノーベル賞を受賞することになるユージン・ウィグナー[*39]は、その謎を解く鍵は、意識にあるのかもしれないという説を打ち出した。つまるところ、この謎が謎になるのは、ひとつに確定した実在についてあなたが意識的に経験したことについて、あなたが何かを報告し、あなたの報告と量子力学の数学による予測とのあいだにミスマッチが生じるときだけだ。そこで、量子力学のルールは、測定される電子にも、測定を行う装置を構成する粒子にも、その測定装置の表示を構成する粒子にも当てはまると考えよう。しかしあなたがその表示を見て、視覚情報が脳に流れ込むと、何かが変化する。標準的な量子の法則が当てはまらなくなるのだ。意識が登場すると、量子の法則が何か別のものに取って代わられる——その何かは、あなたに働きかけて、ひとつの確定した結果をあなたが確実に認識するようにさせるプロセスだ。こうして、意識は、量子物理学に密接に参加することにより、世界が進展するにつれて起こりうるあらゆる特徴のうち、ひとつを残して他の可能性はすべて取り除かれるように命令するのである——それらの可能性が、実在それ自体から取り除かれるのか、あるいは少なくともわれわれの意識から取り除かれるのかはともかく。

この考え方の魅力はおわかりだろう。量子力学は謎めいている。意識も謎めいている。このふたつの謎が互いに関係しているとか、実は同じものだとか、一方の謎が他方の謎を解決するとか想像してみるのは、なんと楽しいことだろう。しかし、私はかれこれ何十年も量子物理学に没頭してきたが、そんなつながりが存在するという主張に対し、長らく抱いてきた評価——そんなつながりはないという評価——を覆すような数学的な議論や実験データに出会ったことはただの一度もない。実験と観測が支持するのは、量子的な系にちょっかいを出すと——それをするのが意識的な存在であるか、心を持たない探査器であるかによらず——、その系は、ぼんやりした量子の確率論的な世界から飛び出して、一瞬のうちに確定した実在を身にまとうという見方なのである。ひとつに確定した実在を出現させるのは、意識ではなく、相互作用なのだ。もちろん、それを証明するためには、あるいはそれに関していえば、なんであれ何かを証明するためには、私は自分の意識を働かせなければならない。測定のプロセスに自分の意識的な心を参加させなければ、得られた結果に気づくこともできないのだから。そんなわけで、量子力学において、意識は何か特別な役割を果たしていないことを証明するような、わかりやすい議論はない。それでも、提案されているような量子と意識の結びつきは、もっとも洗練されたいくつかのアプローチにおいてすら——そういうアプローチは、一見して異なる量子力学の謎と意識の謎を、表面的に同じだとするレベルを大きく超えているのだが——弱いのである。

量子力学がもっと深く理解できるようになれば、身体と脳を含めて、あらゆるものの機能の基礎となる微視的物理学のプロセスについての説明も深まるだろう。物理主義の立場からすれば、意識はそんな機能のひとつなのだから、いつかは量子的に説明できるだろう。しかし、あっと驚くような何かが起こらないかぎり、近い将来、あるいは遠い将来でさえ、量子力学の教科書に、意識だけのための特別な指示が書き加えられることはないだろう。意識は素晴らしいものだが、あくまでも量子的宇宙に生じる物理的特質のひとつとして理解されるだろう。

自由意志

膵臓がキモトリプシンを作っていることや、三叉神経のネットワークがくしゃみを促すことを誇りに思う者はまずいない。体が自動的にやっていることに、人はそれほど関心がないのだ。もしも「あなたは何者ですか？」と尋ねられれば、私は、自分の心の目で見たり、内なる声で正すことができたりする、思考、記憶、感覚に、その答えを求めようとするだろう。誰の膵臓もキモトリプシンを作るし、誰でもくしゃみをするが、私は、自分が考えることや、感じることや、行うことに、深い意味で私独自のものがあると思いたいのだ。この直観と切っても切れない、ひとつの信念がある。その信念はあまりにも当たり前のことなので、多くの人はそれを問い直したりしないし、そもそもそれについて考えることさえしない。その信念とは、われわれには自由な意志があるというものだ。われわれは自律的に行動している。われわれは自分を支配している。われわれは、自分の行動の究極の原因は自分自身だと信じているのだ。しかし、本当にそうなのだろうか？

この問題に触発されて書かれてきた哲学的な論考のページ数は、他のどんな問題に関するものより多い。二〇〇〇年前、原子と虚空から構成されるデモクリトスのすっきりとした世界観は、自然は統一されているという考えに対して先見性のある同意を与えるとともに、神々の気まぐれを捨て、不変の法則を選び取るものだった。しかし、ものごとを支配しているのが神の力であるか、物理法則であるかによらず、自由意志のありかを問うという仕事は残される――自由意志が存在するとしての話だが。[*40] デモクリトスから一〇〇年後、神の介入を否定したエピクロスは、科学的決定論が自由意志を打倒しつつあることを残念に思った。もしもわれわれが神々の権威を認めるなら、最低でも、神を崇める見返りとして、自由というご利益に与ってもよいのではないだろうか？ しかし、こびへつらいの通用しない自然法則は、徹底的な支配の手を緩めようとしない。エピクロスはこのジレンマを解決するために、原子はときどき自発的に、かつランダムに、進路を逸れるのだろうと考えた。原子はそうすることで、法則に縛られた運命を拒み、過去によって決定されることのない未来を可能にするのだろう、と。なるほどそれは創造的な動きではあるが、自然法則に恣意的に持ち込まれたそういう偶然は、人間の自由の出所として、誰もが納得するようなものではなかった。そんなわけで、エピクロスに続く数世紀のあいだ、自由意志をめぐる問題は、尊敬される思想家たち――聖アウグスティヌス、トマス・アクィナス、トマス・ホッブス、ゴットフリート・ライプニッツ、デーヴィッド・ヒューム、イマヌエル・カント、ジョン・ロック――の眉間にしわを刻ませることになった。そして今このときも、世界中の大学の哲学科で自由意志について考えている多くの人たちもまた、これら錚々たるメンバーの列につらなっている。自由意志について考える人の系譜はあまりにも長いため、ここにリストすることはできない。

自由意志をめぐる議論の現代版には、自由意志を唖然とさせるようなものがある。あなたや私の経験が請け合うように、われわれは自由な意志にもとづいて考え、願い、判断をくだした行動を取ることによって、実在の成り行きに影響を及ぼすことができそうだ。ところが、物理主義的なスタンスを保持するなら、あなたも私も、物理法則に完全に支配されて運動する粒子たちの集まりでしかない。[*41] われわれの選択は、それらの粒子たちが脳の中を動きまわった結果であり、われわれの行動は、それらの粒子たちが身体の中を動きまわった結果である。そして、あらゆる粒子の運動は――それが脳の中で行われるにせよ、身体の中で行われるにせよ、あるいは野球のボールの中で行われるにせよ――物理学に支配され、数学的な法則に従っている。方程式は、粒子たちの昨日の状態にもとづいて今日の状態を決定し、誰ひとりとして、その数学の支配を逃れて、実在の成り行きを勝手に決めたり、型にはめたり、法則が許す成り行きを変更したりできる可能性はない。実は、この論理をさらに先まで推し進めると、粒子たちは究極的にはビッグバンで作り出され、その振る舞いは宇宙の歴史を通じて、交渉の余地のない無情な物理法則に支配されてきたのであり、存在するものすべての構造と機能を決定しているのは、その物理法則だということになるのである。そもそも個性、価値、尊敬といったわれわれの観念に意味があるのは、われわれが自律的に行動するからだろう。ところが、妥協を知らぬ物理法則に直面して、自律性は引き下がる。われわれは冷徹な宇宙のルールにこづきまわされる玩具にすぎないのだ。

そうなると、中心的な問いは次のことになる。自由意志が、主体性のない粒子の運動に解消してしまいそうなのを避けるために、打てる手はないのだろうか？　多くの思想家たちが、そんな方法を探そうとしてきた。なかには、還元主義を強く否定する人たちもいる。われわれが個々の粒子（電子、クォーク、ニュートリノ、等々）を支配する法則を深く理解しているということは、膨大なデータによって裏づけられている。しかし、もしかすると、一〇〇〇億の一〇億倍の一〇億倍もの粒子たちが集まって人間の身体や脳になれば、それらの粒子たちはもはや微視的世界の基本法則に支配されなくなる、あるいは少なくとも、完全には支配されなくなるのではないだろうか。そしてそのおかげで、ひょっとすると、微視的法則によって禁じられていることが、巨視的なスケールの現象、とりわけ自由意志においては許されるのではないだろうか。これが、この路線を取る人たちの考えだ。

たしかに、ひとりの人間を構成する多くの粒子が、法則に従って行う運動を予測するために必要な数学的解析を、最後までやり抜いた者はまだひとりもいない。その計算は、現在われわれに使えるもっとも高度な計算機の能力を軽く凌駕するほど複雑なものになるだろう。ビリヤードのボールのようなはるかに単純な物体の運動を予測することさえできないのは、ボールが動きだしたときのスピードと進行方向を決定するときのわずかな誤差が、ボールがビリヤード台の壁に当たって跳ね返ることを繰り返すうちに指数関数的に増大するからだ。したがって、ここで私が目指すのは、あなたの次の動きを予測することではない。私が注目するのは、あなたの次の動きを支配している法則の存在だ。そして、あなたの次の動きを予測することは現在のわれわれの能力を超えているとしても、法則がものごとを完全に支配しているのではないということが、数学的に、または実験や観測によって、かすかにでも示されたことはただの一度もないのである。なるほど、きわめて多数の微視的構成要素がみごとに調整された動きをすることにより、予想もしなかった現象や、圧倒的な何か——台風《タイフーン》からトラ《タイガー》まで——が創発することはある。しかし、あらゆる証拠が示唆するところによれば、相互作用するきわめて多数の粒子集団についての計算をやり遂げることができれば、粒子の集団的な振る舞いを予測することも可能なのだ。そんなわけで、身体や脳を構成する粒子たちが、無生物を構成する粒子を支配するルールから解放される可能性がいつの日か明らかになることも論理的にありえないわけではないが、その可能性は、世界の仕組みについて科学がこれまでに明らかにしたことのすべてに矛盾するのである。

そのほかにも、量子力学の可能性に賭ける研究者たちもいる。なんといっても、古典物理学は決定論だ。任意の時刻におけるすべての粒子の正確な位置と速さを、古典物理学の数学――ニュートンの方程式――に放り込めば、その方程式は、未来のどの時刻についてであれ、すべての粒子の位置と速さを教えてくれるだろう。未来がそこまで厳密に過去によって決定されてしまうなら、自由意志が入り込む余地はどこにあるというのだろう？　あなたは今このとき、このページに書かれた言葉を読み、ここに示されたアイディアについてじっくり考えているが、そんなあなたを構成する粒子たちの今このときの状態は、あなたがまだ生まれてさえいないほど昔の時刻におけるこれらの粒子の配置によって決まっていたのだから、あなたの今の状態が、あなたの意志によって選ばれたものであるはずはないのだ。しかし量子力学においては、これまで見てきたように、方程式は任意の未来の時刻における状態を確からしさとしてしか予測しない。量子力学は、確率――すなわち偶然――を持ち込むことにより、実験という基礎を持つ現代バージョンのエピクロスの「傾斜運動（逸れる運動）」を提供し、決定論の手綱を緩めてくれるように見えるのである。しかし、あいまいな言い方は、見掛け倒しのこともある。量子力学の数学であるシュレーディンガー方程式は、古典的なニュートンの物理学の数学とまったく同じぐらい決定論的なのだ。違いは、ニュートンの物理学は、現在における世界の状態を入力すると、明日の世界の状態をひとつに決定するのに対し、量子力学は、現在の世界の状態を入力すると、明日の世界の状態を確率のリストとして決定することだ。量子力学の方程式は、起こりうる未来をたくさん提示するが、それぞれの未来が実現する確率を、数学的な石にしっかりと決定論的に刻みつける。シュレーディンガーもまた、ニュートンとほとんど同じぐらいに、自由意志が入り込む余地を残さないのである。

さらにまた別の研究者たちは、量子力学の測定問題という未解決問題に救いを求めてきた。それも無理はないだろう。科学知識に口を開けた裂け目《ギャップ》は、価値あるものを隠しておくには魅力的な場所だ——少なくとも、その裂け目が埋められるまでは。思い出してほしいが、この場合のギャップは、実在が、量子力学の確率論的な記述から、われわれが普通に経験する確定した記述へと移行する方法について、今もコンセンサスが得られていないことだ。量子力学の確率のリストから、いかにしてひとつの未来が選び取られるのだろう？　もしかするとこの問いへの答えに、自由意志が潜んでいるのではないだろうか？　しかし残念ながら、それはない。一個の電子を考えよう。その電子は、量子力学によれば、五〇パーセントの確率である場所に存在し、五〇パーセントの確率で別の場所に存在する。その電子を観測した結果を、つまり、電子がどちらの場所に見つかるかを、あなたが自由に選ぶことができるだろうか？　それはできないのだ。データが示すように観測結果はランダムで、ランダムな結果は自由意志によって選ばれたものではない。データはまた、多くの実験を行って蓄積された結果には、統計的な規則性があることも示している。この例の場合には、何度も行われた実験の結果の半分において、電子は一方の場所に見つかり、あと半分において、他方の場所で見つかる。自由意志による選択は、統計的な意味においてさえ、数学的な法則に制約されない。しかし、証拠から明らかなように、この場合には、そして他のすべての場合にも、数学が結果を支配しているのである。そんなわけで、量子力学の確率から実験結果の確実さへと移行するプロセスは今もわからないとはいえ、そこに自由意志が関与していないことは明らかなのだ。

自由であるためには、われわれは、物理法則に紐を引かれたあやつり人形であってはならない。

その法則が、決定論的（古典物理学の場合）であるか、確率論的（量子物理学の場合）であるかは、実在がどう推移するかや、その法則からもたらされる予測の性質という点では重要だ。しかし、自由意志があるかどうかを判断するためには、その違いは重要ではないのである。もしも基本法則がたえず働き、人間による入力がなくても停止せず、たとえ粒子がたまたま身体や脳の中にあったとしても、法則がまったく同じように成り立つなら、自由意志に居場所はない。実際、かつて行われたありとあらゆる科学的な実験と観測で確かめられているように、われわれ人類がこの世界に登場するずっと前から物理法則は途切れることなくすべてを支配していたし、われわれが登場してからも途切れることなくすべてを支配しているのである。

以上の話をまとめておこう。われわれは自然法則に支配された膨大な数の粒子が集合してできた物理的な存在だ。われわれの行為や思考はすべて、つまるところは粒子の運動に帰着する。あなたが私の手を握れば、あなたの手を構成する粒子たちは、私の手を構成する粒子たちと、押したり押されたりするだろう。あなたが声に出して挨拶をすれば、あなたの声帯を構成している粒子たちは、あなたの喉の中にある空気の粒子たちを揺さぶる。その運動が空気を伝わって、私の鼓膜を構成する粒子たちを揺さぶり、その運動がさらに次々と伝わって、私の頭の中に存在する別の粒子たちを揺さぶり、かくして私はついにあなたの言葉を聞くことになる。刺激に反応した私の脳の中の粒子たちは、「この人は力のこもった握手をしている」という考えを生じさせ、他の粒子たちによって運ばれてきた信号を右腕に伝えて、あなたの右手の動きに合うように私の右手を動かす。そして、あらゆる観測と実験と有効性の認められた理論が、粒子の運動は数学的なルールに完全に支配されていることを裏づけているのだから、われわれは粒子が法則に従って行う運動に介入することができない。それはちょうど、われわれにはπの値を変えることができないのと同じことなのだ。

　われわれが自由に選択しているように見えるのは、自然法則がもっとも基本的な姿で働いているところを、われわれは見ていないからだ。われわれの感覚は、自然法則が粒子の世界で働いている様子を感知することができない。われわれの感覚と論証は、日常的に経験している人間のスケールと行動に焦点を合わせている。われわれは未来について考え、行為の成り行きをあれこれ比較し、さまざまな可能性を天秤にかける。その結果として、われわれを構成している粒子たちの集団的な活動が、あたかもわれわれが自律的に選択したために生じたかのように見えてしまうのだ。しかし、もしもわれわれが、前に話題にした超人間的な視覚を持っていたとすれば、そして、実在の基本構成要素のレベルで、日常の実在を分析することができたとすれば、われわれには自由な意志で考えたり行動したりしているように強く感じられるとしても、実のところそれは、物理法則に完全に支配されて動きまわる粒子たちの複雑なプロセスであることがわかるだろう。

　しかし、ここで話を終えてしまえば、自由というテーマのひとつのバリエーションを見逃すことになる。そのテーマは、物理法則に関するわれわれの理解と調和するだけでなく、きわめて本質的であるがゆえに、人間であるとはどういうことかを定義する特徴を捉えてもいる。

岩と人間、そして自由

あなたと岩が、それぞれ自分の考えごとをしながら、公園のベンチに隣り合ってすわっていると想像してほしい。そこに私が通りかかると、突然、ずっしりとした木の枝が折れて、私のほうに落ちてきた。それを見たあなたはベンチから飛び上がり、思い切り私にタックルして、ふたりは無事災難を免れた。私の命を救ったあなたの英雄的な行為を、どう説明すればいいだろう？　あなたを構成するすべての粒子と、岩を構成するすべての粒子は、まったく同じ法則に従っているのだから、あなたにも岩にも自由意志はない。それにもかかわらず、岩はその場を動かず、あなたはベンチから飛び上がった。これをどう説明すればいいのだろう？

あなたが私を救い、岩がそうしなかったのは、あなたを構成する粒子たちはみごとに秩序立っていて、息をのむばかりの配置になっているおかげで、岩を構成する粒子たちにはできない、高度に振りつけられた運動をすることができるからだ。[*42]あなたは通り過ぎる私に手を振ることができるし、声に出して挨拶することもできるし、「ひも理論の方程式を解きましたよ」と話しかけることもできるし、ジャンピングジャック［跳躍して開脚すると同時に頭上で両手を合わせ、ふたたび元に戻る体操］をすることもできるし、落下する太い枝から私を救うこともできるし、ほかにも無数の可能性を実現させることができる。私の顔で反射してあなたの目に飛び込む光子や、太い枝が折れたときに生じてあなたの耳に入る音波や、あなたの皮膚に当たって触覚を刺激する強い風など、外なるものも内なるものも含めて、膨大な刺激があなたの身体の中で粒子のカスケードを起こし、そこから生じる信号が、豊かな感覚、思考、振る舞いを引き起こし、そうした反応もまたそれ自体として粒子のカスケードを引き起こす。私にとってはありがたいことに、枝が折れることで生じた刺激への応答として起こった特定の粒子のカスケードが、あなたの粒子を即座に行動に駆り立てたのである。それに比べると、刺激に対する岩の応答は弱い。岩に当たる光子や音波、岩の表面にかかる圧力によって岩に生じる応答は、とことん微弱だ。岩の粒子たちは、ほんの少し移動するかもしれないし、温度もわずかに上がるかもしれないし、強風が吹けば、全体としての岩の位置も変わるかもしれない。それらが、刺激に対する岩の応答のすべてだ。岩の内部では、たいしたことは何も起こらない。あなたを特別なものにしているのは、あなたの内なる運動が組織化されていて、外なる刺激に対する応答として、実にさまざまな行動を取りうるという可能性の豊かさなのだ。

この話のポイントは、自由意志がどれほどのものかを査定するときには、それを生じさせている究極の原因に焦点を絞り込むのではなく、人間の応答を広く眺めるなら、得られるものは多いということだ。われわれの自由は、われわれには影響を及ぼすことのできない物理法則から生じているのではない。われわれの自由は、他のほとんどの粒子集団にとっては選択肢にない振る舞い——跳ねたり、考えたり、想像したり、観察したり、熟慮したり、説明したり、等々——ができることにある。人間の自由は、意志を持って選択をするということではないのである。科学がこれまで明らかにしたことのすべては、実在のなりゆきに意志は介入しないという主張を着実に強化してきた。しかし人間の自由は、実在のなりゆきに介入することにあるのではなく、無生物の世界における振る舞いを長らく支配してきた応答の選択肢のなさという制約から解放されたことと関係しているのである。

この自由概念は、自由な意志を必要としない。私の命を救ってくれたあなたの行為にはもちろん感謝するが、その行為は物理法則の作用から生じたものであって、自由に意志することから生じたのではない。それでも、あなたを構成する粒子たちがベンチから飛び上がることができたという事実、そしてその後、自分たちの行為を振り返って感動できるという事実は、実に驚くべきことなのだ。寄り集まって岩になった粒子たちには、多少ともそれに似たことはできない。そして、これら驚くべき思考、感情、振る舞いの流れとして現れる能力こそは、人間であることの本質――人間の自由の本質――を捉えているのである。

物理法則によれば自由に意志されたわけではない振る舞いについて「自由」という言葉を使うのは、詐欺のように思われるかもしれない。しかしここで重要なのは、両立論という哲学の一派がだいぶ前から提案してきたように、こと自由と物理学に関するかぎり、まだ打てる手はあるということだ――物理学と調和するような別の種類の自由を考えることで、得られるものは多いのである。そのための方法については、さまざまなものが提案されてきた。それらの理論が暗い表情で、「伝統的な種類の自由意志に関するかぎり、あなたは岩となんら変わらないのです」という悪いニュースを伝え、それを聞いたあなたがふくれっ面をしてそっぽを向いたとたん、「でも、元気を出して！従来のものとは違うけれど、それ自体として喜ばしい自由を、あなたはたっぷりと持っているのだから」と明るく言うようなものだ。[*43] 私が唱導するアプローチでは、そんな自由が見つかるのは、狭い範囲の振る舞いに制限されている状態から解放されるときだ。

個人的なことをいえば、その種の自由があることに、私は大いに心がなぐさめられる。私がここで椅子に掛けて自分の考えをタイプしているとき、基本粒子のレベルでは、私が考えることのすべて、私が行うことのすべては、私のコントロールの及ばない物理法則の成り行きにほかならないとわかっていても、情けない気持ちになったりはしない。私にとって重要なのは、机や椅子やマグカップとは異なり、私を構成している粒子集団には、途方もなく多様な振る舞いができるということなのだ。実際、これらの文章を書いているのは私を構成する粒子たちであり、私の粒子たちが作文をすることを、私は嬉しく思う。嬉しく思うというその反応もまた、私を構成する多くの粒子たちが、それぞれに量子力学的な秩序に従う動きをしているだけなのだが、だからといって、その喜ばしさが減るわけではない。私が自由なのは、私が物理法則に取って代わることができるからではなく、私の内部の驚くべき組織が、私の行動として示す応答を、制約から解き放ってくれたからなのである。

われわれは何に価値を置くのか

それでも、伝統的な自由意志の概念を放棄してしまえば、われわれが価値を置くものの多くを捨てなければならないような気がするかもしれない。もしも知覚を持つ存在をも含めた実在の成り行きが物理法則によって決められているのなら、われわれがどんな振る舞いをしようと関係ないのでは？　傍観者として何もせず、物理にすべてを任せればいいのでは？　個性の出る幕はあるのだろうか？　学習能力や創造性など、われわれが大きな価値を置く能力に、果たすべき役割はあるのだろうか？

　まず最後の問いを取り上げよう。学習能力や創造性については、ロボット掃除機のルンバを考えてみるのが役に立つ。ルンバは、伝統的な自由意志という特質を持っているだろうか？　緊張しないでほしい。これは引っかけ問題ではない。たいていの人は、ルンバには伝統的な自由意志はないということで意見が一致するだろう。それでも、ルンバがあなたのリビングルームの床をなめらかに動きまわって壁や柱や家具に出会うにつれて、ルンバ内部の粒子の配置は組み換えられる――ナビゲーションマップや、内蔵されている指令がアップデートされ、それらが変化することで、それ以降のルンバの振る舞いが修正される。ルンバは、学習するのだ。実際、出会ったものを迂回して進むという難しい課題をこなすためにルンバが採用する解決策――段差を避け、テーブルの脚を迂回するなど――は、初歩的な創造性が認められる。[*44]　学習したり創造的だったりするためには、自由意志はいらないのである。

　あなたの内部の組織、つまりあなたの「ソフトウェア」は、ルンバのそれよりも洗練されていて、より高度な学習能力と創造性を発揮することができる。任意の与えられた時刻において、あなたを構成する粒子たちは、特定の配置を取っている。外なる何かに出会うときも、内なる熟慮をするときにも、あなたが何かを経験すれば、粒子の配置は組み替えられる。そうして配置が変わったことで、その後の粒子の振る舞いに影響が生じる。つまり、粒子の配置を組み替えることで、あなたのソフトウェアはアップデートし、その後のあなたの思考や行動を導く指令を調節しているのだ。イマジネーションのひらめきや、残念な失敗や、うまく書けた文や、気持ちのこもったハグ、人を馬鹿にしたようなコメント、英雄的な行動などはみな、あなたを構成する粒子たちが、ひとつの配置から別の配置へと変わる結果として起こる。あなたの行動に対する人や物の反応を観察すると、あなたの粒子たちの配置はふたたび変化してパターンが変わり、あなたの振る舞いはさらなる調整を受ける。あなたを構成する粒子たちの階層では、それはまさしく学習にほかならない。そしてその結果として生じた振る舞いが新奇なものなら、その組み替えは創造性を生んだのだ。

この議論は、われわれの中心テーマのひとつである「入れ子になった物語」の必要性を鮮明に浮かび上がらせる。実在には、相互に結びついたいくつもの階層があり、それぞれの階層についての記述が入れ子になっているというのがそれだ。もしもあなたが、粒子の階層における実在の成り行きを記述する物語だけで満足なら、学習や創造性といった概念を導入しようとは思わないだろう（エントロピーや進化といった概念も導入しようとは思わないはずだ）。あなたにとって知る必要があるのは、粒子たちはいかにしてたえず配置を組み替えているのかということだけであり、その情報は基本法則が与えてくれる（また、過去のどれかの時刻における粒子たちの状態を指定する必要もある）。しかし、われわれのほとんどは、そんな物語だけでは満足しない。たいていの人は、還元主義の記述と両立するが、より大きな、慣れ親しんだスケールに焦点を合わせたさまざまな物語を語ることによって理解できることは多いと考えている。そんな物語——あなたや私、そしてルンバのような粒子の集団が主要登場人物になる物語——では、学習や創造性（そしてエントロピーと進化）をはじめとするさまざまな概念が、必要不可欠な言葉を与えてくれる。ルンバを還元主義の物語で語ろうとすれば、何十億の何十億倍の粒子の運動をすべて書き出すことになるが、より高い階層の物語は、ルンバが階段の縁にいるのをセンサーが察知し、壊滅的な破壊につながりかねない落下を回避するために、その危険な場所をメモリーに書き加え、ルンバの進路を反転させるといったものになるだろう。これらふたつの物語は、一方は粒子と物理法則の言葉を使い、他方は刺激と応答といった言葉を使っているけれど、完全に両立する。そして、ルンバの応答には、ルンバの内部の指示をアップデートすることにより、将来の行動に修正を加える能力が含まれているため、学習と創造性の概念は、高い階層の物語にとっても不可欠なのだ。

ルンバではなく、あなたや私のことともなれば、入れ子になった物語はいっそう重要になる。還元主義の説明では、あなたも私も粒子の集まりとして記述され、それによって得られる洞察は、重要なものではあるが、ある意味では貧しい。たとえば、還元主義の記述からは、あらゆる物質的構造と同じく、あなたと私はまったく同じ物質から構成され、まったく同じ法則に支配されていることがわかるだろう。しかし、より高い階層の物語、人間の物語は、われわれが自分の人生を生きる物語だ。われわれは、浅く考えたり深く考えたり、苦労したりがんばったり、成功したり失敗したりする。この場合もまた、そうしたおなじみの言葉で語られる物語は、粒子の観点で語られる還元主義の記述と完全に両立しなければならない。しかし、日常生活の役に立つかどうかということでいうなら、より高い階層の物語は、還元主義の物語とは比べようもないほど啓発的なのだ。私が妻と夕食を摂っているとき、彼女を構成する一〇億の一〇億倍の一〇億倍のさらに一〇〇倍の粒子によって遂行される運動についての話を聞きたいとは思わない。しかし、彼女が発展させつつあるアイディアや、彼女が行こうとしている場所、彼女が会おうとしている人たちについての話なら、私は心から聞きたいと思うのだ。

そういう高い階層の記述では、われわれの行動には意義があり、われわれの選択には影響力があり、われわれの決断は重要だ。しかし、妥協のない物理法則に従って進展する世界の中で、われわれの行為に本当に意味があるのだろうか？　その答えはイエス。もちろん意味はある。一〇代の私がガスの充満したオーブンの中でマッチを擦ったとき、その行動は重大な結果を招いた。その行動のせいで爆発が起こったのだ。互いに関連する一連の出来事を描き出す高い階層の記述は、正確な記述であり、多くの洞察を与えてくれる——私はおなかが空いていたので、ピザをオーブンに入れ、ガスのスイッチを入れてピザが温まるのを待ったが、オーブンが温まっていなかったのでマッチを擦り、炎に包まれた、というふうに。物理学は、生き生きとしたこの物語を台無しにしたりはしないし、この物語の意義を奪うこともない。物理学は、この物語を補うのである。物理学は、人間の階層の物語の基礎となる、法則と粒子の言葉で語られる別の記述があるということを教えてくれるのだ。

驚くべきは、そしてある人たちにとっては不穏に感じられるのは、基礎となるこの記述は、より高い階層の物語に広く行きわたっているひとつの共通信念の欠陥を暴くことだ。われわれは、自分の選択、決定、行動の物語のプロットは、結局は自分自身が作っていると思っているが、還元主義の物語は、そうではないことを明らかにする。われわれの思考も振る舞いも、物理法則の支配から逃れることはできない。それにもかかわらず、より高い階層の物語の中核にある、因果的に結びついた一連の成り行き――私はお腹が空いたので、オーブンにピザを入れたが、オーブンが温まっていないことがわかったので、マッチを擦った――は、現実にそのとおりに起こる。考えること、応答すること、そして行動することには、大きな意味があるのだ。われわれの行為には結果がついてくる。そしてわれわれの行為は、物理学的な展開の連鎖を構成する、ひとつひとつの鎖の輪なのである。われわれの経験と直観からすると意外に思われるのは、そうした考え、応答、行動には、それに先立つ原因があるということだ。そして、物理法則はたくさんの原因を、あたかも広い口を持つ漏斗を通すようにして一ヵ所に集め、結果として出現させるのである。

責任にも演じるべき役割がある。私を構成する粒子たちは物理法則の完全なる支配下にあり、それゆえ私の振る舞いは物理法則に完全に支配されているにもかかわらず、「私」は、自分の行動に対して、文字通りの意味において――その意味はあまり知られていないのだが――責任がある。与えられた時刻における私は、私ならではの粒子の集合体になっている。「私」とは、特定の粒子配置を表す略語のようなものだ（その粒子配置はダイナミックに変動しているが、一貫してそれは私だと感じられる程度には、安定したパターンを保っている）[*45]。したがって、私を構成する粒子たちの振る舞いは、私の振る舞いなのである。たしかに、物理学が私の構成粒子を支配することにより、私の振る舞いに基礎を与えているというのは興味深いことだ。そんな振る舞いが自由に意志されたものではないということは、知っておくだけの価値がある。しかし、だからといって、私の特定の粒子配置が、私ならではのやり方で応答をする様子を記述する、より高い階層の物語を貶めることにはならないのである。ここで言う「私の特定の粒子配置」とは、私を構成する粒子たちが、複雑な化学的・生物学的ネットワークに組み入れられて、遺伝子、タンパク質、細胞、ニューロン、シナプス結合、等々になるときの、その配置のされ方が、私ならではのものだということだ。あなたと私とでは、話し方も、行動も、応答も、考えも違うが、その違いが生じるのは、われわれを構成する粒子たちの配置が違っているからなのだ。私を構成する粒子たちの配置が、学習し、考え、総合し、相互作用し、応答するとき、その粒子配置は、私が行うことのすべてに私の個性を刻み込み、その行動の責任は私にあることを刻印するのである。[*46]

人間にこれほど多様な応答ができるということは、われわれの探究をこれまで導いてくれた、ふたつの中核的原理の正しさを証言している。ひとつはエントロピック・ツーステップ、もうひとつは自然選択による進化だ。エントロピック・ツーステップは、無秩序に向かう世界の中で、秩序ある物質の集まりはいかにして形成されるのか、とくに、恒星はいかにして何十億年ものあいだ安定的に熱と光を生み出すことができるのかを説明する原理である。進化は、恒星という安定した熱源に恵まれた惑星のような好ましい環境の中で、粒子の集まりはいかにして、複製と修復に始まり、エネルギーの抽出と代謝へ、さらには運動と成長という複雑な振る舞いを容易にこなすパターンを構成するのかを説明する原理である。さらに、考え、学習し、対話し、協力し、想像し、予測する能力を手に入れた者は、生き残りに有利な道具を得たことになり、そのおかげで、自分と似た能力を持つ、自分に似た粒子集団を作りだす。進化はこうして、これらの能力を選択し、何世代もの時間をかけて磨き上げていく。やがて、高度に進化した粒子集団の中に、自分たちのみごとな認知能力は、物理法則を超越していると言いだす者が現れる。とりわけ思索的な者たちの中には、自分が経験している意志の自由と、自分が認識している物理法則のけっして譲ることのない支配の衝突に頭を悩ませる者たちが出てくる。しかし実際には、いかなるものも物理法則を超越することはなく、それゆえ衝突も起こらない。そんな衝突は起こりえないのだ。むしろ、そのように考える粒子集団は、自分たちの力を再評価する必要があるだろう。粒子そのものを支配する法則に焦点を合わせるのではなく、それぞれの粒子集団——つまりは個々人——が行い、経験できる、驚くばかりに豊かで複雑きわまりない振る舞いに焦点を合わせるのだ。その新たな路線で考えるなら、意志に満たされた驚くべき振る舞いと経験について、示唆に富んだ物語を語れるようになるだろう。その物語で語られる行動と経験は、自分には自由であるように感じられ、自律的に制御しているかのように言われるが、やはり物理法則に完全に支配されているのである。

この結論にがっかりした人もいるだろう。私もそうだった。頭では納得するのだが、自分の頭の中で起こることを自分は支配しているという、深くて強い印象が消えることはない。しかしその印象が強いのは、主として、そう考えることに慣れているからなのだ。そして、精神作用のある物質を使ってみたことのある人ならたいてい証言できるように、脳の中で動きまわる粒子の種類が少しでも変われば、慣れていたはずのことも変わることがある。脳内の力のバランスが変化し、心が、それ自体として心を持つように見えるのだ。私は数十年前に、美しいアムステルダムの街でそんな経験をした結果、これまでの人生の中でもっとも恐ろしい夜を迎えた。私の心は、私のコピーが無限にたくさん存在する内なる世界を作り出したのだ。私のコピーはどれも、他のコピーが経験する実在をがむしゃらに壊そうとしていた。ひとりの私は、「真の」実在を経験しているのは自分だという考えに釣り込まれ、別の私は、その世界の策略を暴き、第一の私が大切にしていることのすべてと全人類を消し去り、そうすることで別の「真の」実在があることを明らかにしようとする。そして、その真の実在においては、また別の私が何の不安もなく生きて暮らしているのだ。その悪夢のようなシークエンスが繰り返されるのだった。

物理学の観点からすれば、私は自分の脳にわずかばかりの見知らぬ粒子を入れただけだ。しかし、それによって引き起こされたことは、私は自分の頭の中で起こることを自由に支配しているという慣れ親しんだ印象を消し去るには十分だった。還元主義の階層（物理法則に支配される粒子の層）の物語は何も変わっていないのに、人間の階層（自由意志を与えられた信頼できる心が、安定した実在という海を渡っていくとする層）の物語が打ち倒されたのだ。もちろん私は、自分の心が変化したこの経験を、自由意志を支持したり、それに反対したりするために持ち出したのではない。しかしこのエピソードは、もしもそれを経験しなかったなら抽象的なままだったであろう理解を、実感をともなうものにしてくれた。われわれは何者で、どんな能力を持ち、どのように自由を行使しているかに関する感覚は、われわれの頭の中で動きまわる粒子から現れているのである。それらの粒子をちょっと操作すれば、おなじみの特質は消えてなくなる。その経験は、私の物理的な現象についての合理的理解と、私の心に関する直観的な感じ方を調和させるものだった。

日常経験と普段の言葉づかいは、暗黙的にも明示的にも、自由意志への言及に満ちている。われわれは、選択するとか、判断を下すとか、そうして下した判断に沿って行動するなどと言うし、そうして取った行動が、自分自身やかかわりのある人たちの人生に及ぼす影響について語る。自由意志についてここに論じたことは、そういう話には意味がないとか、そんな話は捨てなければならないと言っているのではない。ただ、こうした日常的な話は、人間の階層の物語にふさわしい言葉で語られているということなのだ。なんといっても、われわれは実際に選択をするし、決断を下すし、自分が下した決断に沿った行動を取るし、その行動には結果がともなう。どれもみな、現実に起こっていることだ。しかし、人間の階層の物語は、還元主義の記述と両立しなければならないから、われわれは日常の言葉づかいと、そこで置かれている仮定を、より精密で洗練されたものにしていく必要がある。個人の選択と決断と行動の究極の原因は、各人の中にあるという考えや、選択と決断と行動は、独立した行為者によって実現させられるという考えは捨てなければならないし、そうした行為は、物理法則の手の及ばない熟慮の結果だと考えることをやめなければならない。また、自由な意志があるという「感覚」は現実に存在するが、自由意志を及ぼす力――ものごとを支配している物理法則を超越する力――は、現実には存在しないということに気づく必要もある。もしも「自由意志」を、われわれにはそんな力があるという「感覚」だと再解釈するなら、人間の階層の物語は、還元主義の物語と両立するだろう。そして、われわれの行動の「究極の起源」ではなく、選択肢の狭さから「解放された行動」へと力点をずらすなら、争う余地のない自由、大いなる多様性をもつ人間の自由を、心から受け入れることができるようになるだろう。

生命の起源がそうであるように、意識が出現したり、内省が生まれたり、自由意志の感覚がはじめて感じられたりしたのがいつのことかは、はっきりとはわからない。しかし、考古学的な記録が示唆するところによれば、一〇万年前、あるいはそれ以前に、われわれの祖先たちはこうした経験をしはじめたようだ。その当時の人類は、二足歩行をするようになって久しかった。いまやわれわれは、あたりを見渡して不思議に思うことができるようになった。

では、それができるようになった人類は、その力を使って何をしたのだろうか?

第6章 言語と物語

心から想像力へ

パターンは人間経験の核心だ。われわれが生き延びているのは、世界のリズムを感じ取り、それに応答できるからなのだ。明日は今日とは違うだろう。しかし移りゆく無数の出来事の基礎には、永続的な特質が存在するものとわれわれは思っている。太陽は上り、石は落下し、水は流れる。これらのパターンや、時の流れとともに次々と出会う同様のパターンは、われわれの振る舞いに深い影響を及ぼしている。本能が生死にかかわるほど重要で、記憶がものをいうのは、パターンが継続するからなのだ。

数学は、パターンを明確に表現する。わずかばかりの記号を使って、パターンを効果的に、そして正確に表すことができる。ガリレオはそのことを、「自然という書物は、数学の言葉で書かれている」と言い表した――その書物は聖書と同じぐらい確かに神の本性を明かしていると彼は信じていたのだった。それから数世紀のあいだ、思想家たちはその心情の世俗バージョンともいうべきものをめぐって論争を続けてきた。数学は、われわれが出会う諸々のパターンを記述するために、人類が作り上げた言語なのだろうか？　それとも、数学は実在の源泉であって、この世界の諸々のパターンに数学的真理としての表現を与えているのだろうか？　私の中の夢見がちな部分は、後者に近い見方をする。数学の操作をするとき、自分は実在の根本に触れているのだと思えば、感動的な気持ちにもなる。しかし、それほど情緒的ではないほうの私に言わせてもらえば、数学は、われわれ人間が、パターンへの偏愛を思い切り羽ばたかせて作り出した言語だ。なんといっても、数学的解析は、生き残りの見込みを高めるためにはほとんど役に立たない。われわれの先祖たちが素数や円積問題について考えることで日々の糧を得たことはまずなかったろうし、生殖の機会が増えることはさらになかっただろう。

　現代では、アインシュタインがその頭脳をもって、自然のリズムを読み取るという点で他に比肩するもののない高い水準を打ち立てた。とはいえ、アインシュタインの遺産は、数学の言葉ではほんの数行で書けるとはいえ――数学の言葉は、簡潔にして正確、水も漏らさぬ緻密なものだ――、実在の奥深くに踏み込む彼の冒険旅行は、つねに方程式とともに始まったわけではなかった。それどころか、言葉とともに始まったのですらなかったようである。彼はそれを、「私はしばしば音楽で考える」と表現した。[*1]「私はめったに言葉では考えない」とも。[*2]もしかすると、あなたの思考プロセスはアインシュタインのそれに似ているのかもしれない。しかし私は違う。難しい問題に頭を悩ませているときに、意識の水面下で進展する脳のプロセスを反映したようなひらめきを突然得ることもないわけではない。それでも、私の意識的な思考を、たとえそれが解決に近づきつつある自分の道のりを展望するために頭の中でさまざまなイメージを思い描いているときでさえ、「そこに言葉はない」とか、「それは音楽のようなものだ」などと言うことには無理がある。私が物理学に取り組むときには、むしろ数式をいじってみたり、棚に詰め込んだたくさんのノートに普通の言葉で書きつけておいたさまざまな成果を集めたりしながら、じりじりと前進することのほうが多い。考えに集中すると、私はよく独り言を言う。ふだんは声に出さずに自分に話しかけているのだが、ときには声が出てしまう。そんな私の思考プロセスにとって、言葉はなくてはならないものだ。ヴィトゲンシュタインは、「私の言語の限界は、私の世界の限界を意味する」[*3]と言ったが、さすがにそれは話が大きすぎるとはいえ（私は、言語の外側に思考と経験に関係する重要な特質があると信じて疑わないのだが、この件についてはのちほど改めて取り上げることにしよう）、言葉がなければ、頭の中である種の操作をする私の能力は失われるだろう。言葉は、論証を表現するだけでなく、論証に命を与えてもいるのだ。あるいは、トニ・モリスンの比類なく洗練された表現を借りるなら、こうも言えるかもしれない。「人は死にます。それが人生の意味なのかもしれません。しかし人は言葉を使います。それが人生を測る尺度なのかもしれません」[*4]。

とてつもない天才を別にすれば、そしておそらくはそんな天才ですら、想像力を解き放つためには言葉が必要不可欠だ。人は言葉を使うことで、心に描いた豊かな可能性に、明確な表現を与えることができる——現実の世界は、そんな豊かな可能性のほんの一角を垣間見せてくれるにすぎないのだ。人は言葉を使うことで、遠く離れた人の心の中にも、近くにいる人の心の中にも、正統的なものであれ空想的なものであれ、さまざまなイメージを呼び覚ますことができる。苦労して手に入れた知識を、発見までの苦難の道のりを繰り返すことなく、簡潔な指示として人に伝えることもできる。言葉があれば、計画を共有し、目的を調整し、協調して行動することもできる。みんなの創造力を結び合わせて、途方もなく大きな結果につながる協力関係を作り上げることもできる。自分の内面を見つめ、進化によって形作られた存在であるにもかかわらず、生き残りのための必要性という制限を超えた高みに到達することもできる。また、母音的音声、半母音的音声、摩擦音、閉鎖音を注意深く配列して作り上げた音の集まりが、空間と時間の本性についての洞察を伝えたり、愛と死を感動的に描き出したりすることに驚嘆することもできる。「ウィルバーはけっしてシャーロットを忘れることはありませんでした。彼女の子どもたちや孫たちのことも心から愛したけれど、それら新しいクモたちのどの一匹も、彼の心の中でシャーロットの居場所を占めることはなかったのです」［E・B・ホワイト著『シャーロットのクモの巣』、邦題『シャーロットのおくりもの』より］。

われわれは言葉を使って、自分の物語が綴られたページの上に薄紙を重ね、集団としての物語を書くという仕事に取り掛かる。そしてその仕事が、経験に意味を与えることになるのである。

最初の言葉

アダムはイブと初めて出会ったとき、Madam, I'm Adamと挨拶したという話があるが、人類がいつ、なにゆえ話しはじめたのかを知る者はいない。ダーウィンは、言語は歌から生まれたと考えた。エルヴィスのような才能に恵まれた者たちは、交配相手をすばやく得て、甘い歌声の才能を受け継いだ子孫たちを、より多く生み出しただろう。そして十分な時間が経つうちには、歌の才能に恵まれた者たちのメロディアスな発声が、しだいに言葉に変化したのだろう、というのだ。[*5] 自然選択による進化の共同発見者であり、ダーウィンほどには幸運に恵まれなかったアルフレッド・ラッセル・ウォレスは、それとはまた別の考えを持っていた。彼は、音楽、芸術、そしてとくに言語にかかわる人間の能力は、自然選択では説明できないと確信していたのだ。生き残りをかけた闘技場においては、歌ったり、絵を描いたり、おしゃべりをしたりする先祖たちは、ウォレスの見るところ、それほど華やかなことはできない仲間たちに比べて、暮らし向きがとくに良かったわけではなかった。ウォレスには、進むべき道はひとつしか見えなかった。当時広く読まれていた『クォータリーレビュー』誌に、彼は次のように書いた。「それゆえ、人類が発展するためには、より知的な存在［神］が、その同じ法則［進化の法則］を、より気高い［芸術的な］目標のために導いてきた可能性を認めなければならない」[*6]。神の力に導かれることで、さもなければ行き当たりばったりの進化の法則が、コミュニケーションと文化を発展させるようなものになったに違いないというのだ。ウォレスの記事を読んだダーウィンは愕然として、重く強調をつけた「ノー」[*7]の文字をその記事の余白に書き込んだ。そして、ウォレスへの手紙に、「あなたと私の子ども［進化論］の息の根を、あなたが完全に止めてしまわないことを願っています」[*8]と書いた。

それから一世紀半が経つうちには、言語の起源と初期の発展についてさまざまな説が作られてきた。しかし、あたかもタッグチーム・レスリングのように、説得力のありそうな提案のそれぞれに、対抗する新説が現れるという状況だった。初期宇宙の発展のほうが、よほどコンセンサスがあるほどだ。そうなるのも無理はない。宇宙誕生の出来事は立派な化石を残してくれたが、言語誕生の出来事はそんな化石を残さなかったからだ。宇宙のいたるところに広がっているマイクロ波背景放射と、水素とヘリウムのような簡単な元素の存在量、そして遠方の銀河が行う運動には、宇宙誕生に続いて起こった出来事が直接的に刻み付けられている。それに対して、言語誕生のときに生じた音波は、あっというまに分散して、忘却の彼方に消えていった。音波は生まれるとすぐに消えてしまうのだ。直接的に知りうる遺物が得られない以上、言語が生まれて間もない頃の歴史は、かなり自由に再構成することができる。対立する説が乱立するのもなんら不思議はないだろう。

それでもなお、人間の言語は、他のどんな動物のコミュニケーションの取り方とも大きく異なるという点では、幅広い意見の一致がある。あなたが平均的なベルベットモンキーなら、警戒音を出して、接近しつつある捕食者が、ヒョウか、ワシか、ニシキヘビかを仲間に教えることができる。捕食者がヒョウなら、ピッチが高くて短い「ギャッ」という音、ワシなら、ピッチが低くて鼻を鳴らすような「グググ」という音、ニシキヘビなら「タタタ」という音を出せばよい。[*9] しかし、昨日、一匹のニシキヘビが這い寄ってきたときの恐怖について語ったり、明日、近くの鳥の巣を襲う計画について相談したりしたくても、あなたにはどうしようもない。あなたにできるのは、決まりきった意味を持つ閉じた発声［それ以上の要素を付け加えることができない］を使うことだけで、それらの音は、もっぱら、今、ここで起こっていることを伝えるだけだ。ベルベットモンキー以外の種に認められるコミュニケーションについても、ほぼ同じことが言える。バートランド・ラッセルは、その状況を要約して次のように述べた。「犬には自伝を語ることはできない。どれほど雄弁に吠えても、その犬はあなたに、自分の両親は正直者だったけれど、貧しかったと語ることはできないのだ」[*10]。人間の言語は、それとはまったく異なる。人間の言語は、開いている［新しい要素を好きなだけ付け加えることができる］。決まりきった少数の言い回しに頼らず、有限な音素を組み合わせ、さらにそれを組み替えることで、込み入ったヒエラルキー構造を持つ、ほとんど無限に多様なアイディアを伝える音のつながりをほとんど無限に作り出すことができる。われわれは、昨日の蛇や、明日の鳥の巣について語るのと同じくらい容易に、ユニコーンが飛んでいる楽しい夢を見たことや、夜の闇が地平線に下りてくるときに感じた胸騒ぎについて語ることができるのだ。

これをさらに深く掘り下げると、論争の現場に行き当たる。人は誕生してわずか数年ほどのうちに、とくに正式な指導を受けることもなく、ひとつ、または複数の言語を自在に操るようになる。そんなことが、なぜできるのだろう？　われわれの脳は、言語を獲得するように特別に形成されているのだろうか？　それとも、新しいことを学習する性質を持つわれわれが文化に浸るだけで、言語の獲得は十分に説明できるのだろうか？　人間の言語は、ベルベットモンキーの警戒音のように、決まりきった意味を持つ音声の集まりに始まり、その後、それら音の集まりが分化して言葉になったのだろうか？　それとも言語は、初歩的な音に始まり、それらの音が発達して単語や文節になったのだろうか？　われわれはなぜ言語を持っているのだろうか？　言語は生き残りに役に立つからたのだろうか？　それとも言語は、脳のサイズが大きくなるとら、進化によって直接的に選択されたのだろうか？　それとも言語は、脳のサイズが大きくなるといった他の進化的な発展の副産物なのだろうか？　われわれは何千年ものあいだ、何について語ってきたのだろう？　そして、なぜ語ってきたのだろう？

現代でもっとも影響力のある言語学者のひとりであるノーム・チョムスキーは、人が言語を身につけるのは、ひとりひとりの脳に物理的に組み込まれた普遍文法のおかげだと論じた。普遍文法は、一三世紀の哲学者ロジャー・ベーコンにさかのぼる豊かな歴史的系譜を持つ概念である。ベーコンは、世界の言語の多くに、ある構造的基礎が共有されていると結論づけた。今日では、普遍文法という言葉にさまざまな解釈が与えられており、チョムスキーその人も、長い年月をかけて普遍文法という言葉の意味を練り上げてきた。さまざまな解釈の中でもっとも異論の少ないものによると、この学説は、われわれが生得的に持つ神経生物学的構造の中に、言語のプライマー（元になるもの）になるような何かが存在するという提案である。そのプライマーに駆り立てられて、われわれは聞き、理解し、語ろうとする。われわれは日々の暮らしの中で、行き当たりばったりで、断片的で、しかも独断的な言語学的攻撃を浴びている。もしも生得的な構造の中に、なにかしら言語のプライマーになるものが存在しなかったなら、子どもたちはいったいどうやって、厳密な文法的構築物とルールという豊かな財産を身につけるのだろう？　そして、どの子も、どんな言語でも身につけるのだから、心の中に存在するその道具は、特定の言語のためのものではありえない。したがって、心には、あらゆる言語に共通する普遍的な核がそなわっているに違いない。これが、もっとも異論の少ない普遍文法の解釈である。チョムスキーは、神経生物学上の特異的な出来事、おそらくは八万年前に起こった「わずかな脳の再配線」の結果として、われわれの先祖たちは言語を学習する能力を獲得し、その結果として、人類に普遍的な言語を爆発的に発展させた認知上のビッグバンが起こったのではないかという考えを示した。[*11]

言語に対するダーウィン進化論的なアプローチのパイオニアである認知心理学者、スティーヴン・ピンカーとポール・ブルームは、言語の歴史はそれほど特別なものではなかっただろうと言う。それによると、言語もまたある程度までは、生き残りに役立つ漸進的変化の蓄積という、おなじみのパターンで出現して発達した。[*12] 狩猟採集生活をしていた先祖たちが平原や森を駆けめぐっていたときには、コミュニケーションを取る能力は、集団を効率的に動かすためには決定的に重要だったろうし、蓄積された知識を共有するためには必要不可欠だったろう。「一一時の方角でイノシシの群れが草を食んでいる」とか、「バーニーに注意しろ、奴はウィルマに目をつけている」とか［バーニーとウィルマはアニメ作品『フリントストーン』の登場人物の名前］、「尖った石を棒に取り付けるんだったら、もっとうまい方法があるよ」などと。こうして他の脳とコミュニケーションを取ることができれば、生き残りと繁殖をかけた競争では大きな強みになるから、言語能力にはさらに磨きがかかり、ますます広がっていっただろうというのだ。別の研究者たちは、言語の登場につながったかもしれない一組の適応を挙げる――それらは、単独ではほとんど言語に関係ないかもしれないが、組み合わさって作用することで、言語をもたらしたのかもしれない。そんな適応の例に、呼吸をコントロールできること、記憶し、象徴的な思考ができること、他者の心を意識できること、グループを形成できることなどがある。[*13]

人がどれぐらい昔からしゃべっていたのかについても、確かなことはわからない。言語については遠い過去の証拠はないに等しいが、研究者たちはその代わりに、信頼性の高い考古学上の資料を詳しく調べることで、言語が出現した時期について、いくつかの時間枠を提案してきた。柄のついた道具（柄に、尖らせた石や骨を取り付けたもの）、洞窟芸術、幾何学的な彫刻、ビーズ細工のような人工物は、われわれの先祖たちが、少なくとも十万年ほど前には、計画したり、象徴的な思考をしたり、高度な社会的相互作用をしていたことを示している。そんな洗練された認知能力は、言語がなければ発揮できないと考えてみたくなる。また、先祖たちが槍や斧を尖らせたり、暗い洞窟に潜り込んで鳥やバイソンを描いたりするときにも、翌日の狩りのことや、前の晩の焚き火についておしゃべりしていたのではないだろうか。

話す能力については、また別の考古学的洞察を組み合わせた丹念な調査から、より直接的な証拠が得られつつある。頭蓋骨の空洞の進化や、口腔と咽喉の構造の変化を追跡している科学者たちは、われわれの先祖が話をしたいと思えば、百万年より少し前には、そのための生理学的能力は獲得していただろうと言う。分子生物学からも、人間が話しはじめた時期について手がかりが得られている。人間が話をできるためには、声と喉をかなり器用にコントロールする必要があるが、研究者たちは二〇〇一年に、そんな能力にとって必要不可欠な遺伝的基礎かもしれないものを見つけたのだ。三世代にわたって言語障害のあるイギリスのある家族を調査した研究者たちは（その障害は、文法と、正常な発語をするために必要な、口と顔と喉の複雑な動きの協調性に関係がある）、ある遺伝的な変異に着目した。ヒトの七番染色体にあるＦＯＸＰ２と呼ばれる遺伝子上の文字が、たったひとつだけ別のものに置き換わっていたのだ。[*14] 障害を持つ家族のメンバー全員がそのミスを共有していたことから、この指示書のミスプリントは、言語と発話、どちらの障害とも強く相関していることが示唆された。その発見を伝える初期のメディアの記事では、FOXP2は、「文法遺伝子」とか「言語遺伝子」と呼ばれていた。この分野の研究者たちは、そんな大げさな命名にいらだったが、あまりにも単純化された派手な名前の問題を別にすれば、実際、FOXP2遺伝子にミスがないことは、正常な発語と言語を操る能力にとって必要不可欠に見えるのだ。

興味深いことに、FOXP2遺伝子にきわめて近い遺伝子は、チンパンジーから鳥や魚まで、さまざまな種で見つかっており、研究者たちはこの遺伝子が、進化の歴史上、どのように変化してきたかを追跡することができる。チンパンジーの場合、FOXP2遺伝子によってコードされているタンパク質は、われわれのタンパク質とはふたつのアミノ酸が違うだけだ（七〇〇以上もあるアミノ酸のうちのふたつだ）。一方、ネアンデルタール人の場合、そのタンパク質はわれわれのものと同じである。[*15]われわれに近しいネアンデルタール人は話をしたのだろうか？　それは誰も知らない。しかし、この路線を追究したところ、発話と言語に関する遺伝的基礎ができたのは、われわれがチンパンジーから分かれた時点（数百万年ほど前）より後で、われわれがネアンデルタール人から分かれた時点（およそ六〇万年前）よりも前だったことが示唆されている。[*16]

言語と、こうした歴史的なマーカー――古代の人工物、生理学的構造、遺伝的プロフィール――とのあいだに関係があるという説は、独創的なアイディアではあるが、あくまでも暫定的な仮定でしかない。結局、言葉がはじめて登場した時期に関するこの路線の研究から得られた時間枠は、数万年前から数百万年前までのあいだのどこかという、かなり広いものになる。懐疑的な研究者たちが注意を促すように、会話をするための身体的能力と頭の良さを身につけることと、実際に会話をするのとは別のことなのだ。

では、人間はなぜ話をしようと思ったのだろうか?

人類はなぜ話をしたのか

人類の初期の先祖たちは、なぜ沈黙を破って話しはじめたのだろう? それについては多くのアイディアが提出されている。言語学者のガイ・ドイッチャーは、最初の言葉の起源について、研究者たちがこれまで挙げた可能性のリストを示す。「叫び声や呼び声から生じたというもの。手を使ったジェスチャーや手話から生じた、真似する能力や、騙す能力、毛づくろい、歌とダンスとリズム、噛んだり吸ったり舐めたりする行為から生じたという説もある。そのほかにも、太陽の下のありとあらゆる活動から、言語は出現したと言われてきた」[*17]。なかなか面白いリストだが、これらが実際に言語の歴史的な先祖かといえば、むしろ想像力を羽ばたかせた仮説といったところだろう。それでも、これらのうちのひとつ、またはいくつかを組み合わせたものは、このテーマに関係する物語を語ってくれるかもしれない。そこで、人類の最初の言葉はどこから来たのか、そしてなぜそれらが定着したのかについて、あまたある提案のいくつかを見てみよう。

何かを体に巻きつけて抱っこ紐を工夫する以前には、お母さんが両手を使って仕事をするときには、赤ちゃんを地面に置いただろう。泣いてバブバブ言う赤ちゃんはお母さんの注意を引き、お母さんの応答もまた、音声によるものだったかもしれない――やさしげに喉を鳴らしたり、鼻歌のような音を出したり、うなるような声を響かせたりしたのではないだろうか。その音声に合わせて、赤ちゃんを安心させるような表情を見せたり、手振りで何かを伝えたり、そっと触れたりしたことだろう。赤ちゃんのバブバブ言う声と、お母さんの優しくて思いやりのある世話のおかげで、幼児が生き残る見込みが高まり、結果としてそういう音声化が選択された。そしてこの提案によれば、赤ちゃんの音声と母親の音声のやりとりが、われわれの先祖たちを、言葉と言語の獲得へと続く軌道に乗せたのだろう。[*18]

言語の母親起源説がお気に召さなければ、ジェスチャー起源説はどうだろう。示したい物体のほうを顎でしゃくったり、指示したい場所に指を向けたりするジェスチャーは、基本的だが重要な情報を伝えるための直接的な手段になる。人間以外の霊長類の仲間の中には、話し言葉は持たないけれども、手と身体を使ったジェスチャーで初歩的なアイディアを巧みに伝えるものがある。チンパンジーは、制御された研究環境下では、さまざまな行動、物体、アイディアを表す手話をこれまでに数百も学習している。もしかするとわれわれの話し言葉は、ジェスチャーにもとづくコミュニケーションの初期段階から生まれたのかもしれない。両手が道具を作ったり使ったりすることに占有されるようになるにつれ、また、集まりがより複雑になってジェスチャーでは効率が悪かったり具合が悪かったりするようになるにつれ、情報を共有するためには音声化のほうが効率が良くなったのだろう。狩猟採集をするにしても、ジェスチャーは夜間は見えないし、狩猟採集に参加するメンバー全員の手や身体に注目しているわけにはいかないため、音声化のほうが何かと便利になったのだろう。私は、話をしようとすると、言葉を発する前から手が大きく動くタイプの人間なので、この説明はとりわけ説得力があるように感じられる。

言語のジェスチャー起源説がお気に召さなければ、進化心理学者ロビン・ダンバーの提案はどうだろう。ダンバーは、言葉は、社会的グルーミングという広く行われている活動の、効率的な代用品として出現したという説を提唱している。[*19] もしもあなたがチンパンジーなら、あなたはコミュニティーの仲間たちの柔毛から、丹念にシラミやフケなどを取り除いてやることで友だちを作り、助け合いの関係性を築くだろう。その派閥の中には、あなたにもそんな奉仕をしてくれるメンバーもいるだろうが、地位の高いチンパンジーは、あなたの奉仕には心を留めても、シラミを取ってはくれないだろう。毛づくろいは組織的な活動で、集団のヒエラルキーや、派閥、連合関係を作り上げて維持しているのだ。初期の人類も、それと同様の社会的グルーミングをしていたかもしれない。しかし、集団の規模が大きくなるにつれて、仲間のひとりひとりに奉仕するような関係性には時間がかかりすぎ、負担が大きくなっていっただろう。友人を作ったり、交尾したり、友好関係を育むことはたしかに死活問題だが、食物を確保することもまた死活問題なのだ。では、どうすればいいのだろう？　ダンバーは、このジレンマが言語の出現を促したのではないかと言う。われわれの先祖たちは、ある時点で、手を使ったグルーミングの代わりに言葉で交流しはじめた。そのおかげで、情報をすばやく共有できるようになった――誰が誰に対して何を画策しているか、ずるいのは誰か、権力を転覆するような策謀を練っている者がいる、等々。つまり、時間のかかるシラミ取りの負担を減らし、噂を撒き散らすことにしたというのだ。最近の研究によると、今日われわれのおしゃべりのなんと六〇パーセントは、ゴシップに費やされているという。これは驚くべき数字だ(とくに世間話が苦手な人たちにとっては)。この事実が、言語が胚胎《はいたい》した主たる目的を反映していると論じる研究者もいる。[20]

言語学者のダニエル・ドーは、言語の社会的な役割を、さらにその先に発展させる。ドーは、説得力のある幅広い分析を行い、言語は共同体によって作られた道具であり、ある特殊な機能を持っているという説を提唱した。その機能とは、集団のひとりひとりのメンバーに、他のメンバーの想像力を動かす力を与えることだ。[21]言語が出現するまでは、人々の交流は、共有された経験の有無に依存していた。もしもあなたと私が同じものを見たり聞いたり味わったりしたことがあるなら、その経験のことを指し示すために、ジェスチャーや、音や、絵を使うことができる。しかし、共有していない経験についてコミュニケーションを取るのは難しかっただろうし、ましてや抽象的な思考や内なる感覚となればいっそう難しかっただろう。われわれは言語を使うことで、その困難を克服した。言語のおかげで、社会的交換の市場は大きく広がった。私が一度も経験したことがないことについても、あなたは言葉で語ることができる。あなたはその経験を、言葉によって私の心に呼び覚ますことができる。そして私のほうも、あなたに対してそれと同じことができる。何千年という時間の流れの中で、言語を使えるようになる前の祖先の暮らし向きが、力を合わせて行動できるかどうか——大きな獲物を狩ったり、火を熾して管理したり、大人数のために食べ物を作ったり、みんなで子どもたちの面倒を見て教育したりできるかどうか[22]——にますますかかってくると、先祖たちは、言葉によらないコミュニケーションの限界を突破して世界に言語をもたらし、共有された経験だけでなく共有された思考まで含めた、とてつもなく拡大された社会活動の場を確立した、というのである。

言語の起源についてここに取り上げたものをはじめとして、これまでに提案された説のほとんどすべては、言語が外に現れたもの、つまりは音声になった言葉に力点を置いている。チョムスキーはいかにも彼らしいやり方で、そこから一八〇度の方向転換をやってのけた。彼は、人類の歴史のもっとも初期に現れた言語は、内なる思考を促進するようなものだったろうと言う。[*23] いったん思考が言語を梃子にできるようになれば、われわれの祖先の両耳のあいだで聞こえる内なる声が、重要な課題——仕事を要領よくこなしたり、計画したり予言したり、値踏みしたり論証したり、理解したりすることをはじめとする多くの課題——を、冷静かつ自信を持って行えるようになったと言うのだ。この観点に立つなら、音声になった言葉は、初期のパーソナル・コンピュータに付属していたオーディオ・スピーカーのように、言語が生まれた後に起こった発展だったことになる。それはあたかも、話すようになる前の先祖たちは考え深い物静かなタイプで、日常の仕事について懸命に考えはしても、そうして考えたことを他人に伝えることはなかったというようなものだ。チョムスキーの立場は論争を巻き起こしている。研究者たちは、内なる概念を話し言葉にマッピングするためにデザインされたかに見える、言語に固有の特徴（とくに注目すべきは、言語の音韻音素体系と、文法構造のかなりの部分）が現に存在することを根拠に、言語は誕生したときから、外的なコミュニケーションのためのものだったろうという考えを示している。

言語の起源は今も謎だが、われわれがここから先に進むためにもっとも重要にして疑問の余地がないのは、言語と思考が合わされば、非常に強力な道具になるということだ。内なる言語に始まって外なる音声化を成し遂げたのかどうかによらず、また、その音声化を促進したのが何だったか──歌だったのか、幼児の世話だったのか、ジェスチャーだったかゴシップだったか、はたまた集団内の交流だったか、大きな脳を持ったことだったのか、あるいはこれらとはまったく違う何かだったのか──によらず、いったん人間の心が言語を手に入れてしまえば、人類という種の実在との関係は、根本的な変化を遂げる。

その変化を支えたのが、人間行動の中でもっとも広く行われ、またもっとも影響力の大きなもののひとつ、物語を語ることである。

物語を語ることと直観

ジョージ・スミスは苛立っていた。右手の指が、マホガニーの長いテーブルの縁に施された象嵌《ぞうがん》を、そっと、しかし執拗にトントントンと叩く。彼はほんの今しがた、博物館の石の修復責任者であるロバート・レディーが、これから何日も戻りそうにないことを知ったのだ。何日も。そんなに長く? かつて三年にわたり、彼は昼休みになると、急いで上着を身につけ、ていねいに作ったマーマレードとスティルトン・チーズのサンドイッチをひっつかんで、道にあふれる人びとと四輪馬車をかき分けるようにして大英博物館に駆けつけ、昼休みの残りの時間を、ニネヴェで発掘された粘土板の破片を調べて過ごしたものだった。彼の家は貧しかった。スミスは一四歳で学校を終えると、紙幣の彫刻の見習い職人として働きはじめた。彼の将来の展望はそれほど開けてはいなかった。だが、ジョージは天才だった。彼はアッシリア語を独学で身につけ、楔形《くさびがた》文字の文書を読み取る専門家になったのだ。大英博物館のキュレーターたちは、昼頃になるとそのへんをうろつく奇妙な少年がしだいに気に入るようになった。やがて彼らは、その少年が、自分たちのうちの誰よりも楔形文字の解読に長けていることに気づき、少年を自分たちの世界に招き入れて、常勤スタッフとして雇ってくれたのだ。それから数年が経ち、ジョージは数千個の断片を選び出し、最初の完全な粘土板にして、すでにその大部分の解読を終えていた。彼は、楔のような文様で語られた壮大な秘密を発見した、あるいは、自分はそれを発見したと信じた——そこに語られていたのは、旧約聖書のノアの箱舟の記述に先立つ、大洪水の物語だったのだ。しかし、その文書の重要な部分を覆い隠している粘土層をていねいに取り除くためには、ロバート・レディーの力が必要だった。ジョージは、勝利の喜びを味わっていた。その発見が、彼の人生を新たな高みに引き上げてくれることを想像すると、身震いがした。彼は自分を抑えられなかった。そして、あえて危険を冒し、ジョージはその粘土板を覆っている汚れを、自分でこすって落とすことにした。

申し訳ない。思わず筆がすべってしまった。実際には、ジョージ・スミスは待った。何日かしてロバート・レディーは戻り、持てる技術を駆使して、紀元前三〇〇〇年紀という大昔に作られた、人類が記録した最古の物語であるメソポタミアのギルガメッシュ叙事詩を、スミスの目の前に明らかにしてくれた。私の勝手気ままな作り話は、ストーリテラーであるわれわれ人類が、大昔からやってきたことだ。現実(この場合は、ジョージ・スミスについての歴史的事実[*24])は、ときには控えめに（ここでやったように）、ときには積極的に、ときにはドラマを盛り上げるために、ときには後代のために、ときにはまた良き糸を紡ぐという純粋な喜びのために、作り変えられてきた。『ギルガメッシュ』という、おそらくは何世代ものあいだ多くの声によって紡がれてきた物語を作り上げた芸術的な動機はわからない。しかし、戦いと夢、高慢と嫉妬、腐敗と無垢に満ちたこの物語において、登場人物とその思いは、何千年という時を隔てて今もわれわれにはっきりと語りかけてくる。

そしてまさにそれこそは、驚くべきことなのだ。『ギルガメッシュ』が書かれたのはおそらく五〇〇〇年ほど前のことだが、その当時から今日までには変化につぐ変化があった。人間が食物を得て、雨風から身を守り、日々の暮らしを立て、仲間とコミュニケーションを取り、医療を施し、子どもを作るやり方は、たえず変わり続けてきたにもかかわらず、われわれはこの物語の中に、おのれの姿をただちに認めるのである。ギルガメッシュとその親友エンキドゥは、ふたりの勇気と道義に試練を課すことになる旅に出る。それは究極的には、「自分たちは何者なのか」についての理解にも試練を課す旅となる──新石器時代の『テルマとルイーズ』だ。その旅の終わり近く、ギルガメッシュは、今は命なきエンキドゥの周囲をおろおろと歩きまわり、身をよじって嘆き悲しむ。その姿が、われわれにとってあまりにも身近な言葉で描かれるのだ。「そこで彼［ギルガメッシュ］は友［エンキドゥ］に、花嫁のような薄布をかけた。鷲のように友の周囲を旋回し、仔ライオンたちが穴に落ちてしまった母ライオンのようにその傍を行きつ戻りつした。自らの毛髪を引き抜いて撒き散らし、身につけた良き衣服を、疎ましきものであるかのように引き裂いて捨てた[*25]」。多くの人たちと同じく、私もこの立場に立たされたことがある。何十年も前のこと、エレベーターのない建物の上階にある小さな家で、私は部屋から部屋へと歩きまわりながら、どこに向かえばいいのかもわからないまま、父が突然死んだという知らせから逃れようとした。数千世代とはいわないまでも何百世代という時を隔ててさえ、われわれは先祖たちと多くを共有しているのである。

　そしてそれはただ単に、人間はいつの時代も、嘆き、悲しみ、胸躍らせ、喜び、探索し、彷徨《さまよ》ってきたということではない。われわれはそんな経験のすべてを表現し、物語ることによって、納得をつけたいという思いを共有しているのである。『ギルガメッシュ』は、書き記されたものとして現存する最古の物語かもしれないが、もしもわれわれの種が五〇〇〇年前に物語を書いたのなら、それよりもずっと前から物語を語っていたに違いない。それはわれわれが今もやっていることだ。そして人類が、これまでの歴史の中でずっとやってきたことでもある。問題は、なぜそれをするのかということだ。なぜわれわれは、バイソンやイノシシをもう一頭余計に狩ることをせず、あるいは植物の根っこや木の実をもう少し集めることをせず、怒りっぽい神々との向こう見ずな冒険や、奇想天外な世界への旅を想像することに時間を費やすのだろう？

　それはわれわれが物語を好むからだ、とあなたは答えるかもしれない。もちろんそれはそうだ。それ以外に、レポートの期限が明日に迫っているというのに、こっそり部屋を抜け出して映画を観に行く理由があるだろうか？　それ以外に、「やるべきこと」を棚上げして、罪深い喜びを感じながら、読みかけの小説を読み続けたり、テレビシリーズの続きを観たりする理由があるだろうか？しかし、物語が好きだからというのは、ひとつの説明の始まりにすぎず、それですべてが説明されるわけではない。われわれはなぜ、アイスクリームを食べるのだろう？　アイスクリームが好きだからだろうか？　もちろんそれはそうだ。しかし、進化心理学者が確信を持って論じるように、その分析はさらに深めることができるのだ[*26]。

われわれの先祖の中でも、みずみずしい果物やこっくりした木の実など、カロリーの高い食物を好んだ者は、食糧が乏しい日々にもよく耐え、それゆえ子を多くなし、甘みと脂質を好む遺伝的傾向を広めることになった。今日のわれわれが、もはや健康上は推奨できない食べ物であるピスタチオ・ハーゲンダッツが食べたくてたまらないのは、生きるためにカロリーを摂取しようとする過去の習性が残っているからなのだ。それはダーウィン進化論で言うところの選択が、行動の傾向というレベルに現れたものだ。遺伝子がわれわれの振る舞いを決定しているというのではない。われわれの行動は、われわれを構成する粒子たちの配置に刻み込まれた、生物学的、歴史的、社会的、文化的、そしてありとあらゆる偶然の影響を複雑に混ぜ合わせたものから生じているのだ。それでも、われわれの好みと本能は、その混ぜ物の中でも重要な部分を構成し、生き残りの可能性を高めるから、進化はわれわれの好みと本能の形成に大きな力を振るうのである。われわれは新しい行動様式を身につけることはできるけれど、遺伝的には、つまり本能のレベルでは、習慣や性格を変えるのはとても難しい。

そうなると問題は次のことだ。ダーウィン流の進化は、食べ物の好みだけでなく、文学上の好みをも解明することができるだろうか？　なぜわれわれの先祖たちは、時間、エネルギー、注意力という貴重な資源を、一見すると生き残りの見込みを高めてくれそうにない、物語を語るという行為に費やしたのだろうか？　とくに不思議なのは、フィクションとしての物語だ。存在するわけでもない世界の中で、現実にはありもしない問題に立ち向かう登場人物の手柄を追いかけることが、進化論的に何の役に立つというのだろう？　進化は、適応度ランドスケープの中を徹底的にランダムウォークをさせることで、行きすぎた行動素因が力を持ちすぎないようにする。物語を語るという本能からわれわれを遠ざけ、あと少しだけ槍を尖らせる時間や、あと二体ばかりバッファローの死体を漁るための時間を作るような遺伝的な突然変異があったとしたら、長い時間が経つうちには、生き残りのためのアドバンテージとして勝利を収めていたはずなのだ。ところがそうはならなかった。あるいは、進化は何らかの理由により、その機会を摑み損ねたのだ。

研究者たちはその理由を知ろうとしてきたが、手がかりはないに等しい。何千世代も前に先祖たちのあいだに物語を語ることが広まったことを示す証拠、あるいは物語を語ることが先祖たちの役に立ったことを示す証拠はほとんどないのだ。この状況は、行動の進化論的基礎を明らかにしようとする研究に広くはびこる難題を浮かび上がらせる。以下のいくつかの章では、さまざまなかたちで現れるその難題を見ていくことにしよう。自然選択の観点から重要なのは、人類の歴史のほとんどにおいて、先祖たちのあれこれの振る舞いが、生き残りと繁殖の可能性を高めることにどれだけ影響を及ぼしたかということだ。それに関して信用できる記述をしようとすれば、与えられた環境下で生き抜く先祖たちの心の中を、より正確に知る必要がある。しかし、記録に残された歴史から引き出せる情報は、アフリカを出たもっとも初期の人類にさかのぼるざっと二〇〇万年という時間の、一パーセントのさらに四分の一という、ほんの最近に関するものしかない。研究者たちは、古代の人工物を詳しく調べたり、今日に残る狩猟採集集団の民族誌学的な分析を外挿したり、古代の適応上の課題がわれわれの認知の仕方に刻んだ痕跡を探して脳の構造を研究したりすることにより、人類の過去を間接的に探る方法を開発してきた。そういう方法を使って得られた証拠を継ぎ合わせれば、いくつかの理論を排除することはできるが、それでもまだ、さまざまな観点が排除されずに残るのである。

そうして残った観点のひとつに、物語を語ることに適応的な役割を探そうとすることは、そもそも探す場所を間違えているとするものがある。ある行動［今の場合は物語を語ること］の素因は、他の進化論的発展──生き残りの可能性は確かに高めるし、それゆえ自然選択による普通の進化をする発展──の副産物にすぎないというのだ。これはスティーヴン・ジェイ・グールドとリチャード・レウォンティンの有名な論文に鮮やかに論じられたもので、要するに、進化に対して好き嫌いは言えないということだ。[*27] 進化はときに、抱き合わせでしか取引をしないことがある。ニューロンがぎっしり詰まった灰白色の大きな脳は、人間が生き延びるためには間違いなく役に立つが、もしかすると、そんな脳のデザインに本来的にそなわる何かが、物語を好ませているのかもしれない。たとえば、われわれが社会的に成功するかどうかを決定する要因のひとつは、良い情報が得られるかどうかだ──誰が好調で誰が不調なのか、誰が強くて誰が弱いのか、誰は信用していいのか、等々。そんな情報があれば適応上有利だから、われわれはそんな情報が得られるときには、そこに注目する傾向がある。そして情報を握っているあいだは、自分の社会的地位を引き上げるための取引にそれを利用するのは、とくにめずらしいことではない。虚構の物語には、そんな情報がふんだんに含まれているから、適応によって形作られたわれわれの心は、たとえその物語が空想上のものだったとしても、身を乗り出して耳を傾け、巧みに記憶して、さらにはそれを語り直すこともするだろう。そんなわけで、自然選択は、強迫的に物語を語る脳には呆れつつ、社会生活にどんどん熟達していく脳には微笑んだだろうというのだ。

この説明にあなたは納得しただろうか？　私を含めて多くの人は、高い変革力を持つ脳が、広範に流布している重要な行為であるにもかかわらず適応度を上げることには関係がない行為にはまり込んでいるという説明に納得していない。物語を語るという経験の中には、進化の抱き合わせで手に入れた部分もあるかもしれないが、もしも物語を語り、それに耳を傾け、語りなおすことが役に立たないおまけなら、進化はそんな無益な癖を捨て去る方法を見つけ出しただろうと考えてみたくなる。では、物語を語るという行為が、適応度を上げるために相応の働きをするやり方には、どんなものがあるだろう？

この問いに対する答えを探す際には、この分野の基本的な考え方を押さえておく必要がある。多くの振る舞いにとって、適応的役割を後知恵のようにこじつけるのはあまりにも簡単だ。しかも、時間をさかのぼって検証することはできないから、「もっともらしい」というだけの説の山に埋もれることになりかねない。もっとも説得力がある説は、何か具体的な適応上の課題――もしもそれを克服すれば、繁殖の成功率が上がるような課題――から始めて、ある特定の行動（あるいは一組の行動）は、本来的にその課題を解決しやすくデザインされていると論じるものだ。その一例が、われわれが甘いものを好むことに関する、ダーウィン主義的な説明である。人類が生き残って繁殖するためには、最低限のカロリーを摂取しなければならない。カロリーの摂取量が壊滅的に足りなくなりそうな危機に瀕したとき、糖をたっぷり含む食べ物を好むことの適応価が高いのは明らかだ。もしもあなたが、人間の身体の生理学的必要性や、先祖たちが置かれていた環境を理解したうえで、人間の心をデザインする立場にあるとしたら、果物が得られたらとりあえず食べるように脳をプログラムするだろう。自然選択がまさにこの戦略を採ったからといって驚くにはあたらない。では、人間の脳をデザインする立場にあるあなたに、人間の脳が物語を作り、物語を語り、物語に耳を傾けるようにプログラムするための適応的考察——甘いものへの嗜好性を説明したのと同様の考察——はあるのだろうか？

そんな考察はある。物語を語ることとは、われわれの心が現実世界のリハーサルをするために使っている特殊な方法なのかもしれない。遊びのような行動を、生きるために不可欠な技能を安全に身につけて磨きをかけるための手段として戦略的に利用していると報告されている種は無数にあるが、物語を語ることは、脳がそんな戦略として選び取った行動なのかもしれない。指導的な心理学者であり、心についてはオールラウンドな知識を持つスティーヴン・ピンカーは、このアイディアから贅肉を削ぎ落として次のように述べた。「生命はチェスのようなもの、物語の筋書きは有名なチェス本のようなものだ。本格的にチェスをやろうという人たちはそういう本を勉強して、似たような局面に出くわしたときのために備える」[*28]。ピンカーは、われわれはみな物語を通して人生において出合うかもしれない予期せぬ出来事に対応するための戦略を集めた「メンタル・カタログ」を作り、必要に応じてそれを参照できるようにしているのかもしれないと考える。部族の中の狡猾な輩が、自分の結婚相手になるかもしれない女性に言い寄らないよう遠ざけたり、集団で取り組む狩りを組織したり、有毒な植物を避けたり、若者を指導したり、乏しい食物供給をみんなに分けたりなど、われわれの先祖たちは、遺伝子が後世に残るために乗り越えなければならない障害に次から次へとぶつかったはずだ。類似の問題をさまざまに取り合わせた課題に挑むという物語にのめり込むことには、先祖たちの戦略と応答を洗練させるために役立っただろう。そんなわけで、作り話に没頭するように脳をコードすることは、心に対して、容易に得られて、安全で効率的で、幅広い経験の基礎となるようなものを与えるためには賢明な方法だったろうというのだ。

何人かの文学者は、ありもしない難題に直面する架空の登場人物が採る戦略をそのまま現実生活に移行させることは一般にはできないし、少なくとも移行させるようアドバイスすることはできないとして、その主張を退けてきた。[*29] ジョナサン・ゴッチャールは、そんな批判を面白おかしく、次のようにまとめてみせた。「そんなことをすれば、喜劇的に頭のおかしいドン・キホーテや、悲劇的に幻滅したエマ・ボヴァリーの二の舞になりかねないというのだ。このふたりはどちらも、現実を文学的な空想とまぜこぜにしたせいで道を踏み外してしまったのだから」[*30]。もちろんピンカーは、人間は物語の中で出会う行動をそっくりそのまま真似すると言いたかったのではなく、むしろわれわれは物語から学ぶと言いたかったのだ。その点をうまく伝えるには、ゴッチャールに従って、喩えるものを変えてみるとよい。メンタル・カタログではなく、心理学者で小説家でもあるキース・オートリーが導入した、フライト・シミュレーターに喩えるのだ。[*31] 物語はわれわれに、作りごとの世界を与えてくれる。われわれはその世界の中で、自分の経験を大きく超える経験をする登場人物についてまわり、ちょうどよく調節されたメガネに守られた借り物の目を通して、風変わりで豊かな世界をつぶさに見る。シミュレートされたエピソードは、われわれの直観を膨らませて洗練させ、より鋭く、より柔軟にする。見慣れないものに出くわしたわれわれは、心のアビーさん〔サンフランシスコ・クロニクルの人生相談回答者〕を探すかのように認知的な検索を始めたりはしない。そのかわりに、物語を通して、その局面でどうするか、なぜそうするのかについて、陰影ある感覚を内面化する。そうして内面化された知識が、未来の振る舞いを導くのだ。英雄的な情熱について直接的な経験によらない感覚を養うことは、槍を構えて水車に突進するのとはまったく別のことなのである。それが、アロンソ・キハーノの冒険物語の最後のページをめくったときに私が理解したことであり、ほかにも多くの人たちが同様に考えている。

物語が適応に役立つことのメタファーとしてフライト・シミュレーターを使うとして、われわれはそれをどのようにプログラムするのだろうか？　それでどんな物語を上映するのだろう？　その答えは、文芸創作入門コースのテキストの最初のページに書いてある。物語を作るときの大原則は、葛藤があることだ。それに加えて困難やトラブルも必要だ。われわれを物語に引き込むのは、外的なものであれ内面的なものであれ、高いハードルを越えて目標を追求する登場人物なのである。そんな主人公たちの旅が――文字通りの旅であれ、象徴的な旅であれ――操縦席のわれわれを前のめりにさせる、つまり一心不乱にページをめくらせる。なるほど、圧倒的な力でわれわれの心をわし摑みにするのは、キャラクターもプロットも語りのテクニックも、意外性があって興味を引き、みごとな手腕で書かれた優れた作品だろう。しかし多くの読者にとって、なんといっても葛藤なしには始まらない。それと同じことが、フライト・シミュレーターで上映される物語のダーウィン進化論的な有用性についてもいえるのは、単なる偶然ではない。葛藤、困難、トラブルなしには、物語に適応的価値はないのだ。名前のない罪をあっさり自白して、不条理な罰に素直に服するヨーゼフ・K［カフカの『審判』の主人公の名前］の物語はすいすい読めるだろう。しかし、他に何の工夫もなければ、そんな話は面白くもなんともない。ルビーの靴をあっさり手放し、黄色いレンガ道から離れて、マンチキンの国に溶け込むドロシーについても同じことがいえる。晴れ渡った空、何のトラブルもないエンジン、行儀の良い乗客が描かれるシミュレーションは、パイロットの訓練にはならない。現実世界のリハーサルが役に立つのは、準備がなければ対応するのが難しい状況に出会うからなのだ。

この観点は、あなたと私を含め、すべての人が毎日ざっと二時間ほども費やして、記憶に残ることも他人に話すこともまずない話をでっち上げているのはなぜかを説明してくれるかもしれない。今、毎「日」と言ったが、実はそれは「夜」のことだ。われわれがでっち上げる物語というのは、レム睡眠中に見る夢のことである。フロイトの『夢判断』から一世紀あまりを経た今日もなお、われわれが夢を見る理由についてはコンセンサスが得られていない。私がフロイトの本を読んだのは、高校一年生のとき、「衛生」の授業のためだった（そう、その科目は「衛生」と呼ばれていたのだ）。それは体育教師とスポーツコーチが担当するなんとも奇妙な必修科目で、応急処置と衛生の基本を学ぶことになっていた。しかし一学期を費やすほどの内容はなかったので、衛生にまったく関係がなくもないといったトピックで、生徒たちに無理やりレポートを発表させて時間を潰していたのだった。私は「睡眠と夢」というトピックを選んで、おそらくは課題を真面目に受け取りすぎたのだろう、放課後はフロイトを読んだり、その分野の研究論文を丹念に調べたりして過ごすことになった。とくに驚かされたのが、一九五〇年代の末に、猫の夢の世界を探究したミシェル・ジュヴェの仕事だった（その仕事には、私の発表を聞いたクラスのみんなも驚いた）[*32]。ジュヴェは、猫の脳の一部にメスを入れ（興味のある読者のために言っておくと、それは「青斑核」という部位だ）、夢の中の出来事のために身体が動くのを防いでいるニューロンの塊を取り除いてみた。すると、眠っている猫が身体を縮めて背中を丸め、シューッという攻撃音を出しながら、爪をむき出して前脚を振り下ろしたのだ。おそらくその猫は、夢の中の捕食者か獲物に反応したのだろう。もしもその猫が眠っているということを知らなかったなら、日本の武道の「型」のように、猫らしい動きを練習しているのだろうと思ってしまうかもしれない。より最近では、いっそう洗練された神経学的なプローブをラットの頭に挿し込む実験から、夢を見ているときのラットの脳のパターンは、覚醒中に新しい迷路を学習したときに記録されたパターンと細部まで一致するため、ラットが前に通ったことのある経路を夢の中でたどり直すとき、どこまで進んだかを追跡できるほどであることが示された[*33]。猫とラットは、夢を見ることにより、生き残りに関係する行動のリハーサルをしているとみて、まず間違いはなさそうだ。

猫や齧歯《げっし》類と人類の共通祖先が生きていたのは、今から七〇〇〇万年から八〇〇〇万年ほど前のことだから、それほど大きな時間に隔てられた異なる種の一方に関する情報にもとづき、他方に関して引き出された臆測を含む結論には、要注意のラベルが何枚もついている。それでも、言語を吹き込まれたわれわれの心もまた、猫や齧歯類と同様の目的のために夢を作り出しているのではないかと想像してみるぐらいはかまわないだろう。夢は、知識を増やして直観を鍛えるための、認知的、情動的なトレーニングなのかもしれない——物語のフライト・シミュレーターによる夜間訓練というわけだ。もしかするとそれが、誰もが典型的な寿命のうち七年以上に相当する時間を費やして、目を閉じて体を麻痺させたまま、自作の物語をむさぼっている理由なのかもしれない。[*34]

しかし本来、物語を語るという行為は、ひとりでやることではない。物語を語ることは、われわれが他人の心の中に棲みつくために利用できる、もっとも有力な手段なのだ。そして、深く社会的な種であるわれわれにとって、ひととき他人の心に入り込む能力は、生き残って支配的になるためには必要不可欠だったのかもしれない。そこから、人間行動のレパートリーに物語を組み込むことへの——つまりは、物語を語るというわれわれの本能が、適応に役立つと考えることへの——ひとつの根拠が得られるのである。

物語を語ること、そして他者の心

物理学者たちが専門の議論をするときには、数式が次々に飛び出し、定義の明確な専門用語が飛び交うのが普通だ。そんな議論が、焚き火のまわりに身体を丸めて集まっている人たちの心を捉えることはないだろう。しかし、もしもあなたが数式の読み方と専門用語の解釈の仕方を知れば、物理学者たちが語る物語は、あなたの心を掻き立てるものになりうる。一九一五年の一一月のこと、一般相対性理論の完成がいよいよ目前に迫り、水星軌道がニュートンの理論の予測からわずかにずれるという長年の謎を説明するために方程式の山を積み上げてきたアルベルト・アインシュタインは、疲労困憊しながらも、目の前の計算結果に、心臓の鼓動が速くなるのを感じた。彼はそれまで一〇年間も、複雑な数学という危険水域を航海してきた。そうしてついに得た計算結果は、初めて目にする陸地のようなものだった。アルフレッド・ノース・ホワイトヘッドの後年の言葉をパラフレーズするなら、アインシュタインの大胆な冒険旅行は、理解という岸辺にたどり着いたのである。[*35]

私はそれほどの大発見をしたことはない。そんな発見をしたことがある者はほとんどいないのだ。しかし、もっとずっとささやかな発見でも、心臓の鼓動が速くなることはある。そんなときには、自分と宇宙が深いところで結びついているのを感じる。そして、まさにその結びつきこそは、抽象的な数学と専門用語が詰め込まれた科学の物語が、われわれに語りかけてくることなのだ。科学の物語には、宇宙が、そして宇宙に含まれている何かが、誕生して歳を取り、変化していく過程が、その対象に寄り添うように描かれる。その物語のおかげで、われわれは、思いもよらぬ宇宙の眺望を経験することができる。そしてもっとも喜ぶべき場合には、予想もしなかった実在の領域へと続く道が開かれることもある。数学を使い、実験と観測によって足場を固めることで、われわれは奇妙で驚くべき宇宙と、心を通わせることができるのだ。

数千年ものあいだ人類が自然言語で語ってきた物語にも、それとよく似た役割がある。われわれは物語のおかげで、日常のものの見方から解放され、別のあり方でこの世界を生きることができる。われわれはその別の生き方を、物語の語り手の目とイマジネーションを通して経験する。物語のフライト・シミュレーターは、他人の心の中の世界、その人だけの世界へと開かれた門なのだ。ジョイス・キャロル・オーツの言葉を借りるなら、物語を読むことは、「他人の皮膚の内側、他人の声、他人の魂の中に入り込むための、唯一の手段なのです。人は心ならずも物語を読む。やむにやまれず読んでしまうこともしばしばです。……そうして私たちは、知らない意識の中に入り込んでいくのです[*36]」。物語がなかったら、他人の心の繊細な陰影を知るすべはなく、あたかも量子力学の知識を持たずにミクロの世界を見るように、一ミリ先も見通せなかっただろう。

物語を独特なものにしているこの特質に、進化からの影響はあるのだろうか？　研究者たちは、あると考えてきた。人類が支配的になったのは、なんといってもわれわれが極度に社会的な種だからだ。われわれは集団で暮らし、協力して仕事をすることができる。完璧な仲良し集団ではないにせよ、生き残りの見込みをひっくりかえすほどの協力をする。生き残りの見込みが高まるのは、単に集団でいるほうが安全だからではない。集団だからこそできる、変革、共同作業、権限の委譲、コラボレーションが、生き残りの可能性を高めるのだ。そして、そんな集団生活がうまくいくためには、われわれが物語を通して吸収する、人間経験への洞察が必要不可欠なのである。心理学者のジェローム・ブルーナーは、それを次のように述べた。「人事万般についての経験や記憶を、われわれは主に物語という形式にする[*37]」。そこから彼は、こんな疑問を抱くようになった。「もしもわれわれ人間に、経験を物語という形式にして仲間たちに伝える能力がなかったなら、そもそも集団生活は可能だったのだろうか？[*38]」。われわれは物語を通して、社会的期待に沿った望ましい行動から、憎むべき犯罪まで、さまざまな人間行動を幅広く見てまわる。物語を通して、人間を行動に駆り立てる動機には、高邁な野心から、忌むべき冷酷まで、実にさまざまなものがあることを知る。そしてまたわれわれは、物語の中で、勝利に沸き返ったり、悲しみに胸を引き裂かれたりといった多彩な感情にも出会う。文学者のブライアン・ボイドが強調したように、物語はこうして、「社会的なランドスケープを、より歩きやすく、広々として、可能性に満ちたものにした」。そして「自分自身の直接的な経験の観点からだけでなく、他人の経験の観点からも――そして実在の他者のみならず架空の存在のそれからも――われわれの世界を理解したいという渇望をわれわれに染み込ませるのである」[*39]。神話を通して語られるか、物語を通して語られるか、寓話を通して語られるかによらず、あるいは日常の出来事に尾ひれをつけた程度の話であってさえ、物語は、社会的動物というわれわれの本性を理解するための鍵なのだ。われわれは数学を使うことで、別の実在と親しく交わる。われわれは物語を使うことで、自分とは異なるさまざまな心に親しむのである。

子どもの頃、私はよく父と一緒に『スター・トレック』シリーズを見たものだった。それはわが家の伝統行事となり、今では私が息子と一緒に見ている。道徳的テーマを持つストーリーと宇宙を舞台にした活劇は、哲学的思索に富むスケールの大きい冒険物語を好む人たちを強い力で引きつける。このシリーズの中でも、もっとも魅力的なエピソードのひとつに、『新スタートレック』のスピンオフ作品、「謎のタマリアン星人」がある。この作品では、ひとつの文明ができたときに物語に与えられた驚くべき役割が描かれる。タマリアン星人はヒューマノイドの異星人で、寓意だけで仲間とコミュニケーションを取る。そのため、ピカード船長の直接的な表現に、タマリアン星人は面食らうばかりだ。逆に、知らない話ばかりが出てくるタマリアン星人の話は、ピカード船長には意味がわからない。それでもピカードは最終的に、寓話にもとづくタマリアン星人の世界観を理解し、『ギルガメッシュ叙事詩』を語ることで種を超えた心の出会いを成し遂げるのだった。

タマリアン星人にとって、人生と共同体のパターンは、共有された一組の物語に刻み込まれている。われわれの心のテンプレートは彼らのものほど一枚岩ではないけれど、そんなわれわれの場合にも、物語はもっとも重要な概念的枠組みを与えている。進化心理学のパイオニアである人類学者のジョン・トゥービーと心理学者のレダ・コスミデスは、その理由を次のように説明する。「自分の経験だけが、生得的でない情報の唯一の出所であるような生物からわれわれが進化したのは、それほど遠い昔のことではない。われわれが自分の経験になぞらえて情報を抽出して学習するように配線されているのは、そのためなのだ」[*40]。自分の経験についての情報を他人に伝えるには、それがどんな場合であっても——今日のタイムズスクエアの大群衆を相手にするときも、新生代のアフリカの平原で集団で行う狩りの連携を図るときも——、人間は物語に似た伝送単位を利用する。もしもわれわれの視覚が、個々の粒子までくっきりと見える超人間的なものだったら、そんな知覚経験を伝える情報の伝送単位は、物語とは違う性格を持っていたかもしれない。われわれは思考や記憶を、粒子の経路や量子の波動関数という材料を使った形式にまとめたかもしれない。しかし、われわれの視覚が普通の人間のものなら、その経験を描き出すためのパレットは、物語という絵の具で彩られる。われわれの心が、物語として宇宙を描き出すように適応しているのはそのためだというのだ。

しかし、形式と内容は別だという点に注意しよう。われわれは、何か心に残る出来事を経験すると、それに物語という構造を与えてきた。ところが今日のわれわれは、人間が直接的に経験できることの限界を大きく超えた知識を整理するためにも、やはり物語を利用している。その好例が、科学の進展だろう。孤独な種であるわれわれ人類が、実在の謎を解くという大いなる冒険の旅に出て、驚くべき洞察を得て持ち帰るという物語は、まさしくドラマや英雄詩の構造そのものだ。しかし、その物語に盛られる「内容」が、科学として成功しているかどうかの判断基準は、人間の冒険旅行が成功しているかどうかの判断基準とは、対極的といっていいほど違う。科学の存在価値は、客観的な実在を覆い隠すベールを引き上げることにあるから、科学的な記述は合理的でなければならないし、再現可能な実験によって検証できなければならない。それが科学の強みなのだが、しかしそれは同時に、科学の限界でもある。主観性は最小限であるべしという基準に厳密に従うせいで、科学が興味を持つのは、どんな特定の個人をも超越する結果だけだ。シュレーディンガー方程式は電子について多くを語ってくれるし、霞のように儚いこの粒子について、地球上で起こるいかなる出来事についてのいかなる記述よりもはるかに詳細な記述を与える方程式が得られたのは素晴らしいことだ。しかしその方程式は、シュレーディンガーという人間についても、彼以外の誰についても、ほとんど何も語らない。その欠落は、科学が誇りをもって支払う対価なのだ。その代わりに科学は、われわれが暮らしているこの宇宙の片隅を大きく超える広大な領域で通用するかもしれず、ひょっとすると時間と空間のすべてで通用するかもしれない、量子的な世界についての壮大な物語を語ることができるのである。

登場人物の往来を語る物語が目指すのは、実話であれ虚構であれ、科学の物語とはまったく別のことだ。物語は、著しく制約されていて、徹底して主観的な人間のありようの豊かさを浮かび上がらせる。アンブローズ・ビアースは、オールクリーク橋で挙行された軍事上の絞首刑という一瞬の出来事を、手に汗握る物語に仕立て上げたが、そこにはアーネスト・ベッカーが、「生きることへの、耐え難いほどの希求」[*41]と述べたものの精髄がみごとに抽出されている。われわれは物語によって増幅されたその希求を目の当たりにする。疲労困憊しながらも達成感に満たされた主人公ペイトン・ファーカーが、妻をその腕に抱き止めようとしたその瞬間、ガクンという衝撃とともに、首吊りのロープが、彼を――そしてわれわれを――現実に引き戻し、われわれはファーカーの逃避行が、彼の頭の中で作られた虚構だったことを知る。その瞬間、人間であるとはどういうことかについて、直観的に理解していたことが複雑に分岐する。物語は言語を使うことで、経験の限界を突破する。巧みに選ばれた言葉がわれわれの想像力に働きかけて、われわれがともに属する人類という種についての理解を深め、社会的な種として生き延びる方法について、陰影ある知識を与えてくれるのだ。

実話か虚構かによらず、また、象徴的に語るか文字通りの意味で語るかによらず、物語を語りたいという衝動は、人間が普遍的に持つ特性だ。われわれは感覚を通して周囲の世界を取り入れ、そうして取り入れた世界に首尾一貫性を求めたり、さまざまな可能性を思い描いたりしながら、パターンを探し、パターンを発明し、パターンを想像する。そうして見出したパターンに、われわれは物語を利用して明確な表現を与える。物語を語ることは、おのれの人生とどう折り合いをつけるか、いかにして存在を受け入れるかという問題にとって重大な意味を持つ、現在進行形のプロセスなのである。実在の人物か空想上の人物であるかによらず、物語の登場人物はさまざまな状況に応答する。その状況は、ありふれたものかもしれないし、めったに出くわさないようなものかもしれないが、いずれにせよ、物語はわれわれの応答を洗練させるために利用できる、バーチャルな人間行動の宇宙を与えてくれるのだ。遠い未来に、はるか遠くの惑星からの訪問者をもてなすホストの立場に立つことがあったとして、われわれが語る科学の物語の中には、彼らも知っていることが含まれているだろうし、われわれの物語が彼らに提供できることはあまり多くないかもしれない。しかし、われわれが人間について語る物語は、ピカードとタマリアン星人の場合と同様、異世界からの訪問者に、われわれが何者であるかを教えるだろう。

神話的な物語

科学者コミュニティーの内部で研究結果が信用を得るのは、謎だったデータを説明したり、理論上の難問を解決したり、それまでできなかったことを成し遂げたりするからだ。そうして明らかになった新事実の多くは、その分野の内部に留まるが、なかには他の進展から飛び抜けて、幅広く文化に影響を及ぼすものがある。そんな進展は普通、科学的な詳細を超える大きな関心事にかかわっている。宇宙はどのようにして始まったのか？ 時間の本性とは何か？ 空間は見た目どおりのものなのか？ もしもあなたがこうした問いに対し、最先端の科学が与える答えに熱心に耳を傾けるなら、実在に関するあなたの見方は、ほぼ間違いなく変化するだろう。われわれが住んでいるこのささやかな惑星は、平均的な恒星のまわりを巡っているが、その恒星は宇宙誕生の大爆発に続く激烈な空間膨張の後で形成されたものだ。それがわかったこと自体、大きな成果なのである。この知識は、人類はいかにしてこの大きな絵に入り込んだのかを考えるたびに、新たな気づきを私に与えてくれる。また、私と同じ運動をしている人を別にすれば、誰もが私とは別の進み方をする時間の中で生きているという知識も、考えはじめると果てしなく考え続けてしまう驚くべき科学の成果だ。三次元のように見えるこの世界は、より大きな空間的広がりの三次元断面かもしれないという知識も、考えるだけでゾクゾクする科学の成果である。

何千年もの時の流れの中で、文化もまた、他の物語から飛び抜けた高みにのぼり、コミュニティーの実在観に多大な影響を及ぼす物語を生み出してきた。それが、それぞれの文化に固有の神話である。神話は、神聖さへの感性を育むものとして十分に尊重されている。神話を定義するのは難しいことで知られるが、ここでは、「文化にとって重大な関心事、すなわちその文化の起源や、その文化の中で長らく実践されてきた儀式や、世界に秩序を与えるその文化に独特のやり方などを理解するために、超自然的な行為者を持ち出す物語」としよう。神話は、遠い過去から語り継がれ、広くさまざまな人の心に訴えかける力を持ち、世界について基本的なことは一通り説明してくれるため、その文化に属する人たちが共有して、民族を定義し、社会を形作る一群の物語——悲劇と勝利の物語、壮大な物語や空想的な物語、そして冒険と内省の物語など——の基礎になっている。

神話を読んで解釈するために、洞察に満ちたさまざまな方法が作られてきた。二〇世紀の初めには人類学者のサー・ジェームズ・フレーザーが、神話は、太古の昔に生きた人類が、人生や自然にかかわる不可解な現象に出会い、それらに説明を与えようとするなかで出現したという説を唱えた。心理学者のカール・ユングは、神話は元型——無意識な心に生得的に備わると彼が仮定した普遍的なパターン——を通して、人間経験に共有される特質を表していると考えた。ジョーゼフ・キャンベルは、「モノミス（単一神話）」、すなわち神話的物語の原型となる神話があると論じた。モノミスにおいては、行動を起こせという召命を受けた登場人物が、気が進まないながらも旅に出て、危険な冒険と通過儀礼に次々と出会い、最終的には帰還を果たす。その旅で生まれ変わった英雄は、われわれの実在観に深い衝撃を与える。[*42] より最近では、文献学者のミヒャエル・ヴィッツェルが、そうした神話に普遍的なテンプレートがもっとも鮮明に現れるのは、個々の神話のレベルにおいてではなく、さまざまな伝統を全体として捉えたときの集団的神話を考えた場合だけだとする説を唱えた。集団的神話は、世界の始まりから終焉までが鎖のようにつながった筋書きを持つ。ヴィッツェルは、言語学、集団遺伝学、考古学に訴えて、物語に共通するそんな特質は、おそらくは一〇万年ほど前のアフリカで、ごく初期の神話が生まれたときには、すでに存在していただろうと言う。[*43]

これらの提案や、数が多すぎるためにここで取り上げることはできないその他の提案は、論争と熱い批判を巻き起こしている。提案のそれぞれに賛否両論があり、流行り廃りもある。学者の中には、あらゆる神話をひとつの理論で説明したいという誘惑は大きいが——そんな説明があれば、古代から受け継がれてきた遺産を形成した、広く行きわたった諸々の特質を解明する助けになるだろう——、ぼんやりと照らし出された不確実な歴史に浮かび上がる人間生活の複雑さ自体、たったひとつの説明で片づくようなものではないと言う人たちもいる。ここでのわれわれの目的にとっては、説明を要する事柄の範囲はずっと狭い。宗教学者であり、いくつか著書もあるカレン・アームストロングは、神話は「ほとんどつねに、死の経験と、絶滅の恐れに根ざしている[*44]」という、実に簡明な要約を与えたが、たとえわれわれがアームストロングより少し慎重になって、この言葉の中の「ほとんどつねに」を、「しばしば」や「多くの場合には」に弱めたとしても、この考えは、われわれの進む道を強い光で照らしてくれる。

いくつか例を挙げよう。ギルガメッシュは、神によって永遠の命を授けられたという男の噂を聞いて、不退転の決意で旅に出る――彼は果てしない原野を突き進み、サソリの怪物を睨みつけ、死の海さえも航海する。彼の目的は、普通は逃れられない死を逃れるための秘密を知ることだ。ヒンズー教の女神カーリーの物語では、死に大きな意味が与えられる。カーリーは、あまりにも完璧すぎるために仲間の神々の怒りを買い、神々は稲妻を飛ばしてカーリーの頭と胴体を切り離す。[*45] ギニアのコーノー族の創世神話では、その中核に死がある。死の神サーは、アラタンガナ神が娘をさらっていったと考え、復讐のために、全人類は死すべき運命を持つべしと命じる。オセアニアの半神の英雄、マウイの物語においても、死は重要なテーマだ。マウイは、人間に害をなす夜の女神が眠っているあいだに、彼女の恐るべき顎に入り込んだ。そうして女神の体の内側から心臓を切り裂き、彼女を確実に殺そうと考えたのだ。ところが女神は目を覚まし、カミソリのように鋭い歯でマウイをずたずたに切り裂いた。[*46] 世界の神話を集めた本の、どれでもお気に入りのものをひとつ手に取って適当に開けば、そこからいくらも読み進めないうちに、あなたは死の扉の前に立つだろう。自分が生きるために戦った結果として、世界に死をもたらす者たちの物語には、宇宙の消滅を語る多くの物語がこだましている。ヴィッツェルは次のように述べた。世界の破壊は、「最終的には世界全体が炎に包まれるようなものとして起こるのかもしれない。たとえば、ドイツ神話の神々の黄昏、北欧神話の神々の没落、ゾロアスター教の神話における溶けた金属、インドの神話におけるシヴァ神の破壊的なダンスと火、インド中部のムンダ語を話す人びとに伝わる神話に現れる火、マヤやその他中央アメリカの神話における火と水、エジプトにおけるアトンの大地の破壊などがその例である」[*47]。炎による破壊がすべてではない。世界を氷に閉ざしたり、果てしない冬をもたらしたり、世界各地の神話に見られる洪水による破壊の物語など、全世界を破壊する話は枚挙にいとまがない。

いったいこれはどうしたことだろう？　なぜこれほどまでに、危険と死と破壊ばかりなのだろう？　物語は、葛藤とトラブルなしには成立しない。物語の規範を本気で覆そうとしないかぎり、危険と死と破壊という要素がなければ、われわれは語るべきことを見出すのにさえ苦労するだろう。危険と死と破壊に、神話の中核にある疑問――この世界はいかにして生じたのか、われわれはどこから来たのか、ものごとはなぜこのようになっているのか――という疑問を混ぜれば、物語固有のこのジレンマは暴走して行き着くところまで行くだろう。それ以外は考えられないほどだ。言語を獲得し、物語を語りはじめた当時、われわれはすでに、その瞬間その瞬間を生きるのではなく、時間を超えて生きる能力を獲得していた。われわれは過去と未来を容易に行き来することができる。計画したり、設計したり、力を合わせたり、コミュニケーションを取ったり、予期したり備えたりすることもできる。そういう能力が有益なのは明らかだが、それができる明敏な頭脳を手に入れたために、すでに世を去った人たちの記憶とともに生きることにもなった。そして、命は必ず尽きるという例外のないパターンに気づく。そしてわれわれは、生と死は分かち難く絡み合っていることを悟る。生と死は、存在の二重の特質なのだ。始まりについて考えれば、終わりについて問わずにはいられない。人生をいかに生きるべきかと考えれば、生きるべき人生が終わるときを考えてしまう。死の不可避性は、今ここでわれわれの視野に入る眺望であり、死が今よりずっと気まぐれに訪れていた時代には、なおさらそうだったに違いない。そうであってみれば、死と破壊という主題がこれだけ突出しているからといって、驚くことはないだろう。

しかし、なぜ古代の物語には、騒がしい巨人や、火を吐く蛇や、牛の頭部を持つ男が登場するのだろうか？　現実世界の恐ろしさを語るのではなく、恐ろしい空想物語を語るのはなぜだろう？なぜ『プライベート・ライアン』や『レザボア・ドッグス』ではなく、『ポルターガイスト』や『エクソシスト』なのだろう？　認知人類学者のパスカル・ボイヤーは、認知科学者のダン・スペルベルの初期の仕事にもとづき[*48]、この問いに対してひとつの答えを提案する。われわれがある概念を記憶して他人に伝えずにいられなくなるためには、その概念は、われわれを驚かすぐらいに目新しいものでなければならないが、それと同時に、即座に切って捨てるほど馬鹿馬鹿しいものであってはならない。ボイヤーは、ある考えがわれわれの心の認知的な急所にハマるのは、それが「最小限に直観に反する」とき——その考えがわれわれの心中に深く根ざしたひとつ、またはせいぜいふたつの予想に反するとき——だという[*49]。透明人間？　透明だということだけが唯一われわれの直観に反する特徴なら、たしかに面白い。微積分の質問をすると、M＊A＊S＊Hのテーマのメロディーに合わせて歌いながら答えを教えてくれる川？　それはあまりにも荒唐無稽すぎてたいていの人は取り合わず、すぐに忘れてしまうだろう。神話のテーマが英雄的なのにふさわしく、主人公は英雄的な存在だが、人間の想像力が作り上げたものとしては最小限にしか直観に反していない。神話の主人公は、たとえその力がわれわれがかつて出会ったあらゆる出来事に照らして予想を超えていたとしても、最低でも、肉体を持ち、普通にものを考え、おなじみの個性さえ持つのは、とくに驚くべきことではないのだ。

　このように、神話には新しいものを作り出す力があるが、言語はその創造力のエンジンを駆動するひとつのシリンダーだ。いったんわれわれが普通のこと——荒れ狂う嵐や、燃える木や、ずるずる這うヘビなど——を記述できるようになれば、言語は、Mr.ポテトヘッド［ジャガイモの顔をした人形で、目や耳などの顔のパーツを自由に切り替えることができる］の物語バージョンのように、素材の自由な組み替えを可能にする。「巨大な岩」と「おしゃべりをする人びと」が、「おしゃべりする岩」と「巨人たち」という、より魅力的なものになるためには、少々言葉を組み替えればよい。こうした例は数限りなく挙げられる。言語は、われわれを新奇なものへと導く認知能力に翼を与える。その翼があれば、ありとあらゆる組み合わせを思い描くことができる。[*50]そんな能力を獲得した心は、古い問題を新しいやり方で見ることができる。それができる心は、世界を変えるだろう。そしてやがては世界をコントロールし、すっかり別のものにするだろう。

　創造の渦が生まれる端緒は、これもまたわれわれの心の理論だ——それは、出会うものすべてに心を与えるという、われわれが生まれながらに持つ傾向で、その対象には主体性があることさえほのめかす。前に意識について論じたように、われわれが誰かに出会うと、直接話をせずに遠くから見かけただけでも、その人物に多少とも自分のものに似た心を与える。進化論的にいえば、それは良いことだ。自分以外の人間の心が起こす行動は、予想しておいたほうが身のためだからだ。それと同じことは動物についてもいえる。われわれは本能的に、動物にも意図と願望を与える。しかし、心理学者のジャスティン・バレットと人類学者のスチュワート・ガスリーが強調したように、われわれはときに、それをやりすぎてしまう。[*51] 進化論的にいえば、それもまた良いことだ。月明かりに浮かび上がる遠方の藪を、休憩中のライオンに取り違えたところでとくに問題はない。しかし、ヒョウが接近しているときに、ふと聞こえた物音を、風に吹かれた枝が立てる音だと思い込むのは致命的だ。野生の世界に主体性を与えるときは、やりすぎないよりは、やりすぎるほうがマシなのだ（もちろん、それも程度問題だが）。何にでも心を与える傾向は、成功したDNA分子と、その乗り物——物語をする生き物であるわれわれ人間——が生き延びるために、心に刻んだ教訓なのである。

何十年も前に、私としてはめずらしくサマーキャンプに参加したときのことだ。私は、「森の中でしばらくひとりで過ごす」という課題を与えられた。防水シートと寝袋、三本のマッチ、小さな缶、ボールペンと日誌だけの装備で、私は森に入った。ひとりきりになると、かつて一度も感じたことがない深い孤独が襲ってきた。実践面でも気持ちの上でも、その他いかなる基準に照らしても、私にはまったく準備がなかったのだ。慎重に選んだ木の枝に防水シートをくくりつけることはできたが、生まれて初めて火をおこそうとして失敗し、三本しかないマッチをあっというまに使い切ってしまった。太陽が沈み、恐怖が高まった。私は急いで寝袋を広げて中にもぐりこむと、顔のすぐ上に張られた防水シートを見つめた。私はパニック寸前だった。都市生活になじんだ私の耳と、少々活発すぎる私の想像力は、突発的に吹く風の音やキーキーいう音のすべてを、クマかピューマが立てる音だと思い込んだ。自分は勇敢な人間だなどという幻想は抱いていなかったが、気が遠くなるほど長く感じられる一秒一秒が、命がけの通過儀礼のように感じられた。私はボールペンを取り出すと、防水シートにペン先を押し付け、ふたつの丸い目と、大きなインクの染みのような鼻と、両端がわずかに引き上がった歪んだ口を書いた。ボールペンと防水シートは理想的な画材とはいえなかったが、切れ切れの青い線と、シートについたへこみだけで、十分に用をなした。私はあいかわらずひとりきりだったが、完全にひとりぼっちではないような気がしたのだ。もしも夜の森の雑音のひとつひとつに心が与えられたのなら、防水シートに書き付けられた絵にも、きっと心が与えられたのだろう。私の『キャスト・アウェイ』［トム・ハンクス主演の映画。無人島に漂着した主人公がバレーボールに顔を描き、ウィルソンと名づけて心の友とする］は三日で終わったが、私は自分のウィルソンを作り出したのだ。

進化は、周囲の世界は考えたり感じたりするものに満ちていると思いがちな傾向をわれわれに吹き込んだ。われわれが想定したその相手が、力を貸してくれたり、相談に乗ってくれたりしそうだと思うこともあるけれど、むしろ、われわれに対して策を弄したり陰謀を企てたり、足を引っ張ったり裏切ったり、攻撃したり復讐したりするのではないかと思うことのほうが多い。物音を聞いたり気配を感じたりすると、心を持つ存在を想定する傾向があるおかげで、命拾いすることもあるだろう。この世のさまざまな要素を組み合わせて作り上げたものに心を与える頭の柔らかさが、革新の種を蒔くこともある。ありふれた登場人物に驚くべき超自然的な特質を与えることで、仲間の関心を引いたり、文化を伝達したりするのも容易になる。こうしたことが合わさって、先祖たちはどんな物語に想像力を掻き立てられたのか、そしてどんな物語が古代世界を生き抜くために役立ったのかという問題に、光明が投げかけられるのだ。

　長い時間が経つうちに、こうした神話的な物語の中でももっとも耐久力のあるものから、世界を変える絶大な力のひとつが芽生えることになった。世界を変えるその力とは、宗教である。

第7章

脳と信念

想像力から聖なるものへ

われわれがついに地球外知的生命とのコンタクトを果たしたとき、その相手もまた、宇宙に意味を見出そうとしてきた自分たちの歴史を語るものと想像してほしい。望遠鏡を組み立て、宇宙船を作って宇宙に出ていき、宇宙に行き交う音に耳を澄ますことのできる生命は、自らを省みることのできる生命だ。知能が成熟すると、探究したい、理解したいという強い欲求と同じ衝動が、経験に意味を吹き込みたいという強い思いとなって現れる。そして「どのようにして?」「なぜ?」という問いが飛び出してくる。ここ地球上では、遠い昔の先祖たちが生き延びるためには、技術者になるしかなかった。石や青銅や鉄を使ってものを作れる必要があったし、狩猟採集と農耕の技術も身につけなければならなかった。しかし、生きるために必要不可欠なそうした仕事に取り組みながらも、先祖たちは、われわれとまったく同じ問い——起源、意味、目的に関する問い——に答えを得ようとした。生き延びるということは、生きることがなぜ重要なのかを知りたいと思うことでもある。技術者は哲学者にならざるをえないのだ。あるいは、科学者、神学者、作家、作曲家、音楽家、詩人にならざるをえない。そして、空腹が満たされてもなお、弱まるどころかいっそう強く心を苛むそれらの問いに、答えを与えようと約束する何千、何万という思想体系や表現形式を信奉するのも、その同じ思いからなのである。

不朽の物語と神話から明らかなように、そんな問いの中でもとくに抜きがたくわれわれの心に巣くっているのが、存在論的な問いだ。世界はどのようにして始まったのか？　社会はどのようにして終わるのか？　なぜわれわれは、ひとときこの世に存在し、すぐに消えてしまうのか？　われわれはどこに行くのだろう？　別の世界は存在するのだろうか？

死後の世界を想像する

一〇万年ばかり前に、今日のイスラエルの低地ガリラヤのどこかで、四歳か五歳ぐらいの子どもがおとなしく遊んでいた。あるいは、いたずらをしていたのかもしれない。いずれにせよ、そのときその子は、後遺症を残すほどの一撃を頭にくらった。その子の性別はわからないが、女の子だったとしよう。怪我の原因もよくわからない。岩がちな急斜面を転がり落ちたのかもしれないし、木から落ちたのかもしれないし、厳しい罰を受けたのかもしれない。わかっているのは、その衝撃のせいで頭蓋骨の前方右側がひどく傷ついて、脳の損傷を引き起こし、彼女はその障害に耐えて一二歳か一三歳まで生き延びたのちに死んだということだ。以上の情報は、もっとも古い埋葬地の遺跡のひとつであるカフゼーで見つかった骨格から得られたものである。カフゼーの発掘が始まったのは一九三〇年代のことで、この遺跡ではその人骨のほかにも二六の遺物が出土しているが、この少女の墓所には、他とは異なる特徴がある。アカシカの二本の角が、一方の端を手のひらに置くようにして、少女の胸に渡してあるのだ。研究者たちによると、このような置き方は、葬儀が執り行われたことの証拠になるという。シカの角が、とくに意図のない単なる飾りだなどということがありえるだろうか？　その可能性はある。しかし、ここは研究チームの判断に従って、カフゼー11号（その少女はこの名で知られている）は、何万年も前に、死について考え、死の意味を知ろうと苦闘し、おそらくは死後に起こることを思索した、初期の人類が執り行った儀式によって埋葬されたのだろうと考えたほうが無理がなさそうだ。*1

それほど遠い昔の出来事について導かれた結論はもちろん暫定的なものでしかないが、より新しい時代の墓地が発掘されて、その解釈は信憑性を増している。一九五五年のこと、アレクサンドル・ナチャロフは、モスクワの北東二〇〇キロメートルほどのところにあるドブロゴ村で、ウラジーミル陶芸社のためにパワーショベルで黄土を掘り出していた。彼はその作業中に、掘り出した黄土に骨が混じっていることに気がついた。それから数十年後には、その地は、旧石器時代の遺跡ではもっとも有名なスンギル遺跡として知られるようになり、その骨に続いて多くの遺物が発掘されることになった。あるひとつの墓は、とりわけ驚くべきものだった。一〇歳と一二歳ぐらいで死んだとみられる少年と少女が、あたかも若いふたりの魂が永遠に混じり合ったかのように頭と頭を合わせ、足は反対向きに伸ばした姿で埋葬されていたのである。三万年以上前に埋葬されたこのふたつの遺体を飾っていたのは、かつて発見されたなかでもっとも手の込んだ品々だった。ホッキョクギツネの歯で作られた頭飾り、象牙製のブレスレット、やはり象牙製の十本以上もの長い槍、穴の開けられた象牙の円盤。そして──リベラーチェ［二〇世紀に欧米で絶大な人気を博したアメリカのピアニスト。派手な衣装で知られる］のファンなら微笑むであろう──埋葬の衣装に縫いつけられていたとみられる一万個以上のビーズは、象牙を削って作られたものだった。研究者たちの推定によると、ひとりの職人がこれらの装飾品を作るためには、一週間に一〇〇時間働いたとして、一年以上かかっただろう。[*2] それだけの時間と労力がつぎ込まれたということは、埋葬の儀式が、最低でも、死を乗り越えるための戦略の一部だった可能性をほのめかす。体は消滅しても、生命が持つなんらかの特質は失われない。そしてその特質は、手のかかった副葬品を供えることで、強めたり、鎮めたり、喜ばせたりできると考えられていたのだろう。

一九世紀の人類学者エドワード・バーネット・タイラーは、夢には、初期の人類をその考えに導くだけの説得力があったと論じた。[*3] 奇抜なものから奇怪なものまで、われわれが夜ごとやらかす突拍子もない行動は、開いた目で見るものを超えた世界が存在するという考えに説得力を与えただろう。慰めを得るか、怖いと感じるかは別にして、すでにこの世を去った友や親戚が来訪するのを見れば、その夢から覚めても、来訪者たちはまだ存在しているような感覚が残る。存在するとはいっても、かつてと同じ存在の仕方ではない。その人が、すでにこの世にいないことは明らかなのだ。それでも、何かこの世ならぬやり方で、死んでしまった友や親戚は、どこかそのあたりにいるような気がするのだ。書かれた記述はずっと後世のものしかないが、そうした記述には、目には見えない実在への窓となる夢の例がふんだんに含まれていて、この推測に支持を与えている。古代シュメール人とエジプト人は、夢は神のお告げだと考えた。旧約聖書と新約聖書では、神の御心はしばしば夢となって現れる。近代では、オーストラリアのアボリジニのような孤立した狩猟社会に関する研究から、あらゆる生命がそこから発してそこへ戻っていく、永遠の領域、ドリームタイムの重要性が明らかになっている。夢うつつのトランス状態もまた、打楽器入りの音楽と激しい踊りに駆り立てられるように進展する儀式を持つ多くの伝統に共通してみられるもので、そのトランス状態は数時間続くこともある。トランス状態は、儀式に参加する者たちに催眠術にかかったかのような幻想を見せ、その幻想の中で、トランス状態になった者は別の実在の平面に移されたことになっている。[*4]

覚醒しているあいだも、目に見えるものを超えた世界の存在を示唆するエピソードには事欠かなかったろう。地上でも大空でも、大きな力が働いている。日々の暮らしでは気まぐれな出来事が起こる。生命を脅かし、死に至らしめる危険に出くわすのは毎度のことだ。社会性を持つことで得た進化論的勝利によって、われわれの脳は、ありふれた経験を誰かのせいにするようになった。稲妻が当たったり、洪水になったり、地震が起こったりすれば、われわれは今もそれを何者かの責任にする。そんな災難に見舞われた先祖たちは、不確かな世界では、自分の影響力には限界があることを暗黙のうちに受け入れる一方で、自分にはない力を振るう、目に見えない世界に住む何者かを作り上げたに違いない。

知ってか知らずか、誰かに責任を押し付けるというのは、素晴らしく賢いやり方だった。そのおかげで人類は、偶然の出来事にすぎないものを、一貫性のある物語に仕立てることができるようになった。懐かしい人や架空の登場人物が住まう、目には見えない領域を想像できるようになった。われわれを監視し、究極的にはわれわれの運命を支配する者に、実在か架空かによらず、顔と名前を与えられるようになった。カフゼー11に埋葬された少女と、彼女の二〇人ばかりの洞窟の仲間たち、そして何世代にもわたる彼女の先祖たちが、目に見えない、どこか高いところにある世界へと旅立つために通過した門として、死を書き換えられるようになった。彼らの物語を語り、さらに語り直すことによって、さもなければ説明のつかないわれわれの身に降りかかる出来事に説明を与えられるようになった。その物語に登場する者たちの、個性、短所、悪意、嫉妬、そして身のまわりの世界にみられるありとあらゆる人間の行動を利用して、どんなことでも説明できるようになった。

先祖たちが芸術方面に進出して生み出した作品は、この世ならぬものを彼らがどれほど大切にしていたかを知るための、さらなる手がかりを与えてくれる。世界各地の洞窟絵画を調べた人たちは、何万点もの絵を発見しており、なかには四万年以上も前に描かれたものもある。描かれる対象は、ライオンからサイまでさまざまで、シカと女性、鳥と男性など、創造的な組み合わせのものもある。人間の形状には副次的な役割しか与えられておらず、そもそも人間が描かれていたとして、簡単な棒きれのような形になっている。人間の手形はたくさん見つかっている。混沌と重なり合った手形が何を意味しているのかは、ただ想像するのみだ——別の世界に触れようと精一杯背伸びしているのかもしれないし、一見すると永遠に存在し続けそうな岩にあやかろうとしているのかもしれないし、溢れるような装飾がしたかったのかもしれないし、古代バージョンの「キルロイ参上」［壁の向こうから長い鼻を垂らしてこちらを覗いている姿として描かれる、現代アメリカのポップな絵］かもしれない。制作者の意図は消え去り、われわれは不思議な気持ちで取り残される。そして、踊る魔術師や、死にゆくバイソンといった図像に、われわれのものと似た創造力の発露を認めるのである。岩の表面を一枚はがしたそのすぐ奥に、こちらをじっと見つめ返す、われわれ自身がいるような気がするのだ。

そこにはぞくぞくする興趣があるが、それと同時に落とし穴もある。われわれの文化に似た古代文化に出会うことは、大きな魅力でわれわれを誘い込み、古代人の創造的活動に、ありもしない意味を読み込ませるかもしれない。洞窟芸術は、意識を持ちはじめた心が、さしたる考えもなく描き殴っただけなのかもしれない。あるいはより高尚な見方をするなら、洞窟芸術は、美を求める熱烈な思いが噴出したものかもしれず、それを「芸術のための芸術」と呼ぶ人たちもいる。[*5] 何万年も昔に生きた人たちが何にインスピレーションを受けたのかを推測するのは危険な試みだから、ほどほどにしておけと言われてもしかたがない。しかし、洞窟絵画が描かれた場所にたどり着くまでの困難を思えば、「芸術のための芸術」という説明の信憑性は低い――考古学者のデーヴィッド・ルイス＝ウィリアムズによれば、今日の探検家は、そしておそらくは当時の洞窟芸術家も、「真っ暗闇の狭い通路を、一キロメートル以上も這いつくばって進み、濡れた岩場で足を滑らせ、光の届かない湖や、人知れぬ川の水に浸かって歩いた」のだ。[*6] 古代に生きた先祖たちのうち、伝統に縛られない奔放な者でも、純粋に芸術的衝動を満足させるためなら、もっと楽な方法を使っただろう。

もしかすると、こうした絵を残した先祖たちは、狩りの成功を祈って魔術的なセレモニーを行ったのかもしれない。これは一九〇〇年代初頭に、考古学者ソロモン・ライナッハが提唱した説である。[*7] セレモニーを執り行うことで、美味しくて生存に必須の夕食が保証されるなら、洞窟を進んだり絵を描いたりする苦労ぐらいは、たいしたことではなかったのかもしれない。[*8] あるいは、ルイス＝ウィリアムズが宗教史家ミルチャ・エリアーデの初期のアイディアを発展させた説によれば、洞窟芸術は、シャーマン（目には見えない別の世界に行く力があると周囲の人たちに思わせ、おそらくは自分自身もそう信じることで高い地位を得た霊的指導者）の幻覚体験から生まれたのかもしれない。神話的な物語が徐々に追随者を獲得したように、シャーマンは、この世界と次の世界をつなぐ者だったのかもしれない。石器時代に描かれたのは、神話的な登場人物との交渉や、想像上の動物と交感するシャーマンが、トランス状態で得た心象風景だったのかもしれない。

地理的に遠く離れ、何千年という時を隔てて描かれた洞窟絵画に認められる驚くべき類似性は、洞窟芸術には包括的な説明があるのではないかと思わせる。さすがにそれは大胆すぎる考えだとしても、考古学者ベンジャミン・スミスが、これだけは間違いないと確信しているひとつの特徴がある。彼は私にこう語った。「洞窟は単なる〝カンバス〟ではないんです。それは儀式が執り行われる場所でした。洞窟は、別の世界に住まう霊や先祖との交信が行われる、意味と共鳴に満ちた場所だったのです」[*9]。スミスや、彼と同じ考えを持つ多くの研究者たちの判断に従うなら、われわれの先祖たちは、芸術と知識を通じて、霊的な力を動かすことができると深く信じていたことになる。これは納得のいく結論ではあるが、二万五〇〇〇年、五万年、ひょっとすると一〇万年という時を隔てて振り返るとき、細部はぼんやりとしている。先祖たちがそのように考えた確かな理由は永遠にわからないままだろう。それでも、たとえ暫定的なものだとしても、首尾一貫したひとつのヴィジョンが浮かび上がりつつある。われわれの先祖たちは、死者をあの世に送り出すための埋葬の儀式を執り行い、経験を超えた実在があると想像して芸術を生み出し、強い力を持つ霊や、永遠の命、そして死後の生命が登場する神話的な物語を語った。要するに、先祖たちは、後の世代が「宗教」というラベルでひと括りにする多くの糸を結び合わせて、一本の縄にしつつあったのだ。その縄に、生命の儚さへの諦念が絡まりついているのを見て取るのは、それほど難しいことではない。

宗教の進化論的ルーツ

芽吹きつつある古代の宗教から出発して、世界中で宗教的な実践がこれだけ広く行われている理由を説明することはできるだろうか？　パスカル・ボイヤーら、宗教の認知科学を唱道する人たちは、説明することは可能だと論じる。宗教的な実践を、もっとも幅広い観点から捉えたものすべてに等しく当てはまる、進化論的な基礎があるというのだ。

宗教的な信念と行動についての説明は、すべての人間の心の働きの中に見出されるべきである。それを説明するものが、宗教的な人たちの心だけでなく、……（中略）……すべての人間の心の中にあると、私は本気で考えている。なぜなら、ここで重要なのは、普通の脳を持った人類すべてのメンバーに共通して見出される心の特性だからである。[10]

要するに、進化論的に勝利するための熾烈な戦いによって、長い時間をかけて形づくられた人間の脳の生得的特徴のために、われわれは最初から宗教的確信を抱くようにできているというのだ。それはなにも、神の遺伝子や、敬虔な樹状突起があるというのではない。ボイヤーは、ここ数十年間に認知科学者と進化心理学者が発展させてきた脳に関する知識に訴える――それは脳をコンピュータにたとえるおなじみのメタファーを洗練させたものだ。脳を、経験を通してプログラムが得られるのを待っている汎用コンピュータにたとえるのではなく、むしろ、先祖たちの生き残りと繁殖の可能性を高めるために自然選択によってデザインされたプログラムが、あらかじめ組み込まれた専用コンピュータにたとえるのである。[11] そんなプログラムが、ボイヤーの言う「推論システム」を支えている。それは、誰の遺伝子は首尾よく子孫に伝わり、誰の遺伝子はそうならないかを決定するような課題――たとえば、槍を投げたり、配偶者に求愛したり、協力関係を作ったりするという課題――にすばやく応答することを専門とする神経プロセスだ。ボイヤーの主張の中核は、そんな推論システムは、まさに宗教に固有の特質に、あっさり乗っ取られてしまうということだ。

少し前に、われわれはそんな推論システムのひとつに出会っている。「心の理論」がそれだ。われわれは心の理論を使って、自分の心の中で経験している主体性を、外の世界で出会うものたちも持っていると考えるのだった。周囲に主体性を与えすぎるぐらいのほうが、適応上は有益だ。そんな推論システムは、自分のことを心にかけてくれる何者かが、地中にも天上にも、どこにでもいると考える傾向をも説明してくれる。推論システムには、心の理論のほかにもさまざまなものがある。たとえば、われわれは心理学と物理学を直観的に把握するが、それを可能にしているのも、そんな推論システムのひとつだ――人は学校で習うまでもなく、自分の心と体には何ができるかを、おおよそ把握している。そうしたさまざまな推論システムに、「最小限に直観に反する」考え（直観に反する点が、ひとつかせいぜいふたつしかないもの）に興味を引かれる傾向が加われば、人が、精霊や神（人間に似た心を持っているが、身体的な特徴と心理学的、物理学的能力は予想に反するような主体）をあっさり受け入れるのも不思議はない。正常な脳には社会的な推論システムもそなわっていて、たとえば、自分と関係のある人たちを大切にし、関係者が公正な扱いを受けられるように計らったりする。「恩を仇で返すようなことはするなよ。さもないとただではすまないからな」というわけだ。宗教的伝統の中に生息する超自然的存在とわれわれとのあいだには、取引に似た関係があることが多いが、そのルーツは、社会的推論システムの互恵的利他主義なのかもしれない。「私は生贄を捧げ、祈り、良き行いをするので、明日の戦いでは後ろ盾になってください」などと。裏を返せば、悪いことが起これば、すぐに自分なり集団なりが、神の期待に添わなかったせいだと考えてしまう。

ボイヤーは『神はなぜいるのか？』という著作の中で、かなりの紙幅を割いてこれらの考えを発展させてきた。[*12] 他の研究者も、同様のテーマで少しずつ違う考えを発展させている。しかし、私がここに示した概略だけでも、このアプローチの要点は摑めるだろう。脳は、生き残りをかけた戦いを通して形づくられた。そしてその戦いに勝利した脳には、宗教を素直に受け入れる特質が備わっている。前に、進化は抱き合わせでしか取引をしない場合があると述べたが、これはその一例だ。宗教的信念を偏愛すること自体は、適応には役立たないかもしれない。しかしその傾向は、適応的な機能を持つがゆえに選び取られた脳の、それ以外の特質と抱き合わせになっているのだ。だからといって、すべての人が信心深いということにならないのは、甘いものを好む傾向が自然選択によって選び取られたからといって、みんながみんな砂糖がけのドーナツに目がないわけではないのと同じことだ。しかし、次のことはいえる。脳の推論システムは、世界宗教に見られる特徴にとりわけよく反応するということだ。実際、そんな共鳴こそは、それらの特徴が宗教において根強く保持されている理由なのである。幽霊であれ神であれ、デーモンであれ悪魔であれ、聖人であれ魂であれ、宗教的な心が思い描いた奇抜な者たちは、進化する人間の心というオーケストラを自由自在に操る名指揮者なのだ。われわれはそんな者たちに目を釘付けにされて、指揮に合わせて振る舞い、指揮のみごとさを世に述べ伝える。そうして、宗教的に思い描かれた者たちが、広く世に流布していくというわけだ。[*13]

しかし、話はそれで終わりなのだろうか？　適者生存がわれわれの脳を用意して、うまく生存に適応した心は、宗教的感性を吹き込まれやすいということなのだろうか？　生命と宇宙の起源から死の意味まで、一見すると説明できそうにないものを説明するために宗教が果たしたと考えられる役割（多くの人たちにとっては、今も宗教が演じ続けている役割）は、どう考えればいいのだろう？　ボイヤーや、彼と同様の見方を提唱する多くの人たちは、こうしたことに関して宗教が果たす役割を否定しないが、そう考えたのでは、宗教がなぜ生じ、なぜそれが現在のような特徴を持つようになったのかは十分に説明できないと論じる。宗教の部屋にいるゾウ［誰もがその存在に気づいていながら、あえて話題にしないこと］は、人間の心なのだ。何よりもまず、心の進化論的本性に焦点を合わせなければ、この支配的な力を見逃すことになる、と彼らは言うのである。

ボイヤーと同僚の研究者たちが発展させた主張には説得力があり、洞察に満ちている。しかし、脳、心、文化という、あまりにも複雑な領域についてのすべての理論と同様、現代人すべてを、あるいは少なくともこの問題を注意深く考える人たちを納得させるほどの決定的結論は容易には得られない。さらに、宗教の認知科学により、人は生得的に宗教的な考えを吹き込まれやすいことがわかったとしても、宗教は進化の単なるおまけ、より早い時期の認知的な適応の副産物にすぎないという考えを疑う余地はある。他の研究者たちが論じてきたように、宗教がこれだけ普遍的なのは、それ自身として、われわれの適応度に貢献したからかもしれないのだ。

自己犠牲

狩猟採集部族の氏族集団が大きくなると、決定的に重要な問題が生じる。集団のメンバーが徐々に増えていくとき、仲間のあいだで協力と忠誠を保証するにはどうすればいいのだろう？ ダーウィンに起源を持ち、ロナルド・フィッシャー、J・B・S・ホールデーン、W・D・ハミルトンら、多くの著名な科学者たちによって何十年という歳月をかけて発展させられてきた考えによると、血縁集団の場合であれば、自然選択による進化がその問題をあっさり解決してくれる。[*14] 私は、兄弟姉妹と子どもたちや近い血縁者とは、遺伝子のかなりの部分を共有しているから、この人たちには忠実だ。ゾウの攻撃から妹を守れば、私の遺伝子のうち、妹のそれと同じ部分は生き延びて次の世代に受け継がれる見込みが高まる。私がそのことを理解している必要はない。勇気をふるって何かをするとき、将来の遺伝子プールにおける存在比を計算したりしないのは確かだ。しかし、標準的なダーウィン進化論によると、私が本能的に自分の親族を守ろうとしたり、親族集団のためにわが身を投げ打ちさえしたりする傾向は、自然選択によって選び取られているのである。そのように行動することで、私は自分の遺伝的な特性をかなりの程度まで共有する者たちの子孫が、後世に残る見込みを大きくする。この論証はシンプルでわかりやすいが、そこから次のような問いが生じる。集団が血縁の範囲を超えて大きくなるとき、相互に助け合うことの見返りとなるような遺伝的要素はあるのだろうか？

もしもあなたが、大きくなった集団のメンバーは拡張された家族なのだと私に思い込ませることができるなら、あるいは少なくとも、そう思い込んでいるような行動を私に取らせる手段を見出すことができるなら、この問題は解決するかもしれない。そのためにはどうすればいいだろう？　少し前に、物語は、他の心への理解を深めることにより、集団生活をスムーズに運ばせているのかもしれないという話をした。進化生物学者のデーヴィッド・スローン・ウィルソンと、彼と考えを同じくする何人かの研究者たちは、社会学者のエミール・デュルケームが二〇世紀初頭に打ち出したアイディアを発展させて、物語が適応に果たす役割を、はるかに大きく拡張した。[*15] 宗教は、教義、儀式、習慣、シンボル、芸術、行動規範を利用することで絶大な力を得た物語にほかならない。宗教は、その活動に聖性のオーラをまとわせ、それを実践する人々のあいだに心情的連帯を打ち立てることにより、血縁を拡張する。宗教は、血縁のない人たちに集団の一員としての資格を与え、資格を得た人たちは、強く結びついた集団の一員になったと感じる。遺伝的な重なりはごく小さくても、宗教的な帰属意識ゆえに力を合わせようという気持ちになるし、お互いを守るために行動しようという気にもなる、というのだ。

そういう協力は重要だ。とてつもなく重要だ。すでに見たように、人類が支配的になったのは、頭脳と体力をプールして集団生活を営み、力を合わせて働き、責任を分担し、集団として必要な仕事をこなすことができたからという面が大きい。宗教的な絆で結ばれた人たちの社会的な結束が強ければ強いほど、その人たちは、われわれの先祖たちの世界で大きな力を得ただろう。そして、この論証に沿って進めば、そういう結束が、宗教に帰属することにより適応度を高めるうえで重要な役割を果たしたに違いない。

この観点から、数十年に及ぶ論争が起こった。研究者の中には、集団の結束が進化論的に役に立つと言われると、呆れてものが言えないといった顔をする人たちがいる。そんな説明は、適応に役立つかどうかも定かではない社会的行動を説明するために、何かにつけて持ち出される、手垢のついた常套手段にすぎないというのだ。[*16] さらに、力を合わせることが適応に役立つかどうかは、それ自体として複雑な問題だ。協力的な人たちからなるどんな集団でも、利己的な者がシステムの裏をかくことはある。利己的な人たちは、仲間を大事にする人たちを騙して、本来なら自分のものではない資源を手に入れ、不公正に生き延びて、繁殖する可能性を増大させる。そんな利己的傾向は子孫に伝えられ、その子孫もまた同じ行動を取る傾向があるため、長い時間が経つうちには、相手を信用する仲間たちを――そしてそういう仲間たちの宗教的感性を――絶滅に追い込むだろう。宗教が適応に大きく役立つとはいっても、その程度のことだというのだ。

社会的な結束には宗教的基礎があると主張する人たちは、そのことは重々承知しているが、それは話の半分にすぎないと力説する。協力的なメンバーからなる孤立したグループという閉じた世界の中では、利己的な侵入者はたしかに勝利するだろう。しかしここで考察している集団――更新世の狩猟採集集団――は、けっして孤立していたわけではない。集団間には相互作用があり、戦いがあった。そして、考古学的な記録に関するひとつの解釈によると、集団間の戦いは死ぬか生きるかだった。みんなでより良い暮らしをするために力を尽くす協力的なメンバーからなる集団は、それ相応に良い暮らしができただろう。ダーウィン自身が述べたように、「同じ地方に住む原始人のふたつの部族に争いが起こったとして、もしも(他の状況は同じだとして)一方の部族には勇敢で共感力のある忠実なメンバーが多く、その人たちはつねにお互いに危険を警告し合い、助け合い、守り合うことができるなら、この部族が勝利を収めるだろう」からだ。[*17]

さらに、亡くなった先祖や、人間を見張っている神々への奉献に携わる人たちは、部族のためにという大義を大切にするはずだから、より信頼が置けただろう。[*18] したがって、遺伝的傾向が遺伝子プールに広がる様子を明らかにするためには、利己的な者が得をする集団内の力学だけでなく、協力的な者が得をする集団間のダイナミクスも考慮しなければならない。もしも何千世代にわたって集団間の成功が生き残りの計算を支配していたと仮定するなら、集団への忠誠が支配的になり、それゆえ社会を結束させる宗教の力が勝利しただろう。

このように考えれば宗教は勝利することになるが、その結論が成り立つかどうかは、「集団内の力よりも集団間の力のほうが支配的である」という仮定が正しいかどうかにかかっているため、相変わらず暫定的で、この考え方が、人類が狩猟採集をしていた時代の生と死を正確に描き出しているると、すべての人を納得させることは到底できそうにない。懐疑的な人たちの議論をさらに強めているのが、協力的な行動が有効だという結論は、宗教を持ち出すまでもなくもっと実際的な考察からも導き出せるという事実だ。ゲーム理論の数学による考察がそれだ。利己的な行動と協力的な行動というふたつの極のあいだには、集団を構成する個々のメンバーが採りうる戦略が無数にある。仮に私が、どちらかといえば献身的なタイプの人間だったとしても、もしもあなたがあまりにもしばしば私の利益に反することをすれば、私の利己的な面が強く出るかもしれない。いったんあなたが私の信頼を失ってしまえば、私は二度とあなたに挽回のチャンスを与えないかもしれない。あるいは、その後何度か私に良くしてくれれば、私はあなたに挽回のチャンスを与えることもありうる。こうした例は無数に考えることができる。さまざまな戦略を採る大勢のメンバーからなる大集団では、何が起こるだろうか？　異なる協力戦略ごとに、どれぐらい生存に役立つかも違うから、多くの世代を経るうちには、協力戦略そのものがダーウィン進化論的な選択を受けるだろう。研究者たちは、数学的解析とコンピュータ・シミュレーションを用いて、さまざまな戦略を互いに競わせてみた結果、いわゆるしっぺ返しの戦略——「あなたは私にお返しをしてくれる限りは、私はあなたに良いことをしてあげるが、あなたが私に対して良くないことをすれば、私は即座にしっぺ返しをする」――は、他のあらゆる戦略を高い信頼性で上まわる成功を収めることがわかった。はるかに利己的な戦略よりも、しっぺ返しの戦略のほうが成績が良かったのだ。つまり、理論的な解析からは、しっぺ返しのような条件つきの協力関係が、生き残りに役立つことが示唆されるのである。[*19] この結論は、宗教が勝利しているのは人びとを結束させる力があるからだとする説に懐疑的な人たちにとって、協力関係は組織的に生じ、自然選択によって広がりうることを示すものであり、もしそうなら、組織に参加する人たちが共通の宗教的信念を持つ必要はなくなる。

数十年を経て、この論争は決着したと言う研究者もいる。しかしその見方はどちらの陣営からも問題視されており、更新世に社会的結束を強めることで生き残りの可能性を高めたとされる宗教の役割については、今もコンセンサスは得られていない。これは複雑な問題だ。人を魅了する特質にはさまざまなものがあるが、そのなかでも、物語の魅惑、周囲のものごとに主体性を与える傾向、儀式が与えてくれるなぐさめ、説明をほしがる性向、コミュニティーとしての安全、予想に反することが持つ認知的魅力、といった特質を併せ持つ宗教は、人間が作り上げた豊かで複雑なシステムだ。そのシステムが作られたのはあまりにも遠い過去なので、確かなデータはないに等しい。古代の宗教実践についても、集団間の争いについても、確かなことはわからないのだ。そんなわけで、この論争はこれからも続いていくだろう。

それとは別に、宗教が持つかもしれない適応上の機能を評価するために集団の結束を重視する議論からは、本質的な部分が抜け落ちている可能性がある。さまざまな研究者が、宗教が適応度に及ぼす影響は、集団よりも個人レベルでのほうが、より直接的かもしれないと指摘しているのだ。

個人の適応と宗教

前章で言語の起源を探究したときに見たひとつの提案は、ヒエラルキーを維持して協力関係を育てるうえでゴシップが果たした役割に触れていた。現代では、ゴシップといえば他愛ないおしゃべりを想像するが、心理学者ジェシー・ベリングは、ゴシップは、宗教が古代世界で果たした適応的役割の中核だったろうと言う。人類がおしゃべりをする能力を獲得する以前には、集団の中のならず者が、何か悪さをしても——食べ物を盗んだり、性的パートナーを拝借したり、狩りの最中にわざと出遅れたり——、目撃者が少なく、目撃者たちの社会的地位が低ければ、まんまと罰を逃れることができたかもしれない。しかし、ひとたび言語が確立されると、状況は変わった。人の口の端にのぼるような犯罪をひとつでも犯せば、犯人の評判は落ち、繁殖する機会は激減しただろう。ベリングは、もしも犯罪者予備軍が、力のある者が自分を見ている——風に乗って空中を漂いながらこちらを見ていたり、木々のあいだから覗いていたり、空の上から見下ろしていたりしている——と思えば、罪を犯してゴシップのネタになり、社会からはじかれるような行動は取りにくかっただろうと言う。その結果として、その人は無事に子をもうけ、神を畏れる本能を子孫に伝える可能性が高まっただろう。宗教的傾向は、それを持つ人の遺伝子を受け継いだ子孫たちを守り、長く受け継がれることになった。[*20]

この説を支持する証拠が、ベリングが行った実験から得られている。その実験では、子どもたちに難しい課題を与え、それに取り組むあいだひとりにしておく。誰も見ていないと、子どもたちはあなたが予想する通りの行動をする。多くの子どもはズルをするのだ。しかし、その部屋には目に見えない何者かがいて、きみのことを見守っているんだよ、と言われた子どもでは、ズルをしない確率がはるかに高かった。目に見えない何者かがいるなんて信じないという子どもでも、同じだった。ベリングはこの結果から、子どもの心には、自分の行動をいつも監視している、目に見えない何者かがいるという状況に適応した行動を取る素因があると言う（ベリングは、子どもの心は、より大きな文化的影響を受けている大人の心と比べて、生得的な人間の本性をのぞき見るのに適していると論じており、その議論は妥当そうに思われる）。そして、まさにその素因――すなわち、宗教的感性を指向する素因――こそは、古代において、自分の評判を守るために社会性のある行動を取るように人々に仕向け、繁殖するチャンスを増大させて、その素因そのものをさらに広めたものだったろうとベリングは言うのだ。

宗教の適応的役割として、それとは別の提案もある。その提案は、本書の第1章でわれわれの進むべき道を定めた『死の拒絶』の著者アーネスト・ベッカーのヴィジョンを何十年もの時間を費やして充実させてきた、実験社会心理学者たちが発展させてきたものだ。それによると、人はみないずれ死ぬと気づいたことで生じる恐怖は、「生物学的に受け継いできたものを忘却のかなたに追いやり、手元に残したのは、文字通りにも象徴的にも死を回避することのできる超自然的な実在という、先祖たちの独創的な創造物だった」[*21]。われわれは、現実のものであれ象徴的なものであれ、身体の死を超える命を与えようという約束によって救われたのかもしれないというのだ。ベッカーその人も、超自然的な何かに訴えて死の気づきに立ち向かうことは、驚くべき人類の発明だという見方を支持し、説得力のある主張をした。人生の儚さを嘆く心を慰めるためには、無条件かつ無制限の耐久性を持つ緩和剤が必要だが、そんなものは、物質からできている現実の世界では手に入らないのだ。

がっしりした体つきの先祖たちが、不安に体をこわばらせてサバンナにうずくまっているのを想像するのは難しいかもしれない。しかし、これらの研究者たちは、巧妙な心理学実験を行えば、今この現代においても、死を意識することがわれわれに影響を及ぼすのがわかると言う。そんな実験のひとつでは、アリゾナ州の裁判官が、軽罪に問われた被告に罰金を科すという仕事を与えられた。書面による裁判官への指示には、標準的なパーソナリティー・プロフィールのアンケートが含まれていた。ただし、被験者の半数に対しては、死を意識させる質問がふたつほど付け加えられていた（「自分の死について考えると、どんな気持ちになりますか？」など）。法廷は、無政府主義に落ち込みかねない現実世界をコントロールするために社会が力を合わせて行う努力の一環だから――法律は文明の境界のすぐ外に潜んでいる危険への防波堤なのだ――究極的危険であるおのれの死を意識させられた裁判官は、いっそう強く法規を遵守させようとするだろうと研究者たちは予想した。その予想はみごとに的中した。それも、当の研究者たちが驚くほど、ふたつのグループの裁判官が勧告した罰金の額は違っていた。平均すると、死を意識させられた裁判官が科した罰金は、対照群のそれと比べて、なんと九倍も大きかったのだ。[*22]

研究者たちが力説したのは、感情を差し挟まず公平な判断を下すように訓練された法律家の心が、死をちょっと意識させられたぐらいでこれほど影響を受けるなら、われわれひとりひとりの心の中でその影響力がひっそり働いているという説を無下に却下する前に、少し立ち止まって考えてみたほうがいいということだ。実際、その後何百件もの研究が行われて、その影響力は実際に測定できるし、それもさまざまな状況で検出されることが示されている(それらの研究は、テーマも、実施された国も、研究の目標も、死を意識させる方法もさまざまで、選挙のブース、外国人嫌いの偏見、創造的表現、宗教的な所属まで、多様な状況で調べられた)[*23]。ベッカーは、文化が進化したのは、人の気持ちを挫きかねない死の意識を緩和させるためだと主張し、その主張は、これらの研究によって支持された。したがって、この観点からすると、もしもあなたがそんな可能性を鼻で笑うなら、それは文化がきちんと仕事をしていることの証拠なのだ。

われわれが宗教の進化論的ルーツについて論じるときの出発点になったパスカル・ボイヤーは、宗教に与えられたこの役割を否定する。彼はこう述べる。「宗教的世界は、しばしば超自然的な行為者のいない世界と寸分違わず恐ろしい世界だ。多くの宗教は安心を生み出すのではなく、暗黒の分厚い帳を生み出している」[*24]。しかし宗教的感性は、ベッカーの支持者たちが言うように、痩せこけた人たちを元気づけるものでも、ボイヤーが思い描いたように、献身的な信者たちに暗黒の影を投げかけるものでもなく、むしろ、とくに絶望しているわけではない者たちにささやかな恩恵を施してきたのかもしれない。おそらく古代の宗教的な活動は、より柔らかな光で死を照らし出し、日常経験を、より長持ちする物語に組み込んだのではないだろうか。それはウィリアム・ジェイムズが、「贈り物のように生活に付け加えられ、叙情的な魅惑か、または敬虔と英雄的資質に訴える力かの、どちらかの形を取る新しい興趣」を人々の心に染み込ませる一方で、「安全を請け合い、安らかな気持ちを」与えてくれると述べた宗教的経験の恩恵だ。[*25]

宗教がなぜ勃興したのか、そしてなぜしぶとく生き延びているのかについては、今もコンセンサスが得られていないのは明らかである。アイディアに不足はない。宗教が成功しているのは、自然選択によって進化した脳をうまく利用しているから、集団を結束させるから、存在論的不安をなだめるから、名声と繁殖の機会につながるから、等々、さまざまな説が提案されている。しかし、歴史的な証拠があまりにも乏しく、決定的な結論が得られることはないのかもしれない。また、宗教が果たす役割はあまりにも多岐にわたるため、たったひとつの包括的な説明ではカバーしきれないのかもしれない。それでも私は、宗教は、命には限りがあるという人間独特の認識に関係があるという考えを捨てることができない。スティーヴン・ジェイ・グールドは、その考えを次のようにまとめた。「われわれは大きな脳を持ったおかげで……自分はいつか死ななければならないことを知った」[*26]、そして「すべての宗教は、死に気づいたときに始まった」と。[*27] しかし、その後宗教が地歩を固めたのは、その気づきを適応に役立たせたからかどうかは、また別の問題だ。

脳に高度な秩序があるおかげで、われわれは無数の思考をし、行動を取ることができる。そうした思考や行動の中には、生き残りに直結するものもあるが、そうでないものもある。実際、多様な思考と行動ができることこそは、第5章で論じた人間の自由の基礎なのだ。議論の余地なく明らかなのは、われわれはそんな多様な思考と行動によって宗教を維持し、数千年という時間をかけて、この惑星上に広く影響を及ぼす制度に発展させてきたということだ。

宗教の始まり

紀元前一〇〇〇年紀に、インド、中国、ユダヤ〔今日のパレスチナ南部〕にわたる地域で、粘り強くて創意豊かな思想家たちが、それまで語り継がれてきた神話と生き方の見直しを行った。それに続いてさまざまな進展が起こったが、そのひとつが、哲学者カール・ヤスパースの言う、「今も人類とともにある、世界宗教の始まり」である。[*28] 今日の学者たちは、さまざまな発展のひとつひとつについて、それが宗教の始まりにどの程度関与したかをめぐって論争しているが、結果として起こったことについては意見が一致する。宗教体系は、追随者たちが物語を書き留め、洞察の中でもとくに質の高いものを選び出し、聖別された預言者によって信者たちに伝えられ、世代から世代へと口承されてきた教えを整備して聖典とするうちに、徐々に組織化されていったということだ。その結果として生まれたテクストの内容は当然ながらさまざまだが、どのテクストにも共通しているのが、本書の探究の旅をこれまで導いてきた問いに強い関心があることだ。われわれはどこから来たのだろうか？　そしてどこに向かっているのだろうか？

もっとも初期に書き残された記録の中に、インド亜大陸でサンスクリット語で綴られたヴェーダがある。その一部は、紀元前一五〇〇年という古い時代に書かれたものだ。紀元前八世紀以降に書かれたとみられる注釈の集成であるウパニシャッドとともに、ヴェーダはのちにヒンズー教の聖典を構成することになる膨大な数の、韻文、マントラ、散文の集成である。今日ヒンズー教を実践する人たちは、地球の住人の七人に一人にあたる一一億人にのぼる。私は、一〇歳にもならない子ども時代に、ヴェーダとウパニシャッドに個人的な接触を持つことになった。

一九六〇年代の末のこと、陽光が燦々と降り注ぐある日、私は父と妹の三人で、セントラルパークをのんびり散歩していた。あたりに満ちる時代の気分は、愛と平和、そしてベトナムだった。セントラルパークの「詩人の道」から少し離れたナウムバーグ野外音楽場で、われわれは一息入れることにした。そこにはクリシュナ教徒が大勢集まっていて、エネルギッシュに太鼓を叩き、詠唱し、踊っていた。ある信者は、両眼を腫らして涙を流しながら太陽を見つめ、太鼓のリズムに合わせて脈動するように踊ることで、アストラル界との感動的な霊的交わりを表現していた。少なくとも私にとって衝撃的だったのは、長く垂れた衣装に身を包み、頭頂部に一束の毛髪を残した以外はスキンヘッドで太鼓を叩いている人たちのひとりが、自分の兄であることに気づいたことだった。私はてっきり、兄は家を出て大学にいるものと思い込んでいたのだ。おそらくこの日の散歩は、兄の人生がすでにたどり始めていた道のことを私と妹に知らせるための、父なりのやり方だったのだろう。

その後の数十年間、兄とはめったに会うこともなかったが、たまに話をする機会があれば、いつも話題にのぼるのはヴェーダのことだった。ヴェーダは、話題の中心になることもあれば、背景に引いていることもあった。そんなヴェーダとの出会いが、私の興味関心の方向性に影響を及ぼしたのかどうかはわからない。あるいはまた、大きく異なる観点から似たような問題にアプローチする兄弟が対話すれば、そういう話題になるのは当然のなりゆきだったのかどうかもわからない。いずれにせよ、自分にはなじみのない宇宙の起源に関する古代の考察について知ったのは、間違いなく良い経験だったと思う。宇宙の起源について、ヴェーダはこう語っていた。「そのとき、無もなかりき、有もなかりき、空界もなかりき、その上の天もなかりき。何ものか発動せし。いずこにて発動せしか？　誰の庇護の下に発動せしか？　深くして測るべからざる水は存在せりや？　そのとき、死もなかりき、不死もなかりき。夜と昼を分かつ標識もなかりき。かの唯一物は、自力によって風なく呼吸せり。これよりほかに何ものも存在せざりき」[*29]。私は、ヴェーダは単にそれだけのものではないか、人間の普遍性に感動を覚えた。しかし兄にとって、ヴェーダは単にそれだけのものではなかった。それは、私が数学的に学んでいた宇宙論より大きなヴィジョンを与えるものだった。詩としてのヴェーダは、「すべての始まりの始まり」の謎を巧みに捉えている。メタファーとしてのそれは、「時間の前の時間」の不可解な本性について語る。瞑想としてのそれは、そもそも宇宙はなぜ存在するのかという、一見するとパラドックスのように思われる問いについて何かを語りかけるのかもしれない。たとえば、星のちりばめられた漆黒の空——畏敬の念を起こさせはするが、完全なる謎に包まれた天——の下で、パチパチと音を立てる焚き火のまわりに共同体の全員が集まって心をひとつにしているようなときには、ヴェーダの詩句はきっと何か伝えるものがあったのだろう。しかし、古代の賛歌や韻文、太陽、地球、月といった供え物となるべく、神々によってバラバラに切り裂かれた千の頭を持つ原人プルシャという想像力溢れる物語は、宇宙の起源を説明するものではない。それらの言葉に反映されているのは、パターンを探し、説明を求め、生き残りに適合したわれわれの心なのだ。心は、生きるために必要な枠組みを与えてくれる物語を作り上げる。われわれはいかにして存在するようになったのか、われわれは行動すべきなのか、その行動の結果として何が起こるのか、生と死の本性とは何なのかといったことを物語に仕立て上げるのだ。散発的な兄との対話を通してわかってきたのは、ヴェーダは、流砂のようにたえまなく移り変わる実在の基礎にある、安定して変わることのない特質を探究しているということだった。それは、物理学を研究する人たちの多くが、基礎物理学を特徴づけるために使いそうな表現だ。ヴェーダと基礎物理学はともに、日常経験といううわべの向こうを見たいという強い思いに駆り立てられている。だがその目的のためにやることとは、この両者ではまったく違う。

紀元前六世紀の半ば、今日のネパールに生まれ、ヴェーダを学んで成長したひとりの王子、ゴータマ・シッダールタは、先祖から受け継いだ贅沢な暮らしと、普通の人びとが耐えなければならないひどい苦しみとの格差に思い悩むようになった。有名な話によると、ゴータマは恵まれた身分を捨て、人間の苦しみを和らげる方法を探して世界を放浪することにした。彼の死後、追随者たちは彼の洞察を発展させてその教えを広め、今では地球上の人口の一二人にひとりにあたる五億人ほどの人が実践する仏教となっている。仏教思想が広まるにつれて無数の分派が生じたが、すべての分派に共通するのが、人の知覚は実在を見誤らせるという信念だ。世界には、一見すると安定して見える特質があるが、真実は、いっさいはたえず変化しているというのである。ヴェーダにルーツを持ちながらも、仏教はそれを離れて、存在の根底には時間が経っても変わらない基層があるという考えを否定し、人間の苦しみの根源は諸行無常を悟れないことにあるとする。仏陀の教えは、真実をより鮮明に見るための生き方の指針を与えようとするものだ。そしてヴェーダと同様、そんな悟りの境地に至るまでには、輪廻転生を経るとされる。しかし最終的には、欲、苦、我を超越した永遠の幸福に到達することによって、輪廻からの解脱を目指す。死んでからも命が続いていく領域として人類が思い描いてきたものが、死の謎に向き合うために心が作り上げた驚くべき策略だとするなら、ヒンズー教と仏教が死に向き合う態度は、さらに驚くべきものだ。なにしろ、このふたつの宗教は、永遠の命から解き放たれることを目指すというのだから。死には、輪廻の一段階の始まりという新たな位置づけが与えられる。そして、輪廻からの解脱が成し遂げられれば、個々の存在が、他とは区別されない領域に入る。限りある命としてわれわれが生きる人生は、時間のない世界へと続く道のりにおける、聖なる儀式なのだ。

ヒンズー教と仏教は、日常の知覚が与える幻影を超える実在を探求するが、過去一〇〇年間に起こった驚異的な科学的進展の多くもまた、同じことをやろうとしてきた。そのため、これらの宗教と現代物理学にはつながりがあると考え、そのつながりを明らかにすると称する記事や本を書いたり、映画を作ったりする人たちがいる。これらの宗教と科学にはものの見方や用いる言葉に似たところがあるのは確かだが、私は、あいまいなメタファーとしての共鳴以上のものに出会ったことがない。一般向けの本の中で現代物理学について語るときには、私もほかの著者たちも、ハードルを下げることを第一に考えて、数学はあまり使わないようにするのが普通だ。しかし数学は、決定的に重要な科学の拠り所なのである。どれだけ注意深く選ばれ、練り上げられた表現でも、言葉は方程式を翻訳したものでしかない。そんな翻訳を、他の分野との接点を確立するための基礎にしたところで、そんなつながりが詩的な類似性のレベルを超えることはまずないのだ。

この判断は、霊的指導者の少なくとも何人かの意見とも調和する。何年か前のこと、私はダライ・

ラマとともに、ある公開討論会に招かれたことがあった。そのとき私は、現代物理学は極東で何千年も前に見出された教えを要約したものだとする本が非常に多いことに注意を促して、ダライ・ラマに対し、あなたはそういう主張を正しいと思われますかと尋ねた。これに対する彼の率直な答えは、私に大きな感銘を残した。「意識に関しては、仏教には語るべき大切なことがあります。しかし、物質的実在については、私たちは、あなたや、あなたの同僚のみなさんの仕事に目を向ける必要があります。あなたたちのほうが、より深いところを見通しているからです」[*30]。私はそれを聞いて、世界中の宗教指導者や霊的指導者たちが、ダライ・ラマの簡潔で恐れを知らない誠実な言葉を手本としてくれるならどんなにいいだろうと思った。

仏陀がインドを放浪していたのとほぼ同じ頃、ユダ王国のユダヤ人はバビロニア人にひどい仕打ちを受けて流浪の民となっていた。ユダヤ人の指導者たちは、民族のアイデンティティーを成文化しようとバラバラだった文書を寄せ集め、口承の歴史を聞き取ったものを監修して、初期のヘブライ語聖書を作った――その書物は発展を続けて、アブラハムの宗教の聖典となり、今日では地球上の人口の二人に一人を超える四〇億人ほどの人たちに実践されている[*31]。ユダヤ教、キリスト教、イスラム教の神は、全知全能にしていたるところに遍在し、あらゆるものを作った唯一の創造者だ――全知全能の創造者というのは、宗教について語られるときに、聖俗を問わず世界中の多くの人たちがまず思い浮かべる概念ではないだろうか。

旧約聖書には、広く知られた独特の「始まりの物語」が綴られている。実は旧約には、始まりの物語がふたつある。第一の物語は、天と地の創造に始まり、男と女を作るところで終わる、六日がかりの創造の話だ。第二の物語では、創造には一日しかかかっていない。男のほうが早く作られて、昼寝をしているあいだに女がその場面に登場する。そのふたりから何世代も続くことになるのだが、それらの人物がどこに行き、いつ死んだかについて、旧約聖書ははっきりしたことを教えていない。よみがえりに関係する短い言及がふたつほどあるのを別にすれば、死後の生にはこだわりがないようだ。その後、ユダヤ教の神秘主義者と解釈者たちは、別の世界を待つ不死の魂にまつわる考えを無数に創作したが、膨大な資料や注釈と矛盾しないものはひとつとしてない。それから五〇〇年ばかり後に、キリスト教が、地上で生きる時間をはるかに超えて同一性を保つ永遠の魂という考えに触発された教義を発展させると、ユダヤ教であいまいだった点は取り除かれていった。それから五〇〇年ほどのちに生まれたイスラム教は、同様のテーマに取り組むために、それ独自の包括的な信念体系を導入する。その信念体系は、近づきつつある最後の審判の日——そのとき死者が復活し、良き者は天上で永遠の命を与えられ、そうでなかった者は地獄に落とされて永遠に苦しむことになる——を尊ぶという点において、キリスト教の教えと調和する。

今ざっと眺めた五つばかりの宗教を合わせると、地球の人口の四人に三人を上まわる信者がいることになる。何十億人もの信者がいれば、宗教の実践や様式は大きく変わるし、今日世界中で実践されている、より小さな四〇〇〇ほどの宗教を合わせれば、献身の程度や具体的な教義の内容の幅はさらに大きく広がるだろう。それでも、あらゆる宗教に共通する、いくつかの特徴がある。たとえば、どの宗教にも尊ばれる人たちがいる。その人たちは、ものごとを大きな観点から見ることができるとか、ものごとの始まりと終わりや、われわれはどこに向かっているのか、そしてそこに到達するにはどうするのが最善なのかといったことが書かれた物語を知る立場にあるとされる。いっそう深い共通性として、どの宗教も、信者になれば神聖な心が得られるという、広く普及した期待がある。世界は、いかに生きるべきかを教える物語や、行動の指針になるとされる言葉に満ちている。それらをまとめた宗教の教義が高く位置づけられるのは、信者の心にある種の信念を生むからなのだ。

信じることへのやむにやまれぬ欲求

何年も前のこと、大きなプロジェクトの最終段階で頭がいっぱいだったときに、ワシントン州で開催されるある集会で基調講演をしてもらえないかという招待状が舞い込んだ。それも一興だと思った私は、よく調べもせずにその招待を受けてしまった。数ヵ月後、講演が間近に迫った頃、私が呼ばれたのは「ラムサの学校」だということに気がついた。それは、レムーリアという失われた土地から呼びかけてくる三万五〇〇〇歳の戦士ラムサとチャネリングしていると主張するジュディ・ゼブラ・ナイトが率いる組織だ（レムーリアは失われた大陸アトランティスとたびたび戦争をしていたらしい）。ざっと調べてみると、なかなか興味深い動画がいくつか見つかった。動画のひとつは昔のマーヴ・グリフィン・ショーのある回のもので、ナイトは頭を後ろに投げ出したのち、がくんと体を前に倒し、ヨーダとエリザベス二世のどこか中間のような声で語り、いかにもレムーリアの賢者然としていた。うちの幼い娘は、私の肩越しにその動画を見て、笑わないように懸命に堪えていたが、ついつい笑ってしまっていた。もしも、そんな団体の招待を受けるという大失敗に落ち込んでいなかったら、私も笑っていただろう。しかしそれはもう講演の前日のことで、そつなく辞退するには遅すぎた。

現地に到着した私がまず目にしたのは、囲いで仕切られた大きな原っぱのような場所で、目隠しをされ、腕を伸ばしてうろうろと動きまわる何百人もの人たちだった。私を案内してくれた人の説明によると、この人たちは自分の人生の夢を二枚のカードに書き、一枚は自分の服にピンで留め、もう一枚は原っぱのどこかに置いてあるということだった。この課題は、身につけたカードと同じものがどこにあるかを「感じ取る」ことだ。それを感じ取れるようになることが、夢の実現に向かう重要なステップなのだという。「で、成績はどうですか?」と私は尋ねた。「それはもう、上々ですよ。このセッションでは、すでに自分のカードと同じものを見つけた人がいます」と案内人。次に見たのは、目隠しをして弓矢を持った人たちだった。ぜひ一緒にやってみてくださいと言われたが、私は健全な心的距離を取り、その誘いを断った。このツアーにひとりのカメラマンが入り込んでいるのに気づいたからにはなおさらだった。目隠しされて弓矢を持った人たちの成績は、目隠しされてカードを探す人たちのそれと同程度だった。最後に、二〇代か三〇代ぐらいの若い女性に引き合わされた。その人にはテレパシーの能力があって、シャッフルされたトランプカードの山の中で、連続した何枚かのカードを読み取ることができるという。「ダイヤの7です」と、その女性は次のカードを予測した。「あら、しまった、クラブの6だわ。でも、ひとつしかズレていないわね。次はスペードの9。あら、ダイヤの3だったわ。わかった、さっきのダイヤはこれのことだったのね」という具合だ。その女性は、毎日何時間も練習しているのだが、もっと練習が必要ねと私に語った。

私は周囲の人たちに、のちには基調講演の中で、いくつか基本的なことを言わずにはいられなかった。その多くは、本書の中ですでに述べてきたことだ。われわれは周囲の世界を観察して、そこにパターンを認める種だ。たいていの場合、パターンを認めるのは良いことである。自然選択は長い時間をかけて、人間や物体が現れては移動する様子にパターンを見出す力を与えてくれた。ちょっとした視覚的な手がかりがありさえすれば容易にパターンを認めるのは、その力のおかげだ。動物の振る舞いにもパターンを見出すため、動物に近づいてもよいのか、動物から逃げたほうがよいのかを予想することができる。石であれ槍であれ、物体が投げられたときの飛び方のパターンに気づくことができれば、祖先たちが獲物を倒して食事にありつくためには非常に役立ったろう。われわれはパターンを通してコミュニケーションを取る手段を作り上げ、それを使って世界でもっとも影響力のある集団――部族や国家――を形成している。要するに、パターンを認識する能力は、われわれが生き延びるための方法なのだ。しかし、と私は話を続けた。われわれはときに、それをやりすぎる。自然選択によって選び取られたわれわれのパターン検出器はときに感度が良すぎ、何かというと信号があったと宣言するせいで、ありもしないパターンを見、相関を思い描く。初歩的な数学を使えば、平均すれば四回に一度は、トランプカードの模様は当てられることがわかる。一三回に一度は、トランプカードの数字を当てられる。そんなパターンがあっても、テレパシーの能力があるということにはならないのだ。原っぱをでたらめに歩いて自分のカードを見つけることも、ごく稀にはあるだろう。しかしそれは、あなたの夢が実現するかどうかとは関係がない。注目すべき一致がどれだけ頻繁に起こらなかったかを、あなたがたは知っているだろうか？　そう私は問いかけた。

洞穴を思わせる納屋にぎゅうぎゅう詰めになった参加者たちは、そのとおり！　と、私に賛同して叫んだ。多くの人がスタンディングオベーションをしてくれた。私はその場のみんなに、ありがたいけれど、困惑してもいます、と率直に言った。私は、深遠なる実在を見出すためにあなたたちが採用しているアプローチと実践では、どうにもならないと言っているのですよ、と。するとまたスタンディングオベーションが起こった。

その後、私の著書のサイン会の場で、少なからぬ参加者が小声で本音を聞かせてくれた。「少なからぬ人が、ここで起こっていることの多くに賛同していません。おかしいことはおかしいと言ってくれる人がいるのは大事なことだと思います。でも、何かそれだけじゃないものがあって、私たちはそれを感じることができるんです。より深い真理を探したいという、同じ思いに駆り立てられている人たちと一緒にいる必要があるから、私たちはこの英知の学校に来ているのです」。その気持ちはよくわかる。真理への強い欲求なら私もよく知っている。物理学の歴史には、数学と実験による英雄的な探索によって何かを明らかにしたエピソードが繰り返し現れる。その何かは、しばしば理解を超えていて、それを解明するためには、自分たちの実在像を書き換えなければならなかった。われわれが現在得ている理解は、膨大なデータを気味が悪いほど高い精度で説明できるが、それでもなお暫定的な理解にすぎないと信じるに足る理由がある。だからこそわれわれ物理学者は、実在像の見直しはこれからもあると思っているのだ。それでも、われわれは探索のための道具を何世紀もかけて見直し、科学を厳密に行うための数学的方法と実験的方法を手に入れてきた。われわれはそれらの方法を学生に教え、研究仲間に伝える。そういう科学的方法には、実在の隠れた特質に高い信頼性でアクセスする力があることが、すでに示されているのだ。

私は、突飛な主張にも耳を傾けるつもりだ。もしも注意深くデザインされた再現可能な実験で、たとえば、一組のトランプ・カードの中に隠されたカードを感じ取る能力が調べられて、その能力を使った場合の正答率が、ランダムに答えたときの正答率よりも高いことが示されたり、人類のメンバーである人物が、失われて久しい土地からやってきた古代の賢者とチャネリングする能力を持つことが、確かなデータで裏づけられたりすれば、私はそれに興味を持つだろう。猛烈に興味を持つだろう。しかし、そんなデータはないし、将来的に得られるだろうと考えるいかなる理由もないのである。また、そんな主張が、実在の仕組みについて得られている知識のすべてに反するものではないという議論がない以上、なんであれ、そんな主張を支持する根拠はないと結論すべきなのだ。

そのことから次の疑問が生じる。宇宙を創造し、われわれの祈りを聞き届けてそれに応え、われわれの発言や行動を追跡して褒美や罰を与える、目には見えない全能の存在を信じるための基礎は、たったひとつでもあるのだろうか？　この問いに答える前に、「信じるということ」の概念を肉付けしておく必要がある。それは時間を割いてでもやる価値のあることなのだ。

信念、信頼度、価値

「あなたは神を信じますか」と私に質問してくる人たちのほぼ全員が、量子力学に対する私の考えを問うときとまったく同じ意味で、「信じる」という言葉を使う。実は私は、このふたつの質問を立て続けに受けることがよくある。そんな質問に対し、私は信頼度の観点に立って話をすることが多い。量子力学に対する私の信頼度は高い。それはこの理論が、電子の磁気双極子モーメントといったこの世界の特徴を、小数点以下九桁以上の精度で予測するからだ。それに対し、神の存在に対する私の信頼度は低い。なぜなら、神の存在を支持する厳密なデータが足りないからだ、と。この例からわかるように、信頼度は、感情をまじえない、本質的にはアルゴリズムに従う証拠の検討から生じる。

実際、物理学者がデータを解析して得られた結果を発表するときには、確立された数学的手続きを使って、信頼度を定量化している。一般に、「発見」という言葉が使われるのは、定量化した信頼度がある閾値を超えたときだけで、データに含まれる統計的ゆらぎのせいで誤りに導かれる確率が、三五〇〇万分の一以下でなければならない（この数字は恣意的に思えるかもしれないが、統計的な分析から自然に現れるものだ）。もちろん、信頼度がどれだけ高くても、「発見」の真正性が保証されるわけではない。その後に行われる実験で得られたデータによって信頼度が修正されることもある。しかしその場合でも、アップデートされた信頼度の数値をはじき出すアルゴリズムは、数学が与えてくれるのだ。

日常生活でそんな数学的方法を使う者はまずいないだろうが、そこまで解析的ではないにせよ、われわれはそれとよく似た方法で信念を得ている。ジャックとジルが一緒にいるのを見かければ、ふたりはつき合っているのかもしれないと思う。ふたりが一緒にいるところをたびたび目撃すれば、つき合っているという判断の信頼度は上がる。その後、ジャックとジルは兄妹だったことがわかれば、それまでの評価をご破算にする。このように、新しい情報を得ては修正を加えるというプロセスを続ければ、いずれは世界の真の本性を反映した信念に到達するだろう、とあなたは思うかもしれない。しかし、そうとは限らないのだ。進化は、われわれの脳の働きを、実在と合った信念を形成するようには設計しなかった。進化は、生き残りに役立つ行動を取らせる信念を好むよう、われわれの脳を設計したのだ。そしてそのふたつは必ずしも一致しない。もしも先祖たちが、カサコソという音に気づくたびに慎重に調べはじめていたら、自由意志を持つ行為者に訴えるまでもなく、たいていのことは説明できると気づいただろう。しかし、環境への適応という観点からすると、真実を知るために苦労の多い調査をしても得るものは少ない。何万世代ものあいだ、われわれの脳は、手っ取り早い理解を優先させて正確さは後まわしにしてきた。迅速な反応は、しばしば熟慮の末の評価に勝る。信念のドラマでは、真実は重要な登場人物ではあるが、生存と繁殖にあっさり人気をさらわれるのだ。

進化が、感情という新たな登場人物を信念のドラマに付け加えると、話はさらに込み入ってきた。一八七二年、自然選択による進化という考えを世に問うてから一〇年あまりを経て、ダーウィンは

『人間と動物の感情表現』を発表し、感情表現の主な駆動力は文化ではなく、生物学的に適応した脳だという自らの確信を探究した。ダーウィンは、自分の子どもたちを観察したデータと、幅広く配布した質問票、そして長期にわたる探検で収集した比較文化のデータにもとづいて、たとえば、嬉しいときに微笑んだり、恥ずかしいときに赤くなったりする傾向は普遍的だという自分の確信を根拠づけた。こうした反応は、世界中のどの文化にも見られると思って間違いないということだ。それからの一五〇年間に、研究者たちはダーウィンの指針に沿って、さまざまな人間感情を生んでいるとみられるシステムを調べ、そもそもなぜ感情があるのかを説明してくれそうな適応上の役割を探した。その研究によると、もっとも重要な感情は、間違いなく恐怖だ――危険に直面して迅速に行動し、生理的に反応することには、はじめから重要な適応上の価値があった。親の愛情は、無力な子どもにとって不可欠な世話の原動力だが、これもまた古い時代からあった感情のようだ。ばつの悪い思いをしたり、罪の意識を持ったり、恥辱を感じたりすることは、より大きな集団の中で役立つ行動をすることに関係がある。こうした感情は、もっと後になって、集団の規模が大きくなるにつれて生じたようだ。[*32] ここでのわれわれの興味に関係があるのは、選択圧は、言語を処理して、物語を語り、神話を作り、儀式を執り行い、芸術を創造し、科学を探究する人間の心を形成したのとかなりの程度まで同じやり方で、豊かな感情を持つ能力をも形成したということだ。感情は、人間が進化する道のりのいたるところに網の目のように張り巡らされていた。そして、生き残るために必要な能力を獲得しつつある心の内部で、合理的分析と感情的反応の複雑な兼ね合いから出現したのが、信念だったのだ。[*33]

われわれが信念を得るときの計算には、社会的影響、政治的力、打算的な便宜主義など、さまざまな要因がからんでくる。子どもの頃は、親の権威によって信念に強いバイアスがかかる。母親や父親が本当だと言うなら、それは本当だということになるのだ。リチャード・ドーキンスが述べたように、自然選択は、子どもたちが生き残る見込みを大きくする情報を与える親が多くの子孫を残せるように働いたから、お父さんやお母さんを信じることには進化論的に意味があるのだ。子どもがもう少し成長すると、多くの者は、自分自身で信念計算を始める――調査し、議論し、本を読み、異議を申し立てる。しかしその計算も、既存の期待や、他人の信念の影響を受けることで、しばしばバイアスがかかる。たいていの人は、信じるに値すると思われる権威のリストをどんどん長くしていく――教師、リーダー、友人、役人、その他、任命された専門家、等々というふうに。われわれはそうして権威に頼るしかないのだ。何千年という時間をかけて蓄積されてきた知識を、自力で再発見したり、検証したりできる者はいない。私はかつて、ほとんど悪夢といってよい夢を見たことがある。それは博士論文の口頭試問の場面だった。審査官はクスクスと含み笑いをしながら、物理学の量子力学的な「法則」を支持するすべての実験とすべての観察結果は、でっち上げだと言うのだった。尊敬する物理学の権威たちが祭られた神殿と、信頼していた同業者のコミュニティーに欺《あざむ》かれて、私は手の込んだ悪ふざけの餌食になったのだ。その夢のシナリオは現実離れしているが、実のところ、私が自力で検証したことのあるのは、量子力学という分野によって重要な実験のほんの一部から得られた結果だけだ。私はほとんどの結果を、信仰にもとづいて受け入れていると言われても仕方がない。

私の信頼は、数十年間に及ぶ直接的な経験から得られたものだ。物理学者たちは、注意深く集められたデータだけに注目し、仮説を厳しく吟味し、厳密な一組の基準に合うもの以外はすべて捨てることによって、人間の主観性を極力排除しようとする。その様子を、私は間近に見てきた。しかし、物理学者がどれほどまじめに取り組んでも、歴史的な偶発性や、感情に駆動される人間のバイアスは入り込む。量子力学への主要なアプローチのひとつ（いわゆるコペンハーゲン解釈）の起源をたどれば、この理論が生まれた当時、影響力を振るっていた強い個性の持ち主たちに至る。この説が生まれた経緯については、私の著作のひとつである『隠れていた宇宙』を参照してほしいが、もしも量子力学が別の配役で発展させられていたら、科学としての形式はまったく同じでも、コペンハーゲン解釈という特定のパースペクティブが何十年ものあいだこれほど主要な位置を占めることはなかったろうと私は思っている。科学の素晴らしさは、継続的な研究によって、ある時代の教義が、次の時代には慎重に見直され、客観的真理という目的に向かって近づいていくところだ。しかし、客観性を確保するためにデザインされた学問分野においてさえ、そのためにはいくつもの段階を踏む必要があり、時間もかかる。

場当たり的で感情に左右される人間の日常活動の領域では、信念のスペクトラムは幅広くて奇想天外だ。そのせいで混乱が生じたり、イライラすることもあるが、信念の多様性自体は、なんら驚くべきことではない。自分の信念を形成するときに、その内容面でも、形成のための戦略面でも、科学に目を向ける人たちがいる。その一方で、権威に頼る人たちもいれば、コミュニティーに頼る人たちもいる。信念を強要される人たちもいるが、その強要のあり方は、ときに巧妙、ときに強硬だ。信念を形成するにあたって、伝統を何より重んじる人たちもいれば、カンに頼る人たちもいる。そして、心の奥底では——それは普通はモニターされることのない、心の情報処理センターだ——、人は、個々人の性格と、今挙げたような信念形成の方策とを、さまざまに組み合わせて使っている。さらに、互いに両立しなかったり、矛盾したりする信念を持っていることをほのめかす行動を取ることもある。私は時折、願掛けをしたり、死者に語りかけたり、神頼みをしたりするが、そんな自分をなんら恥じてはいない。そういう行為は、世界に関する私の合理的信念にぴったり収まるものではないが、ときにゲンをかつぐ自分が、私は嫌いではない。実際、ひととき合理的な縛りから踏み出すことには、ある種の楽しさがあるのだ。

もうひとつ注意したいのは、大学の哲学者たちは、信念を精密に検討することで俸給を得ているが——隠された仮定があれば明らかにし、欠陥のある推論に人びとの注意を向けさせることが彼らの仕事だ——、そんな信念への向き合い方は、今日ほとんどの人がやっていることとは違うし、先祖たちもそれはしなかったということだ。たいていの人は、多くの信念を検討しないまま一生を過ごす。おそらくそれもまた、適応上は有利なのだろう。宇宙の根本原理や人間の本性などについて深く考え込めば、食糧備蓄が少なくなっていることや、毒グモがひそかに接近していることに気づけないだろう。誰かが何かの信念を持っているとき、われわれは往々にして、その人はその信念を、集中的な思索と徹底的な検討によって得たのだろうと考えがちだが、それはしばしば事実と異なる。ボイヤーが指摘するように、「われわれは、超自然的な行為者という概念……が、心に提示されるのだろうと考えるし、なんらかの意思決定プロセスが、その概念を妥当だとして受け入れるか、または却下するのだろうと考える」。しかし、超自然的行為者という概念は、脳の推論センターの業務（その行為者を検出し、心の理論を当てはめ、われわれとの関係を追跡する）のほとんどに快い刺激を与え、自然選択は、気づきの閾値よりはるか下で独自の診断を下す力を脳の推論センターに与えたため、合理的な裁判官が判決を下すという、信念獲得の裁判モデルは、「宗教的な概念がいかにして獲得され、表象されるかを説明するモデルとしては、かなり歪曲されているのかもしれない」[*34]。

「信じている」と言うにふさわしいと思われる事柄も、時代とともに変化する。カレン・アームストロングは、古代のエレウシス密儀を実践していた人たちについて、次のように述べた。もしもその人たちが、「ペルセポネは、神話に言うように、本当に冥界に降りたと信じているのですかと尋ねられたならば、返答に窮したことだろう[*35]」。その問いは、冬を信じるかと尋ねられるようなものだ。もしもあなたがそう尋ねられれば、あなたはきっと、「信じるもなにも、冬は季節でしょう」と答えるだろう。それと同じく、先祖たちがペルセポネの冥界降りを完全に信じていたのは、「どこに目を向けても、生と死は分かちがたく絡み合い、大地は死んではまた蘇るからなのだ。死は恐ろしくてぞっとするし、避けられないことではあるが、それがすべての終わりではない。あなたが冬枯れの植物を切って捨てたとしても、その植物はまた新たな芽吹きを迎える[*36]」。神話は、「この話を信じろ」と言っているのではない。神話を聞いた者が信仰の危機に直面して、考え抜いたすえに危機を脱してそれを信じるようになるというのでもない。神話は、詩的な枠組みを与えてくれるのだ。それはいわば隠喩的な思考様式であり、神話のおかげで解釈できるようになった世界と、分かち難く絡み合っているのである。

　もしかすると、神話に起こったことには、時間をかけて発展してきた自然言語に起こったことと似たところがあるのかもしれない。[*37] 物語を語る者は、力強くて創造的な表現をしたいと苦心し、文章にメタファーをちりばめる《スプリンクル》。たった今、私もメタファーをひとつ使ったのだが、あなたはきっと気づかなかっただろう。われわれはシチューに塩を振る《スプリンクル》し、ペーストリーには砂糖をかける《スプリンクル》。「スプリンクル」はあまりにも手垢のついたメタファーになっているので、出来たての文章というご馳走に、飾りの言葉をちりばめる手つきを読み手に想起させることはまずない。メタファーは時とともに使い古され、最初は持っていた詩的な特質は失われる《エヴァポレイト》（蒸発《エヴァポレイト》するのは水であって、詩は蒸発しないのだが）。そしてメタファーは日常生活でも活躍する便利な表現《ワークホース》になる（働くのは馬であって、言葉ではないのだが）。要するに、メタファーは誇張でも修飾でもない、そのものズバリを表す言葉になるのだ。おそらくそれと似たプロセスが、神話や宗教に現れるさまざまな概念にも起こっているのだろう。世界に目を向けるための、喚起的で、詩的で、隠喩的な方法として始まった神話が、しだいにその詩的な性格を失い、メタファーとしての意味を捨て去り、そのものズバリを語っているものとして読まれるようになったのかもしれない。

　私がそんな直解主義に一番接近するのは、なんらかの神は存在するかもしれないと認めるときだ。その可能性を排除することは、誰にもできないと思う。神の影響力とされるものが、数学的な法則で記述される実在の推移にいかなる意味においても修正を加えないのであれば、その限りにおいて、神はわれわれが観察することのすべてと両立するからだ。しかし、単に両立するというのと、説明として必然性があるのとでは、天と地ほども違う。われわれは、アインシュタインの方程式と、シュレーディンガーの方程式、ダーウィンとウォレスの進化論の枠組み、ワトソンとクリックの二重螺旋、その他多くの科学業績に訴えてものごとを説明するが、それはこれらの業績が、われわれの観察と両立するからではなく（これらの業績は、もちろん観察と両立する）、われわれが観察することを理解するための、強力で、詳細で、予測力のある説明の枠組みを与えてくれるからなのだ。その尺度で見るなら、宗教の教義が、右に挙げた業績のリストに加わることはない。信仰を持つ人たちの多くは、当然ながら、そんな尺度は的外れで重要ではないとみなすだろう。問題は、直解主義の観点では、その評価［強力で、詳細で、予測力のある説明構造を与えるかどうか］は、はじめから排除されているということだ。世界についての直解主義的な主張と考えられる宗教的断言のうち、確立された科学法則に反するものは、間違っている。それらは端的に間違っているのだ。そんな場合にも直解主義を通すことは、ラムサは存在するという主張を受け入れるのと同じなのである。

それにもかかわらず、もしもわれわれが直解主義から距離を取ることを厭わなければ——聖典の記述のいいとこ取りをして、残忍だと感じたり、今日では通用しないと思われたりする部分は無視し、物語に書かれていることを、詩的な、あるいは象徴的な表現と解釈するか、もしくはより単純にフィクションと解釈すれば——、宗教の教義が（あるいはラムサの教義でさえ）、合理的言説の一部に留まることは十分に可能なのだ。そのほうが良いと考える理由はたくさんある。宗教の超自然的な特質や形而上学的な主張には目をつぶり、われわれの人生が、より大きな物語、一部の人たちにとってはより満足のいく物語の中で展開するのを見ることで、喜びや癒しが得られるかもしれない。人間が置かれた条件の本質的な特質を象徴的に捉えた感動的な記録として宗教の物語を読むことで、大切にしたい価値を引き出せるかもしれない。特定の宗教の教義を、科学的理解と合致させる解釈体系を作り上げるという、困難な取り組みに面白さを感じるかもしれない。経験をより充実させつつ合理性を否定しないように、宗教の表面に少し仕上げを施せば、世界への向き合い方に宗教的感性が添えられることで、得るものがあるかもしれない。宗教に自分の居場所を作れば、支持と連帯が得られることもあるだろう。宗教儀式に参加すれば、豊かな気持ちにもなれるだろう。人生行路を神聖なものにして、尊い伝統と自分を結びつける、聖化された特別な日々を経験できるかもしれない。そのように宗教に向き合えば、目的を持って参加できる活動や、生きることへのモチベーションや、参加できるコミュニティーが得られるし、豊かな人生への導きが得られるかもしれない――そんな導きを得ることは、一部の人にとっては大きな意味を持つだろう。このように宗教と向き合うためには、教えの内容を事実として信じる必要はない。こうした向き合い方は、それが真実かどうかによらず、教えの内容には価値があると信じる気持ちが反映されているのだ。

一世紀以上前にウィリアム・ジェイムズは、宗教的経験について洞察に満ちた、そして真情あふれる分析を行ったが、そこには物理学と意識に関するダライ・ラマの言葉と響き合うものがある。ジェイムズは、科学は客観的で個人の感情を排したアプローチを推進するが、実在の完全な記述は、われわれの内的世界を考えることによってしか達成できないと力説した。内的世界に存在するのは、「自然現象の恐ろしさや美しさ、夜明けや虹の『約束』、雷鳴の『声』、夏の雨の『おだやかさ』、星の『崇高さ』であって、これらの現象が従う物理法則ではない」と言うのだ。[*38] デカルトと同じくジェイムズもまた、われわれの内的経験は、われわれにできる唯一の経験だという点を強調する。科学は客観的実在を探究するかもしれないが、われわれは心が施す主観的な処理を介してしか、その客観的実在にアクセスすることができない。それだからこそ、人間の心は、主観的実在を生み出すことで、客観的実在を執拗に解釈しようとするのだ。

それゆえ、宗教的実践を――ここではむしろ霊的実践と言ったほうがよいかもしれないが――心の内側を探究するものとして行うなら、つまり、実在の主観的経験による内面に向かう旅とするなら、「あれこれの教義は客観的な事実を反映しているのか？」といった問いには副次的な意味しかなくなる。[*39] 宗教的探究、ないし霊的探究は、何か具体的な外的世界の要素についての探究である必要はない。むしろ探究すべきは、心の内側に広がるランドスケープなのであり、そこにはジェイムズの言う、恐怖と美、約束と声、やさしさと崇高さという光景がある。彼はそれらの光景を、われわれが価値を定め、意味を見出すためにいつの時代も持ち出してきた、善と悪、畏敬の念と畏怖の念、驚異と感謝など、人間が作り上げてきた無数の概念とともに挙げた。個々の粒子を見るための努力をどれだけ重ねても、数学的な基本法則を追究するためにどれほど心血を注ごうとも、これらの概念は垣間見ることさえできないだろう。これらの概念が出現するのは、ある特定の複雑な粒子配置が進化して、考え、感じ、反芻する能力を獲得したときだけなのだ。そして、激しく動きまわる粒子からなるそんな集団が存在できることそれ自体、なんと素晴らしく、なんと喜ばしいことだろう。そんな粒子集団は、厳格な物理法則の支配下で運動しながら、内なるランドスケープに住まうそれらの特質を、外の世界に引き出すことができるのだ。

尖ったメタファーも時が経てば丸くなるという言語のアナロジーは、自明ながら多くを物語る重要な事実を伝えている。その事実とはすなわち、宗教の多くは古いということだ。その古さが重要なのである。そのことから、宗教的実践は、何千年とは言わないまでも何百年ものあいだ、人びとの意識をしっかり捉えてきたことがわかる。また、さまざまな取り合わせで儀式に構造を与え、この世界にはあなたの居場所があるということを人々に伝え、道徳的感性を導き、芸術的霊感を与えて作品を作らせ、あなたも英雄的な物語に参加しようと誘いかけ、死がすべての終わりではないという約束を与えてきた。もちろん、厳しい罰で脅すこともあれば、人びとをけしかけて戦わせることもあったし、教えに反した人びとを奴隷にしたり殺したりすることを正当化することもあった。宗教は善いことも悪いこともやってきたし、おぞましいと言うしかないこともやった。しかし、そのすべてをやったうえで、宗教的な伝統は続いてきた。物質的実在に関する証明可能な基礎についてはまったく洞察を与えなかったが（それをするのが科学だ）、宗教は、それを信奉する人たちの一部に対し、すべては調和しているという感覚を与えてきた。その感覚が、人生に文脈を与え、よく知るものも見知らぬものも、喜びも苦しみも、より大きな物語の中に位置づけを与える。そうしてすべてを位置づけることによって、長い歴史のある宗教は、その始まりのときから今日までの信者をつなぐ系譜を提供してきたのである。

私はユダヤ人として育てられた。主な休日には家族みんなで礼拝に出かけたし、地域のヘブライ語学校にも行かされた。学校には毎年新しい生徒が入ってくるから、そのたびにヘブライ語のアルファベットからやり直すことになったため、私は教室の片隅の机にすわって、静かに旧約聖書をめくっていた。両親にはだいぶ文句を言ったが、実を言えば、サムエルやアブサロムやイシュマイルやヨブ、その他どの登場人物についての物語も面白かった。しかし長年のうちには、私はしだいに宗教と距離を取るようになった。きちんとしたかたちで宗教に関係する必要をほとんど感じなくなったのだ。その後、オックスフォード大学の大学院時代に研究をひと休みして、私はイスラエルに旅した。若いアメリカの物理学者がエルサレムの道を歩きまわっているという噂を、熱血ぎみのラビが聞きつけた。そのラビは若者の居場所を突き止めると、やはり「宇宙の起源を学んでいる」というタルムードの学者たちに取り囲ませて、ひたすらうやうやしい態度を取る二〇代半ばの学生を説き伏せ——というより無理やりに——、自分の寺院に来て、テフィリン〔聖句箱〕の儀式で用いる伝統的な革紐の装身具で両腕と額を覆うことを承知させた。ラビにとって、この出会いはまさしく神の意志だった。学生は、信者集団に連れ戻されるべく運命づけられていたのだ。学生にしてみれば、心も決まらないまま神聖な行事に無理やり参加させられるのは気が重かった。結局、革紐を解いて寺院を出たとき、学生は終わってせいせいした気分だった。

しかし、父が亡くなったとき、ユダヤ教の教えを守るミニヤン〔正式な礼拝構成人員で、一三歳以上の男性一〇人〕が、毎日我が家の居間で、カディシュ〔葬儀の祈禱〕を唱えてくれたことは大きな慰めになった。父は宗教的な人ではなかったけれど、何千年も昔にさかのぼる伝統に包まれ、先立つ無数の人たちにも授けられた儀式を経験していたのだ。男たちが詠唱した宗教的な文言が、どういった内容なのかは問題ではなかった。それはアラム語で、古代の音の集まりであり、韻律とリズムに刻印されたユダヤの民の詩だった。それを英語で言えばどうなるかといったことは、私はまったく興味がなかった。何日か続いた詠唱のひととき、私にとって重要だったのは――いわば私の信念の本性は――歴史と繫がりだった。私にとってはそれこそが、伝統の威光であり、宗教の威厳なのである。

第8章

本能と創造性

聖なるものから崇高なるものへ

一八二四年五月七日のこと、ルートヴィヒ・ヴァン・ベートーヴェンは、交響曲第九番の初演のために、ウィーンのケルントナートーア劇場の舞台に姿を現した。ベートーヴェンが演奏のために人前に出るのは、ほぼ十二年ぶりのことだった。演奏会のプログラムには、ベートーヴェンは指揮の補助をするだけになるだろうと告知されていたが、劇場の席がしだいに埋まり、聴衆のあいだに期待が膨らんでいくにつれ、彼は自分を抑えることができなくなった。第一バイオリンのヨーゼフ・ベームによれば、「ベートーヴェンも、自ら指揮をした〔指揮者は別にいた〕。つまり彼は指揮台の前に立ち、頭のおかしな男のように、体を大きく前後に動かしたのだ。精一杯に背伸びをしたかと思うと、次には床にうずくまった。両手両足を大きく振り回して、あたかもすべての楽器を自ら演奏し、合唱全体を自分で歌いたがっているかのようだった」[*1]。ベートーヴェンは、重い耳鳴り——彼の言葉によれば「耳の中の咆哮《ほうこう》」——に悩まされており、この頃には聴力をほぼ失っていた。そのため、オーケストラが最後のトランペットを鳴り響かせたとき、彼はそうとは知らずに数小節ばかり遅れて、すさまじい勢いで指揮をしていた。コントラアルトの歌手がそっとベートーヴェンの袖を取って、ぐるりと後ろを振り向かせた。するとそこには、ハンカチを振り、大きな歓声を上げている聴衆がいた。ベートーヴェンは咽び泣いた。しかし、いったい彼はどうやって、自分の頭の中でしか聞いたことのない音が、人類の心の中の普遍的な感情に訴えることを知ったのだろうか?

神話と宗教は、われわれの先祖たちが、集団としていかに世界を理解しようとしたかを教えてくれる。伝統は物語、儀式、信念を取り込みながら、ときには共感をたたえ、ときにはひどい無慈悲さを示しながら、それまでの旅に説明を与え、さらにその先へとわれわれを駆り立てる物語を探し求めてきた。個人としてのわれわれは、集団としてたどってきたのと同じ道をたどりつつ、本能と独創性に頼って生き延び、生きることの意味を探ってきた。その旅の途上、一部の者たちは驚くべき新しい方法で実在の調和を捉え、文学、芸術、音楽、そして科学上の仕事を通して、われわれの自己意識の見直しを迫り、われわれと世界との関係を豊かにするような深い考察をもたらすことになる。そんな創造的精神は、もうだいぶ昔から、小さな像を刻み、洞窟の壁を彩色し、物語を語るようになっていたが、いよいよ大きく飛び立つ時が来たのだ。

偉大な人物——稀にではあるがどの時代にも生まれ、どのひとりもみな自然によって形づくられ、なかには神の霊感という想像上のものによって形づくられた人たちもいる——は、捉えがたいものに表現を与える新たな方法を発見するだろう。そんな人たちの創造の旅が、推論や検証を超えたところにある真理に表現を与え、経験されるまでは黙して語ることのない、人間本性の重要な特質に声を与えることになるのである。

創造すること

パターンに対する感受性は、われわれが生き残るための技能の中でも、もっとも有力なもののひとつである。これまで繰り返し見てきたように、われわれはパターンを観察し、パターンを経験するが、もっとも重要なのは、パターンに学ぶことだ。あなたが一度私を騙せば、騙したあなたの恥になる。二度私を騙せば、騙された私の恥になる、とまで言うのは厳しすぎるかもしれないが、三度、あるいは四度、あなたが私を騙せば、騙された私の恥と言われてもしかたがない。パターンに学ぶことは、進化がわれわれのＤＮＡに刻み込んだ、生き残りのための重要な才覚なのだ。地球を訪れた異星人は、われわれとは異なる生化学的基礎を持つかもしれないが、パターンの概念はすぐに理解できる可能性が高い。パターン分析は、彼らの高度な繁栄にとってきわめて重要だと考えて、まず間違いないだろう。

それにもかかわらず、銀河系のかなたからやってきた異星人とのやり取りは、心の出会いの場として理想的なものにはならないかもしれない。われわれにとって大切なパターンの中には、地球に来訪した異星人には理解できないものもあるだろう。白いカンバスの上に特定の色素を置いたり、大理石の塊から特定の部分を取り除いたり、押し合いへし合いする空気分子に特定の振動をさせたりすれば、パターンが生じ——絵画の場合は特定の光のパターン、彫刻なら肌合いのパターン、音楽は音のパターンが生じる——、われわれ人間がそんなパターンに出会えば、予想もしなかったやり方で実在の窓が開かれるのを感じる。短い、しかし感覚的には果てしなく長い時間のうちに、自分がどこか別の場所に転送されたかのように感じることもある。もしも異星人たちに、それと同様の経験をしたことがあれば、われわれが何を言っているのかは理解できるだろう。しかし、創造的な仕事に対するわれわれの内的反応について語れば、異星人は、ポカンとわれわれを見つめるだけになるかもしれない。そういう経験を記述しようとしても言語には限界があるため、異星人たちが地球上で大陸から大陸へと移動して、人類という種のメンバーが単独で、あるいは集団になって、芸術と音楽の世界に没頭し、コツコツと拍子を取ったり、くるくると回ったりするのを見たとすれば、困惑の表情をするかもしれない。

芸術的な表現に対するわれわれの反応に戸惑う異星人は、芸術作品を作ることについても、それと同じぐらい、あるいはそれ以上に困惑することになりそうだ。何も書かれていないノート、真っ白なカンバス、何も刻まれていない大理石の塊、形のない粘土の塊、作曲家にインスピレーションが湧くのを待っているまっさらの五線譜。あるいは、作曲されたのちに、演奏されるのを、歌われるのを、あるいは踊られるのを待っている楽譜。人類という種の中には、形のないものから取り出された形を思い描くことに夜昼を分かたず取り組む者もいれば、流れ出る音をただ想像して過ごす者もいる。人生のエネルギーの重要な部分を、そんな創造的なヴィジョンに形を与えるために費やし、尊崇され、恐れられ、無視され、あるいは、存在の本質とみなされるようなパターンを空間と時間の中に生み出す者もいるだろう。フリードリヒ・ニーチェは、「音楽のない人生など、何かの間違いだ」と述べた。[*2] ジョージ・バーナード・ショーのエイクレイシア〔戯曲『メトセラへ還れ』第五部の登場人物で、芸術の理解者〕は、「芸術がなかったなら、実在の粗雑さゆえに、世界は耐え難いものになるでしょう」と言う。[*3] しかし、いったい何が、創造の衝動に火をつけるのだろうか？　その衝動は、自然選択によって形づくられた、行動にかかわる本能が触媒となって動きだすのだろうか？　それとも、われわれは長きにわたり、時間とエネルギーという貴重な資源を、生き残りと繁殖にはほとんど関係のない芸術的追究に費やしてきたのだろうか？

　われわれは何の打診もないままに、この世界に投げ込まれる。そしてこの世界に来てからは、ひととき人生を楽しむことを許される。創造の手綱を取り、自分にコントロールできる何か、自分だけの何か、自分が何者なのかを反映した何か、あるいは人間存在について独自の解釈を摑み取るような何かを生み出すことは、どれほど心の高揚する経験だろう。シェイクスピアやバッハ、モーツァルトやゴッホ、ディキンソンやオキーフと立場を交換させてあげようと言われれば、断る人は多いだろうが、これらの人たちが創造力を駆使して生み出した作品を堪能させてあげようと言われれば、多くの人はその申し出に飛びつくだろう。自分の作品が放つ光で実在を照らしたり、自分だけの分子配置から溢れ出した仕事で世界を感動させたり、時の試練に耐える経験を作り出したりするというのは、どこか夢物語のようでもある。ある人たちにとって、創造のプロセスには魔法がある。それは、自分を表現することへの抑え切れない衝動だ。またある人たちは、創造のプロセスに、地位を高めたり、尊敬されたりするための機会を見る。さらにまた別の人たちにとって、創造のプロセスには、永遠へのまなざしがある——キース・ヘリングがかつて述べたように、われわれが芸術作品を作り出すのは、「不死の探究なのだ[*4]」。

もしも想像力の産物である作品を生み出して消費することが、人間行動のレパートリーに最近加わったものなら、あるいは、人類の歴史を通して稀にしか行われなかったものなら、そんな行動が、進化したわれわれ人間の本性に普遍的な特質を明らかにしてくれる可能性は低い。つまるところ、たまたま珍奇なものが生じることはある（ベルボトムとか、揚げバナナなど）。そういったものの歴史的な系譜を丹念に洗い出したところで、たいしたことはわからないだろう。しかし実際には、遠い過去にまでさかのぼって、人間が暮らした場所ならどこででも、われわれは、歌い、踊り、音楽を作り、絵を描き、塑像し、彫刻し、物語を書いてきた。前章で見たように、洞窟絵画と手の込んだ副葬品は、三万年から四万年ほど前のものが見つかっている。また、芸術表現がなされたことを示すエッチングと人工遺物については、数十万年前のものが見つかっている[*5]。われわれがここで直面しているのは、広く行われているにもかかわらず、飲み食いや子作りとは異なり、生存にとって明らかに価値があるとはいえない行動なのだ。

現代の感覚では、とくにおかしなこととは思えないかもしれない。魂を高揚させたり、感動に涙させたりする芸術作品に触れることは、味気ない日常を超える経験であり、誰でも心が躍るだろう。しかし、「われわれがアイスクリームを食べるのは甘いものが好きだからだ」という、皮層的な意見と同様、「われわれが創造的行為をするのは芸術が好きだからだ」というこの説明もまた、芸術に対するわれわれのさしあたっての反応だけに焦点を合わせている。そんな説明が当てはまるのは、心を掻き立てて創造に向かわせる、もっとも直接的な動因だけなのだ。では、より深い説明は得られるのだろうか？　先祖たちが、生き残るための現実的な問題から率先して目をそらし、貴重な時間とエネルギーを費やして、想像力を振るう仕事に取り組んだ理由について、洞察は得られるのだろうか？

セックスとチーズケーキ

前章で、物語を語る初期の人類に出会ったとき、われわれはこれと同じ問いを立てた。その問いへの答えとしてもっとも説得力があったのは、フライト・シミュレーターのメタファーに訴えるものだった。われわれは言語を創造的に用いることによって、既知のものも未知のものも含めた大きな眺望を得て、現実世界で出会う出来事への応答の幅を広げ、洗練させてきたというのがそれだ。物語を語り、聞き、潤色し、語り直すことにより、われわれは結果に苦しむことなく、さまざまな可能性を試してみることができる。「もしも……だったら？」で始まる道を次々と踏破し、理性と空想力を働かせ、起こりうるさまざまな結果を探る。われわれの心は、空想上の経験からなるランドスケープを自由にさまよい歩くことで、おそらくは生き残りに役立つであろう頭の回転の速さを手に入れたというのだ。

しかし、芸術という、より抽象度の高いものについて考えるときには、この説明には見直しが必要だ。心は、辛酸の末に勝利した戦いや、危険な旅についての魅力的な物語を利用して、勇気や英雄的行為といった理想を飾り立てると考えるのはかまわない。しかし、心は、更新世のエディット・ピアフやイーゴリ・ストラヴィンスキーに耳を傾けることで、生き残るための力を鍛えていると考えるのは、ちょっと違う気がするのだ。音楽を経験すること――あるいは絵画やダンスや彫刻を経験すること――と、先祖たちが当時の世界で直面した困難を乗り越えることのあいだには、深い溝がありそうだ。

ダーウィンその人は、クジャクのオスの尾羽（上尾筒）に関する、よく知られた進化の謎に動機づけられて、生まれながらの芸術的感性には、適応に役立つ機能があるのかもしれないと考えた。大きくて色鮮やかな尾羽を持てば、天敵の目を逃れにくくなるし、急襲する捕食者からも逃げにくくなるだろう。そんな派手で美しい、しかし一見すると適応度の低そうな構造が、なぜ進化したのだろうか？　ダーウィンは考え抜いた末に、クジャクのオスの尾羽は、生き残りをかけた戦いでは足かせになりかねないが、その一方で、クジャクの繁殖戦略にとっては本質的に重要な一部になっていると結論した。クジャクのオスの尾羽に魅力を感じるのは、われわれ人間だけではない。クジャクのメスにとっても、それは魅力的なのだ。メスのクジャクたちは、オスが立派に見える美しい尾羽に魅力を感じる。それゆえ、オスの尾羽が立派であればあるほど、そのオスはつがいになる相手を得やすいだろう。その結果として生じた子は、父の特色と、母の好みを受け継ぐ可能性が高く、より多くの食物を得たり、安全を確保したりすることによってではなく、美しい尾羽を持つことによって勝利するタイプの遺伝子戦争を広めることになるだろう。

これは「性選択」の一例である。性選択は、ダーウィン進化論のメカニズムのひとつで、それを駆動しているのは繁殖へのアクセスだ。若くして死ぬクジャクは繁殖できない。そもそも繁殖できるということが、子を持てるまで生き延びる個体に対して、自然選択が有利に働く理由なのだった。しかし、繁殖できるようになるまで生き延びたとしても、交尾相手になりうる個体からまったく相手にされないクジャクは、やはり繁殖できない。のちの世代の生物学的な構成に影響を及ぼすためには、まず生き残らなければならないが、ただ生き残るだけでは不十分なのだ。重要なのは、子孫を作ることなのである。そんなわけで、交尾の機会を増やすような特徴を持つことは、ときに安全性を犠牲にしたとしても、自然選択に有利に作用するだろう。[*6] 安全性を犠牲にするコストは、天文学的に高いものにはなりえない——生き残りが完全に不可能になるほど、尾羽がお荷物になることはない。しかし、安全性を犠牲にするコストが、ゼロである必要もないのだ。そして、クジャクのオスの尾羽はわかりやすい例ではあるけれど、それと同様の考察が当てはまる種は多い。シロクロマイコドリは、潜在的な交尾相手を誘うために、モッシュピット［ロックコンサートで客が激しく踊るステージ前の場所］で踊り狂うような歩き方をする。ホタルは、催眠性のありそうな光を点滅させ、相手が得られれば、チラチラと点滅する光のショーが始まる。オスのニワシドリは小枝や葉っぱや貝殻、ときにはカラフルな飴の包み紙などを集めて飾り立てた東屋を作るが、どうやらその東屋は、未来のミセス・ニワシドリを誘惑する以外の目的には役に立たないようだ。[*7]

ダーウィンが一八七一年の二巻本『人間の由来と性選択』で、はじめて性選択を記述したとき、その提案がすぐさま広く支持されたわけではなかった。彼の同時代人の多くには、人間以外の動物の野獣的行動が、美しさに対する反応によって決定されているなどということがあるとは思えなかったのだ。[*8] ダーウィンは、鳥やカエルが、太陽が地平線に沈むときの赤みがかった光を見つめながら詩的な物思いにふけるさまを思い描いたわけではない。彼の言う美的感覚は、交尾相手の選択だけに的を絞ったものだった。それでも、ダーウィンが「美に対する好み」[*9]を動物界へと大きく拡張したのは、大胆すぎると思われたのである。人間の美的感性を神からの贈り物と考えていたアルフレッド・ラッセル・ウォレスにとって、ダーウィンの考えは由々しきことだった。[*10]

しかし、もしも美しさに対する生まれながらの感性に原因を求めないのなら、動物界のいたるところで演じられている無数の交尾ゲームにおいて重要な、派手すぎる飾り、独創的な誇示行動、物理的な構築［手の込んだ巣作りなど］は、どう説明すればよいのだろうか？　実はこの問題に答えるためのアプローチには、それほど高尚ではないものがあるのだ。もう一度、オスのクジャクの尾羽を考えよう。われわれ人間はその尾羽の美しさを評価するが、クジャクのメスにとってオスの尾羽は、遺伝に関する重要な情報として、本能的な応答を引き起こすのかもしれない。みごとな尾羽で飾られたオスのクジャクは、丈夫で健康で、やはり丈夫な子を作る可能性が高い。ほとんどの動物種のメスがそうであるように、メスのクジャクは、オスに比べればわずかな子孫しか残せないから、適応度の高いオスをとくに強く好む傾向を発展させてきた。オスとメスとのそんな結びつきは、そのつど資源を大量に消費する――それゆえ大切な機会である――受精の成功率を上げるだろう。[*11] オスのクジャクの華麗な尾羽は、潜在的な交尾相手が丈夫で元気だということを目に見えるかたちで知らせ、そんな尾羽に引き寄せられるメスのクジャクは丈夫な子を残す可能性が高い。そうして生まれた子たちは、平均すれば、華やかな羽飾りを好み、あるいはそんな尾羽を身につけて、未来の世代にその特徴を広げる遺伝子を獲得するだろう。性選択についてのこの分析においては、美には表面的な見た目に留まらない深さがある。美しさは、つがい相手になるかもしれない個体の適応度を伝える、公開された信用度の高い証拠になるということだ。

いずれにせよ——つがいの相手の選択を駆動しているのが、美的センスなのか、健康の目安なのかによらず——結果として生じる選り好みは、体に関するものであれ、行動に関するものであれ、それだけでは生き残りに有利に働くとは思えないコストのかかる特徴を好む傾向に、合理的な根拠を与えうる。この説明は、われわれ人類が長きにわたって、ほぼ普遍的に行ってきた美的活動にも当てはまりそうなので、性選択は、その問題を解決してくれるのではないかと考えてみたくなる。実際、ダーウィンはそれが解決策だと考えた。彼は、人間がボディーピアスをしたり、身体を彩色したりする傾向を説明するために性選択に訴え、音楽がときに引き起こす強力な応答は、求愛鳴きを発達させた性選択がさらに進化した結果かもしれないと述べた。歌ったり踊ったりするのが上手だったり、魅力的な入れ墨をしていたり、飾り立てた衣服を身にまとうことができたりする男性は、選り好みの激しい女性のターゲットになり、首尾よく繁殖して、芸術的センスに恵まれた子を残したのかもしれない。ボーイ・ミーツ・ガールの場面では、少年がひとりぼっちで家に帰るかどうかを決定したのは、芸術的な才能だったのかもしれないというのだ。

もっと最近では、心理学者のジェフリー・ミラーと、ミラーとは独立に哲学者のデニス・ダットンも、この見方をさらに発展させて、人間の芸術的能力は、洞察力のある女性がじっくり検討する適応度の指標になるという説を提唱した。[*12] 熟練の技で作り上げた工芸品や、創造的な方法での作品展示や、エネルギッシュなパフォーマンスは、精力的に活動する心身を見せつけるだけでなく、芸術家が生き残りに役立つ資質に恵まれている証明にもなるというのだ。つまるところ——と、その論証は続く——芸術家は、物質的な資源と身体能力に恵まれているからこそ、生き残りに役立たない活動に時間とエネルギーを費やすことができるのだ(更新世の芸術家たちは、どうやら腹ペコではなかったらしい)。この立場からすると、芸術的な営みは、才能ある芸術家と選り好みの激しい配偶者を結びつける、自己宣伝のマーケティング戦略のようなものだ。その結果として、芸術的才能やそれを好む傾向を持たない子孫よりも、それを持つ子孫のほうが増えていく。

人間の芸術活動は性選択によって進化してきたという説は興味深いけれど、意見の一致よりは、むしろ論争を生んできた。研究者たちは、多くの問題点を指摘する。芸術的才能は、身体の丈夫さを正確に伝える信号なのだろうか? 芸術的な才能は、生き残りに役立つことが明らかな、初歩的知性や創造力といった特質と密接に絡み合っているため、性選択を持ち出すまでもなく、自然選択によって普通に広まったのではないだろうか? 性選択は男性の芸術家に焦点を合わせるが、女性の芸術活動はどう説明するのだろう? そしておそらく最大の難問は、更新世の求愛行動の儀式や実践についてもそうだが、当時の芸術活動が人々のあいだにどの程度根づいていたのかについて、これまで言われてきたこともまた、ほとんど想像の域を出ないということだ。ルシアン・フロイドやミック・ジャガーがモテまくったのは伝説的だが[画家ルシアン・フロイドは、一説によれば四〇人ほどの子をもうけ、ミュージシャンのミック・ジャガーは五人の女性とのあいだに八人の子をもうけた]、だからといって、初期の人類にとって芸術的才能やステージパフォーマンスが繁殖の機会を得るために重要だったといえるだろうか? そんな懸念から、ブライアン・ボイドは、熟慮の末に次のようにまとめた。「性選択は、芸術へと向かわせるひとつのギアではあったが、エンジンそのものではなかっただろう」[*13]。

スティーヴン・ピンカーは、芸術が適応に役立つかどうかを考えるために、それとはまったく別の観点を打ち出す。ピンカーは、批判的な人たちからも、彼を支持する人たちからもたびたび引用されてきた一文で、言語芸術を別にして、芸術はすべて、パターンにこだわる人間の脳に合わせて作った、栄養という点ではめちゃくちゃなデザートのようなものだと言う。「チーズケーキには、自然界にある他のどんなものとも異なる強烈な刺激が詰め込まれているが、それはこの食べ物が、われわれの快感ボタンを押すという明確な目的のために人間によって作り上げられた、快楽中枢を刺激するものを混ぜ合わせて過剰投与する食べ物だからだ」。それと同じく芸術は、われわれの祖先たちが生き延びる可能性を高めるように進化した人間の感覚を、不自然に刺激して興奮させるために作られた、適応には何の役にも立たない代物だ、とピンカーは言うのだ[*14]。これは、芸術なんてくだらないと言っているのではない。きびきびと構築されたピンカーの議論には、文化的なメタファーがふんだんに盛り込まれ、彼が芸術に深い愛着を抱いているのは明らかだ。むしろ彼の議論は、ある特定の任務に芸術がひと役演じたかどうかに関する、公平な判定なのである。その任務とは、われわれの先祖たちが生きた世界で、芸術性のかけらもない、音痴で、不器用で、教養も審美的情操もない者の遺伝子ではなく、それを持つ者の遺伝子が次世代に伝えられる見込みを高めることだ。そして、われわれの先祖の遺伝子を後世に残すことに、芸術は関係していないとピンカーは言うのだ。

たしかに、進化は甘い言葉でわれわれに囁きかけ、生物学的適応度を高める行動を取らせてきた。たとえば、食べ物を探したり、繁殖のための相手を確保したり、同盟を作るために安全を保障したり、敵を追い払ったり、子に教育を与えたりといった行動がそれだ。平均すれば繁殖を成功に導き、遺伝的に子孫に伝えることのできる行動が広く普及して、適応度を上げるうえで障害になるものの一部を乗り越えるメカニズムになった。そんな行動を形成するために進化が使った人参のひとつが、快感だ。もしも生き残りの可能性を高める行動を快いと感じれば、その行動を取る可能性は高まるだろう。その行動は生き残りの見込みを高め、繁殖できる年齢まで生き残りやすくするだろう。その結果として、その行動傾向は次世代に伝えられる。こうして進化は、適応度を高める行動が自己強化するフィードバック・ループの集合を作る。ピンカーの観点からすると、芸術は、そのループにハサミを入れて適応上の利得と切り離し、快感センターを直接刺激して、進化の観点からすれば得るに値しない快楽をわれわれに得させるのだ。われわれは芸術が与えてくれる感覚が好きだが、芸術作品を作ることも、それを経験することも、われわれの適応度を上げたり、われわれを魅力的にしたりはしない。生き残りという点からすると、芸術はジャンクフードなのだ、とピンカーは言うのである。

音楽はピンカーが好んで使う例で、彼は、この芸術分野は適応にはまったく関係ないということを、他のどの分野よりも丹念に論証する。音楽は聴覚に寄生している、つまり、遠い過去には先祖たちが生き延びるために役立ったであろう、感情を揺さぶる聴覚の感度の良さにタダ乗りしているというのだ。たとえば、協和関係にある振動数（共通の振動数の整数倍になっている振動数）の音が聞こえれば、単一の音源があることが示唆され、その音源を突き止められる可能性がある（初歩的な物理学によれば、捕食者の声帯であれ、骨から作った武器であれ、細長いものから出る音の振動数は調和級数になることが多い）。先祖たちの中でも協和音を快く感じた者は、そうでない者より音に注意を払い、周囲の環境に敏感になっただろう。そうして感度の高まった知覚は、それを持つ者の生き残りに有利に働き、聴覚はさらに感度を上げただろう。雷や足音、木の枝が折れる音など、情報を多く含む音に対する感受性が高まると、環境に向ける注意もさらに鋭くなっただろう。こうして、音響に対して感受性の高い先祖たちは生き残りやすくなり、続く世代に磨き上げられた聴覚を広めただろう。ピンカーによるなら、音楽は音に対するそんな感受性をハイジャックして、生き残りには役立たない感覚的快楽という、コストや結果などおかまいなしの世界に先祖たちを導いた。チーズケーキは、カロリーの高い食べ物を好むという、大昔に人類が身につけた傾向を不自然に刺激するが、音楽もそれと同じく、情報コンテンツが多い音に注意を向けるという、大昔にわれわれの先祖たちが身につけた、最初は生き残りに役立った感受性を不自然に刺激しているというのだ。

ピンカーが、やましい喜び［高カロリーの食べ物を味わうこと］と、高尚な経験［音楽鑑賞］とを同列に扱うのは気になるところだが、彼はわざとそうしているのだ。彼の狙いは、われわれの芸術体験を貶めることではなく、われわれが重要だと位置づける対象の範囲を広げることにある。たしかに、あれこれの人間行動の進化論的基礎を突き止め、その行動がわれわれのDNAにしっかり刻印されているとなれば、なにかしら納得がいく。人類が成し遂げたことのうちでも、もっとも崇高だと多くの人が認める芸術が、ヒトという種の生き残りに重要な役割を果たしてきたと思えば、なんとも喜ばしい気持ちになる。しかし、どれほど喜ばしくても、だから真実だということにはならない。また、だから重要だということでもない。生物として適応していることが、価値を決める唯一の基準ではないのだ。生き残りを心配しなければならない状態を脱して、想像力を振るい、美しいもの、心を騒がすもの、胸を引き裂くものを表現できるようになることは、生き残るのと同じぐらい素晴らしいことだ。重要であるためには、かならずしも適応的である必要はないのである。だいぶ前のこと、地域のレストランで家族で夕食を摂っていたときのこと、ウェイターが近くのテーブルにチーズケーキを運んでくると、いつもダイエット中だった私の母は、思わず立ち上がってチーズケーキに敬礼をした。母のその行動は、チーズケーキそのものに対する敬意だけでなく、ピンカーの見方によれば、このデザートにそんな適応上の区分〔何の役にも立たない感覚的快楽の刺激物〕を与えることになった、広く普及した人類行動に対する敬意の表れでもあったのだ。

芸術的想像力は、生き残りに役立たないのか？

適応に役立たないからといって芸術は何ら恥じる必要はないとわかっても、研究者たちは、芸術の耐久性と普遍性に対する、直接的な進化論的説明を探すことをやめようとしない。進化論的説明とはつまり、芸術活動を、先祖たちの生き残りに直接結び付けるような説明だ。人類学者のエレン・ディサナヤケはその路線で研究を続け、芸術を考えるときには、古代に実践されていたようなものとして捉えなければならないと力説する。芸術や宗教は人類の歴史を通じて、「一週間に一日とか、午前中だけとか、あるいはもっと役に立つ仕事がないときに」楽しみとしてやるようなことではなく、「やらなければやらずにすむような、単なる時間潰しでもなかった」と彼女は言う。[*15] 洞窟の壁を装飾するために地下深くに降りて行くにせよ、一心不乱に太鼓を叩いたり、踊ったり歌ったりして別の世界にトランスするにせよ、芸術は宗教と同じく、古代の生活様式に織り込まれていた。そここそ、適応に役立つ可能性をはらんだ芸術の役割があるというのだ。

もしも異星人が旧石器時代の地球を訪れて、一〇〇万年後に勝利しているのはどの生物かに賭けたとすれば、ヒト属の生物に賭ける者は多くはなかったろう。しかしわれわれは、筋肉と頭脳を供出し合って、われわれよりも嗅覚、視覚、聴覚の鋭い動物たちだけでなく、より大きくて、力があり、すばやく動ける動物たちより優位に立つことができた。われわれが勝利したのは、資源に恵まれ、創造的だったからだが、なんといっても、他に例がないほど社会的な動物だったからだ。これまでの章では、建設的な集団を作るという人間の能力を発揮させるためのメカニズムとして、物語、宗教、ゲーム理論のしっぺ返しの戦略などを取り上げた。しかし、こうした行動は、単に有力なだけでなく複雑でもあるため、ひとつの説明ですべてをカバーすることはできないのかもしれない。いくつかのメカニズムが組み合わさって、建設的な集団を作るという人間の傾向を増進させた可能性もある。そして、ディサナヤケらの研究者たちが提唱するように、人類の社会性を高めるメカニズムのリストには、芸術も含まれるべきなのかもしれない。

もしもあなたと私が、相手の感情的な反応を理解し、予測することができると確信しているなら――どちらもが経験したことのない問題にぶつかったり、まったく新しいことに挑戦するような場合でさえ確信できるなら――あなたと私はうまく協力できる可能性が高い。芸術は、そんな相互理解を作り上げるうえで、非常に重要だったのかもしれない。もしもあなたと私、そしてわれわれと同じ集団に属するほかのメンバーたちが、儀式として行われる芸術的経験にしょっちゅう参加して、エネルギッシュなリズムやメロディーに合わせて、みんなで体を揺らしていたとしたら、そんな強烈な感情の旅を一緒に経験することで、コミュニティーとしての連帯感が生まれただろう。何時間ものあいだ、みんなで太鼓を叩いたり、歌ったり踊ったりしたことのある者なら、誰でもその感覚を知っている。もしもあなたがそんな経験をしたことがなければ、一度はやってみることを強く勧めたい。普通とは異なる強烈な感情を仲間と一緒に経験することは、みんなをひとつに結びつけ、より献身的な集団にするだろう。この考えを率先して唱導してきた哲学者のノエル・キャロルは、こう力説する。「芸術は、その影響下にある人々を、ひとつの文化に参加する者として互いに結びつけ、その文化をひとりひとりに注入しながら、感情を掻き立て、そして感情を形づくってきたのだ」[*16]。実際、文化という概念――広く共有された、伝統、習慣、ものの見方の集合体――は、それ自体として、芸術の実践とその経験の共有という遺産があればこそ成り立つものなのだ。感情面で同じような経験を重ねてきた集団のメンバーは、生き残る見込みが大きく、それゆえ、そのように行動をする遺伝的傾向を、のちの世代に伝える見込みも大きかっただろう。

さて、宗教は集団を団結させるから適応に役立つのだという説に納得しなかった人は、芸術は集団を団結させるから適応に役立つのだという説にも納得しないかもしれない。しかし、宗教の場合と同じく芸術の場合も、集団にばかり目を向ける必要はない。芸術は個人レベルで直接的に適応に役立つかもしれず、私はその観点にはかなり説得力があると思っている。芸術は、美しくもない現実と、変わり映えのしない物理的実在に縛られない遊び場を、われわれの心に与えてくれる。心はその遊び場で、斬新なことを想像しては、飛んだり跳ねたりしながらさまざまな可能性を自由に探る。何が真実かを突き詰めて考える心は、その世界の中で、よく制御された領域を探検する心だ。しかし、真実と空想との境界線を――どちらがどちらかに属するかを、つねにしっかり押さえながら――自由に踏み越えることに長けた心は、型にはまったものの見方をするりとすり抜ける。そういう心が独創性を発揮して、新しいアイディアを打ち出すのだ。そのことは歴史が証明している。科学技術の分野のもっとも大きなブレイクスルーの多くは、何世代にもわたり人々を悩ませてきた問題を、それまでとは異なる観点から柔軟に考えることができた人たちによって成し遂げられたのである。

アインシュタインが相対性理論に向かって重要な一歩を踏み出したのは、新しい実験やデータに駆り立てられてのことではなかった。彼がそのとき考えていたのは、すでによく知られていたこと――電気と磁気と光の性質――だったのだ。彼の大胆な一歩は、空間と時間は一定だという、広く受け入れられた仮定から自由になり（その仮定を受け入れれば、光の速度は変化しなければならない）、その代わりに、光の速度のほうが一定であるような世界を想像したことだった（その場合、空間と時間のほうが変化しなければならない)。特殊相対性理論の発見を、こんな標語のような言い方でまとめたのは、この理論を説明するためではなく(それについては、たとえば『エレガントな宇宙』の第二章を読んでほしい)、この理論が発見できるかどうかは、実在のレゴブロックの組み立て方に、シンプルだが新しい、それまでとは別のやり方があることに気づけるかどうかにかかっていたと言うためだ。多くの人は、従来の組み立て方に慣れすぎて、別の可能性があることをすっかり見過ごしていた。別のやり方に気づくことは、最高レベルの芸術的な作曲にも通じる創造の方法なのだ。傑出したピアニストのグレン・グールドの見るところ、バッハの偉大な才能は、「移調、反転、逆行が行われても、あるいはリズムを変えられてもなお、まったく新しい、しかし完全に調和の取れた横顔を見せるような」旋律を生み出す能力に現れている。[*17] アインシュタインの偉大な才能は、世界に関するわれわれの知識を構成しているブロックを、それまでとはまったく異なる方法で組み立て直すという、バッハと同じ能力、バッハと同じぐらい超人的な能力に支えられていた。それは、何世紀とはいわないまでも数十年もかけて詳細に調べられてきたいくつかの概念を、新しい目で見て、斬新な設計図に従って結び合わせる能力だった。アインシュタインが、自分は音楽のように考えると述べたり、数式や言葉を使わず、視覚的にものを考えると述べたりしたことも、それほど驚くべきことではないのかもしれない。アインシュタインの芸術は、実在の仕組みの深い統一性を明らかにするリズムを聞き、パターンを見ることだったのだ。

アインシュタインの相対性理論も、バッハのフーガも、生き残りのために直接必要なものではない。それでもこのふたつの仕事は、われわれ人類が優勢になるために大きな役割を果たした能力が極限にまで高められた例なのだ。科学的才能と、現実世界でぶつかる難問を解決する能力との関係はわかりやすいかもしれないが、それほどわかりやすくはないにせよ、類推や隠喩を使って合理的に考える心、色と質感を表現する心、そしてメロディーとリズムを思い描く心は、認知作用のランドスケープを耕して豊かな実りをもたらす心なのだ。私は難しいことを言っているのではない。ただ、槍を作り、食べ物を煮炊きすることを発明し、車輪を利用し、もっと後の時代にはロ短調ミサ曲を作曲し、さらに後の時代には、硬直した空間観にひびを入れるために、われわれ人類の仲間たちが必要とした柔軟な思考と自在に働く直観を鍛錬するうえで、芸術的な心が決定的に重要な役割を果たしたのかもしれないと言っているのである。何十万年ものあいだ続けられてきた芸術的な努力は、人間の認知作用の遊び場だったのかもしれない。その遊び場で、われわれは想像力を鍛え、イノベーションのために必要な知的能力を身につけてきたのだろう。

これまでわれわれは、芸術が適応に果たす役割——イノベーションと、社会的な絆を強めること——を考察してきたが、このふたつは協力して働くという点にも注意しよう。イノベーションは、創造の現場で戦う歩兵のようなものだ。社会的な絆は、歩兵たちの母体になる陸軍のようなものである。生き残りをかけた過酷な戦いで勝利するためには、その両方が必要だ。つまり、創造的なアイディアが、集団の中で生かされなければならない。芸術がそのふたつの役割を併せ持つことは、芸術は、ただ単に人間の快感ボタンを押すだけではなく、適応上の役割を担っていることをほのめかす。たしかに、芸術は適応には関係がなく、創造的な心を宿した大きな脳の副産物である可能性もないわけではない。しかし多くの研究者にとって、その考えは、実在に向き合うわれわれの態度を形成するうえで、芸術が果たしてきた役割を考慮していない。ブライアン・ボイドは、それを次のようにまとめた。「芸術は、われわれの社会的なつながりを洗練させて強化し、想像力という資源をすぐに使えるように心を備えさせ、自分の生きたいように生きることに自信をつけさせることによって、世界とわれわれとの関係性を根本的に変えるのである」[*18]。

芸術は、独創性を磨き、創造性を鍛え、ものの見方を拡張し、団結を強めることによって自然選択に関係しているという考えが、私はとても気に入っている。この観点に立てば、芸術は、言語、物語、神話、宗教と並び、人間の心が象徴的にものごとを捉え、事実ではない状況を想定し、自由に想像力を羽ばたかせ、他の心と協力して働くための資源になる。そして長い時間が経つうちには、人間の心にそれができることが、文化、科学、テクノロジーの発展した豊かな世界を作り上げてきたのである。しかし、たとえ芸術の進化論的役割に対するあなたの見方が、芸術はクリームたっぷりのデザートのようなものだとする立場に近いとしても、次の点では、われわれの意見は一致するに違いない。すなわち、人類の歴史を通じ、実に多様な芸術形態が価値あるものとしてつねに存在していたということだ。それはつまり、内的生活と社交において、言語に媒介される事実情報をそれほど重視しない取り組みが受け入れられてきたということだ。

そのことは、芸術と真理について、何を教えているのだろうか?

芸術と真理

二〇年ばかり前のこと、木々の葉が赤や褐色に色づき、明るい陽射しのあふれる秋の日に、私はひとりで車を走らせ、ニューヨーク市から北部の自宅に向かっていた。そのとき、一匹の犬がいきなり道路に走り出てきた。私は急ブレーキを踏んだが、車が停止するほんの少し前に不快な衝撃を感じ、その直後にもう一度衝撃があった。最初は前輪、次に後輪が、その犬を轢いたのだ。私は車から飛び出すと、犬を助け起こした。犬に意識はあったものの、ほとんど動くことができず、私はその犬を助手席に乗せると、獣医を探して田舎道を走り出した。すると数分ほど経った頃、その犬がどうしたことかすっくと体を起こした。私は犬の頭にそっと手を乗せた。その犬は後ろに倒れ込みながらも、座席にあずけた体を支えに、頭を起こした。私は路肩に車を止めた。犬は目を上げると、瞬きもせずじっと私を見つめた。その眼差しには、痛み、恐怖、諦め、そのすべてが混じり合ったものが見て取れた。その後、あたかもひとりで世を去ることに耐えられないとでもいうように、体をいっそう強く私の手に押し付けながら、犬は死んだ。

私は、飼っていたペットに死なれたことがある。しかし、このときの経験は、それとはまったく別だった。それは突然で、強制的で、暴力的だった。時とともにショックは和らいだものの、あの犬の最後の瞬間が私の心を去ることはない。私の中の合理的な部分は、不運ではあるがよくある出来事に、自分は過度に意味を読み込んでいるのだとわかっている。それでも、たまたま出会い、故意にではないにせよ私のせいで死んだ一匹の動物が、生から死へと移行したその出来事は、思いもよらぬ大きな影響を私に及ぼした。その移行には、ある種の真実がともなっていた。それは、正否を言えるような、命題的な真理ではない。証拠にもとづいて正否を判定されるべき真実でもない。

意味のある計量化ができるような何かでもない。しかしあの瞬間、世界に関する私の感覚が、少しだけ変わったような気がしたのだ。

私にはそれ以外にもいくつか、それぞれに異なるかたちでではあるが、それと似た感覚を残す経験をしたことがある。最初の子を初めて抱いたとき。頭上で強烈な嵐が吹き荒れるなか、サンフランシスコ郊外の丘の岩場の割れ目で身をかがめていたとき。幼い娘が学校の集まりで独唱したとき。何ヵ月も解けなかった方程式が突如として解けたとき。ネパールの一家族が、亡き親族を火葬しているところを、バグマティ川沿いの堤防から見ていたとき。ノルウェーのトロンハイム・フィヨルドの超上級スキーコースを滑って――というより転がり落ちて――どうにか無事にすんだとき。あなたにもあなただけのそんな出来事のリストがあるだろう。人は誰しもそんな経験のリストを持っている。自分の注意を強い力で釘づけにし、強烈な感情的反応を引き起こすような経験をすれば、たとえそれについて十分に合理的な記述、あるいは言語による記述がなくても――あるいはもしかすると、そんな記述がないからこそ――、われわれはその経験に価値を置く。興味深いのは、私が研究をするときの思考プロセスは徹底して言語によるものなのに対し、こうした経験を言葉で探究したいとは思わないことだ――これはたしかに興味深いことではあるが、しかしおそらくはごく普通のことなのだろう。こうした経験について考えるときには、言語による明確化を必要とするような、理解の欠如を感じないのだ。それは解釈するまでもなく私の世界を押し広げる経験だ。それは私の中に存在する語り手が、今は一休みするべきだと知っているときなのだろう。吟味された生が、言葉によって明確に記述された人生である必要はないのだ。

強く心を捉える芸術は、われわれの心身に特別な状態を引き起こす。それは、現実世界で経験するもっとも感動的な出会いが引き起こすそれに匹敵し、真実とわれわれの関係を形づくり、その関係を強める。そんな出会いを、議論や、分析、解釈をすることでさらに精緻に描き出すことはできるが、最大級の力を持つ芸術作品との出会いは、言語による媒介を必要としない。実際、たとえ言語を用いる芸術であったとしても、もっとも感動的な経験で長く残る印象をわれわれの心に刻むのは、イメージと感覚なのだ。詩人のジェーン・ハーシュフィールドが優美に表現したように、「詩人が的確な新たなイメージを言語に持ち込むとき、この世に存在するものについて知りうることが広がるのです[19]」。ノーベル文学賞を受賞したソール・ベローもまた、知りうることを拡張するという、芸術ならではの力について語った。「芸術だけが、高慢、激情、理知、習癖によって、周囲を取り巻くように築かれた壁――あたかもこの世界の真の姿であるかのように見えるもの――をすり抜けます。その壁の向こうには、もうひとつの実在、私たちには見えなくなってしまった本物の実在がありますます。その実在は、かすかな手がかりをたえずこちらに送ってよこしているのですが、芸術なしには、私たちはそれを受け取ることができません」。そして、そのもうひとつの実在なしには――と、ベローは、プルーストが踏み出した思想を指し示しながら言う――、われわれの人生は、「私たちが誤って人生と呼んでいる、実用的な目標のための用語の集まりに切り詰められてしまうのです[20]」。

生き残れるかどうかは、正確に世界を記述する情報を集められるかどうかにかかっている。そして、周囲の世界を、よりうまく制御できるようになるという普通の意味における進歩を遂げるためには、集めた事実がいかに統合されて世界を作っているかをきちんと理解する必要がある。そういう事実が、実用的な目標を立てる基礎となる。また、われわれが客観的真理というラベルを貼って、しばしば科学的知識と結びつけるものの基礎でもある。しかし、科学的知識がどれほど包括的なものになっても、人間経験のすべてを記述することにはならないだろう。芸術的真理は、科学的真理とは別の層に関係している。芸術は高い階層の物語を語り、ジョゼフ・コンラッドの言葉を借りるなら、その物語は、「人間存在の、知識に従属しない部分に訴えかけ」、「喜び、驚嘆できるわれわれの力に、われわれの人生を取り巻いている神秘の感覚に語りかけるのである。芸術家は、憐憫、美、苦痛といったわれわれの感覚に語りかけ、生きとし生けるものに対する潜在的な仲間意識に語りかける。そして芸術家は、すべての人を結びつける――死せる者を生ける者に結びつけ、生ける者を未来の世代に結びつける――連帯の確信に語りかける。……それは、未来への夢、喜び、悲しみ、希望、恐怖を共有することで生じる、連帯の確信なのだ[*21]」。

写実性を追究することから解放され、何千年もの時の流れのなかで発達してきた創造の本能は、感情の領域――コンラッドの「芸術的な旅」が行われる場所にして、ベローの「本物の実在」が、角を曲がったすぐ先からわれわれに囁きかけてくる言葉を与えてくれる場所――を限なく探索してきた。とくに物語を作る人たちは、人間の営みを誇張した、ある種の典範としての人生を送る登場人物の世界を、次から次へと作り出してきた。復讐と忠誠が満載されたオデュッセウスの旅、マクベス夫人の血塗られた野心と罪悪感、ホールデン・コールフィールド［サリンジャーの『ライ麦畑でつかまえて』の主人公］の抑えがたい反乱の本能、アティクス・フィンチ［『アラバマ物語』の主人公である弁護士」の穏やかながら確固とした英雄的資質が持つ力、エマ・ボヴァリーと人間関係の悲劇、ドロシーと自己発見の曲がりくねった道——これらの作品がさまざまな経験について与える洞察、これらの作品が発展させる芸術的真理は、もしもそれらがなかったならば、大まかなスケッチにすぎなかったであろう人間の本性に、影と奥行きを付け加えるのである。

言語がそれほど重要ではない視覚作品と聴覚作品の経験は、より印象主義的なものになる。それでも、文学作品以上にとは言わないまでも、文学作品と同じぐらいには、視覚作品と聴覚作品もまた、コンラッドの言う「知恵を超えた感情」に火をつけることができる。ベローが言うところの「本物の実在」が宿る声は、さまざまなかたちでわれわれに語りかける。私は本能的に死を予感することなしに、フランツ・リストの「死の舞踏」を聴くことができない。ブラームスの交響曲第三番は、満たされることのない深い憧れを呼び起こす。バッハの「シャコンヌ」は崇高の権化だ。ベートーヴェンの第九交響曲のフィナーレに置かれた「喜びの歌」は、人間という種にかつて与えられた、もっとも楽天的な言明のひとつだろう。歌詞を持つ音楽を含めれば、レナード・コーエンの「ハレルヤ」は、不完全な人生を正当に讃えている。ジュディー・ガーランドの、シンプルでこの上なく美しい「虹の彼方に」は、若者の純粋な憧れを捉えている。ジョン・レノンの「イマジン」は、われわれに何ができるかを思い描く素朴な力そのものだ。

人生の区切りとなる重要な瞬間をリストできるのと同じように、人は誰しも、なんらかの感動を与えてくれた作品を思い浮かべることができる。それは文学かもしれないし、映画かもしれない。彫刻かもしれないし、振り付けかもしれない。あるいは絵画かもしれないし、音楽かもしれない。

そうした芸術との魅力的な出会いを通して、われわれはこの惑星上の人生の本質的な特質を、「大量投与」する作品を享受する。しかし、単にカロリーが高いだけの食べ物とは異なり、高められた経験としての芸術との出会いは、他のやり方では、不可能とまではいわずとも、得るのが難しい洞察を与えてくれる。

「虹の彼方に」をはじめ、多くの傑作を生み出した作詞家のエドガー・イプセル・〝イップ〟・ハーバーグは、そんな作品を書く経験を、シンプルな言葉で次のように言い表した。「言葉はあなたに思考を考えさせ、音楽はあなたに感覚を感じさせる。しかし、歌はあなたに思考を感じさせる」[*22]。私にとってこの言葉は、芸術的な真実のエッセンスを捉えるものだ。考えることは知的で、感じることは情緒的だ。そして、「思考を感じることが、芸術的なプロセス」なのだ、とハーバーグは言うのだ[*23]。その言葉は、言語と音楽とをつなぐ芸術について語られたものだが、実はそれはより広く芸術一般に関係する。芸術が引き起こす感動は、意識の下で湧きあがる思考の海に、さざ波を立てながら広がっていく。言葉を使わない芸術作品の場合、こうした経験にはさほど明確な方向性はなく、引き起こされる感覚に制約は少ない。しかし、すべての芸術は、われわれに「思考を感じさせる」力を持っていて、意識的な考察や事実分析からでは予想できそうにない真実に気づかせてくれる。そんな真実は、たしかに知恵を超えたところにある。それは、純粋な理性を超え、論理によって到達できる範囲を超え、証明の必要性を超えたところにある真実なのだ。

誤解しないでほしいが、われわれはみな「粒子の詰まった袋」であることに変わりはない——心と体のどちらもがそうなのだ。そして、粒子に関する物理的事実は、粒子たちの相互作用と振る舞いがわかればすべてを説明することができる。だが、そういう物理的な事実、すなわち粒子の階層の物語は、われわれ人間が、思考、知覚、感情からなる複雑な世界をいかに舵取りして生きていくかに関する色彩豊かな物語にモノクロの光を投げかけるだけだ。しかし知覚を通して思考と感情が混じり合うとき、つまりわれわれが思考を考えるだけでなく、それを感じもするとき、その経験は機械論的な説明の境界を大きく超えた領域に入る。そしてわれわれは、さもなければ海図もなかったであろう世界を航行する手段を手に入れる。プルーストが強調したように、それは賞賛に値することだ。われわれは芸術を通してのみ、秘密の世界に踏み入ることができる、とプルーストは述べた。そして、彼の言葉を借りるなら、それは「直接的、意識的な方法では」航行することのできない、真に「星から星へと飛行する」旅なのである。[*24]

プルーストの見方は芸術に焦点を合わせているが、私自身が長らく現代物理学に対して抱いていた考えと響き合うものがある。彼はかつてこう述べた。「真の発見の旅はただひとつ、見知らぬ土地を訪れることではなく、他者の目を持つこと、他者の目、百の他者の目を通して、宇宙を見ることだけなのだ」。[*25] われわれ物理学者は過去数世紀間に、数学と実験によって自分たちの目を作り変えてきた。数学と実験は、何世代ものあいだ誰も見たことのなかった実在の層があることを明らかにし、見慣れたランドスケープを衝撃的なほど斬新な方法で見られるようにした。われわれは、数学と実験という道具を使って長らく住み慣れた領域を調べることで、途方もなく奇妙な世界が立ち現れることを知った。それを知るためには、そしてより一般に、科学の力を利用するためには、人間という分子と細胞の集まりがこの世でまとっている個別の衣には目をつぶり、確固とした方針に従って、実在の客観的な特質に焦点を合わせなければならない。それ以外のあまりに人間的な真実については、われわれの語る入れ子になった物語は芸術に頼っている。ジョージ・バーナード・ショーの作品に登場する、途方もなく高齢の女性が言うように、「自分の顔を見るために鏡を使うように、自分の魂を見るためには芸術作品を使うのです[*26]」。

詩的不死性

私はときどき、こんな質問を受ける。宇宙の特徴の中で一番すごいのは何だと思いますか？　この質問に対して、ひとつに決めた答えを用意しているわけではない。相対性理論で時間が伸び縮みすることを挙げることもあれば、アインシュタインが「不気味な遠隔作用」と呼んだ量子エンタングルメントを挙げることもある。もっと易しいところでは、たいていの人が子どもの頃に知ることを挙げる場合もある。夜空を見上げたときにわれわれが見る星は、何千年も前の姿をしているということだ。強力な望遠鏡を使えば、肉眼で見るよりずっと遠くの天体の数百万年前、あるいは数十億年前の姿が見える。そんな天文学的な光源の中には、とうの昔に死んでいるものもあるだろう。それでも、天体から出た光が今もこちらに向かっているため、われわれはその姿を今も見続けているのだ。光は、星が今も存在しているかのような幻影を与える。そしてそれは星だけに限ったことではない。あなたや私に当たって跳ね返った光のビームが、何にも邪魔されることなく宇宙空間を突き進んでいけば、その光は広大な空間と時間のかなたにわれわれの姿を伝えるだろう。それは、光の速度で宇宙を伝わる、詩的な不死性だ。

ここ地上では、詩的不死性は、それとはまた別のかたちを取る。好きなだけ長く生きたいという願いが叶えられたためしはただの一度もない。少なくともこれまではそうだったし、おそらくは今後もそうだろう。しかし空想の世界を自由に駆けめぐる創造的な心は、不死とは何かを探究し、果てしない時間の中を彷徨い、われわれはなぜ永遠を希求し、嫌悪し、恐れるのかについて思索することができる。何千年ものあいだ芸術家たちはまさにそのことを思索してきた。二五〇〇年ほど前には、ギリシャの抒情詩人サッポーが、変化は免れないことを嘆いた。「汝、娘らよ、裳裾いっぱいのスミレの花を撒くミューズらがくれる可憐な贈り物を、きっと受け取りなさい／そしてわれらの歌に合わせ、美しい音色の竪琴を爪弾くのです／しかし私はといえば、かつては柔らかかったこの体も、今では老いに捉えられた」。そしてサッポーは、神々から不死を許されながらも、歳を取って老いさらばえ、今も生き続けるティトノスの教訓を挙げて［曙の女神エオスの愛人で、晩年、老衰して声のみとなったのでセミにされた］、おのれの心をなだめるのだった。しかし、一部の学者たちがその作品の真の結論と考える一行から考えると――「エロスは私に美と、太陽の輝きを与えた」――、サッポーは、生を熱烈に追求することで老いを乗り越え、年齢のない輝きを手に入れることは可能だと考えていたようだ。彼女は作品を通じて、象徴的な不死性を手に入れようとしていたのだ。[*27]

そんな詩的不死性は、われわれ死すべき人間が、死を否定するときに用いる枠組みのひとつであり、自分が成し遂げた英雄的な業績や、影響力のある貢献、創造的な作品を通して、永遠の命を得ようとする。その場合、生き続ける時間のスケールには、人間中心的な心情を踏まえた調整を施し、真の永遠から、文明が続くあいだという時間にまで切り詰める必要があるだろう。そうなると、永遠の命はだいぶ目減りするが、文字通りの生物学的な不死性とは異なり、象徴的な不死性は現実だという認識により、目減りした分は相殺される。唯一の問題は、その不死性をどうやって手に入れるかだ。どの人生は人々に記憶されるのだろう？　どの作品は長持ちするのだろう？　そして、自分の命と仕事が確実に不死性を得られるようにするためには、何をすればいいのだろうか？

サッポーから二〇〇〇年ばかりのちのシェイクスピアは、世界が忘れずにいるものを作る芸術作品と芸術家の役割について深く考えた。彼は墓碑銘を書くという設定で、その墓碑銘の対象である人物に対してこう述べる。「たとえ今生きている人たちがすべて死に絶えたとしても／君はなおも生き続けるだろう、そうさせるだけの力が、私のペンにはあるのだ」。そのペンの力のご利益に、私自身が与ることはない、とシェイクスピアは言う。「今このときから、君の名は永遠に生き続けるだろう／しかし私のほうはといえば、いったん世を去れば、全世界にとって死んだことになるのだ」。もちろん、われわれはシェイクスピアの術中にはまっているのである。読まれ、朗読されるのはシェイクスピアの言葉であり、墓碑銘の対象とされる人物は、シェイクスピアが不死性を手に入れるための――象徴的な不死性ではあるにせよ――乗り物にすぎないのだから。実際、このソネットが書かれてから数百年を経た現在、生き続けているのはシェイクスピアなのだ。

オットー・ランクは、フロイトのウィーン学派を離れたのち、象徴的な不死性の追求こそは、人間行動の主たる原動力だとする考えを発展させた。ランクの見るところ、芸術的な衝動は、おのれの運命に責任を持ち、世界を作りかえる勇気を持ち、他人とは異なる自己を形成するという、生涯をかけたプロジェクトに取り組む心の反映なのだった。芸術家は死を受け入れ――人はいずれ必ず死ぬが、それはそれとして受け入れながら、死を乗り越えようとし――、永遠に生きることへの願望を、創造的な作品を通して得る象徴的不死性の希求に移し替えることで、精神の健康に近づくというのだ。ランクのこの考えは、産みの苦しみという拷問を受ける芸術家というステレオタイプに新たな光を投げかける。ランクによれば、創造的な芸術を通して死に折り合いをつけることは、正気へと至る道なのだ。あるいはまた、作家で評論家でもあるジョセフ・ウッド・クラッチによれば、「人は永遠を必要としており、そのことは願望の全歴史が証明している。しかし、人間の手に入る唯一の永遠性が、芸術のそれであることはほぼ間違いない」[*28]。

この原動力が何万年も前から作動していて、人類が、明日の糧を得て風雨から身を守るという直接的な必要を逸脱した活動にエネルギーを振り向けたのはそのためだった、などということがありうるものだろうか？　芸術的追究は、何千年ものあいだ文化というタペストリーの重要な糸であり続けてきたが、それもこの原動力のためだったのだろうか？　これらふたつの問いに対する答えは、どちらもイエスだ。ランクの包括的なビジョンが当たっていたかどうかはともかく、遠い昔に生きたわれわれの祖先たちが、自分はいずれ死ぬことを察知し、自分が生きるこの世界を理解したい、そこに何か――偶像的なもの、自分が作ったもの、長持ちするもの――を刻みつけたいと願ったであろうことは想像に難くない。自分ならではのものを後世に残したいというその衝動が、さもなければわき目もふらずに取り組んだはずの、生存に必要な仕事を中断させたであろうこと、そして時が経つにつれ、人間の心が生み出した想像上の世界の中で、芸術家たちの仲間になるという喜びによって強化され、洗練されていったであろうこともまた、容易に想像できるのである。

証拠が乏しいため、人類の遠い過去に関する分析は、情報にもとづく推測の域に留まるが、現代に生きるわれわれは、死と永遠について深く考察した作品に次から次へと出会う。[*29] ウォルト・ホイットマンは、死を「いっさいの終わり」と位置づけることの耐え難さについて深く考察した。「君は死のことを考えているのか？　それをするぐらいなら、私は今すぐ死んだほうがましだ／気持ちよく歩きながら、無に帰するそのときに近づいていけると思うか？……／誰がなんと言おうと、私は思う、重要なのは永遠の命なのだと！」。ウィリアム・バトラー・イェイツにとって、古代都市ビザンティウムは、死にゆく体と人間的な心配事から解放されて、時間のない世界へと旅立つことを許される、人生の目的地だった。「私の心を焼き尽くしてくれ。心は欲望に懊悩する／死にかけたこの生き物に縛りつけられたまま／自分が何者かもわからずにいる、この私を鍛え直してほしい、そして、永遠の芸術品にしてほしい[*30]」。ハーマン・メルヴィルは、波が鎮まっているように見えるときでさえ、死はわれわれとともに航海しているのだと述べた。「人はみな、絞首刑の縄索《じょうさく》を首に巻きつけて生まれてくる。しかし、死すべき者たちが、黙したままつねにそこに存在していた命の危険に気づくのは、いきなりぎゅっと死の手に締め上げられたときなのだ[*31]」。エドガー・アラン・ポーは、まだ生きているうちに埋葬され、棺桶の中で、迫り来る死を追い払おうと躍起になる被害者に声を与えて、死の否定を文学的極限に至らせた。「私は恐怖のあまり金切り声を上げた。両脚の太ももに爪を突き立てて、太ももを傷つけた。その傷から流れ出た血が、棺桶を赤く染める。私を閉じ込めている監獄のうちでも木でできた部分を、気が狂ったように引っかいた。指は傷だらけになり、爪はぎりぎりまで磨り減った。じきに私は力尽きて、動かなくなっていく」[*32]。テネシー・ウィリアムズは、作中人物であるポリット一族の家長にこう言わせた。「死ぬってことを知らないのは気楽なもんだぜ。人間にはその気楽さがないんだな。生き物たちのなかで人間だけが、死ぬってことを知っている」。そのせいで、「金があると、買って買って買いまくる。買えるだけのものを買う。なぜかといえば、わしに言わせてもらえば、そうして買っているうちに、永遠の命を買い当てるかもしれないという、突拍子もない望みを心の片隅に持っているからなのさ！」[*33]。

ドストエフスキーは、作中人物のアルカージイ・スヴィドリガイノフを通して、これらとは別の観点を示した。永遠が、畏敬の念を抱けとわれわれに迫るのには、うんざりだというのだ。「永遠はいつだって、われわれには捉えられないもの、とても大きなものとして提示されるんだ。とても大きなものだってね！　なんで大きくなければいけないんです？　小さな部屋を思い浮かべてください。田舎の風呂屋みたいな、薄暗くて、隅にはたいてい蜘蛛がいるやつです。そんなもんですよ、無限なんて。私はときどき、そんなふうに想像してみるんです」[*34]。それはシルヴィア・プラスが表明した心情でもある。「おお、神よ、私はあなたに似てなどいない／虚空の黒をまとい／星を、明るい馬鹿げた作り物の紙吹雪を、一面にちりばめているあなたになど／永遠は私を退屈させる、私は永遠など一度も求めたことはない」[*35]。ダグラス・アダムズもまた、彼の作品に登場する、たまたま不死身になってしまった「無限に引き伸ばされた」ワウバッガーを通して、軽やかに永遠を取り上げてみせた。ワウバッガーは深刻な退屈に立ち向かうため、宇宙にいるすべての人を、ひとりずつアルファベットの順番に侮辱していく計画を立てるのだ[*36]。

永遠に対する態度には、これだけ大きな幅がある。永遠に憧れを抱く者もあれば、永遠なんてくだらないと思う者もいる。その幅の大きさが、ある重要なことを教えてくれる。すなわち、永遠という概念に生き生きと向き合う芸術を駆動してきたのは、人間に割り当てられた時間は有限だという、われわれひとりひとりの気づきだということだ。「吟味された生は、死を吟味する」［いかに生きるかを考え抜くことは、いかに死ぬかを考え抜くことだ］。そして、ある人たちにとって死を吟味するということは、死が占めている支配的な立場に疑問を突きつけ、死に与えられた高い地位に疑いを投げかけ、死の手が及ばない世界を魔法のように出現させる想像力を解き放つことなのだ。研究者たちが、芸術は進化に役立つとか、社会を団結させるとか、イノベーションを打ち出すために必要だとか、人間を駆動する重要な力の万神殿に祭られているなどと、どれほど力をこめて論じようと、芸術は、われわれがもっとも重要だとみなすこと——生と死、有限と無限もそこに含まれる——に表現を与える、もっとも喚起力のある手段なのである。

私を含め多くの人たちにとって、とりわけ濃密な芸術的表現を与えてくれるのが音楽だ。音楽は、何かに包み込まれるような深い没入を経験させてくれるし、ほんの一瞬のうちに、時間の外に踏み出したかのような感覚を得ることもある。チェロ奏者で指揮者でもあるパブロ・カザルスは、音楽のそんな力について次のように述べた。音楽には、「ありふれた活動に霊的な熱を吹き込み、儚いものに永遠の翼を与える力がある」[*37]。その熱はわれわれに、より大きなものの一部になったような感覚を与える。そしてコンラッドの言う、「数えられないほどたくさんの心の孤独をつなぎ合わせる、連帯という無敵の確信」の存在を、頭ではなく腹の底から納得させる。[*38] その連帯は、作曲家とのつながりかもしれないし、仲間の聴き手とのつながりや、より抽象的なつながりかもしれない。音楽はつながりを招き寄せる。そしてそのつながりによって、音楽の経験は時間を超越するのだ。

一九六〇年代の末のこと、マンハッタンの公立小学校PS87の、カーヴァー先生のクラスの三年生は、自分で選んだひとりの大人にインタビューをして、その人の仕事についてクラスのみんなに説明するという課題を与えられた。私は手近なところで父にインタビューをすることにした――父は、自分の学歴を「SPhD」(Seward Park High School dropout スアードパーク高校中退)と称するのが好きな作曲家で、演奏もした。父は一〇年生［日本の高校一年生］のときに本を捨てて町に出、ステージに上がりながらアメリカ中をまわった。私が小学校のその宿題をしてから半世紀以上になるが、父のある言葉は、今も私の心を離れない。「なぜ音楽を選んだの?」と尋ねたとき、父はこう答えたのだ。「孤独を寄せつけないためだ」。そう言うとすぐ、小学校三年生の宿題にふさわしい明るい声の調子に戻ったが、むき出しのその瞬間は、多くを物語っていた。音楽は、父の命綱だった。父にとって音楽は、コンラッドの言う連帯のひとつのかたちだったのだ。

世界を感動させるような作曲家はめったにいるものではない。父はそんな作曲家のひとりではなく、そのつらい現実を、父はゆっくりと受け入れていった。黄ばみつつある何百枚もの楽譜に手書きされたメロディーとリズムの多くは、私が生まれる前に作られたもので、今では家族を別にすれば、興味を持つ者はほとんどいない。一九四〇年代から一九五〇年代にかけて父が作ったバラードや、歌、そしてピアノ曲を、今もときどき聴いているのは、おそらく私ぐらいのものだろう。私にとってこれらの曲は宝物であり、世の中に踏み出したばかりの頃の父が何を考えていたかを感じさせてくれる、父と私を繋ぐものなのだ。
音楽には、家族の絆のない人たちのあいだにさえ、深い繋がりを生み出す驚くべき力がある。異なる時代、異なる地域に生きる人たちのあいだにさえ、音楽は繋がりを生み出す。歴史上の傑出した英雄のひとりであるヘレン・ケラーが、それについて感動的な手記を書いている。一九二四年二月一日、ニューヨーク市のラジオ局WEAは、ニューヨーク交響楽団によるベートーヴェンの第九交響曲の演奏を生放送した。自宅にいたヘレン・ケラーは、覆いをはずしたスピーカーの振動膜に両手を置き、膜の振動を通して、その音を聞くことができた。彼女は、自分が「不朽の交響曲」と呼んだものを経験し、楽器の違いを感じることもできたのだ。「人間の声が、ハーモニーの奔流から飛び上がるように響きわたったその瞬間、それは声だとわかった。合唱が歓喜を高め、恍惚として、すばやく、そして炎のように上向きのカーブを描いて高まっていくのが感じられ、私はほとんど心臓が止まりそうになった」。その後、精神について、そして永遠を響かせる音について述べたのち、彼女はこう結んだ。

暗闇と旋律、影と音に満たされた部屋でその曲を聞きながら、私は、これほど甘やかな音の奔流を世界に注ぎ込んだ偉大な作曲家は、私と同じく耳が聞こえなかったのだという事実を思い起こさずにはいられなかった。私は彼の不屈の精神に驚嘆した。そんな精神を持つ彼は、苦しみの中から、かくも大きな喜びを人々のために作り出したのだ――そして私は椅子に座り、手を使って、彼の魂と私の魂の岸辺に、海のように打ち寄せる壮大な交響曲を感じていた。[*39]

第9章

生命と心の終焉

宇宙の時間スケール

あらゆる文化には永遠の概念があり、恒久不変を表すものとして尊ばれている。不死の魂、聖なる物語、不可能なことのない神々、不変の法則、時間を超えて生き続ける芸術、数学の定理などは永遠だとされる。この世ならぬものから、完全に抽象的なものまで、これだけ幅広くさまざまなものがあってもなお、永続性は、われわれ人間がどれだけ切望しようともけっして手の届かない何かだ。その到達できないものに肉薄したとき、われわれは、人生になんらかの痕跡を残す深い体験をし、時間が消滅したような感覚を得る。その感覚は、喜ばしい出会いや、悲劇的な出会い、瞑想や薬物摂取により引き起こされることもあれば、崇高な宗教体験や、芸術的な体験から得られることもある。

何十年も前のことだ。私は、やはり一〇代の若者八人とともに、バーモント州の深い森の中で行われるサバイバル・キャンプに参加した。そんなある晩のこと、夜も更けてみんながテントに入り、眠りについた後になって、キャンプの指導者たちが、全員すぐに起きて、急いで服を着なさいとわめき立てた。われわれは突如、予定にない真夜中のハイキングに出発することになった。手をつないで一列並びになり、暗闇の中を歩きはじめてしばらくすると、鬱蒼とした森に入り込み、やがてみっしりと生い茂った藪を漕ぐはめになった。なにより悲惨だったのは、腰まで浸かるぬかるみを歩かされたことだ。凍える寒さの中、ぐっしょり濡れて泥にまみれながら、一行はようやく少し開けた場所にたどり着いた。そこでわれわれに告げられたのは、九名で寝袋三つだけを使い、一晩ここで過ごすようにということだった。どれだけ抗議しても無駄だと悟ったわれわれは、ジッパーを開いて三つの寝袋をつなぎ合わせると、服を脱いで体を寄せ合い、間に合わせの上掛け布団にくるまった。何人もが呪いの言葉を吐いた。こんなキャンプはやめてやると言う者もいたし、泣きだす者もいた。ところがそのとき、この世のものとも思われぬ光景が現れたのだ。鮮やかなオーロラが、天空を満たしたのである。あれほどのものは、それまで一度も見たことがなかった。光の糸で織りなされた薄絹が天空にひるがえり、目の覚めるような色が次から次へと染み出してくる。そんな光と色のドラマが、無数の星たちを背景に繰り広げられた。その瞬間、私は別の場所に飛んでいた。ハイキング、沼、寒さ、裸同然で身を寄せ合ったこと——そのすべてが、現代にいながらにして、原始時代に引き戻される経験の一部だった。人間、自然、宇宙。私は土くれをまとっていたが、踊りまわる光に包まれていた。共同体の焚き火の、最後のぬくもりからも見捨てられた場所で、私は遠くの星たちに心を奪われていた。どれだけ長いあいだ空を見つめていたのか――数分間だったのか、あるいは数時間だったのか――わからなくなった頃、私は眠りに落ちた。その経験が、どれだけ持続したのかは問題ではない。そのとき時間が消失したのである。

時間の消失という特質を持つ経験は、めったにあるものではない。そしてそういう経験は、儚く過ぎていく。時間は、たいていは忠実な旅の道連れであり、経験は、時の流れに浮かぶ泡沫《うたかた》だ。われわれは確実なものを崇めるけれど、つかの間の存在であることを運命づけられている。宇宙の特徴として永遠不変だと思われているもの――宇宙空間、遠方の銀河、物質の素材――でさえ、すべては時間の手の内にある。本章と次章で見ていくように、まさしく諸行は無常なのだ。

進化、エントロピー、未来

実在の堂々たる外観のその陰で、動きまわる粒子たちの非情なドラマが繰り広げられていることを科学は明らかにした。それは、支配権をめぐって相争うダブル主演の役者として、進化とエントロピーを据えてみたくなるようなドラマだ。物語は、進化を「構造を作るもの」、エントロピーを「構造を壊すもの」として描き出すだろう。よくできた話になりそうだが、ひとつ問題がある。これまでの章で見てきたように、それが話のすべてではないということだ。簡単化されたあらすじにも多少の真実は含まれていることは多いが、この場合もそうだ。進化は、構造形成を推し進める力になるし、エントロピーは構造を破壊する傾向がある。しかし、エントロピーと進化は、つねに反対向きに綱引きをしているわけではない。エントロピック・ツーステップのおかげで、どこかで構造が破壊されているかぎりにおいて、別の場所で構造を形成することは可能なのだ。進化はみごとな作品を作り上げてきたが、そんな作品のひとつである生命には、エントロピック・ツーステップのメカニズムが体現されている。生命は、高品質なエネルギーを消費することで秩序ある粒子配置を維持し、さらに強化する一方で、高エントロピーの老廃物を環境に捨てている。エントロピーと進化が何十億年ものあいだ力を合わせて働いてきた結果として、精巧な粒子配置がさまざま生じた。そんな粒子配置の中には、第九交響曲を生み出した生命と心があり、その作品を崇高なものとして経験することのできる、はるかにたくさんの生命と心がある。

ビッグバンからベートーヴェンまでわれわれを導いてくれた旅を終えて、ここから未来に踏み出すことになるが、進化とエントロピーは今後も、変化を支配する決定的な要因であり続けるのだろうか？　ダーウィン的な進化については、その答えはノーだろうと思われるかもしれない。[*1]ダーウィンの自然選択が長らく進化という船の舵取りをしてきたのは、繁殖に成功するか否かが遺伝的な素質にかかっていたからだ。しかし近年になって大きな変化が生じた。かつてはできなかった医療介入と、より一般に文明による保護が可能になったのである。太古のアフリカのサバンナでは生き延びるのが難しかったかもしれない遺伝子型でも、今日のニューヨーク市でなら問題なく暮らしていける。世界の多くの場所で、幼くして死ぬか、大人になって多くの子を残すかを決めているのは、もはや遺伝的プロファイルではなくなっている。しかし当然ながら、そうして遺伝子の競技場での戦いの条件を平等化し、かつては働いていた選択圧を軽くすることによって、近代の進展は、それはそれとして進化上の影響力を振るっている。また、研究者たちは、食べ物の種類（たとえば、乳製品を多く含む食事は、子ども時代を過ぎてからもラクターゼを作り続ける消化系を持つ者に有利に作用する）、環境条件（たとえば、標高の高い場所で暮らすことは、希薄な酸素に適応した者に有利に働く）、配偶者の好み（いくつかの国では、平均身長が、性的に活動的な層が、より魅力的だとみなす方向にシフトしている可能性がある）など、多くの選択圧が働いていると指摘する。[*2]しかし、なんといっても今後最大の影響を及ぼしそうなのは、最近可能になった遺伝的プロファイルの直接編集だろう。急速に発展しつつあるそのテクニックを使えば、遺伝的な多様性を生むメカニズムであるランダムな突然変異と性的混合を補うかたちで、遺伝子を意図的にデザインできるようになるかもしれない。もしもどこかの研究者が、人間の寿命を二〇〇歳にまで延ばせる代わりに、肌が青くなり、身長は三メートルになって、抑え切れない青人至上主義の衝動を持つようになる遺伝子改変の方法を発見したとすれば、進化は、寿命が長くて、ナヴィ〔映画『アバター』の舞台である衛星の先住民族〕に似た外見を持つ、自己選択的な人間の集団が急速に広がっていく様子を見せつけるだろう。われわれが現在持つ能力をはるかに超えて、生命をまったく新しいものに作り替え、ことによると、ある種の感覚——それは生物学的な感覚かもしれないし、人工的な感覚かもしれず、そのふたつを混合したものかもしれない——をデザインすることさえできるようになれば、その技術がわれわれをどこに連れていくかは知る由もない。

では、エントロピーはどうだろう。エントロピーは今後も重要な役割を果たすのだろうか？　この問いに対する答えは、間違いなくイエスだ。だいぶ前の章で見たように、熱力学第二法則は、基礎的な物理法則に統計的論証を当てはめれば導くことのできる一般的な結果なのだ。今日基礎的だとされる物理法則が、今後の発見によって改定されることはないだろうか？　それはほぼ間違いなくあるだろう。では、基礎的物理法則が改定されてもなお、エントロピーと熱力学第二法則は、圧倒的な説明力を誇る今の立場を保持するだろうか？　これもまたほぼ確実にイエスだ。古典物理学の枠組みから、それとは抜本的に異なる量子物理学の枠組みへの移行が起こった時期には、エントロピーと熱力学第二法則を記述する数学もアップデートされたが、これらの概念は、もっとも基本的な確率論の論証から導き出されるため、それまで通りに通用したのである。将来的に物理法則に関する知識が発展しても、それと同じことが起こるだろう、とわれわれ物理学者は予想している。エントロピーと熱力学第二法則が重要ではなくなるような結論を導く物理法則など考えることさえできない、というのではない。そうではなく、これらの概念が重要ではなくなるような物理法則は、われわれが知っていることのすべて、われわれがこれまでに測定したことのすべてが指し示す実在の特徴と、あまりにも矛盾せざるをえないため、ほとんどの物理学者は、そんな法則が見出される可能性はないと考えるのだ。

　未来を思い描くとき、いっそう大きな不確実性に包まれるのは、われわれ人類や未来の知性が環境に及ぼす影響の程度だ。知的生命は、恒星や銀河、さらには宇宙全体の長期的な運命さえも決定するようになるのだろうか？　広大な空間のエントロピーを故意に変化させ、大幅に減少させて、宇宙スケールでエントロピック・ツーステップを踏ませることにならないだろうか？　もしもそうなれば、まったく新しい宇宙をデザインして創造することもできるのでは？　荒唐無稽な話に聞こえるかもしれないが、これぐらいは起こりうることの範囲内だ。問題は、そうして改変された宇宙の未来は、われわれに予測できる範囲を完全に超えているということだ。いわゆる「自由意志」の存在しない、完全に物理法則に従ってものごとが進む世界でさえ、知的存在の行動のレパートリーはあまりにも広く――それが知的存在の自由なのだった――、ある種の予測は本来的に不可能だ。将来的には、今日とは比べようもないほど高度な計算方法とテクノロジーを使えるようになるのはまず間違いないが、たとえそうなったとしても、生命と知的存在の影響を受けた長期的展開を予測することは、われわれの力の及ぶところではない。

では、この先に進むためにはどうすればいいだろう？

まず、現在知られている物理法則――ビッグバン以来、無方向的に働いてきた法則――が、宇宙の成り行きを導く主たる力になると仮定しよう。物理法則そのものはもちろん、自然の「定数」も変化する可能性はないと考えよう。さらに、物理法則や定数がすでにゆっくりと変化している可能性や、変化があまりにも小さいため今のところは目立たないが、大きな時間スケールではそれなりの変化が蓄積する可能性も考えないことにする。[*3] また、未来の知的存在が、銀河スケールやそれ以上の大きなものの構造形成に影響を及ぼす可能性は考えない。「考えない」可能性が多すぎると言われるのは承知の上だ。しかし、われわれを導くべき実験や観測にもとづくエビデンスがない以上、今挙げたような可能性をいちいち詳しく調べることは、闇夜に鉄砲を撃つようなものだろう。もしもこれらの仮定が、あなたの未来予想と違っているなら、あなたは本章と次章に書いてあることを、そのような変化や知的存在の介入がなかったら起こる宇宙の進展だと考えればいいだろう。未来の知的存在が及ぼす影響や、未来の発見によって明らかになることは、以下に書くことの細部に間違いなく関係するだろうが、全面的な書き換えにはならないだろうと私はみている。[*4] これは大胆な仮定かもしれないが、しかしこれらの仮定を置くことが、未来に向かって進むための最善の道なのだ。ここはひとつ思い切って、そのルートを採ることにしよう。[*5]

以下のページで明らかになるように、暫定的なものではあるにせよ、はるかに遠い未来まで宇宙のなりゆきを記述していけるということ自体、大勢の力で成し遂げられたとてつもない偉業なのである。それが成し遂げられたこと自体、内的調和に対する憧れを象徴している。それは、われわれ人類がもっとも大切にしている物語、神話、宗教、芸術的創造に対する憧れとなんら変わるところのない、強い憧れなのである。

宇宙の時間をエンパイアステートビルにたとえたら

未来を考えるときには、どんな区切りを入れればいいだろう？　日常的な時間スケールなら、当然ながら人間の直観が役に立つが、宇宙論にとって重要な時代区分を見ていくとなれば、扱う時間はとてつもなく長くなるため、どれほど巧妙なアナロジーを使っても、その長さを伝えるのは難しい。結局、そんな不慣れな山登りの足がかりにするには、おなじみのアナロジーが一番だろう。宇宙の年表が、エンパイアステートビルの高さに伸びていると想像してほしい。ビルのそれぞれの階が、時間の長さを表す。ある階が表す時間の長さは、そのすぐ下の階が表すそれの一〇倍だとしよう。エンパイアステートビルの一階は、ビッグバンに続く一〇年間を表し、二階はその後に続く一〇〇年間、三階はさらにその後の一〇〇〇年間となる。今示した数値からわかるように、上階に行けば行くほど、その階が表す時間は急激に長くなる——口で言うのは簡単だが、これを勘違いせずに理解するのは難しい。たとえば、一二階のフロアから一三階のフロアまで階段を使って上ることは、ビッグバンの一兆年後から一〇兆年後までの宇宙を考えることに相当する。その一階分の階段を上ることが九兆年に相当し、一一階より下の各階の持続時間をすべて合わせた時間よりもずっと長い。それと同じことが、さらに上階に向かうときにも成り立つ。それぞれの階に相当する時間の長さは、それ以下の階に相当する時間の長さをすべて足し算したものよりもはるかに長い。階をひとつ上がるごとに、まさしく幾何級数的に長くなるのだ。

人間の一生はおよそ一〇〇年、長持ちする帝国の寿命は一〇〇〇年、丈夫な生物種なら数百万年ほど続くが、時間のエンパイアステートビルの高層階が表す時間の長さは、それらとはまったく異質だ。その長さたるや、永遠のように思われるほどだ。エンパイアステートビルの八六階にある展望デッキにたどり着いたとき、われわれはビッグバンから10^{86}年後の世界にいることになる——それを普通の表記で書き直せば100000000000000000000000000000000000000000000000000000000000000000000000000000000000000年となり、人間のどんな企てに関係するいかなる時間の長さもそれに比べれば一瞬にすぎないような、まさに目もくらむほどの長さだ。しかし、八六階に相当する時間に0がいくつ続こうと、このビルの最上階である一〇二階に足を踏み入れるとき、八六階によって表せる時間の長さは、ビルの最後の階段の踏み板に塗られているペンキの厚みに対応する時間よりはるかに短いのだ。

今日、ビッグバンからざっと一三八億年が経っている。つまり、これまでの章で論じた出来事のすべては、時間のエンパイアステートビルの一階と、一〇階からさらに階段を上りはじめて数段目までに起こったことだ。その地点から、われわれは幾何級数的に遠い未来に向かうことになる。

さあ、上りはじめるとしよう。

太陽が燃え尽きる

遠い昔の先祖たちは、太陽が生命にとって必要不可欠な低エントロピーのエネルギーをふんだんに送ってくれていることは知らなかったが、天空からじっとこちらを見つめる目、日々の暮らしを見守る灼熱の存在が大切なものだということは知っていた。太陽が沈むとき、それがふたたびのぼってくることも知っていた。その繰り返しが、いやでも気づかずにはいられないほど顕著で信頼性の高いパターンを作っていることも知っていた。しかしそのパターンがいつの日か終わることもまた、それと同じくらい確実なのだ。

太陽は、これまで五〇億年近く、中心部で起こる水素原子核の核融合で生じるエネルギーによって内向きに働く重力に抗い、莫大なその質量を支えてきた。核融合で生じるエネルギーが、激しく動きまわる粒子に動力を与え、その粒子たちの運動が外向きの圧力になる。そうして生じた外向きの圧力のおかげで、太陽はおのれの質量によって生じる重力に抗い、崩壊を免れているのである（その様子は、空気で膨らませるビニール製のおもちゃの家に似ている。その家が潰れないのは、ポンプを使って吹き込まれた空気の圧力のおかげだ）。内向きに働く重力と、粒子運動のために生じる外向きの圧力とは、今後さらに五〇億年ほどは安定して釣り合っているだろう。しかしその後、釣り合いは崩れる。太陽はまだ水素原子核をたっぷり含んでいるが、中心部ではほぼ使い尽くされる。水素の核融合で生じるヘリウムは水素より重くて密度が高いため、砂をどんどん池に投げ込めば、砂が池の底に溜まるにつれて水が池からあふれ出すように、ヘリウムが太陽の中心部に溜まるにつれて、水素は中心部から外側に押し出される。

それはどうでもよいような細かい話ではない。

太陽の中心部は、太陽の中で一番温度の高い場所だ。現在の温度は一五〇〇万度ほどで、水素を融合させてヘリウムを作るために必要な一〇〇〇万度を軽く上まわる。しかし、ヘリウム原子核を融合させるためには約一億度という高温が必要で、太陽中心部の温度はそのヘリウム核融合の閾値よりはずっと低いため、ヘリウムが水素を外側に押し出すにつれて、水素核融合の燃料供給が滞るようになる。すると、核融合で生じるエネルギーによる外向きの圧力は弱まり、その結果として、内向きの重力のほうが優勢になる。そして太陽は内側に崩壊する。莫大な重量が圧縮され、太陽の温度は跳ね上がる。その高温高圧をもってしても、ヘリウム核融合の閾値には届かないため、ヘリウムの溜まった中心部を取り巻くように生じた水素原子核の薄い層の中で、水素核融合の第二ラウンドが始まる。温度と圧力が上がっているため、このたびのラウンドは猛烈なスピードで進み、太陽はかつて経験したことのない大きな力で外向きに押し出される。その力は、単に太陽が内向きに崩れるのを食い止めるだけでなく、太陽を外向きに大きく膨らませるだろう。

太陽系の内惑星［水星、金星、地球、火星］の運命は、次のふたつの要素のバランスにかかっている。ひとつは、太陽がどれだけ大きく膨らむか。そしてもうひとつは、膨らみつつある太陽が、質量をどれだけ減らすかだ。なぜ質量が減るのかというと、核融合のエンジンが暴走すると、太陽の外側の層に含まれている無数の粒子が、宇宙空間に吹き飛ばされるからだ。そうして質量が減ると、太陽が惑星たちに及ぼす重力は弱まり、惑星たちの軌道はどんどん太陽から遠ざかる。惑星の未来は、太陽から遠ざかるその軌道が、大きく膨らむ太陽から逃げきれるかどうかにかかっている。

詳細な太陽系モデルを組み込んだコンピュータ・シミュレーションによると、水星はその競争に敗れ、大きく膨らんだ太陽に飲み込まれて蒸発するだろう。地球よりも太陽から遠い軌道をめぐる火星は、スタート地点が有利なおかげでセーフになるだろう。金星はアウトになりそうだが、膨張する太陽は遠ざかる金星軌道に追いつけないという結果を示すシミュレーションもある。もしもそれが正しければ、地球の軌道についても同じことがいえて、地球もセーフになるだろう。[*6] しかし、たとえ太陽に飲み込まれずにすんだとしても、地球上の環境条件はひどく変わるはずだ。地球の表面温度は数千度まで上がるだろう。それほどの高温になると、海洋は干上がり、大気は吹き飛ばされ、地球表面は融けた溶岩だらけになるだろう。快適とはいえない条件なのは確かだが、空いっぱいに広がった巨大な赤い太陽は、なかなかの見ものだろう。しかしほぼ確実にいえるのは、その太陽を見る者はいないだろうということだ。もしもわれわれの子孫が絶滅せずに生き延びているなら（自滅をどうにか回避し、致死的な病原体や、環境災害、生物を死に追いやる小惑星、異星人の侵略、その他起こりうるあれこれの大惨事を乗り越えているなら）、そして、もしも子孫たちが繁栄し続けるつもりなら、より住みやすい故郷を探して、とうの昔に地球を捨てているだろう。

ヘリウムからなる太陽中心部を取り巻く水素原子核の層の中で、引き続き水素核融合が起こるにつれて、新たに生成されたヘリウムが中心部に雨あられと降り注ぐ。すると中心部はさらに圧縮されて、温度はますます上がるだろう。温度が上がれば、中心部を取り巻く層で起こる水素核融合はさらにスピードアップして、その反応で生成されたヘリウムが雨あられと降り注いで中心部を連打し、中心部の温度はさらに上がるだろう。今から約五五億年後には、中心部の温度はついにヘリウム原子核を燃やせる閾値を超え、ヘリウム核融合が起こって炭素と酸素が生成されるだろう。ヘリウム核融合が太陽の主要なエネルギー源になると、その出来事を画する華々しい爆発が起こる。その後、太陽は縮んで小さくなり、まずまず安定した粒子配置になるだろう。

しかし、新たに得られたこの安定性は長くは続かない。それから一億年ほど経つと、重いヘリウムが軽い水素に取って代わったのと同じく、重い炭素と酸素が軽いヘリウムに代わって太陽中心部を満たし、ヘリウムは外側に追いやられるだろう。中心部の新たな構成要素となった炭素と酸素が核融合を起こすためには、少なくとも六億度という高温が必要だ。太陽中心部の温度はそれよりずっと低いため、核融合はふたたびゆっくりと停止し、内向きに働く重力が優勢になって、太陽は内側に圧縮され、中心部の温度はまたしても上がるだろう。

ひとつ前のサイクルでは、温度が上がったために、ヘリウムが溜まっている中心部を取り巻く水素の層で核融合が始まったのだった。今や温度はさらに上がり、炭素と酸素が溜まっている中心部を取り巻くヘリウムの層で核融合が始まる。しかしこのたびは、炭素と酸素の核融合が始まるほどの高温にはけっして到達しないだろう。もっと大きな恒星ならば、中心部で炭素と酸素の核融合が始まり、より重くて複雑な原子核が作られるのだが、太陽の質量はそこまで大きくないため、温度を上昇させる内向きの崩壊の勢いが足りず、炭素と酸素を融合させるほどの高温にはならないのだ。そんなわけで、中心部を取り巻くヘリウムの層で核融合が進むにつれ、新たに生じた炭素と酸素が雨あられと中心部に降り注ぎ、中心部がさらに圧縮されるということが続いていく。しかしやがて量子的なプロセス――「パウリの排他原理」と呼ばれているもの――により、内向きの崩壊が停止するときがくる。[*7]

ヴォルフガング・パウリは、辛辣《しんらつ》なことで知られるオーストリアの量子論の先駆者だ（たとえば、彼はこんなセリフを吐いた。「君の頭の回転が遅いのはかまわない。私がいやなのは、君が考えるより早く論文を発表することだ」[*8]）。その彼は、一九二五年に、量子力学によると、二個の電子はある距離よりも近づけないことに気がついた（もう少し正確に言うと、量子力学は、同じ種類のふたつの物質粒子が、同一の状態を占めることを禁止する。しかしここでは、近づけないという大雑把な言い方で十分だろう）。その後、何人かの研究者が得た洞察により、パウリの結果は小さな粒子に焦点を合わせていたにもかかわらず、太陽など大きな天体の運命を理解するための鍵になることが明らかになった。太陽が収縮するにつれ、中心部に含まれる電子はどんどん高密度になり、いずれ電子密度はパウリの排他原理によって決まる限界に達する。それ以上収縮すればパウリ原理に抵触するという密度に達すると、強い量子的な力が働き、電子たちはそれ以上テコでも動かなくなる。

電子たちは各自のパーソナルスペースを要求して、それ以上ぎゅうぎゅう詰めには絶対にならないと言い張るのだ。そうなると太陽の収縮は停止する。[*9]

中心部から遠く離れた太陽の外殻は、引き続き膨張を続けて温度が下がり、最終的には宇宙空間に漂い出す。あとには、炭素と酸素からなる、超高密度の丸い天体が残される。白色矮星と呼ばれるその天体は、それからさらに数十億年ほど光を発し続けるだろう。しかし、その先の核融合に必要な温度が得られないため、熱エネルギーはゆっくりと宇宙空間に散逸し、太陽の残骸は、燃えさしの最後の残り火のように冷えて黒っぽくなり、ついには光を出さない暗黒の球体になるだろう。エンパイアステートビルの一〇階から階段を数段ほど上ったところで、太陽は完全に光を失うだろう。

それは穏やかな終末である。次の階に向かってビルの階段をさらに上っていくとき、宇宙全体を待ち受けている破滅的な終局と比べればなおさらだ。

ビッグリップ

リンゴを真上に放り上げれば、たゆまず働く重力のために、リンゴの上向き速度はどんどん小さくなる。これは重力作用を説明するためによく使われる例だが、そこには宇宙論的に深い意味がある。一九二〇年代にエドウィン・ハッブルによる観測が行われて以来、われわれは宇宙空間が膨張していることを知っている。銀河たちは、互いに急速に遠ざかっているのだ。[*10] しかし、放り上げられたリンゴと同じく、それぞれの銀河が他のすべての銀河に及ぼす重力は、宇宙全体が飛び散る速度を遅くするように働くはずだ。宇宙空間は膨張しているが、その速度はだんだん小さくなっているに違いない。一九九〇年代には、この予想を証明しようと、天文学者のふたつのチームが、その減速率を測定する仕事に取りかかった。一〇年ほど研究を続けたのち、その結果が発表された――そして科学界を仰天させた。[*11] 予想は間違いだったのだ。遠方の超新星は、宇宙のいたるところにある測定可能な強い光源だが、それらを地道に観測した結果、宇宙の膨張は減速していないことがわかったのである。宇宙の膨張は加速している。そしてその加速は、最近になってギアを高いほうに入れ替えたというようなものではなかった。驚きのあまり椅子から転がり落ちた研究者たちの目の前に突きつけられたのは、宇宙は過去五〇億年にわたって、一貫して膨張の速度を上げてきたことを示す、天文学の観測結果だった。

膨張速度は減速しているはずだと多くの人が思い込んでいたのは、それが当たり前だと思っていたからだ。宇宙空間の膨張が加速しているなどというのは、リンゴをそっと放り上げれば、リンゴはわれわれの手を離れるなり、どんどん速度を上げて天に昇っていくというのと同じぐらい馬鹿げたことに思われたのだ。もしもあなたがそんなおかしな出来事を目撃すれば、リンゴを上向きに加速するような、それまで見逃されていた隠れた力を探すだろう。それと同じく、宇宙膨張が加速しているという圧倒的な証拠がデータから引き出されると、研究者たちは床から起き上がり、何本ものチョークを握って原因を探しはじめた。

もっとも有力な説明は、第3章でインフレーション宇宙論の話をしたときに出会った、アインシュタインの一般相対性理論の中核となる重要な性質に訴えるものだ。[*12] ニュートンとアインシュタインのどちらの重力理論でも、惑星や恒星のような物質の塊はおなじみの引力的重力を及ぼすが、アインシュタインのアプローチでは、重力の振る舞いのレパートリーが増える。もしも宇宙のある領域に物質が存在せず、その領域が均質なエネルギーに満たされていれば——前にも言ったが、私がここでイメージしているのは、サウナ室を満たす蒸気だ——、重力は斥力になるのだった。インフレーション理論では、エキゾチックな場（インフラトン場）がそのエネルギーを担い、強力な斥力がビッグバンをスタートさせたと考える。それは一四〇億年ほども前の出来事だが、現在観測されている空間の加速膨張を説明するためにも、それと似たアプローチが使える。

もしも宇宙空間の全体が、インフラトンとはまた別のエネルギー場で均一に満たされているとすれば、銀河がお互いから急速に遠ざかる理由が説明できる（われわれはその新たなエネルギー場を、光を発しないことから「暗黒エネルギー」と呼んでいるが、「見えないエネルギー」という名前も同じぐらいふさわしい）。物質が寄り集まってできている銀河は、引力的重力を及ぼし合い、銀河が飛び散る速度を小さくさせる。均一に広がる暗黒エネルギーは斥力的重力を及ぼして、銀河が飛び散る速度を大きくさせる。天文学者が観測している加速膨張を説明するためには、暗黒エネルギーによる押し出しが、銀河同士が集団として引き合う力より大きくなければならない。その差は大きなものである必要はない。ビッグバンの時期に起こった激しい膨張に比べれば、今日の膨張は穏やかで、その程度の加速を説明するためには、ごくわずかな暗黒エネルギーがありさえすればよい。実際、銀河が遠ざかる速度の増加分を生むために必要な暗黒エネルギーは、宇宙空間の典型的な体積一立方メートル中に、一〇〇ワットの電球を一個、五兆分の一秒だけ点灯させるエネルギーに等しい。[13]とはいえ、宇宙空間には膨大な数の一立方メートルが含まれている。すべての一立方メートルからの寄与を足し上げれば、天文学者たちが測定した膨張の加速を生じさせるだけの外向きの力が得られるのだ。

暗黒エネルギーを支持する証拠には説得力があるが、あくまでも状況証拠でしかない。暗黒エネルギーを捕まえて、その特徴を直接的に調べる方法を見つけた者はいないのだ。それにもかかわらず、暗黒エネルギーはあまりにもうまく観測結果を説明するため、宇宙が加速膨張しているのはこのためだということになっている。しかし、暗黒エネルギーの長期的な振る舞いとなると、よくわかっていない。そして、宇宙の未来を予測するためには、暗黒エネルギーの長期的振る舞いとして考えられる可能性を徹底的に検討することがきわめて重要になる。あらゆる観測結果と矛盾しないもっともシンプルな可能性は、宇宙論的な時間スケールにわたって、暗黒エネルギーの値が変化しないというものだ。[14]しかし、シンプルなのは良いことだが、だから真実だということにはならない。暗黒エネルギーの数学的な記述を見ると、エネルギーが減少して加速膨張にブレーキをかける可能性もあれば、増大して加速膨張のアクセルを踏む可能性もあることがわかる。エンパイアステートビルの一一階から見たときに、もっとも不吉なのは後者——斥力的重力がどんどん強くなる場合——だ。もしもそれが現実なら、われわれは、物理学者たちが「ビッグリップ」と呼ぶ、激烈な終末に向かって突き進んでいることになる。

斥力的重力は徐々に強まり、いずれは物質をまとめているすべての力に勝利し、いっさいをバラバラに引きちぎるだろう。あなたの身体がひとつにまとまっているのは、あなたを構成する原子と分子を結びつけている電磁力と、あなたの体内の原子に含まれる陽子と中性子とを結びつけている強い核力のおかげだ。電磁力と核力は、現時点での膨張空間の斥力よりもはるかに強いため、あなたの身体はひとつにまとまっている。もしもあなたの横幅が広がりつつあるとしても、それは空間の膨張のせいではない。しかし、もしもその斥力がどんどん強くなり、あなたをひとつにまとめている電磁力と核力に打ち勝てば、あなたの体内の空間は膨張しはじめるだろう。あなたは膨らんで、最終的には、他のすべてのものと同じくバラバラに飛び散るだろう。

詳細は、斥力的重力がどんなペースで強まるかによるが、物理学者ロバート・コールドウェル、マーク・カミオンコウスキー、ネヴィン・ワインバーグが調べた代表的なケースでは、今から約二〇〇億年後には、斥力的重力のために銀河のクラスターはバラバラになり、それからさらに約一〇億年後には、天の川銀河を構成する星たちが花火のように飛び散り、それから約六〇〇〇万年後には、地球をはじめとする太陽系の惑星が太陽から遠ざかり、それからさらに数ヵ月後には、分子間に作用する斥力的重力のために恒星と惑星がものすごい勢いで飛び散り、それから三〇分ほどで、原子を構成する粒子間に作用する斥力があまりにも強くなり、原子さえもバラバラに飛び散るだろう。[*15] 今のところ、宇宙の終末がどのようなものになるかは、空間と時間に関する未知の量子的性質にかかっている。数学的な厳密性のない大雑把な言い方をすれば、斥力的重力は、時空そのものの織りなす基本構造そのものをズタズタに引き裂くかもしれない。実在は爆発《バン》で始まり、われわれがエンパイアステートビルの一一階にたどり着く少し前、ビッグバンから一〇〇〇億年後に、ズタズタに引き裂《リップ》かれて終わるかもしれない。

現時点での観測結果からすると、暗黒エネルギーが今後増大する可能性を考慮に入れなければならないが、しかし私は——そして私以外にも多くの物理学者たちが——その可能性はないだろうと考えている。私はその方程式を調べてみたとき、なるほど数学的にはありうるが、自然でもなければ説得力もないと感じた。それは、この分野で何十年も研究してきた経験にもとづく感触であって、数学的な証明ではないから、間違っている可能性はもちろんある。それでも、その感触は、ビッグリップのためにエンパイアステートビルの残りの階が消滅することはないという、楽観的な仮定を置く動機にはなる。そこでここでは、暗黒エネルギーは今より大きくはならないという楽観的な仮定を置いて、宇宙の年表の旅を続けることにしよう。

階段をそれほど上らないうちに、われわれは次の転回点となる出来事に出会うことになる。

宇宙空間の断崖——銀河が消えていく

もしも斥力的重力がこれ以上強くならず、一定のままなら、ひとまず胸を撫で下ろすことができる。膨張する空間のせいで、すべてがバラバラに飛び散る心配はなくなるからだ。しかし、斥力的重力が、遠方の銀河を猛スピードで後退させることに変わりはなく、長期的には甚大な影響がある。今からおよそ一兆年後には、遠方の銀河の後退速度は光の速度に達し、その後それを超えるだろう。光の速度を超えるというのは、もっともよく知られたアインシュタインのルールを破っているように思えるかもしれない。しかし、よく調べてみればわかるように、そのルールは揺るがない。いかなる物体も光の速度を超えることはできないというアインシュタインの言明は、空間の「中で」動いている物体にしか当てはまらない。そして銀河は、空間の中で運動しているのではない。銀河にロケットエンジンがついていて、空間の中を飛んでいくわけではないのだ。白い絵の具が点々とついた黒いスパンデックスの布を引き伸ばせば、白い絵の具の点々は互いに離れていくように、銀河は普通、空間という織物にくっついている。銀河が互いに遠ざかるのは、空間が膨張するからなのだ。銀河間の距離が大きければ大きいほど、両者のあいだには膨張する大きな空間が広がっているため、両者はより大きなスピードで相手から遠ざかる。アインシュタインの法則は、そのような後退速度には制限を課さないのだ。

それにもかかわらず、光の速度という制限速度が、とてつもなく重要であることに変わりはない。なぜなら、銀河から出た光は、たしかに空間の「中を」進むからだ。そして、川の流れよりも遅くしか進めないカヤックで上流に向かおうとしても無駄なのと同じく、光の速度よりも大きな速度で後退する銀河から出た光がわれわれに届くことはない。光の速度で空間の中を進む光は、光の速度より大きな速度で拡大する地球までの距離に打ち勝つことはできないのだ。その結果として、未来の天文学者たちが近隣の星には目もくれず、もっとも遠い深宇宙に望遠鏡の焦点を合わせたとすれば、彼らが見るのは漆黒の闇だけだろう。遠方の銀河は、天文学者たちが「宇宙の地平面」と呼ぶ一線を越えているだろう。まるで、宇宙の果てにある断崖から落ちてしまったかのように。

私がここで遠方の銀河に絞って話をしたのは、近隣の銀河——局部銀河団として知られる、三〇個ほどの銀河からなる集団——は、われわれの仲間として、まだ近隣にあるだろうからだ。それどころか、エンパイアステートビルの一一階にたどり着く頃までには、天の川銀河とアンドロメダ銀河を主な構成要素とする局所銀河団は、ひとつに融合している可能性が高い。天文学者たちは、その未来の合体銀河を「ミルコメダ」と命名した（「ミルキ」ーウェイとアンドロ「メダ」の合成語。私なら「アンドロミルキー」という名前を推しただろう）。ミルコメダを構成する恒星はみな十分に接近しているため、重力によって互いに引き合い、空間の膨張に負けることなく、ひとつにまとまっているだろう。それでも、遠方の銀河とコンタクトが取れなくなることは大きな損失だ。エドウィン・ハッブルが宇宙の膨張に気づいたのは、遠方の銀河を注意深く観測したからだった。ハッブルの発見は、その後一〇〇年間に行われた観測により裏づけられ、さらに精度が上がっている。遠方の銀河を観測できなくなるということは、空間の膨張を証明するための、もっとも強力な診断ツールが使えなくなるということだ。そうなれば、ビッグバンと宇宙の進化に関する理解へとわれわれを導いてくれたデータそのものが得られなくなるだろう。

天文学者のアヴィ・ローブは、遠方の銀河の代わりに、ミルコメダから深宇宙にたえず逃げ出していく速度の大きな星たちが、ちょうど川の流れの速さを知るために筏から放り投げられたポップコーンのように、宇宙の膨張を知るための道具になるだろうと言う。しかしそのローブも、どんどん加速する空間膨張のせいで、未来の天文学者が正確な測定をする能力は著しく削がれるだろうということは認める。[*16] それがどういうことかを理解するための恰好の例になるのが、宇宙背景放射だ。第3章では、宇宙を見ていくための重要なガイド役になってくれた宇宙マイクロ波背景放射は、ビッグバンから一兆年後、エンパイアステートビルの一二階にたどり着く頃までには、空間の膨張のためにあまりにも引き伸ばされて（専門用語で言えば、赤方偏移が大きくなりすぎて）、検出できなくなっているだろう。

以上の話を聞いて、あなたはこんな疑問を持つかもしれない。宇宙の膨張を示したデータをなんとか保存し、一兆年後の天文学者たちに手渡すことができたとして、彼らはそのデータを信じるだろうか？　未来の天文学者たちは、今から一兆年という時間をかけて磨き上げられた最先端の観測装置を使い、もっとも遠い宇宙を見て、そのあたりは真っ暗闇で何の変化もないことを知るだろう。彼らははるか昔の原始時代――われわれの時代――から伝わる奇妙な結果には取り合わず、全体としての宇宙は静的だという間違った結論を受け入れるだろう。

エントロピーの着実な増大に服従するしかない世界においてさえ、われわれは、測定はつねに改良され、データはつねに増大し、知識はつねに改善される状況に慣れっこになっている。だが、空間の加速が膨張しているとなれば、そんな期待は打ち砕かれる。加速膨張は、重要な情報をあまりにもすみやかにわれわれから遠ざけて、二度と手の届かないところに押しやってしまう。深い真理は、宇宙の地平面の向こうからわれわれの子孫たちに黙って手招きするのかもしれない。

星々の黄昏――星が消えていく

最初の恒星たちができはじめたのは、エンパイアステートビルの八階、ビッグバンからざっと一億年後ぐらいからのことだった。そして、原材料が残っているかぎりは、今後も新しい恒星が形成され続けるだろう。では、恒星の原材料はどれぐらい持つのだろうか？　恒星を作るために必要な材料のリストは短い。必要なのは、十分に大きな水素ガスの雲だけなのだ。水素ガスの雲があれば重力が働きだし、ガス雲をゆっくりと収縮させて、中心部の温度を上げていき、やがて核融合が始まる。したがって、もしもあなたが銀河に含まれる水素ガスの量と、恒星を作ることで水素ガスが消費されるペースを知っていれば、恒星がいつまで形成され続けるかを見積もることができる。その計算には、やっかいな点がいくつかあるのだが（銀河内で恒星が形成される速度が、時間とともに変化する場合があることや、恒星が燃焼するにつれて、恒星を構成している水素ガスの一部が銀河に戻って、原材料の備蓄量を増やすことなど）、精密な計算を行った研究者たちは、これから一〇〇兆年後、われわれがエンパイアステートビルの一四階にたどり着く頃までには、ほぼすべての銀河で、恒星の形成は終わりに近づいているだろうと結論している。

一四階からさらに階段を上るうちに、そのほかにもうひとつ、目を引く変化が起こるだろう。恒星が消えていくのだ。恒星の質量が大きくなるにつれ、自分の重さによって潰れやすくなり、中心部の温度はますます上がるだろう。温度が上がれば核融合に拍車がかかり、燃料である原子核の備蓄はすみやかに枯渇する。太陽は一〇〇億年ほど明るく燃え続けるが、太陽よりもはるかに大きな質量を持つ恒星は、もっとずっと早く核の燃料を使い果たす。一方、質量が太陽の一〇分の一ほどしかない軽い恒星は、太陽よりもゆっくりと燃焼するため、寿命ははるかに長い。天文学者たちは、太陽の一〇分の一ほどの質量を持つ恒星に、「赤色矮星」［赤くて小さな星］というわかりやすい名前をつけた。観測によると、この宇宙の恒星のほとんどは赤色矮星であるらしい。赤色矮星は、温度が比較的低く、ゆっくりと着実に水素を燃焼させるため（内部に生じる対流のおかげで燃料の水素がかき混ぜられるため、ほぼすべての水素は中心部で燃焼する）、太陽よりも何千倍も寿命が長く、何兆年ものあいだ輝き続ける。それでも、われわれがエンパイアステートビルの一四階にたどり着く頃までには、そんな長生きの赤色矮星ですら、ほぼ燃料切れになっているだろう。

そのため、一四階からさらに上に向かうにつれ、銀河は、未来を舞台にしたディストピア映画に出てくる燃え尽きた街のようになるだろう。かつては明るい恒星が無数に輝いていた夜空は、燃えさしが散らばるだけの世界になるのだ。それでも、恒星が及ぼす重力の大きさは質量だけで決まり、明るく輝いているか、暗い燃えさしになっているかは関係がないため、惑星を宿す恒星のほとんどは、まだ惑星たちを引き連れているだろう。

あと一階上るまでは。

天文学的秩序の黄昏――恒星系も銀河も消える

晴れた夜空を見上げれば、天の川銀河には星が密集しているように見える。しかし、実際はそうではない。星たちはわれわれを取り巻く大きな球面上にひしめいているように見えるが、地球からの距離は星ごとに大きく異なるため、星同士は遠く離れているのだ――そんなふうに見えないのは、われわれの視力が弱く、両目の間隔が狭いためだ。太陽をグラニュー糖の一粒ぐらいまで縮ませて、ニューヨーク市にあるエンパイアステートビルのどこかに置いたとすると、太陽にもっとも近い恒星プロキシマ・ケンタウリに出会うためには、お隣のコネチカット州グリニッジ近くまで車を走らせなければならない。そしてグリニッジに到着したときに、プロキシマ・ケンタウリがまだ近くにいるようにするためには、それほど急いで車を走らせる必要はない。これぐらいの距離の場合、典型的な恒星たちがお互いから遠ざかるスピードは、時速一ミリメートルにも満たないのだ。広範囲に散らばったナメクジたちの鬼ごっこのように、恒星が衝突することはまずないし、ニアミスすることさえ稀だろう。

しかしその結論は、一年、一〇〇年、あるいは一〇〇〇年といった、われわれにとっておなじみの時間スケールにもとづいているため、今ここで考えている、もっとずっと長い時間スケールでは見直しが必要になる。われわれがエンパイアステートビルの一五階にたどり着く頃には、ビッグバンから一〇〇万年の一〇億倍という、とてつもなく長い時間が流れている。そしてそれほどの時間が経つうちには、今は遠くでゆっくりと動いている恒星たちも無数の衝突を経験しているだろう。では、恒星同士が衝突すると、何が起こるだろうか?

地球に焦点を合わせ、太陽以外の恒星が近づいてくるものと想像しよう。太陽系の侵入者である恒星の質量と軌道によっては、その重力は、地球の運動にそれほど影響しないかもしれない。質量の小さな恒星が遠くを通過するだけなら、それほど壊滅的な事態にはならないだろう。しかし、質量の大きな恒星が近くを通過すれば、その重力は地球を現在の軌道から引き離して、太陽系を猛スピードで突っ切らせ、深宇宙へと放り出すだろう。そして、地球の身に起こりうることは、ほぼすべての銀河に含まれるほぼすべての恒星のまわりで軌道運動しているほぼすべての惑星の身にも起こりうる。われわれが宇宙の年表を未来に向かって上るにつれて、気まぐれに近づいてくる恒星の破壊的な重力に引かれて宇宙空間に飛び出していく惑星はどんどん増えるだろう。実際、確率は非常に低いとはいえ、太陽が燃え尽きる前に、地球にそんな運命が降りかかることもありうるのだ。

もしもそうなれば、太陽から遠ざかるにつれ、地球はどんどん冷えていく。なんであれ地表に残っていたものと、海洋の表面に近い層は、すべて凍りつくだろう。地球大気の主な成分である窒素と酸素は、液化して地上に降り注ぐだろう。生命は生き残れるだろうか？　地表では、まず生き残れそうにない。しかし、すでに見たように、現に繁栄している生命は、海洋底に点在する暗黒の熱水噴出孔の中で誕生した可能性があるのだった。太陽光は深い海洋底までは届かないから、太陽がなくなろうと、噴出孔には何の影響もない。太陽の代わりに熱水噴出孔を活動させているエネルギーの大部分は、薄く広がってはいるが、つねに起こっている原子核反応によるものだ。[*17] 地球内部には放射性元素がふんだんに存在し（たいていはトリウム、ウラン、カリウムだ）、それら不安定な原子が崩壊すると、高エネルギーの粒子を放出する。そうして飛び出してきた粒子が、周囲を温めるのだ。そんなわけで、太陽内部で起こる核融合で生み出された温もりが届こうが届くまいが、地球は、それ自身の内部で起こる核分裂の温もりを享受し続けるだろう。地球が太陽系から放り出されたとしても、海洋底の生命は、まるで何もなかったかのように、その後さらに何十億年ものあいだ生き続けることは可能なのだ。[*18]

そんな恒星バージョンの激突ゲームは、惑星系だけでなく銀河をもかき乱す。さまよえる恒星同士がニアミスしたり、さらに稀にではあるが正面衝突したりすれば、軽いほうの恒星のスピードは上がり、重いほうの恒星のスピードは下がることが多い（バスケットボールの上にピンポン玉を乗せ、そのまま床に落としてみるといい。一緒に床に当たって跳ね返ったとき、ピンポン玉のスピードは驚くほど上がるのがわかるだろう）。[*19] そんな速度変化は、普通はそれほど大きなものにはならないが、長い時間をかけて蓄積されると、恒星のスピードが大きく変わることもある。そうしてスピードが上がったために、ふるさとの銀河を飛び出す恒星は着実に増えるだろう。詳細な計算から、エンパイアステートビルの一九階から二〇階に向かう頃には、典型的な銀河では、このプロセスのために恒星が激減していることがわかっている。典型的な銀河に含まれる恒星は、この頃までにはたいてい燃え尽きて灰になっているが、このプロセスによって銀河から飛び出し、宇宙をあてどなくさまようことになるだろう。[*20]

宇宙全体で、惑星系や銀河のような天文学的秩序は、その頃までには消え失せる。今は宇宙のいたるところに見えるそれらの構造は、もはやどこにもなくなるのだ。

重力が惑星と恒星を一掃する

もしも地球が幸運にも、エンパイアステートビルの一一階で膨れ上がる太陽から逃げ切り、近づいてきた恒星のせいで太陽系から放り出されるのを免れたとすると、地球の最終的な運命は、一般相対性理論の美しい特徴である「重力波」によって決まるだろう。

一般相対性理論の重要な概念に「曲がった時空」がある。これは重要な概念だが抽象的なので、物理学者たちはこれを説明するためにメタファーを使うことが多い。ぴんと張ったゴムシートの真ん中にボウリングのボールを置き、ボールの重みのせいで沈み込んだシート上に、ビー玉を走らせるのだ。このとき、ボウリングのボールは恒星、ビー玉は軌道運動をする惑星を表している。しかしこのメタファーからひとつの疑問が生じる。なぜ惑星は、螺旋を描きながら恒星に落下しないのだろうか？　なんといっても、ゴムシート上のビー玉には、その運命が確実に降りかかるのだ。[*21] ビー玉が螺旋を描いてゴムシートの中心に向かうのは、摩擦のせいでエネルギーを失うからだ。実際、高度な装置などなくても、あなたはその証拠を検出することができる。摩擦のために失われたエネルギーの一部があなたの耳に届き、あなたはビー玉がゴムシートを転がる音を聞くだろう。惑星が同じ軌道をまわり続けるのは、空っぽの宇宙空間では、摩擦がないに等しいからなのだ。

摩擦はなくても、惑星は、軌道を一周するたびに、わずかながらエネルギーを失う。ゴムシートをトントンと叩けば、シート上にさざなみが生じるのと同様、天体が動けば空間という布地が乱れ、外向きに広がる波が生じる。空間という布地に生じたその波こそは、アインシュタインが一九一六年と一九一八年に発表した論文で、その存在を予言した重力波である。それから何十年ものあいだ、重力波に対するアインシュタインの気持ちは複雑だった。彼は、重力波はせいぜい良くて、けっして観測されることのない理論的可能性であり、悪くすれば、方程式の完全な解釈ミスだろうと考えていたのだ。一般相対性理論の数学は非常に複雑で、アインシュタインでさえ、ときに困惑するような結果を導くことがあった。一般相対性理論の数学的表現を、測定可能な宇宙の特徴に結びつけようという試みには頭の痛い難問がつきまとい、それを克服するために必要な系統的方法を作り上げるまでには、多くの人たちによる長年の努力が必要だった。しかし一九六〇年代に入る頃までには、そんな系統的方法が確立されて、物理学者たちは、重力波は疑う余地なく一般相対性理論から引き出される結果だと確信できるようになった。しかしそうなってもまだ、重力波が確実に実在すると言えるだけの、実験や観測にもとづく根拠を得た者はいなかった。

それから一五年ほどして、状況が一変した。一九七四年のこと、ラッセル・ハルスとジョセフ・テイラーが、初めて中性子星の連星系——ふたつの中性子星が、互いのまわりを大きなスピードで回り合っている系——を発見した。[*22] その後の観測から、中性子星は螺旋を描きながらしだいに相手に近づいていることが明らかになった。その振る舞いは、連星系がエネルギーを失っている証拠である。しかし、失われたエネルギーはどこに行ったのだろう？[*23] テイラーと、共同研究者であるリー・ファウラーとピーター・マカロックの三人は、測定された軌道運動のエネルギー損失は、互いのまわりを軌道運動するふたつの中性子星が重力波を生じさせるときに使うエネルギーとして、一般相対性理論が予測する値と驚くべき精度で一致すると発表した。[*24] その重力波は弱すぎて検出できなかったが、これらの仕事により、間接的にではあれ、重力波の実在性が確立された。

その後、三〇年という時間と一〇億ドルという費用をかけて建造された、レーザー干渉計重力波観測所が、その先に踏み出した。空間を伝播するさざ波を、はじめて直接的に検出することに成功したのである。二〇一五年九月一四日の早朝、重力波以外に考えうるあらゆる攪乱から遮蔽され、一方はルイジアナ州、他方はワシントン州に置かれたふたつの巨大な検出装置が、カチリと反応した。しかも、その反応の仕方は、まったく同じだった。研究者たちは約半世紀をかけてこの瞬間のために準備を重ねてきたが、その反応があったのは、新しくアップグレードされた検出器の較正が終わって、わずか二日後のことだった。稼動するとすぐのタイミングで信号が検出されたことは、嬉しい驚きであると同時に不安の種でもあった。その信号は本物なのだろうか？　一生に一度あるかないかの大発見なのか、それとも何者かが仕組んだ悪ふざけなのか？　あるいはさらに悪いケースとして、何者かがシステムをハッキングして、偽のシグナルを入れたのでは？

研究者たちはそれから数ヵ月をかけて、重力のゆらぎとみられる信号を綿密に分析し、チェックにチェックを重ねた末に、重力波が間違いなく地球を通過したと発表した。それればかりか、検出された信号の厳密な解析結果と、さまざまな天文学的事象で生じる重力波をスーパーコンピュータでシミュレーションした結果と比較して、信号から逆に、その重力波を生み出したものは何かを探索した。そして彼らはこう結論した。このたび検出された重力波は、今から一三億年前、地球上では多細胞生物が姿を現しはじめた頃に、宇宙のかなたで互いのまわりを軌道運動していたふたつのブラックホールが徐々に接近して、しだいに回転速度を上げていき、やがて光の速度に迫るスピードで互いの周囲をめぐるうちに、衝突して合体した衝撃で生まれたものである、と。その津波のような重力波の単位時間あたりのエネルギーは、観測可能な宇宙に存在するすべての銀河のすべての恒星が生み出すエネルギーを合わせたものより大きかった。その波は、宇宙空間のあらゆる方向に光の速度で進み、その一部は地球を目指した。そうして波が広がるうちに、波のエネルギーはどんどん薄まった。そして一〇万年前、人類がアフリカのサバンナを出て各地に散らばりつつあった頃に、猛烈なスピードで突進してきた波が、天の川銀河を取り巻く暗黒物質のハローを波打たせて通過した。一〇〇年前、その波がヒアデス星団を通り過ぎた頃に、われわれ人類のメンバーのひとりであるアルベルト・アインシュタインが重力波について考えはじめ、この波の存在可能性について最初の論文を書いた。五〇年前、波が猛烈なスピードで地球に向かっているとき、研究者たちが、そんな波は実際に検出できるかもしれないという大胆な提案をし、そのために必要な装置を設計して、検出計画を立てはじめた。光の速度で進む波が、あと二日で地球に到達するというとき、アップデートされた重力波検出装置が再稼動しはじめた。それから二日後、ふたつの検出器が二〇〇ミリ秒だけ波に揺られ、科学者たちは、私が今語った物語を再構成できるだけのデータを得た。その快挙に対し、チームリーダーであるレイ・ワイズと、バリー・バリッシュ、そしてキップ・ソーンに、二〇一七年のノーベル賞が授けられた。

これらの発見はそれ自体として心躍る快挙だが、それがここでの話に関係するのは、エンパイアステートビルの二三階で、地球もやはり、ゆっくりと、しかし着実に重力波を生じさせてエネルギーを失い、とうの昔に死んだ太陽に向かって螺旋を描いて落下するからだ（この場合もまた、地球はこのときまで太陽の軌道上に残っているものと仮定する）。他の惑星たちにもそれと同じことが起こるが、時間スケールはさまざまだ。小さな惑星ほど、空間に生じさせる波は小さく、デス・スパイラルにかかる時間は長い。また、主星から遠く離れた軌道をめぐる惑星も、落下するまでには時間がかかる。地球を長く軌道に留まる惑星の典型だとして、われわれが二三階にたどり着く頃までには、そんな惑星たちもついに運命に屈し、冷たくなった主星との激烈な合体に身を投げ出しているだろう。

銀河も最終的には同様の経過をたどる。ほとんどの銀河の中心部には、太陽の数百万倍から数十億倍もの質量を持つ巨大ブラックホールが存在する。われわれがエンパイアステートビルの二三階からさらに上階に向かううちに、銀河は、生まれ故郷から放り出される運命を免れ、中心部のブラックホールのまわりをゆっくり軌道運動している恒星の燃えさしだけになるだろう。そして、惑星の軌道運動のエネルギーが重力波に注ぎ込まれるにつれて、惑星はゆっくり螺旋を描きながら中心星に近づくのと同様、銀河ブラックホールのまわりを軌道運動する恒星たちも、ゆっくり螺旋を描きながら銀河中心に近づく。研究者たちは、そんな「軌道運動から重力波への」エネルギー移行の速さを推定し、われわれがエンパイアステートビルの二四階にたどり着く頃までには、まだ銀河に残っていた恒星の大半は銀河中心に落下し、ブラックホールに飲み込まれているだろうと結論した。[*25] 銀河中心から遠く離れたところに、燃え尽きたはぐれ者の小さな恒星が残っていたとしても、銀河中心のブラックホールは、「銀河の残り物を飲み込むことで」どんどん強まる重力で、そんな燃えさしを終焉へと招き寄せるだろう。両方の影響「重力波へのエネルギー移行と、直接的な重力作用」を考慮すると、銀河中心のブラックホールは、遅くともわれわれがエンパイアステートビルの三〇階、ビッグバンから10^{30}年後にたどり着く頃までには、ほとんどの銀河から恒星を一掃しているだろう。

　この時代までに、宇宙をめぐる旅において、見るべきものはなくなっている。冷たい惑星、燃え尽きた恒星、巨大ブラックホールがときどき見つかるのを別にすれば、宇宙空間は殺伐とした暗黒の世界になっているだろう。

複雑な物質はすべてバラバラに飛び散る

以上で見てきた極端な環境変化を、生命は生き延びることができるのだろうか？ これはとても難しい問題だ。なぜなら、本章の冒頭で力説したように、遠い未来の生命がどうなっているかは見当もつかないからだ。確実そうに思われるのは、どんな生命にも、生命維持のために必要な機能——代謝機能であれ、繁殖機能であれ——を動作させるのにふさわしいエネルギー源を利用する必要があるだろうということだ。恒星が次々と燃え尽きて、深宇宙に放り出されていくにつれ、エネルギーを得るのはどんどん難しくなるだろう。エネルギー源になりそうなもののアイディアには独創的なものがたくさんある。たとえば、宇宙空間のいたるところに漂っているといわれる暗黒物質の粒子を利用するというのもそのひとつだ。暗黒物質の粒子同士が衝突して光子に変わるとき、エネルギーが生じるというのだ。[*26] 問題は、たとえどれかの生命形態が何か新奇なエネルギー源を利用できたとして、エンパイアステートビルをさらに上っていくうちに、他のすべての困難を上まわる重大な事態が持ちあがりそうなことだ。

物質そのものが崩壊するかもしれないのだ。

すべての分子の構成要素であり、生命から恒星まで、ありとあらゆる複雑な物質構造を作り上げている原子はすべて、その中心部に陽子を持っている。もしも陽子が、より軽い粒子（電子や光子など）にすみやかに崩壊するようなものだったなら、物質はすべてバラバラに崩壊し、宇宙はまったく別の姿になっていただろう。[*27] われわれがこうして現に存在しているという事実は、陽子は、少なくともビッグバンにさかのぼる宇宙の歴史と同程度の時間スケールでは安定であることを証言している。しかし、その時間スケールよりずっと長い時間ではどうだろう？　物理学者たちはほぼ半世紀にわたり、十分な時間さえあれば、陽子は実際に崩壊できることを示唆する、興味深い数学的な結果を得てきた。

一九七〇年代のこと、物理学者のハワード・ジョージアイとシェルドン・グラショウは、最初の「大統一理論」を作った。それは、重力以外の三つの力（強い力、弱い力、電磁気力）を理論的に結びつける数学的な枠組みだ。[*28] これら三つの力は、実験室で調べればまるで違った特徴を示すが、ジョージアイとグラショウの数学的枠組みによると、距離がどんどん小さくなるにつれて、力のあいだの違いは消滅する。そんなわけで、大統一理論は、これら三つの力は、実はひとつの基本力の異なる側面なのだと主張する。力の統一性は、もっとも小さなスケールでだけ姿を現す、自然のメカニズムだというのだ。

ジョージアイとグラショウは、大統一理論が提案する、異なる力のあいだのつながりに加え、物質粒子にもつながりがあることに気がついた。もしもそんなつながりがあれば、さまざまな粒子転換が起こり、そんな転換の中には、陽子崩壊につながるものもある。ありがたいことに、陽子の崩壊が素早く進むことはなさそうだ。彼らの計算によると、あなたの手のひらに山盛りになった陽子があるとして、その半数が崩壊するまでには、一〇億年の一〇億倍の一〇億倍の一〇〇〇倍もの時間がかかる。それはエンパイアステートビルの三〇階にたどり着けるほどの時間だ。陽子崩壊は興味深い予測だが、検証はできそうにないと思われるかもしれない。それを検証するほど根気のある者はいるだろうか？

シンプルだが独創的な方法が、この問いに答えを与えてくれる。今週の宝くじに当選者が出る確率は、くじを買う人が二、三人しかいなければほぼゼロだが、買う人の人数が跳ね上がれば、当選者が出る確率も上がる。それと同じく、小さな試料の中で陽子崩壊を目撃する確率はほぼゼロだが、観測する陽子の数を増やせば、陽子崩壊を目撃できる確率も高まる。[*29] したがって、数百万リットルもの純水を大きな水槽に満たし（一リットルあたり、約10^{26}個の陽子が含まれている）、水槽の周囲に最先端の高感度検出器を配置して昼夜を分かたず観察し、陽子が崩壊したときに飛び出してくる生成物の痕跡を見つけ出せばよい（ジョージアイとグラショウの提案によれば、陽子崩壊では、パイ粒子と呼ばれる粒子と、電子の反粒子である陽電子が生成される）。

地球上のあらゆる砂浜とあらゆる砂漠を構成する砂粒をすべて合わせたよりはるかに多い陽子たちが泳ぎまわる水槽の中で、たった一個の陽子が崩壊して生じた粒子を探すというのは、絶望的に難しい仕事に思われるかもしれない。しかし実際には、優秀な実験物理学者たちのチームが、水槽中で陽子が一個崩壊すればアラームを鳴らして知らせてくれるような検出器を用意すればいいことを示した。

一九八〇年代の半ば、ジョージアイの統一理論が実験による検証に付されていた時期に、私は彼の指導下にある学生のひとりだった。当時、まだ学部生だった私は、もっと基礎的なことを勉強していたから、事情をよく理解していたわけではない。それでも膨らむ期待を感じ取ることはできた。

自然の統一性を明らかにするという、アインシュタインの夢が叶おうとしていたのだ。だが、陽子崩壊の証拠が得られないままに一年が過ぎた。そしてまた一年。さらに一年が過ぎていった。陽子崩壊が見つからないことから、陽子の寿命の下限を求めることができる。現在、その値はおよそ10^{34}年となっている。

ジョージアイとグラショウの提案は素晴らしいものだった。彼らの理論は、量子重力の謎は当面棚上げして、厳密かつ巧妙なやり方で数学と物理学を結びつけ、すべての物質粒子と、重力以外の三つの力を統一的に扱っていた。その理論は、知性が作り上げた傑作である。それだけの傑作を前にしても、自然は肩をすくめてみせたのだ。長い時間を経て、私はそのときのことをジョージアイに尋ねた。彼は、がっかりさせられた一連の実験のことを、「自然に叱りつけられたような気持ちだったよ」と語った。そして彼はあの経験のせいで、統一を目指すどんな研究プログラムにも反対するようになったと言い添えた。[*30]

しかし、統一を目指す研究プログラムは続いたし、今も続いている。そして、これまでに追究されたアプローチのほぼすべてに共通するのが、陽子崩壊を予言していることだ。統一のアプローチには、ジョージアイとグラショウの大統一理論を直接的に拡張したもの以外にも、カルツァ＝クライン系の理論、超対称性、超重力、超ひもがある（これらすべてのアプローチについては、『エレガントな宇宙』を参照してほしい）。陽子の崩壊速度が、もともとのジョージアイとグラショウの枠組みのそれに近い値になっている提案は、ただちに除外される。しかし多くの提案は陽子崩壊に対して、最先端の実験で得られた下限値と両立する、はるかにゆっくりとしたペースの崩壊を予測している。その値は、典型的なところで、陽子の半減期として10^{34}年から10^{37}年のあいだに収まり、もっと大きな値を予測する理論もある。

　重要なのは、われわれは宇宙に関する数学的理解を発展させようと研究を続けてきたが、ほとんどことあるごとに陽子崩壊が頭をもたげたということだ。陽子が崩壊しないように方程式に手を加えることもできなくはないが、それをしようとすると、正しいことがすでに示されている理論的記述と矛盾する、数学的に歪んだ操作をしなければならないのだ。そんなわけで、多くの理論家は、陽子は実際に崩壊するのだろうと考えている。その考えは間違っているかもしれないし、巻末注では、それとは別の可能性についても簡単に考察しておいた。[*31] しかしここでは話を限定するために、陽子の寿命を、およそ10^{38}年としておこう。

　すると、どんなことが起こるだろうか。三八階からさらに階段を上るにつれ、宇宙にかつて出現したことのある、ありとあらゆる構造――石、水、ウサギ、樹木、あなた、私、惑星、衛星、恒星、等々――に組み込まれた、あらゆる分子を組み立てていた、あらゆる原子は崩壊するだろう。あらゆるものがバラバラに飛び散ってしまうのだ。あとには、孤立した粒子が残され（そのほとんどは、電子、陽電子、ニュートリノ、光子だ）、貪欲ではあるが静寂なブラックホールが点在する宇宙を飛びまわるだろう。

　エンパイアステートビルのもう少し低い階では、生命の主たる課題は、生物を作り上げている物質の反応プロセスに必要な、高品質で低エントロピーのエネルギー源を確保することだ。しかし、三八階より上になると、もっと基本的なことが課題になる。原子と分子がバラバラになるということは、生命の構造、そして宇宙の構造の足場が崩れることにほかならない。生命がそのときまで生き延びていたとして、いよいよ最後の壁にぶつかるのだろうか？　そう、それが最後の壁なのかもしれない。しかし、ここで考えているような極端に長い時間スケール――現在の宇宙の年齢の一〇億倍の一〇億倍のさらに一〇億倍ほど――ともなると、生命は、今日の生物が持つ構造を必要としないようなものに進化している可能性もある。もしかすると未来の生物は、われわれが現在用いている生命や心というカテゴリーとはまったく別の特徴づけを必要とするようなものになっているかもしれず、そんな生物から見れば、生命や心というのは、大雑把で使いにくいカテゴリーなのかもしれない。

そう考える基礎には、生命と心は、細胞、身体、脳といったいかなる特定の物質的基礎にも依存せず、むしろ統合されたプロセスの集合体だという仮定がある。生物学が、生命の諸活動をこれまで独占的に扱ってきたのは、たまたま地球という惑星上では、自然選択による進化が起こったという偶然を反映したものにすぎないのかもしれない。もしも基本粒子が何か別の配置を取り、その粒子配置が生命と心のプロセスを忠実に実行すれば、そのシステムは生きて思考するだろう。

われわれとしてはできるだけ広い観点に立ち、たとえ複雑な原子や分子は存在しなくても、なんらかの思考する心は存在するかもしれないと考えるというアプローチを採ろう。そして、次の問いを立てよう。唯一絶対に譲れない条件として、「思考のプロセスは物理法則に完全に従う」というものだけを課すとき、思考はいつまで存在できるだろうか？

思考の未来

思考の未来はどんなものになっているか評価しようなどと、傲慢の極みのように見えるかもしれない。人は誰しも個人的な経験から、考えるという行為がどういった感じのするものかは知っている。しかし、第5章で明らかになったように、心に関する厳密な科学はまだ初期の段階にある。運動の科学が、ニュートンの法則から、それとは根本的に異なるシュレーディンガーの法則に発展するまでに三〇〇年とかからなかったことを思えば、一〇〇〇億年がほんの一瞬に思える長い時間スケールでの未来の思考について、何か意味があることが言えるものだろうか？

この問いから、われわれにとって中心的なテーマのひとつが浮かび上がる。宇宙はさまざまな観点から理解することができるし、理解されなければならない。さまざまな観点から得られた宇宙についての説明は、それぞれ特定の問いに対するものだが、最終的には、すべての説明を統合した、全体として整合性の取れた物語にしなければならない。しかし、いつかは統合されるはずの個々の物語の中にも、他の多くの物語のことはほとんど知らなくても、話を先に進められるものがある。ニュートンは、量子物理学のことは何も知らなかったが、日常のスケールで出会う運動についての理解を作り上げることができた。量子物理学が現れたとき、ニュートン物理学の殿堂は打ち壊されたのではない。それはリノベーションされたのだ。量子力学は、科学的探究の手をより深いところに届かせ、ニュートンが作り上げた構造に新たな解釈を与えるための基礎になってくれたのである。

心の未来について、今日数学的な理論にもとづいて考えたことが、まるでお門違いだったとわかることもありうる。実際、物理学史と哲学史によほど詳しい人でもないかぎり、運動に関するアリストテレスのエンテレケイアや、視覚に関するエンペドクレスの「目の中に火がある」とする説のことなど聞いたこともないだろう。人間が何か探究した結果として、まるで見当違いの知識が得られることもある——というより、たいていはそうなる。しかし、ニュートン物理学がそうだったように、いつの日か、心を探究して得られた知識が、より包括的な物語の一部とみなされる可能性もある。ここでは、そんな楽天的な——合理的にして適度に楽天的な——立場から、遠い未来の思考について考えていこう。

一九七九年、フリーマン・ダイソンは、遠い未来の生命と心について空想的な論文を書いた。[*32] 以下では、ダイソンの路線に沿って考えていくが、適宜、最近の理論的な進展と天文学の観測にもとづくアップデートを組み込もう。ダイソンのアプローチは、本書でこれまで採ってきたアプローチにかなり近く、心については物理主義的な立場を取り、考えるという行為は完全に物理法則に従う物理的なプロセスだとする。また、われわれは、全体としての宇宙の特徴が遠い未来にわたりどのように進化するかをだいたい把握しているので、遠い未来にも、思考に優しい環境が存在しているかどうかを調べることができる。

最初に、あなたの脳について考えよう。脳にはさまざまな特徴があるが、そのひとつは温度が高いということだ。脳は、たえずエネルギーを必要とするので、あなたはそのエネルギーを、飲んだり食べたり息をしたりすることで脳に供給している。脳はさまざまな物理化学的プロセスによって、粒子配置を変化させる（粒子配置は、化学反応、分子の組み換え、粒子の運動などによって変化する）。そして脳は、環境に熱を排出する。つまり、あなたの脳が思考すれば（思考に限らず、脳が何かするときにはつねに）、第2章で蒸気機関について調べたときに出会った一連のプロセスが再現されるということだ。蒸気機関の場合とほぼ同じく、脳が環境に排出する熱は、脳の内部のメカニズムによって生み出したり吸収されたりしたエントロピーを外の世界に運び去る。

どんな理由であれ、溜まっていくエントロピーを排出できなくなった蒸気機関は、いずれその機能を停止する。それと同じ運命が、脳にも降りかかるだろう。どんな理由であれ、機能を果たせば着実に増えていくエントロピーを排出できなくなった脳は、いずれ機能を停止する。そして停止した脳は、もはや思考しない脳だ。そこにこそ、脳による思考はいつまで可能かが問題になりうる事情がある。宇宙がどんどん遠い未来に向かって進んでいくとき、脳は、自らの活動で生じる廃熱を、いつまで排出することができるだろうか？

われわれが現在から未来へと歩を進め、エンパイアステートビルの上階に向かって階段を上っていくあいだ、人間の脳がずっと存在し続けているだろうとは誰も思っていない。実際、原子が、より基本的な粒子に崩壊するぐらい上の階にたどり着く頃までには、複雑な分子はなんであれ、めったにお目にかからなくなるだろう。しかし、廃熱を排出しなければならないという条件はきわめて基本的なので、思考プロセスを実践する実体はどんなものであれ、その要請に従わなければならない。したがって、本質的に重要なのは次の問いだ。思考プロセスを実践する実体――それを「思考する者」と呼ぼう――は、どのようにデザインされたか、そしてどのように作られているかによらず、思考することで必然的に生じる熱を排出できなければならないが、はたしてそれは可能なのだろうか？　もしも不可能なら、「思考する者」は、おのれが生み出すエントロピーという廃棄物の中でオーバーヒートして燃え尽きるだろう。そして、膨張宇宙において物理法則により課される制約のために、いかなる「思考する者」も、いずれはエントロピーを排出できなくなるのなら、思考の未来そのものが、存続の危機に瀕することになる。

そんなわけで、思考の未来について考えるためには、思考の物理学を理解する必要がある。「思考する者」は、どれだけのエネルギーを必要とし、思考の過程でどれだけのエントロピーが生じるのだろうか？「思考する者」は、どんなペースで廃熱を排出する必要があり、宇宙はどれぐらいのペースでその熱を吸収できるのだろうか？

思考を遅くする

第2章では、エントロピーは物理系の微視的構成要素――その系を構成する粒子たち――の配置のうち、「ほとんど同じに見えるもの」の数だと力説した。「思考する者」を分析するためには、それを言い換えておくと便利だ。もしも系のエントロピーが低ければ、その系の粒子配置は、起こりうる粒子配置のうち、みな同じに見える比較的少ない可能性のうちのひとつ――比較的少ないドッペルゲンガーのひとつ――である。その場合、起こりうる粒子配置のどれが実現しているかを私があなたに教えたとして、私が提供した情報量は小さい。キャンベルのトマトスープの缶詰が何個か並んでいるだけの食料品店の棚の前で、特定のひとつの缶を指定するのと同じく、私はわずかしかない可能性の中から、この特定の粒子配置を区別したということだ。一方、もしも系のエントロピーが高ければ、その系の粒子配置は、みな同じに見える非常に多くの可能性のうちのひとつ――非常に多くのドッペルゲンガーのひとつ――である。結果として、もしも私があなたにその系が実際に実現している配置はそれらの可能性のうちのどれであるかを教えたとすれば、私はあなたに大量の情報を提供したことになる。馬鹿馬鹿しいほど在庫の多い食料品店の棚の前で特定のトマトスープの缶を指定するのと同じように、私は膨大な数の可能性の中からこの特定の粒子配置を区別したことになる。そんなわけで、エントロピーの低い系では、特定の粒子配置が持つ情報量は小さく、エントロピーの高い系では、特定の粒子配置が持つ情報量は大きい。

エントロピーと情報の関係が重要なのは、思考がどこで起こるかによらず――人間の脳の中で起こるか、抽象的な「思考する者」の中で起こるかによらず――、思考するということは、情報を処理することだからである。したがって、情報とエントロピーのあいだにつながりがあるということは、思考がこなしている情報処理は、エントロピーの処理として記述できるということを教えている。そして、第2章での話を思い出すと、エントロピーを処理する――エントロピーを、ある場所から別の場所へ移動させる――ためには、熱を移動させる必要があるから、思考、エントロピー、熱という三つの概念には、密接な関係があることがわかる。ダイソンは、これら三つの概念の関係を数学的に表現して、「思考する者」がどれだけ思考したかを表す数量にもとづき、「思考する者」が排出しなければならない熱を定量的に表した(数学の得意な人のために、その式を巻末注に示す[*33])。

思考の数量が多いということは、大量の熱を排出しなければならないということを意味する。つまり、思考の数量が少なければ少ないほど、排出しなければならない熱は少なくてすむということだ。

さて、「思考する者」は、考えるために必要なエネルギーを環境から取り込まなければならない。そして、熱はエネルギーの一形態だから、「思考する者」が取り入れるエネルギーは、最低でも、排出する必要のある熱と同量でなければならない。排出するエネルギー（環境に拡散していく）よりも、取り入れたエネルギーのほうが高品質（すぐに思考に使える）だが、「思考する者」は吸収した以上に排出することはできない。したがって、ダイソンの計算［排出しなければならない熱］は、「思考する者」が環境から取り入れる必要のある、高品質のエネルギーの最小値を与える。そしてそこから、「思考する者」が直面する難題が定量的に示される。恒星が燃え尽き、恒星系が解体し、銀河は散り散りになり、物質が崩壊し、宇宙が膨張して温度が下がるにつれて、「思考する者」が思考し続けるために必要不可欠な、高品質で低エントロピーで高密度のエネルギーを集めるという仕事はどんどん難しくなる。そうしてエネルギー供給が乏しくなるにつれ、「思考する者」は、資源管理と廃棄物処理のための効率的な戦略を立てる必要に迫られる。要するに、低エントロピーのエネルギーを取り込み、高エントロピーの熱を捨てるための、詳細な計画が必要になるのだ。以下ではダイソンの思索の道をたどりながら、そんな戦略を考えよう。

最初の一歩として、「思考する者」の内部で起こるプロセスが何であれ、それが進むペースは「思考する者」の温度に比例するものと仮定しよう。これは妥当な仮定だ。[*34] 温度が高ければ高いほど粒子の運動速度は上がり、「思考する者」の思考速度も上がり、エネルギーはどんどん消費され、廃棄物は着々と溜まる。温度が低ければ低いほど、そのすべてがゆっくりと進む。空間が膨張して温度が下がり、すべてがのろのろしはじめた宇宙の中で、できるだけ長く考え続けたいと願う「思考する者」は、太く短く燃料を消費するのではなく、細く長く燃やし続け、資源の保存を図る必要がある。そこでわれわれは「思考する者」に、宇宙に倣うべきだとアドバイスする。少しずつ温度を下げていき、考えるペースをじりじりと落として、供給量の減り続ける高品質のエネルギーの消費を抑えなさい、と。

「思考する者」は考えることしかしないので、考えるスピードを下げなければならないのは楽しい話ではないだろう。そこでわれわれは次のように言って、「思考する者」を慰める。「それは考え違いというものです。あなたの内部で起こるすべてのプロセスがペースを落とすのだから、主観的な経験は何も変わりません。あなたは自分の思考の変化に気づかないでしょう。環境のプロセスの速度が上がったと感じるかもしれませんが、あなたの思考はこれまで通り、すばやく集中的になされていると感じるでしょう」。それを聞いて「思考する者」は安心し、その戦略を採ることにするが、最後にひとつ気がかりなことがあると言う。「その方針を採れば、私は永遠に新しい考えを持つことができるのか?」。

これは非常に重要なことなので、「思考する者」がその質問をしてくるのはわれわれとしても想定内だ。そして、答えも用意してある。数学が示すところでは、車はゆっくり運転するほど燃費が良くなるように、「思考する者」の燃費は思考のペースを落とすほど良くなる。つまり、温度が下がれば下がるほど、「思考する者」の思考効率は良くなる。したがって、「思考する者」は実際に無限に多くの思考をすることができるし、そのためには有限のエネルギー供給がありさえすればよい（それはちょうど、$1+1/2+1/4+\cdots$のような無限和が有限の数になるのと同じことだ。この場合、和の値は2である）。われわれは威勢よく、「思考する者」にその結果を伝える。「この計画に従えば、あなたは永遠に考え続けることができるばかりか、そのためには有限なエネルギーがあればよいのです！」[*35]。

「思考する者」はそれを聞いて喜び、いよいよ計画を実行に移そうとする。しかしそのとき、予期せぬ問題が出てくる。その計算から、われわれが見逃していた厄介な結果が出てきたのだ。コーヒーの温度が低ければ低いほど、コーヒーが環境に放出する熱は減少するように、「思考する者」の温度が下がれば下がるほど、考えることで生じた廃熱を排出しにくくなるのだ。「思考する者」はこう言った。「私が何者かわかっていないようだな。私が廃熱を排出できないなどという噂が広がる前に、口を慎んだほうが身のためだぞ」。ごもっとも。しかし、その「よくわかってない」という点が、この計算の素晴らしいところなのだ。この論証で仮定されているのは、「思考する者」は物理法則に従う基本粒子（たとえば電子など）から構成されているということだけだ。したがって、われわれの分析は完全に一般に成り立つ。つまり、「思考する者」の詳細な生理学や構造がよくわかっていなくても、「思考する者」の温度が下がるにつれ、排出されるエントロピーは、思考により生じるエントロピーを下まわるようになると結論できるのだ。そのことに気づけば、「思考する者」にこう告げるしかない。「温度を下げながら考えることは本質的に重要です。有限のエネルギーの供給しか必要としないためにも、思考できる期間をできるだけ引き延ばすためにも、温度を下げることは重要なのです。しかし、ある時点から先は、排出するより速いペースでエントロピーが溜まりはじめるでしょう。そうなっても考え続ければ、あなたは自分の思考のために焦げつくでしょう」[*36]。

落胆した「思考する者」が事態を飲み込むより早く、われわれの精鋭チームのひとりが打開策を提案する。冬眠すればよい、と。「思考する者」は定期的に思考を休止する必要がある。心のスイッチをオフにして眠りにつき、溜まった熱がすべて排出されるまで、エントロピーの生成を停止させるのだ。十分に休みを取れば、目を覚ましたときには廃熱はすべて放出され、オーバーヒートして黒焦げになる危険はなくなっているだろう。そして冬眠中は思考しないのだから、「思考する者」が思考の休止に気づくこともない。この解決策は、ダイソンの画期的な論文ではじめて提案されたものだ。われわれはこの打開策に力を得て、「思考する者」に、冬眠しては目覚めるというサイクルを繰り返せば、あなたは永遠に考え続けることができるでしょうと伝える。

しかし、本当にできるのだろうか?

思考はいつ終わるのか

ダイソンの論文が書かれてからの数十年間に、この戦略にかかわる進展がふたつあった。ひとつは、考えるという行為とエントロピー生成との関係を明らかにするもので、それによれば、前節の終わりに述べた結果が、もう少し穏健に再解釈できる。もうひとつの進展は、この結論を完全に否定しかねない空間の加速膨張に注目し、エントロピーの観点から思考を考えるものだ。

最初に、再解釈につながる進展から見ていこう。ダイソンの論証の核は、思考すれば必然的に熱が生じるということだ。なぜそうなるのかを納得してもらうために、私は、思考は情報に、情報はエントロピーに、エントロピーは熱に結びついているという話をした。しかし、この結びつきにはちょっと微妙なところがあって、主にコンピュータ科学の分野で最近得られた洞察によると、初歩的な情報処理——1＋1＝2といった足し算のようなもの——を、エネルギーを劣化させずに行う、巧妙な方法があるらしいのだ。[*37] 思考と計算は、ほとんど同じようなものだと仮定するなら、そんな方法を使えば、「思考する者」は、廃熱をまったく生じさせずに考えることができるだろう。

ところが、コンピュータ科学の分野の関連する考察によると、われわれの最初の分析を進める鍵になった「思考－エントロピー－熱」というつながりは、あるバージョンではそのまま成り立つことが示されるのである。ここで言うバージョンの違いは、少し味つけが違うだけの同じ料理のようなものだ。その考察によると、もしもコンピュータが、記憶装置に溜まったデータのどれかひとつでも「消去」すれば、必然的に廃熱が生じる（一般に、廃熱は、ガラスが割れるときのような逆向きに進めるのが難しいプロセスで生じることを思い出そう。データを消去すれば、計算を逆向きに進めるのは難しくなるから、熱が生じたとしても驚くにはあたらない[*38]）。われわれはその点を考慮して、「思考する者」へのアドバイスを少し修正すればよい。「思考する者」は、記憶を消去しないかぎり、熱を排出せずに考え続けることができるだろう、と。しかし、もしも「思考する者」のサイズが有限なら、記憶容量も有限だろうから、いずれは容量の限界に達するだろう。そうなれば、すでに記憶している情報を自分の内部で組み替えて、古い思考を果てしなく反芻することしかできなくなる――それは多くの人が選択するであろう不死のありかたではない。もしも「思考する者」が、新しい思考をし、新しい記憶を持ち、新しい知的領域を探索する創造的な力を求めるのであれば、記憶を消去することも考慮に入れなければならない。記憶を消去すれば熱が生じ、前の節で論じた状況と、そこで推奨した冬眠という戦略に立ち返ることになる。

ここ数十年間にあった第二の進展は、より切迫している。宇宙空間の膨張が加速しているという発見は、永遠の思考に、克服できないかもしれない障壁を打ちたてるのだ。[*39] 現在のデータが示唆するように、もしも宇宙空間の膨張速度が減速することなく加速し続ければ、エンパイアステートビルの一二階で見たように、遠方の銀河は、宇宙の果てにある断崖から落下したかのように消滅するだろう。遠くにあるその境界から先は、原理的にさえ見ることができない。その境界より遠くにあるものはすべて光よりも速く遠ざかるため、境界の向こうで放出された光がわれわれのもとに届くことはけっしてないのである。物理学者たちはこの境界のことを、「宇宙の地平面」と呼んでいる。

はるか遠方の宇宙の地平面をイメージするには、放射を出す巨大な球体を考えればいいだろう。その球体は、空間にある種の背景温度を与える赤外線ランプを、ずらりと並べたようになっている。なぜそれが宇宙の地平面のイメージになるのかは、次の章で説明しよう（その理由は、スティーヴン・ホーキングによって発見された、やはり放射を出す地平面であるブラックホールの物理学と密接に関係している）。しかし、詳しい説明は次章にまわすにしても、ここでひとつだけ注意しておきたいのは、放射を出す宇宙の地平面による温度は、ビッグバンの残光である宇宙背景放射の温度である絶対温度で二・七度ではないということだ。宇宙が膨張を続けて、宇宙背景放射がどんどん希薄になるにつれ、背景放射の温度はじりじりと下がり、やがてゼロになるだろう。宇宙の地平面によって生じる温度は、それとは異なる振る舞いをする。それは一定なのだ。温度は低いが、いつまでも変わらない――加速膨張の速度の測定結果にもとづく計算によると、宇宙の地平面によって生じる温度は絶対温度でおよそ10^{-30}である。そして、長い目で見れば、変わらないことが問題になるのだ。

熱は、温度の高いものから低いものにしか、自発的には流れない。「思考する者」の温度が宇宙の温度よりも高ければ、宇宙空間に熱を放出できる余地がある。しかし、もしも「思考する者」の温度が宇宙空間のそれよりも低ければ、熱は逆向きに、つまり宇宙空間から「思考する者」へと流れ込み、「思考する者」は排熱できなくなる。ということはつまり、冬眠戦略は失敗を運命づけられているということだ。「思考する者」の温度が下がり続けると(有限なエネルギー予算で考え続けるためには、温度を下げていく必要があったことを思い出そう)、早晩、「思考する者」の温度は、絶対温度で10^{-30}という極低温になるだろう。そうなったら、そこで試合終了だ。宇宙は、けっして「思考する者」の排熱を受け取ろうとしないだろう。あと一回思考すると(より厳密にいえば、あと一回、記憶を消去すると)、「思考する者」は焦げついてしまう。

この結論は、宇宙空間の加速膨張が、この調子でどこまでも続くという仮定の上に成り立っている。その加速が、実のところどうなるかは誰も知らない。加速のペースが上がって、宇宙はビッグリップに追いやられ、生命と思考は不可能になるかもしれない。あるいは、加速のペースは下がるかもしれない。その場合、宇宙の地平面は不要になり、遠方の赤外線ランプのスイッチは切られ、宇宙の温度はどんどん低くなるだろう。物理学者のウィリアム・キニーとキャサリン・フリースが示したところでは、この可能性は、ダイソンの論文の楽天主義を復権させるだろう。そして、スケジュールを守ってきちんと冬眠をする「思考する者」は、永遠の未来まで考え続けられるだろう。[*40]

思考の未来に差し込む一条の希望の光を消すつもりはないが、現状を振り返っておくことは有益だ。われわれの論証の鎖は、おおむね楽天主義を旨として組み立てられている。恒星や惑星から、分子や原子まで、あらゆるものが消滅しているかもしれない宇宙においてさえ、「思考する者」は存在できるとわれわれは仮定してきた。安定な素粒子——電子、ニュートリノ、光子など——はそこらを飛んでいるだろうが、そういう粒子を寄せ集めて、なんらかの思考する構造を作ることができると考えるためには、バラ色の想像力が必要だ。それでもできるだけ心を広く持ち、そんな構造が作れるかもしれないと仮定してきたのだった。そして、もしも宇宙がちょうど良い具合に膨張すれば、最低でも、そんな「思考する者」が永遠に考え続ける可能性はあるとわかるのは、間違いなく喜ばしいことだ。それでも、思考の遠い未来は、危うい足場の上に立っているという結論を回避するのは難しい。

実際、もしも加速膨張が減速に転じなければ、思考が最後のお別れをするときが来るだろう。われわれの理解があまりにも粗いので正確な予測はできないが、方程式におおよその数値を入れてみると、そのときは今から10^{50}年以内にやってくるかもしれない。最初に述べたように、ひとつ重大な未知の要素がある。はたして知的生命は、恒星や銀河の進化に影響を及ぼしたり、予想もしなかった高品質のエネルギーを新たに発見したり、空間の膨張速度さえ制御したりして、宇宙の展開に介入できるようになるのだろうか？　知的存在は複雑なので、それが行う介入についてはごく粗い予想しかできない。そんな予測はしないことにしたのはそのためだ。そんなわけで、知的存在による介入の問題は棚上げして、熱力学第二法則に忠実に従い、われわれはこう結論する。エンパイアステートビルの五〇階に到達する頃までに、宇宙が最後の思考を宿す可能性はきわめて高い、と。

人間がこれまでに考えたことのあるほぼすべてのスケールに照らして、10^{50}年はとてつもなく長い。それはビッグバンから今日までに経過した時間の、一〇億の一〇億倍の一〇億倍の一〇億倍という長さだ。それでも、たとえばエンパイアステートビルの七五階で表される時間スケールから見れば、10^{50}年はほんの一瞬にすぎない——机上のランプに点灯してから、その光がわれわれの目に届くまでには少し時差があるが、その時差よりはるかに短いほどなのだ。それは想像を絶する短い時間だ。もしも宇宙が永遠ならば、どれほど長い時間も無限小の長さとして記録されるだろう。そんな時間観に立つなら、宇宙の歴史は次のように書かれるだろう。ビッグバンの一瞬後に生命が生じ、無関心な宇宙におけるおのれの存在についてしばし考察したのちに消滅した、と。それは、ゴドーを待つ人たちに悪態をつくポッツォの嘆きの宇宙論的表現だ。ポッツォはこう言う。「女たちは墓石にまたがってお産をし、一瞬日が差したかと思うと、また夜なのさ」。

そんな未来を暗いと思う人もいるだろう。第2章では、バートランド・ラッセルの見方に出会った。ラッセルは、二〇世紀半ばの不十分な理解にもとづいてではあるが、たしかにその未来像は暗いと考えたのだった。しかし、私の見方は違う。私にとって現在の科学が描き出すこの未来像は、われわれが思考する今このとき、われわれに日が差し込むこのひとときが、いかに稀有にして驚くべきものか、そしてどれほどかけがえのない大切なものかを実感させてくれるのだ。

第10章

時間の黄昏

量子、確率、永遠

　とうの昔に思考は終結し、ものを考える存在はひとつとして見当たらなくなってからも、物理法則はそれまで通りに実在の成り行きを記述し続けるだろう。やがてあらわになるのは量子力学と永遠とががっちりと手を結んだ世界だ。量子力学は一風変わった夢想家のようなところがあって、起こりうる未来を膨大に想定し、そのうちのどれかの未来がどれだけの確率で実現するかを具体的な数値で示すことにより、現実離れしたヴィジョンに現実的な基礎を与える。日常的な時間スケールでなら、量子論で得られた実現確率がある程度以上大きくなるまでに、現在の宇宙の年齢よりもはるかに長く待たなければならないような未来は、無視することができる。ところが、現在の宇宙の年齢がほんの一瞬に思えるほど長い時間スケールとなると、従来は無視することのできた多くの可能性を考慮に入れなければならなくなる。そして、もしも本当に時間に終わりがないのなら、量子の法則が厳密に禁止していない展開はすべて――その中には、おなじみの展開もあれば、奇怪なものや、信じ難い展開もある――いつかかならず実現するのだ。[*1]

本章では、そんなめったに起こらない宇宙論的プロセスを、いくつか取り上げて詳しく見ていこう。それらのプロセスは、自分の出番が来て、背中をポンと叩かれ、実在という舞台に踏み出すときを待っているのだ。

ブラックホールが消えていく

二〇世紀の半ば、第二次世界大戦の終わり近くになって、いくつかの出来事において中心的な役割を果たした物理学者たちは、突出して重要な位置につけた。もっとも勢いのあった研究分野が、原子核物理学と素粒子物理学だった。物理学者たちはこれらの分野を研究することで、フリーマン・ダイソンの言葉を借りるなら、「恒星の燃料となっているエネルギーを解放し、一〇〇万トンもの岩を空に持ち上げる」、まるで神のような力を得たのだった。[*2] それにくらべて一般相対性理論は、栄光の日々はすでに過去のものとなったマイナーな研究分野とみなされていた。そんな状況を変えたのが、物理学者ジョン・ホイーラーである。ホイーラーは、原子核物理学と量子物理学に多くの貢献をなし、その仕事には大きな影響力があった。しかし、彼はこれらの分野で研究をするかたわら、一般相対性理論に愛着を持ち続け、折に触れてこの分野の研究に手を染めていた。そして彼は、自分の情熱をまわりの人たちに伝染させる達人でもあった。戦後数十年にわたり、ホイーラーは世界でも第一級の物理学者たちを何人も育て上げ、教え子たちは彼と力を合わせて、一般相対性理論を活発な研究分野として復活させることになるのである。

そんなホイーラーをとりわけ強い魅力で引き寄せたのが、ブラックホールだった。一般相対性理論によれば、いったんブラックホールに落ち込んだものは、二度とそこから出られない。ブラックホールに落下したものは、永遠に消滅したのだ。一九七〇年代のはじめにこの天体について徹底的に考えたホイーラーは、ひとつの謎にたどり着き、自分の学生だったヤコブ・ベッケンシュタインにそのことを話した。ブラックホールは、熱力学第二法則を破るための戦略を与えてくれそうだったのだ。ホイーラーはこう考えた。一杯の熱い紅茶を、手近なブラックホールに放り込んだとしよう。その紅茶のエントロピーはどこに行くのだろうか？　ブラックホールの外部にいる者にとって、その内部には永遠にアクセスできないのだから、放り込まれた熱い紅茶は、そのエントロピーともども消滅したように見える。ホイーラーが心配したのは、ブラックホールにエントロピーを捨てることを考えさえすれば、熱力学第二法則はあっさり破られてしまいそうだったことだ。

数ヵ月後、ベッケンシュタインはひとつの解決策を持ってホイーラーのところにやってきた。紅茶のエントロピーは消えたのではない。エントロピーはブラックホールに移行されたのだ、とベッケンシュタインは言った。高温のフライパンを握れば、フライパンのエントロピーの一部が手に移行するように、ブラックホールに落下したものはなんであれ、そのエントロピーは、ブラックホールそのものに移行されたのだ、と。

そう考えるのは自然だし、ホイーラーもそれは考えた。[*3] しかし、もしもそうだとすると、すぐに問題にぶつかってしまうのだ。エントロピーとは、本書でこれまで見てきたように、系を構成する要素の配置の仕方のうち、「ほとんど同じに見える」ものの数である。より正確には、エントロピーとは、系の巨視的状態と両立する微視的構成要素の配置の仕方のうち、互いに区別できるものの数である。一杯の紅茶のエントロピーがブラックホールに移行すると、それによって増加したブラックホールのエントロピーは、ブラックホールの巨視的特徴にはいっさい影響を及ぼすことなく、ブラックホールの内部の粒子配置の数が増えるというかたちで取り込まれるはずである。

問題はこうだ。一九六〇年代の末にワーナー・イスラエルが、そして一九七〇年代の初めにはブランドン・カーターが、一般相対性理論の方程式を使って、ブラックホールはたった三つの数だけで完全に決定されることを示した。その三つの数とは、ブラックホールの質量と、角運動量（どれだけ速く回転しているか）、そして電荷だ。[*4] いったんこれら三つの巨視的特徴の値が測定されてしまえば、そのブラックホールを完全に特定するために必要な情報はすべて得られたことになる。つまり、三つの巨視的特徴（質量、角運動量、電荷）が同じであるようなふたつのブラックホールは、何から何まで完全に同じなのだ。たとえば、一〇〇枚の一セント硬貨が、表が三八枚、裏が六二枚になるような並べ方は一〇億通りの一〇億倍もあるし、蒸気の入った容器が、ある体積と温度と圧力になるような蒸気分子の配置の仕方は膨大にある。ところがブラックホールの場合には、質量と角運動量と電荷が測定されて値がわかれば、配置は厳密にひとつだけに決まる。数えるべき配置の仕方がひとつしかなく、そっくりさんがいないのだから、ブラックホールのエントロピーはゼロということになる。一杯の紅茶をブラックホールに放り込めば、その紅茶が持っていたエントロピーは消えるだろう。ブラックホールに直面して、熱力学第二法則はあっさり敗北を認めるように思われた。

ベッケンシュタインは、そんなことを断じて受け入れるつもりはなかった。ブラックホールは絶対にエントロピーを持っている、と彼は言った。そればかりか、ブラックホールに何かが落ち込めば、熱力学第二法則にとって世界が安全な場所であるために必要なやり方で、ブラックホールのエントロピーは増大すると彼は言うのだった。ベッケンシュタインの論証のエッセンスを掴むために、まず、何かがブラックホールに落下しても、その質量は失われないという点に注目しよう。一般相対性理論を学んで理解した者は誰でも、ブラックホールに落下したものは何でも、ブラックホールそのものの質量増加というかたちでその影響が出るという点では意見が一致していた。それがどういうことかをイメージするために、ブラックホールの事象の地平面、すなわち、いったん何かがその面より先に入ってしまえば、二度とふたたびこちらに戻って来られない球面を考えよう。一般相対性理論の数学によると、事象の地平面の半径は、ブラックホールの質量に比例する。つまり、質量が小さければ小さいほど半径は小さく、質量が大きければ大きいほど半径は大きい。ブラックホールに何かを投げ込めばブラックホールの質量は増え、それに応じてブラックホールの事象の地平面が外向きに膨らむわけだ。ブラックホールが何かを飲み込めば、球形をした胴回りが太くなるというようなものだ。

ベッケンシュタインのアプローチの基本的な考え方に沿って、[*5] エントロピーに対するブラックホールの反応を調べるために注意深くデザインされた特殊なプローブを、ブラックホールに入れてやるものと想像してほしい。その目的のためにわれわれが準備するのは、波長が非常に長い一個の光子だ――つまり、その光子が存在する可能性のある場所は大きく広がっている。波長があまりにも長いため、その光子がブラックホールに出会ったときに起こることは、どれだけ詳しく記述しても一単位の情報にしかならない。その光子がブラックホールに落下したか、しなかったかだ。大きく広がったその光子が、事象の地平面のどこから落ち込んだのかを特定するような詳しい記述をすることはできない。そんな光子のエントロピーは一単位なので、ブラックホールが一単位のエントロピーを飲み込んだときに何が起こるかを、数学的に詳しく調べることができる。

光子はエネルギーを持ち、アインシュタインによれば、エネルギーと質量は同じコインの裏表なのだから（$E=mc^2$から）、ブラックホールが光子を飲み込めば、ブラックホールの質量はわずかに増え、事象の地平面はわずかに膨らむ。ここで重要になるのが、その膨らみ方だ。ベッケンシュタインは、ある重要なパターンに気がついた。一単位のエントロピーをブラックホールに入れてやると、そのブラックホールの事象の地平面の面積は一単位大きくなる（面積の単位は「面積量子」あるいは「プランク面積」と呼ばれているもので、約10^{-70}平方メートルである）。[*6] エントロピーを二単位放り込むと、面積は二単位大きくなる、という具合にどこまでも続く。つまり、ブラックホールの事象の地平面は、飲み込んだエントロピーを逐一覚えているらしいのだ。ベッケンシュタインはこのパターンを、次のような提案に格上げした。「ブラックホールの全エントロピーは、事象の地平面の全面積（プランク単位で測定されたもの）で与えられる」。これが、ベッケンシュタインがホイーラーに話した新しいアイディアだった。

ベッケンシュタインは、ブラックホールのエントロピーと、ブラックホールと外界との境界面である事象の地平面とのあいだに、こんな驚くべきつながりがある理由を説明することはできなかった。そのつながりが予想外だったのは、たとえば、一杯の紅茶のような通常の物体のエントロピーは、表面にではなく、その内部、つまり体積に含まれるからだ。ベッケンシュタインはまた、エントロピーとはブラックホールの微視的構成要素を並べ替えるときの、並べ方の数をかぞえあげることであるべきだという普通の考えと、自分の提案との関係を説明することもできなかった（この問題には長らく進展がなかったが、ようやく一九九〇年代半ばになって、ひも理論によって洞察が与えられた）。それでも彼の提案は、エントロピーの出し入れを帳簿づけするひとつの道具として、熱力学第二法則を救済するための定量的な方法を提案するものだった。帳尻を合わせるためにやるべきことは明快だ。全エントロピーの変化を追跡するためには、物質と放射によるエントロピーだけでなく、ブラックホールからの寄与も勘定しなければならないということだ。あなたが一杯の紅茶をブラックホールに放り込めば、あなたの朝食のエントロピーは減るが、ブラックホールの事象の地平面の表面積の増加を勘定に入れるなら、家庭でのエントロピーの減少は、ブラックホールのエントロピーの増加によって相殺されることがわかるだろう。ベッケンシュタインは、エントロピーの出し入れ勘定にブラックホールを含めるためのアルゴリズムを与えることにより、熱力学第二法則を支え、この法則はふたたび大手を振って歩けるようになったのだ。

スティーヴン・ホーキングは、ベッケンシュタインの提案を聞いて、そんな馬鹿なと思った。他の多くの物理学者も、似たような反応だった。たった三つの数だけで完全に決定され、ほとんどからっぽの空間からなるブラックホールは（ブラックホールに落ち込んだものはすべて、中心の特異点に情け容赦なく引き寄せられていく）、シンプルさの極みというオーラをまとっていた。大雑把に言えば、ブラックホールの内部には散らかるようなものは何もないのだから、ブラックホールが無秩序であるはずがないということだ。ホーキングは、ベッケンシュタインの提案に反対する陣営の先頭に立って、一般相対性理論と量子力学の数学的方法を混ぜ合わせたものを使って計算を始めた。その計算をすれば、ベッケンシュタインの論証の誤りをすぐにも暴けるだろうと考えたのだ。ところがその計算は、衝撃的すぎてホーキング自身、しばらくは信じられなかった結論に至った。彼の分析はベッケンシュタインの正しさを確証したばかりか、それを補完する驚くべき事実を明らかにしたのである。ブラックホールには温度があり、ブラックホールは放射を出している、と。ブラックホールがブラックなのは、名前の上だけのことだった。より正確に言えば、ブラックホールがブラックなのは、量子力学を無視した場合だけだったのだ。

手短にまとめると、ホーキングの論証のエッセンスは次のように述べることができる。

量子力学によれば、空間の小領域はどれもみな、つねに量子的な活動の場になっている。たとえエネルギーをまったく含まないからっぽの空間のように見えても、量子論によれば、その領域に含まれるエネルギーはすばやく上下にゆれ動いている。エネルギーがゼロになるのは、あくまでも平均としてなのだ。この量子的なエネルギーのゆらぎは、第3章で出会った宇宙マイクロ波背景放射の温度ゆらぎと同じ種類のものだ。そんなエネルギーのゆらぎは、アインシュタインの$E=mc^2$から、質量のゆらぎとして現れることができる。からっぽの空間から、粒子と反粒子のペアがひょっこりと姿を現すのだ。そんな粒子－反粒子ペアは、今この瞬間も、あなたの目の前にも出現しているのだが、あなたがどれほど目を凝らそうと、そんなペアを直接見ることはできない。なぜなら、そんな粒子－反粒子ペアは、量子力学の命令に従い、打ち消し合うべき相手をまたたくまに探し出して、からっぽの空間に消えていくからだ。われわれは、そんな捉えがたい活動が実際に起こっていることを示す、間接的な証拠は得ている。というのも、量子力学が基礎物理学の最重要理論になるべくしてなっているのは、この理論による予測と測定値とが驚くべき精度で一致するからなのだが、その一致が成し遂げられるのは、粒子－反粒子ペアが生成消滅する効果を計算に取り込んだときだけだからである。[*7]

　ホーキングはそんな量子的プロセスについて改めて考えてみた。ただしこのたびは、そのプロセスが、ブラックホールの事象の地平面のすぐ外側で起こるものとした。粒子－反粒子ペアがそんな環境に出現しても、ほかの場所に出現したときと同じように、すぐさま打ち消し合って消滅することもあるだろう。しかし、ここが重要なところだが、消滅しない場合もあるということにホーキングは気がついた。ペアの一方が、ブラックホールに吸い込まれることもあるだろう。生き残ったほうは、打ち消し合うべき（そして全運動量の保存という役目を協力して担うべき）相手がいなくなり、ブラックホールに背を向けて一目散に逃げ出すだろう。そんな逃亡劇が、球形をした事象の地平面のいたるところで繰り返し起これば、ブラックホールはあらゆる向きに粒子を放出しているように見えるだろう。それが、今日われわれが《ホーキング放射》と呼んでいるものだ。

さらにその計算によると、ブラックホールに落下した粒子はすべて、負のエネルギーを持っている（ブラックホールから逃げ出したパートナー粒子は正のエネルギーを持ち、全エネルギーは保存されなければならないのだから、落下した粒子が負のエネルギーを持っているのは驚くべきことではない）。ブラックホールが負の質量をもつ粒子を飲み込むにつれ、あたかも負のカロリーの食事を取るように、ブラックホールの質量は、増加するのではなく減少するだろう。外から見れば、ブラックホールは粒子を放出しながら、しぼんでいくように見えるだろう。それは、木炭がゆっくり光子を出しながら灰になるのと同様、ごくありふれた現象のようにも見える——放射源がこれほどエキゾチックな物体でなかったならば（なにしろそれは、からっぽの空間が本来持っている量子ゆらぎとしての粒子を溜めた風呂桶に浸っているブラックホールなのだ[*8]）。

質量が増大するブラックホールは、それが熱い紅茶を飲んだためか、恒星を荒々しく飲み込んだためかによらず、熱力学第二法則に完全に従う。しぼんでいくブラックホールもまた、この法則に従う。ブラックホールがしぼめば、事象の地平面の面積は減少し、ブラックホールのエントロピーも減少する。しかし、ブラックホールから出た放射は大きな球形の空間に広がることで、空間のエントロピーを増大させる。その増大分は、ブラックホールのエントロピーの減少分を補って余りあるほどだ。これはまさしく、いまやおなじみのダンスの振り付けにほかならない。ブラックホールは放射を出しながら、エントロピック・ツーステップを踊っているのである。

ホーキングの結果は、以上に述べたことを数学的に厳密なものにした。彼はこのほかにも多くの発見をしたが、そのひとつに、光子を放出するブラックホールの温度を正確に表す式を得たことがある。それについては、次節で定性的な説明を与えよう（数学が得意な人のために、その式を巻末注に示す）[*9]。ここでの話に関係があるのは、ブラックホールの温度は、質量に反比例するということだ。グレートデーンの成犬は大きくて性格は穏やかなのに対し、シーズーの子犬は小さくて興奮しやすいのと同様、大きなブラックホールは穏やかで温度が低いのに対し、小さなブラックホールは激しくて温度が高い。それを理解するために、ホーキングの式にいくつか具体的な数値を入れてみよう。太陽質量の四〇〇万倍もの質量を持つ、天の川銀河の中心にあるような大きなブラックホールの数値をホーキングの式に入れてみると、そんな巨大ブラックホールの温度は絶対零度のわずかに上、一度の一〇〇分の一の一兆分の一（10^{-14}度）という極低温であることがわかる。太陽と同程度の質量を持つ小さなブラックホールの数値を入れてみると、温度はそれよりも少し高くて、一度の一〇〇分の一の一〇〇万分の一（10^{-7}度）程度であることがわかる。それに対して、果物のオレンジほどの質量しかない小さなブラックホールは、一兆度の一兆倍という、すさまじいばかりの高温に輝いているだろう（10^{24}度）。

　月よりも質量の大きいブラックホールの温度は、宇宙を満たしているマイクロ波背景放射の現時点の温度である絶対温度で二・七度よりも低い。カクテルパーティーでのおしゃべりのネタに使えそうなこの関係は、まだ検証されてはいないが、天文学的にはほぼ間違いない話として通用している。熱は自然状態では高温から低温へと流れるから、月より重いブラックホールの場合には、マイクロ波に満たされた冷たい環境からブラックホールへと流れる。ブラックホールはホーキング放射を出しているにもかかわらず、平均すれば、放出するエネルギーよりも多くのエネルギーを取り入れ、徐々に太っていくだろう。天文観測でこれまでに発見されたもっとも小さなブラックホールでさえ、月よりはずっと重いため、ブラックホールはみな太りつつある。しかし、宇宙がこの先も膨張を続ければ、マイクロ波背景放射は徐々に希薄になり、温度は下がり続けるだろう。背景放射の温度がどのブラックホールの温度よりも低くなる遠い未来には、エネルギー・バランスは逆転し、ブラックホールは受け取るより多くのエネルギーを放出してしぼみはじめるだろう。

そして、時が満ちれば、ブラックホールもまた消え去るだろう。

ブラックホールに関する問いの中には、今も研究の最前線にあるものが多い。しかしここでの議論にとって大きな意味を持つ問いは、ブラックホールはどんな最後を遂げるのかというものだ。放射を出すにつれ、ブラックホールの質量は小さくなり、温度が上がる。ブラックホールが消滅寸前になれば質量はゼロに近づき、温度は無限大に向かって跳ね上がる。そのとき何が起こるのだろう？ブラックホールは爆発するのだろうか？ それとも、シューッと音を立てて消えるのだろうか？それ以外の何かが起こるのだろうか？ その答えは誰も知らない。それでも、ホーキング放射を定量的に理解できるようになったおかげで、物理学者のドン・ページは、ブラックホールがどれぐらいのペースで縮小するかを求めることができた。それがわかれば、ブラックホールの最後の瞬間までの時間がわかる。最後の瞬間がどんなものになるか詳しいことはわからなくても、そのときがいつ来るかはわかるのだ。[*10] 死にゆく星からできたブラックホールの代表として太陽質量程度のものを考えると、ページの結果によれば、そのサイズのブラックホールは放射を出し続けた末に、エンパイアステートビルの六八階、ビッグバンから10^{68}年ほど過ぎた頃に消滅するだろう。

超大質量ブラックホールが消えていく

すべての銀河とはいわないまでも、ほとんどの銀河の中心部に棲んでいると考えられているブラックホールは、巨大な質量を持つ。詳しい天文学的調査が進むにつれ、大質量の記録は次々と塗り替えられ、現在、王者の質量は太陽質量の一〇〇億倍に迫ろうとしている。それほど大きな質量を持つブラックホールの事象の地平面は、太陽から海王星の軌道の距離を超え、オールトの雲に迫るほどの半径を持つ。もしもあなたが、オールトという天文学者のことや、彼の名を冠したはるか遠くの雲のことは忘れかけているとしても、太陽の光がそこに届くまでには、一〇〇時間以上もかかることは覚えておこう。これから説明するように、われわれが今話しているブラックホールは、その巨体に似合わない穏やかな振る舞いをする。

一般相対性理論によると、ブラックホールを作るレシピはいたって簡単だ。「適当に質量を集めて、十分に小さな球にしましょう」[*11]。こんなふうに言われれば、ブラックホールにあまり詳しくない人でも、「十分に小さな」というのは、正真正銘、とてつもなく小さいのだろうと予想するだろう。実際、その予想は当たることもある。果物のグレープフルーツからブラックホールを作るためには、直径10^{-25}センチメートルにまで圧縮する必要があるし、地球からブラックホールを作るためには直径二センチメートル、太陽からブラックホールを作るためには直径六キロメートルにまで圧縮する必要がある。それほど小さく圧縮するには莫大な力が必要で、ブラックホールを作るためには「超」のつく高密度が必要になると広く信じられているのはそのためだ。しかし、太陽のさらに先へとリストを続け、次々と大きなブラックホールを作ろうとするうちに、驚くべきパターンに出会うだろう。

ブラックホールを作るための物質量が増えるにつれ、それを圧縮して達成しなければならない密度の値は小さくなるのだ。数学っぽい次の一文、いや二文をじっくり読んでもらえば、なぜそうなるのかはすぐにわかるだろう。ブラックホールの事象の地平面の半径は質量に比例するから、ブラックホールの体積は質量の三乗に比例する。したがって、ブラックホールの平均密度(質量/体積)は、質量の二乗に反比例して小さくなる。つまり、質量が二倍になれば、密度は四分の一になり、質量が一〇〇〇倍になれば、密度は一〇〇万分の一になる。数学は脇に置いて定性的なことをいえば、ブラックホールを作るときには、質量が大きければ大きいほど、あまり圧縮しなくてもよくなるということだ。天の川銀河の中心にある、太陽質量の四〇〇万倍ほどの質量を持つブラックホールを作るためには、鉛の密度の一〇〇倍ほどの密度にする必要があるから、集めた物質をかなりの力で圧縮しなければならない。しかし、太陽質量の一億倍ほどの質量を持つブラックホールを作るのであれば、水と同程度の密度にすればよい。太陽質量の四〇億倍ほどのブラックホールを作るのであれば、あなたが今呼吸している空気と同程度の密度にするだけでよい。つまり、太陽質量の四〇億倍の空気を集めることができたら、グレープフルーツの場合とも、地球や太陽の場合とも異なり、あなたはそれをいっさい圧縮する必要がない。その空気に作用する重力だけで、ブラックホールができるだろう。

私はなにも、空気を袋詰めしたものが、巨大ブラックホールの現実的な素材になると言いたいわけではないが、太陽の四〇億倍の質量を持つブラックホールの平均密度は、空気の密度と同程度だというのは注目すべきことだし、この例は、ブラックホールの特性は、一般的なイメージとは大きくかけ離れている場合もあることを鮮やかに教えてくれる。[*12] 質量とサイズでは巨大でも、平均密度ではかそけき存在のブラックホールは、間違いなく心優しい巨人だ。大きなブラックホールは小さなブラックホールほど過激ではないというのは、その意味においてなのだ。そしてそれを理解することが、ブラックホールが大きくなればなるほど温度は低く、放射は穏やかになるという、ホーキングの発見への直観的な説明にもなる。

したがって、大きなブラックホールが長生きなのは、互いに関係するふたつの要因のためである。ひとつは、大きなブラックホールは放出すべき質量が大きいこと。もうひとつは、大きなブラックホールは温度がより低いため、よりゆっくりと質量を放出することだ。方程式にいくつか数値を入れてみると、太陽質量の一〇〇〇億倍の質量を持つブラックホールはごくゆっくりとしかしぼまないので、最後の放射を出して正真正銘のブラックになるのは、われわれがエンパイアステートビルの最上階、一〇二階に到達する頃となる。[*13]

時間の終焉、そしてその先へ

エンパイアステートビルの一〇二階から宇宙を見れば、宇宙空間のいたるところを霧のように漂う粒子ぐらいしか、見るべきものはないことがわかるだろう。ときおり、電子とその反粒子である陽電子とのあいだに作用する引力が、両者を螺旋軌道上でじりじりと接近させ、最終的にその電子－陽電子ペアは、小さな閃光を出して消滅する。針で突いたようなその光は、またたくまに暗闇の中を走り去るだろう。もしも暗黒エネルギーがすでに枯渇して、空間の膨張速度が減速に転じていたなら、粒子が落下するにつれてブラックホールはどんどん大きくなり、放射を出すペースはゆるやかになって、その寿命はさらに延びるかもしれない。しかし、もしも暗黒エネルギーが現在の値を保っていれば、空間の加速膨張のために粒子たちはスピードを上げて互いに遠ざかり、二度と相まみえることはないだろう。興味深いことに、この状況は、ビッグバン直後の時期のそれに似たところがある。宇宙初期でも、孤立した粒子が空間に散在していたのだった。初期と末期の違いは、初期宇宙では、粒子密度がきわめて高かったので、重力は粒子たちに働きかけて、恒星や惑星などの構造を容易に作ることができたのに対し、末期宇宙では、粒子の密度はあまりにも低くなり、空間は仮借なく膨張速度を上げていくため、恒星や惑星のような塊ができる可能性はほとんどないということだ。それは宇宙バージョンの「塵は塵に」である［キリスト教の埋葬の際に唱えられる祈禱の言葉］。初期宇宙の塵は、すぐにもエントロピック・ツーステップを踊り出せる状態にあり、重力に駆り立てられて秩序ある天文学的構造をどんどん作っていったのに対し、末期宇宙における塵は、あまりにも希薄に広がってしまい、虚空の中をひっそりと漂うことしかできない。

物理学者たちは、未来のこの時代を「時間の終わり」と言うことがある。時間の流れが止まるわけではない。しかし、広大な空間の中で、孤立した粒子があちこちに移動する以外には何も起こらなくなったとき、宇宙はついに忘却の彼方に去り、宇宙のことを知る者は誰もいなくなったと結論するのは妥当だろう。とはいえ、本章では、ここからさらに時間を進んでいくから、普通なら頭から切って捨てるような、到底起こりそうもないプロセスも取り上げて見ていこう。考えるのも馬鹿馬鹿しいほど稀なプロセスでも、忘却の彼方に去った時間の流れに彩りを添えるかもしれない。そんな出来事は頻繁に起こるわけではないが、それが起こるかもしれないということ自体に大きな意味があるのだ。

真空の相転移

二〇一二年七月四日に、CERN（欧州原子核研究機構）で開かれた記者会見で、この機構のスポークスマンであるジョセフ・インカンデラは、長らく探索を続けていたヒッグス粒子がついに見つかったと発表した。そのときアメリカのコロラド州にあるアスペン物理学センターにいた私は、部屋に詰め掛けた大勢の仲間たちとライブ中継でその会見を見ていた。午前二時頃のことだ。誰もがはじけるような歓声を上げた。カメラは、眼鏡を外して両眼をぬぐうピーター・ヒッグスを捉えた。彼はそれより半世紀近く前に、彼の名前が与えられることになる粒子の存在を予測し、斬新なアイディアに向けられがちな抵抗と戦いながら、自分は正しかったと知る日を待ち続けてきたのだった。

若きピーター・ヒッグスが、世界中の研究者たちを悩ませていたある謎を解いたのは、エディンバラ郊外の長い散歩道を歩いていたときのことだった。その当時、物質粒子と、粒子に作用する強い力、弱い力、電磁力を記述する数学は、急速にひとつにまとまりつつあった。理論家と実験家は肩を並べて、ミクロの世界の仕組みを明らかにする量子力学の取扱説明書を書き進めていた。だが、そこにひとつ、目を剝くばかりの欠陥があった。基本粒子にはなぜ質量があるのかを、方程式は説明できなかったのだ。あなたが基本粒子（たとえば電子やクォーク）をグイと押したとすれば、その手に粒子の抵抗を感じるだろう。しかし、なぜ粒子は抵抗するのだろうか？　あなたが手に感じる抵抗は、粒子の質量の反映だ。ところが方程式は、それとは別の物語を語っているようだった。数学を見るかぎり、粒子は質量を持たず、それゆえいっさい抵抗しないはずだったのだ。物理学者たちが、そんな実在と数学とのミスマッチに頭をかきむしったのはいうまでもない。

数学が、質量ゼロの粒子しか認めないように見えた理由はいくらか専門的になるが、煎じ詰めれば対称性のためだ。ビリヤードの球をあれこれ回転させてもまったく同じに見えるように、基本粒子を記述する方程式は、あれこれの数学的要素を交換してもまったく同じに見える。どちらの場合も、変化させても同じに見えるのは――ビリヤードの球の向きを変えても、方程式を数学的に組み替えても同じなのは――、対称性が高いからなのだ。ビリヤードの球は、その対称性のおかげでなめらかに転がることができる。方程式は、対称性が高いおかげで数学的な解析がスムーズにいく。素粒子物理学の研究者たちは、方程式にその対称性がなかったならば、たとえば1を0で割ったときのようなナンセンスな結果が飛び出してくるのを知っていた。問題は、方程式の健全性を保証する数学的対称性は、粒子の質量がゼロであることを要請するということだ（ゼロはきわめて対称的な数で、他のどんな数で掛けたり割ったりしてもゼロのままである。そのことを踏まえるなら、粒子の質量がゼロでなければならないこと自体は、それほど驚くべきことではない）。

そこでヒッグスの登場となる。彼はこう論じた。対称性が完全に保たれた方程式が要請するとおり、粒子たちの質量は本来ゼロである。しかし、粒子たちがこの世界に投げ込まれると、環境の影響で質量を獲得する。空間には、今日「ヒッグス場」と呼ばれている目に見えないものが満ちていて、粒子がその「場」の中で押されると、あたかも空気中を飛ぶウィッフルボール〔穴の開いた野球のボールのようなもの〕のように、「場」の抵抗を感じる。ウィッフルボールは軽いが、もしもあなたが手につかみ、どんどんスピードを上げていく車の窓から突き出したとすれば、あなたの手と腕にとっては良い筋トレになるだろう。空気抵抗のために、軽いウィッフルボールが重く感じられるのだ。同様に、粒子はヒッグス場によって及ぼされる抵抗の中を進むため、あなたが粒子を押せば、粒子は重く感じられるだろう、というのがヒッグスの主張だった。粒子が重ければ重いほど、あなたが押す力に強く抵抗するだろう。つまり、ヒッグスによれば、重い粒子ほど、彼の提案する「場」、空間を満たしているヒッグス場の抵抗を、より強く感じるのだ。[*14]

ヒッグス場なんて初めて聞いたという人も、これまでの章を真面目に読んでくれたなら、この話を聞いてもとくに驚きはしないだろう。古代のエーテルの新バージョンのような目に見えない物質が空間を満たしているという考えは、現代物理学の常套手段になっている。ビッグバンを駆動したというインフラトン場から、今日測定されている宇宙の加速膨張を駆動しているという暗黒エネルギーまで、物理学者たちはこの数十年間に、目に見えない物質が空間を満たしているという考えを、当然のことのように受け入れるようになった。しかし一九六〇年代には、それは過激な考えだった。ヒッグスは、もしも空間が、普通の直観的な意味において正真正銘からっぽならば、粒子の質量はゼロでなければならないと言ったのだ。そして彼はこう結論した。粒子は明らかに質量を持っているのだから、空間がからっぽであるはずはなく、空間に宿る奇妙な実体は、粒子が今持っているような質量を与えるためにちょうど良い性質を持っているはずだ、と。

ヒッグスがはじめてこの提案をした最初の論文は、にべもなく却下された。「君の言っていることは馬鹿げている、と言われました」と彼は当時を振り返る。[*15] しかし、彼のアイディアを注意深く調べてみた人たちは、その提案の優れた点に気づき、ヒッグスのアイディアは徐々に広まり、ついには完全に受け入れられた。私が初めてヒッグスの提案に出会ったのは一九八〇年代の大学院生時代だったが、彼のアイディアはあまりにも当然のことのように書かれていたため、まだ実験で確認されていないことに気づくまで少々時間がかかったほどだ。

この提案を検証するための戦略は、説明するのは簡単だが、実行するのはとてつもなく難しい。ふたつの粒子、たとえば二個の陽子が大きな速度で衝突すると、その衝撃のせいで周囲のヒッグス場が波立つ。理論上、その波のためにヒッグス場の小さな雫が飛ばされて、新しいタイプの素粒子

――ヒッグス粒子――として出現する。ノーベル賞受賞者のフランク・ウィルチェックの言葉を借りれば、その小さな雫は、「古い真空から切り取られた小片」だ。そんなわけで、ヒッグスの理論の正しさを議論の余地なく示すためには、その粒子を加速器で作り出して捕まえればよい。それが、一五〇億ドル以上の金をつぎ込み、世界最高の粒子加速器を使って、三〇ヵ国以上の国からやってきた三〇〇〇人以上の研究者たちにより、三〇年以上の歳月をかけて行われた研究の目標だった。その知的探究の結果を発表したのが、アメリカの独立記念日にあたる七月四日の記者会見だった。その会見では、LHC（大型ハドロン衝突型加速器）で集められたデータから作成された、滑らかなグラフに立ち上がった小さなピークが示された。そのピークが、ヒッグス粒子が見つかったという証拠だったのだ。

それは人間による発見の歴史を飾る素晴らしいエピソードである。この発見により、粒子の特性についてのわれわれの理解は深まり、実在の隠れた側面を明らかにする数学の力への信頼はさらに強まった。では、宇宙の年表をたどるわれわれの旅に、ヒッグス場はどう関係してくるのだろうか。それに対する答えは、これまでの話とも関係するが、また別の考察から導かれる――未来のある時点で、ヒッグス場の値が変わるかもしれないのだ。ウィッフルボールが受ける抵抗は、ボールにぶつかってくる空気の密度によって変わるように、基本粒子の質量は、粒子を取り巻くヒッグス場の値によって変わる。ほんのわずかでもヒッグス場の値が変われば、われわれが知る世界はほぼ確実に崩れ去るだろう。原子と分子から作られる構造は、原子と分子を構成している、より基本的な粒子の特性に強く依存している。太陽が輝くのは、水素とヘリウムの物理化学的な特性のためだが、その水素とヘリウムの特性は、陽子、中性子、電子、ニュートリノ、光子の特性に依存している。細胞が細胞として機能するのは、分子レベルでの構成要素の物理化学的な特性のためだ。そして、細胞を構成する分子の特性は、より基本的な粒子の特性に依存している。もしもあなたが基本粒子たちの質量を変えたとすれば、あなたは粒子たちの振る舞いを変えることになり、それゆえ、多かれ少なかれすべてを変えることになるだろう。

　多くの実験や天体観測から、基本粒子の質量は、過去一三八億年のすべてを通して一定だった、とまではいわずとも、ほぼすべてを通して一定だったことがわかっている。したがって、ヒッグス場の値も安定していたはずだ。しかし、将来的にヒッグス場の値が今とは異なる値にジャンプする確率がほんのわずかでもあれば、われわれがここで考えているような途方もなく長い時間では、その確率は増幅されて、「ほぼ確実」になるだろう。

　ヒッグス場の値が別の値にジャンプすることに関係する物理学は、「量子トンネル現象」と呼ばれている。そのプロセスを理解するために、まずは簡単な状況を考えよう。小さなビー玉を空のシャンパングラスに入れて、そのまま誰も手を触れなければ、ビー玉はいつまでもグラスの中にあり続けるだろう。ビー玉はグラスの壁に囲まれており、自力で壁をよじ登って上端から飛び出すほどのエネルギーはないからだ。また、そのビー玉には、グラスを破壊して外に飛び出すほどのエネルギーもない。同様に、一個の電子を、ミクロなシャンパングラスのような容器《トラップ》に入れたとすれば、電子は障壁に囲まれることになるため、やはりいつまでもその場に留まるだろうと予想される。実際、電子は、ほとんどの時間はトラップの内部にある。しかし、ときにそこからいなくなることがある。

電子はトラップから姿を消し、その外側に現れるのだ。

脱出王の異名を取った奇術師フーディーニさながらのそんな振る舞いは、われわれにとっては驚きだが、量子力学ではそれが普通の振る舞いだ。シュレーディンガー方程式を使えば、一個の電子がどこかの場所に見つかる確率、たとえばシャンパングラスのようなトラップの内側または外側に見つかる確率を計算することができる。実際に計算してみると、トラップが頑丈なものであればあるほど（壁が高くて、厚みがあるほど）、電子がそこから逃げ出す確率は低いことがわかる。しかし、ここが重要なところなのだが、確率がゼロになるためには、トラップは無限に厚いか、無限に高くなければならず、現実の世界ではそんなトラップは作れない。そして確率がゼロでないということは、その値がどれほど小さかろうと、十分に長く待ちさえすれば、いずれその電子は壁を通り抜けるということだ。現に、そんな通り抜けが起こることは、実験で確かめられている。われわれが量子トンネル現象と呼んでいるのは、そんな壁の通り抜けのことなのである。

これまで私は、量子トンネル現象を、粒子が壁をすり抜ける場合を例にとって説明してきた。その場合、トンネル現象で変化するのは、粒子の位置だ。しかし、量子トンネル現象は粒子だけでなく「場」にも起こり、その場合には、場の値が変化する。ヒッグス場の身に起きるそんなトンネル現象が、宇宙の長期的な運命を決めることになるかもしれない。

物理学者たちが慣習的に使っている単位でいうと、現在のヒッグス場の値は二四六である。[*16] なぜ二四六なのだろうか？　その答えは誰も知らない。それでも、この値のヒッグス場が粒子に及ぼす抵抗（および、それぞれの粒子がヒッグス場と相互作用するときの厳密な形）から、基本粒子の質量にみごとに説明がつくのである。しかし、ヒッグス場はなぜ、何十億年ものあいだ、その値のままに留まったのだろう？　その答えは、ヒッグス場の値が、シャンパングラスの中のビー玉やトラップの中の電子と同じく、分厚い壁に囲まれているからだ、とわれわれ物理学者は考えている。もしもヒッグス場の値が、二四六から変わろうとしても、壁がヒッグス場の値を強制的に元に戻らせるだろう。それはちょうど、誰かがシャンパングラスをちょっと振ったぐらいでは、ビー玉はすぐにグラスの底に戻ってしまうのと同じことだ。そして、もしも考慮すべき量子的理由がなかったなら、ヒッグス場の値は永遠に二四六のままに留まるだろう。しかし、一九七〇年代の半ばにシドニー・コールマンが発見したように、量子トンネル現象のために、話の筋書きは変わる。[*17]

量子力学は電子がトラップをすり抜けることを許すが、それとまったく同じく、ヒッグス場の値が壁をすり抜けることも許す。しかしその場合、ヒッグス場の値は、空間のいたるところで一斉に変わるわけではない。量子的な出来事は本来ランダムなので、ヒッグス場は、たまたま白羽の矢が立った小領域で行動を起こし、トンネル現象で壁をすり抜けて別の値になる。シャンパングラスを通り抜けたビー玉が、より低い場所に落下するのと同じく、壁を抜けたヒッグス場の値も、より低いエネルギーに落下するだろう。エネルギーの低さには強い魅力があり、周囲のヒッグス場に、こっちにおいでと誘いかける。ヒッグス場は雪崩を打って低いエネルギーにジャンプし、その結果として、どこまでも広がり続ける球状の領域が生じるだろう。その領域の内部では、場の値は前とは違うものになっている。

新しくなったヒッグス場の値は、その領域の内部にある粒子の質量を変化させるだろう。われわれが慣れ親しんできた物理学、化学、生物学の特性は、そこではもはや成り立たない。球の外部では、ヒッグス場の値は前と同じなので、粒子たちはそれまで通りに振る舞い、すべては正常に見えるだろう。コールマンの分析から、ヒッグス場の値が変わる境界の面は、ほぼ光の速度で外向きに広がることがわかった。*18 つまり、球の外にいるわれわれが、破滅を意味するその球面がこっちに向かってくるのを見るのはまず不可能だということだ。その壁を見るときは、われわれの身に破滅が降りかかったときなのだ。いつも通りの生活をしていた次の瞬間、われわれは消滅するだろう。その球の内側にも、いずれは新しい構造や生命形態が現れるのだろうか？　そうかもしれない。しかし今のところ、その問いに答えることは、われわれの力の及ぶ範囲を超えている。

物理学者たちは、ヒッグス場がそんなジャンプをする時刻を正確に知ることができない。ヒッグス場がジャンプするまでにかかる時間は、粒子と、それらに働く力の特性に依存するが、そうした特性が、まだ必要な精度で測定されていないからだ。さらに、そのジャンプは量子的なプロセスだから、確率としてしか予測できない。現在得られているデータによれば、ヒッグス場がトンネル効果で別の値に変わるのは、今から10^{102}年後から10^{359}年後までのどこかの時点になりそうだ。この時間をビルの階になぞらえれば、［エンパイアステートビルの最上階である］一〇二階から、三五九階までのどこかということになる（これぐらい先になると、ブルジュ・ハリファ［アラブ首長国連邦ドバイにある世界一高い超高層ビルで、一六三階建て］でもまだ足りないかもしれない）。*19

ヒッグス場は、「からっぽ」という言葉の意味を再定義する——観測可能な宇宙の中で最大限にからっぽな空間にさえ、二四六という値のヒッグス場が含まれているのだから。したがって、ヒッグス場の値が量子トンネル現象を起こすことから、からっぽの空間それ自体が不安定であることが明らかになる。からっぽの空間でさえ、十分に長く待ちさえすれば変化する。その変化が起こって宇宙が崩壊するまでの時間スケールはあまりにも長いため、気に病むことはないと思うかもしれないが、ここで注意したいのは、それは今日起こるかもしれないということだ。あるいは、明日かもしれない。それがいつになるかわからないということが、未来の出来事が確率に支配される量子的宇宙に生きることの難しさだ。あなたが一セント硬貨を何百枚も用意して、いっせいに放り投げたとすれば、すべての硬貨が表を出して着地するかもしれない（それは起こりうることだが、起こる確率はきわめて低い）。それと同じく、新しい真空を引き連れてやってくる値の変わったヒッグス場の壁に、われわれは今にも激突されるかもしれない。それは起こりうることだが、一セント硬貨の場合と同じく、起こる確率はきわめて低い。

この確率が低いのは、良いことのように思われる。光の速度で迫ってくる破滅の壁に一掃されるのは、いかにそれが痛みを感じる間もないほど一瞬の出来事だとしても、できれば避けたいと思う人がほとんどだろう。しかし、それよりずっと長い時間スケールに目を向けると、単に異様なだけでなく、われわれがこの宇宙の特徴だと思っていたことのすべてを否定しかねない量子的なプロセスに出会うのである。そんなプロセスが起こる可能性があるとわかったことで、物理学者の中には、合理的な思考が終わってしまうよりもずっと手前で、宇宙が終わる理論のほうがまだマシだと考えるようになった人たちもいる。

ボルツマン脳

これまでわれわれは、宇宙の年表を未来に向かって進みながら、熱力学第二法則の働きぶりを見てきた。ビッグバンに始まり、恒星の形成、生命の夜明け、心のプロセス、銀河の希薄化、そしてブラックホールの消滅へと、エントロピーはたゆみなく増大してきた。そんなエントロピーの着実な増え方を見ていると、熱力学第二法則の命令は確率的なものだということを忘れてしまいそうだ。しかし、エントロピーは減少することができるのだった。今このとき、あなたの部屋全体に広がっている空気粒子のすべてが、ぴったり同じ時刻に天井付近に球状に集まり、あなたが空気を吸えなくなることだってありうる。ただ、そんなことが起こる確率はきわめて小さく、起こるまでにはとてつもなく長い時間がかかるため、起こりうることだとわかってはいても、われわれは淡々といつも通りの生活を続けているのだ。しかし、ここでわれわれが見ているのは非常に長い時間スケールでの宇宙のなりゆきだから、日常的で常識に縛られた時間概念は投げ捨てて、エントロピーが減少したときに起こりうる、衝撃的な現象を見ていくことにしよう。

あなたがこれまでの一時間、お気に入りの椅子に腰掛けて、お気に入りのマグカップをときおり口に運んでお茶を飲みながら、この本を読んでいたとしよう。そんな居心地の良い環境がどうやって出現したかと尋ねられれば、あなたはこう答えるかもしれない。マグカップはニューメキシコの陶器屋さんで買ったもので、椅子は父方の祖母から受け継いだ品で、この本を読んでいるのは、かねてから宇宙の仕組みに興味があったからだ、などと。もっと詳しく教えてほしいと乞われれば、あなたは、自分の生い立ちや、兄弟のこと、両親のことなどを話すことになるだろう。さらに詳しく、もっと時間をさかのぼって、より完全な説明をしてほしいと強く求められれば、あなたは最終的に、まさにわれわれがこれまでの章で扱ってきたような話をすることになるかもしれない。

こうしたことすべての基礎には、ある興味深い事実がある。あなたが知っていることのすべては、あなたの中に今このとき存在している、思考、記憶、感覚の反映だということだ。マグカップを購入したのはだいぶ前のことで、今も残っているのは、あなたの頭の中でその記憶を保持している粒子配置なのである。それと同じことは、祖母の椅子を受け継いだ記憶、自分は以前から宇宙に興味があったという記憶、宇宙論のさまざまな概念のことを本書の中で読んだという記憶など、あなたの記憶のすべてについていえる。筋金入りの物理主義の観点からすると、そんな記憶が今あなたの中にあるのは、あなたの頭の中で、今このとき実現している特定の粒子配置のためだ。そうだとすれば、構造がなくてエントロピーの高い宇宙空間をランダムに飛び交っている粒子たちが、たまたまエントロピーの低い配置をひとときとったとすれば、そしてその配置が、たまたまあなたの脳を構成している粒子配置と一致したとすれば、その粒子の集合体は、あなたと同じ記憶、思考、感覚を持つだろう。きわめて稀だがありえないわけではない自然発生的な粒子の集合により形成された、仮想的で捉えどころのない、何にもつながれていないそんな心のことを、今日では「ボルツマン脳」と言っている――それがボルツマンにとって名誉ある命名なのか、不名誉な命名なのかは、私には知る由もない。[*20]

冷え切った暗黒の宇宙空間にぽつんと存在するボルツマン脳は、消滅するまでにそれほど多くを考えはしないだろう。しかし、粒子が自然発生的に集合したとき、多少ともボルツマン脳を長く機能させるような装備も一緒に出現することもありうる。たとえば、頭と身体を収める容器や、食物や水を供給する仕組みや、条件に合う恒星と惑星などがそれだ。さらに、粒子（と場）が自然発生的に集合して、今日の宇宙全体を作り上げたり、ビッグバンを起こすための諸条件を整えたりすることさえありえないわけではない。もしもそんなことが起これば、われわれの宇宙にそっくり同じ新しい宇宙が進展しはじめるだろう。[*21] とはいえ、エントロピーが自然発生的に減少するときには、減り方の程度が小さい出来事のほうが圧倒的に起こりやすい——比較的少数の粒子が、雑に寄り集まっただけでも事足りる構造のほうができやすい。そして、今、「圧倒的に起こりやすい」と言ったのは、まさしく文字通りの意味で圧倒的に起こりやすいのだ。ほんのわずかでもエントロピーの減り方が少ないほど、その出来事は指数関数的に起こりやすい。そして、われわれにとって興味のある遠い未来の思考についていえば、他のすべてから切り離されてポツンと存在するボルツマン脳は、ほんの一瞬頭を使い、宇宙はいかにして出現したのだろうかと考えることのできる、ランダムに発生した粒子集合体としては最低限の仕組みであり、それゆえ生じる見込みはもっとも大きいのである。[*22]

この話をB級SFの書き出し以上のものにしているのは、われわれは遠い未来に目を向けているため、こんな奇妙なプロセスが実際に起こるための条件はすでに満たされているように見えることだ。不可欠なのは、宇宙空間の加速膨張である。前に述べたように、膨張が加速していれば、宇宙の地平面が生じる(それは遠方を取り巻く球面で、そこから先にある物体はすべて光より速くわれわれから遠ざかるため、その物体とコンタクトを取ったり、影響を及ぼし合ったりすることはできない)。ホーキングは量子力学を使って、ブラックホールの事象の地平面には温度があり、放射を出していることを示したが、ホーキングと彼の共同研究者ゲイリー・ギボンズは、それと同様の論証を使って、宇宙の地平面にも温度があり、やはり放射を出していることを示した。前章ではまさにその事実にもとづき、思考の未来に焦点を合わせて分析を行い、われわれの宇宙の地平面の温度である絶対温度で約10^{-30}度という極低温でも、永遠に考え続けようと努力する未来の「思考する者」が、自分の思考のためにいずれ燃え尽きるには十分だという結論に達したのだった。ところが、以下で見ていくように、もっとずっと長い時間スケールで同様の考察をすると、未来の思考は、興味深いかたちで復活を遂げる可能性が出てくるのだ。

遠い未来には、宇宙の地平面は、微弱ではあるが安定した粒子源になり、放出された粒子(もっぱら質量を持たない光子や重力子)は、地平面に囲まれた領域をあてどなくさまようだろう。そういう粒子がさまざまな取り合わせでときたま出会って衝突し、持っていた運動エネルギーを$E=mc^2$に従って質量に変換して、電子、クォーク、陽子、中性子、およびこれらの反粒子を生み出すだろう。粒子数は減り、質量は重くなって動きが鈍くなるから、エントロピーは減少することになるが、そんな起こりそうにないプロセスも、十分に長く待てば起こるだろう。そして、起こり続けるだろう。さらに稀な出来事として、それらの陽子、中性子、電子が、ちょうど良い組み合わせでうまい具合に結びつき、さまざまな原子を作り出すだろう。そんなプロセスが起こるまでには、途方もなく長い時間がかかる。そして、まさにその時間がかかりすぎるということが、ビッグバン直後の元素合成や、恒星内部の元素合成では、そのプロセスを考えなくてもよかった物理学的な理由なのだ。しかし、今やわれわれには時間はいくらでもあるのだから、そんな稀なプロセスが重要になってくる。さらに時間が経つうちには、原子たちはランダムに動きまわり、より複雑な配置を作り上げるだろう、永遠へと続く道のりのあちこちで、そんな粒子配置が寄り集まって、巨視的な構造を作り出すだろう——そんな構造の中には、駄作もあれば、ベントレー［英国製の高級車］もあるだろう。「思考する者」はいないのだから、そうしてできた構造はすべて、誰にも気づかれることなく消えていく。だが、そうして生じた巨視的構造が、たまたま脳だったということも、ときには起こるだろう。消滅して久しい思考が、つかのま復活するのだ。

そんな思考の復活は、どれぐらいの時間スケールで起こるのだろうか？ 大雑把な計算をしてみると（数学が好きな人たちのために、その計算を巻末注に示す）[*23]、$10^{10^{68}}$年あれば、ボルツマン脳が作られる確率はそれなりに高くなりそうだ。これは長い時間である。エンパイアステートビルの最上階に相当する時間は10^{102}年で、1に続いて0が一〇二個続くから、普通の文字で書き表せば一行と半分ほどかかる。しかし、$10^{10^{68}}$（1に続いて0が10^{68}個）を普通の文字で書くためには、かつて印刷されたことのあるすべての本のすべてのページのすべての文字をゼロに置き換えても、ゼロの山には小さなへこみもできないだろう。しかしそうだとしても、時計を気にしながらウロウロと歩きまわり、脳が生じるぐらいまでエントロピーが減るのを、今か今かと待つ者はいない。宇宙は、無秩序でエントロピーの高い、見るべきもののない状態で、ほぼ永遠に存在し続けることができ、それに文句を言う者はいないのだ。

そこから、いくぶん個人的な事情に立ち入った、興味深い問いが生じる。あなたの脳はどこから来たのだろうか？　馬鹿げた問いのようだが、ここはひとつ、私に調子を合わせてほしい。この問いに答えるために、あなたは当然ながら自分の記憶と知識をたどり、次のように答えるだろう。あなたは自分の脳を持って生まれ、あなたが母親の胎内に宿るという出来事は、家系をさかのぼり、さらには生物の進化、地球と太陽の形成、そしてビッグバンにまでさかのぼる一連の出来事の結果だと。この説明は十分に筋が通っているように思われる。実際、ほとんどの人は同様の説明をするだろう。しかし、これまで見てきた章の内容から明らかなように、あなたが語ったやり方で脳を作れる期間はきわめて短い――かなり太っ腹に見積もっても、エンパイアステートビルの一〇階から四〇階までのあいだだけしか、あなたの脳は作れない。一方、ボルツマンのやり方で脳を作れる期間は、それとは比べものにならないぐらい長い――ほとんど無限といっていいほど長いのだ。[*24]　時間が経つにつれ、稀にではあるが、ボルツマン脳はほぼ確実に生じる。ときおり生じては消えるそんな脳の累積的な総数はどこまでも増えていく。したがって、十分に長い時間にわたってつぶさに見ていけば、そうして生じたボルツマン脳の総数は、かつて生じたことのある生身の脳の総数をはるかに上まわるだろう。それと同じことは、自分は従来の生物学的方法で生じたという、誤った信念を刻み込まれた粒子配置を持つボルツマン脳だけに焦点を合わせた場合にもいえる。この場合もやはり、どれほど稀にしか起こらず、どれだけ長い時間待つことになってもよければ、そんなボルツマン脳は何度でも生じるだろう。

あなたが今持っている信念、記憶、知識、理解は、いかにして得られたのかと自問すれば、莫大な母数にもとづく公平な答えがどんなものになるかは明らかだろう。あなたの脳は、特定の粒子配置に刻み込まれた記憶などの神経心理学的な特質をそなえた状態で、からっぽの空間を飛び交う粒子たちから自然発生的に生まれたのだ。あなたが語る生い立ちの物語は、感動的だが事実ではない。あなたの記憶と、あなたが持つ知識を導き出したさまざまな論証と、あなたの信念はすべて、作り事なのだ。あなたに過去はない。思考する能力と、過去に一度も起こったことのない出来事の記憶とを与えられた、肉体から切り離された脳として、たまたまひょっこり存在するようになったのだ。これが、公平な答えである。[*25]

このシナリオはとてつもなく奇妙だが、単に奇妙なだけでなく、痛烈なオチがついてくる。ランダムに集合する粒子からは、生き物以外のものも数かぎりなく生じるにもかかわらず、私が自然発生的に生じた「脳」に焦点を合わせたのは、そのオチのためだった。あなたのものであれ、私のものであれ、他の誰のものであれ、もしもひとつの脳が、自分が持っている記憶と信念は、実際に起こった出来事の正確な反映だと信じることができなければ、科学知識の基礎をなす測定や観測や計算は、なにひとつ信じられなくなる。[*26] 私は、一般相対性理論や量子力学を勉強した記憶があるし、これらの理論を支える論証の鎖をすべてたどり直すことができるし、これらの理論によってみごとな精度で説明されるデータや観測を自分で確かめてみたことも記憶している。ところが、もしも私が、こうした記憶は、それと結びついた実際の出来事によって刻まれたのだと信じることができなければ——一般相対性理論や量子力学は、心が作り上げた虚構などでは断じてないと信じることができなければ――、これらの理論が示す結論はひとつとして信じることができない。そして皮肉にも、今や信じられないことになった結論の中には、私は自然発生的に生じ、虚空にぽっかりと浮かんでいる脳だという可能性も含まれるのだ。脳が自然発生的に生じる可能性［自分がボルツマン脳である可能性］から生じた深い懐疑は、そんなものを考えるようにわれわれを導いた論証そのものを疑わざるをえなくさせるのである。

要するに、エントロピーが自然発生的に減少するという稀な出来事は、物理法則から必然的に導かれる現象ではあるが、物理法則そのものと、そこから導かれる帰結すべてに対するわれわれの信頼をゆるがすということだ。任意に長い期間にわたって有効な法則を考えることで、われわれは、あらゆることへの信頼をゆるがす懐疑の悪夢に身を投じる。それは楽しい経験ではない。では、エンパイアステートビルを上へ上へと歩を進め、ビルの最上階からさらに高い場所を目指すようわれわれを駆り立ててきた合理的思考への信頼を取り戻すには、どうすればいいだろう？　物理学者たちは、そのための戦略をいくつか編み出してきた。

ボルツマン脳は取るに足りない問題だと言う人たちがいる。この観点に立つ人たちもボルツマン脳が生じることは認める。しかし心配には及ばない。あなたがボルツマン脳のひとつでないことはほぼ確実なのだ。それを証明するためには、次のようにすればよい。外の世界を見て、見たものすべてを受け入れよう。もしもあなたがボルツマン脳なら、次の瞬間、あなたは消滅している可能性が圧倒的に高い。あなたが長く存続できるとすれば、それは、より大きな、より秩序のある系の一部だからだが、そうだとすれば、そんな系ができるためには、いっそうエントロピーの低い、さらに稀なゆらぎが起こらなければならないから、そんな支持系を持つ脳ができる可能性はさらに低い。したがって、あなたが少し時間を置いてふたたび世界を見たら、前に見た世界とほとんど同じ光景が見えたとすれば、あなたがボルツマン脳でないという確信が強まるだろう。実際、この観点からすると、少し時間を置いて世界を見るたびに、あなたの議論はどんどん説得力を持ち、あなたの自信も強化されるだろう。

しかしこの論法では、外の世界を確認した一連の時刻はすべて、ごく普通の意味において、現実の時刻だと仮定されていることに注意しよう。もしも今このとき、あなたが、過去一分間に一二回外の世界を見て、自分はボルツマン脳ではないと繰り返し自分を納得させようとしたという記憶を持っているなら、その記憶は、今のあなたの脳の状態を反映しているのだから、あなたの脳がその記憶を持った状態で今このとき出現したという状況と両立するのである。このシナリオを重く受け止めるなら、あなたが「自分はボルツマン脳ではない」と主張するために観測を行ったことも虚構の一部である可能性がある。私は「我思う、ゆえに我あり」と独白した記憶を持っているかもしれないが、与えられた任意の時刻から見て正確な記述をするためには、私は、「我思ったと我思う、ゆえに我あったと我思う」と言わなければならないということだ。実際、そんな思索を行った記憶があるからといって、現実にその思索を行ったことの保証にはならないのである。

もう少し説得力のあるアプローチは、基礎となるシナリオそのものを疑うことだ。ボルツマン脳を支持する議論にとって鍵となる重要な前提は、心をはじめとする複雑な構造を作るための原材料である粒子をたえず放出する宇宙の地平面が、はるかかなたに存在するということだ。長期的に見て、もしも空間を満たしている暗黒エネルギーがいずれ消滅するなら、加速膨張は終わり、宇宙の地平面もなくなる。遠方で粒子を放出していた地平面がなくなれば、宇宙空間の温度は絶対零度に近づき、粒子たちが複雑な巨視的構造を自然発生的に作り上げる確率もゼロに近づく。今のところ、暗黒エネルギーの減少（あるいは増大）を示唆する証拠は得られていないが、未来の観測ミッションでは、その可能性がさらに高い精度で調べられるだろう。このアプローチに対する控えめな判定は、「今後の展開しだい」ということになる。[*27]

それよりもさらに根本的なレベルでシナリオを再考するアプローチもいくつかある。それによれば、宇宙は、あるいは少なくともわれわれの知るような宇宙は、それほど長くは続かない。これまで考えてきた途方もなく遠い未来がなければ、ボルツマン脳が形成される可能性は馬鹿馬鹿しいほど小さくなり、無視してかまわない。もしも宇宙が、ボルツマン脳が生成されると想定される時間スケールのはるか手前で終焉を迎えるのなら、われわれは「自分はボルツマン脳かもしれない」という疑念はなかったことにして、記憶、知識、信念を含めて、自分の脳はいかにして生まれ、どのように発展してきたかに関する、昔ながらの記述を快く受け入れることができるだろう。[*28]

しかしどういう理由で、宇宙はそれほど早く終焉を迎えるというのだろう？

終末は近い？

少し前に、ヒッグス場が新しい値に量子ジャンプをする可能性があるという話をした。もしもそんなジャンプが起これば、粒子の特性が突如として変わり、物理学、化学、そして生物学の基本プロセスの多くが書き換えられるだろう。宇宙そのものはその後も続いていくだろうが、そこにわれわれが存在しないのはほぼ確実だ。もしもこの突然の変化が、ボルツマン脳が生じるために必要な時間スケール——ヒッグス場の値について現在得られているデータから示唆されるもの——よりもはるか手前で起こるなら、脳のほとんどは普通の脳だということになり、われわれは懐疑の泥沼にはまり込まずにすむだろう。[*29]

いっそうきっぱりとした解決策が、暗黒エネルギーの値が突如として変わる量子ジャンプからもたらされる。今日、宇宙の膨張が加速しているのは、空間を満たしている暗黒エネルギーが正の値を持つからだ。しかし、正の値を持つ暗黒エネルギーが斥力的重力を生じさせるのと同じように、負の値を持つ暗黒エネルギーは引力的重力を生じさせる。その結果として、もしも正の値を持つ暗黒エネルギーが、負の値にジャンプするような量子トンネル現象が起これば、それまで外向きに膨張していた宇宙が、内向きに収縮を始めるだろう。すると最終的に、あらゆるもの——物質、エネルギー、空間、時間——がどんどん圧縮されて、とてつもない高温高密度になるだろう。それは時間を逆回しにしたビッグバンのようなもので、物理学者たちは「ビッグクランチ」と呼んでいる。[*30]ビッグバンが始まった時刻ゼロのときに起こったことについてはあいまいな点があるように、宇宙最後の瞬間となるビッグクランチのときに起こることについても、やはりあいまいな点はある。それでも、もしもビッグクランチが、$10^{10^{68}}$年よりはるか手前で起こるなら、ボルツマン脳から導かれるおかしな結論は気にしなくてもよくなる。

最後にひとつ、ボルツマン脳についての考察という範囲を超えて興味深いアプローチを取り上げよう。物理学者のポール・スタインハートと、その共同研究者であるニール・トゥロックとアナ・イジャスは、宇宙の終わりになりかねない重大な危機《クランチ》を反転させて、新たな宇宙を創造する反跳《バウンス》という、もっと明るいものにしたらどうかと考えた。[*31]「サイクリック宇宙論」と呼ばれるその理論によると、われわれの宇宙のような空間領域は、膨張期を経て収縮期に入るというサイクルを果てしなく繰り返す。ビッグバンの膨張は、それに先立つ収縮からの反跳なのだ。そのアイディア自体は新しいものではない。アインシュタインが一般相対性理論を完成させてまもなく、アレクサンドル・フリードマンが一種のサイクリック宇宙論を提唱し、リチャード・トルマンがそれを発展させた。[*32]とくにトルマンの狙いは、宇宙はいかにして始まったのかという問いを回避することだった。膨張と収縮のサイクルが無限の過去から繰り返されてきたのなら、宇宙に始まりはなかったことになる。宇宙はつねに存在していたということだ。しかしトルマンは、熱力学第二法則のせいで、その目論見はうまくいかないことに気がついた。この法則によれば、サイクルが繰り返されるにつれて、エントロピーは着実に増大する。だとすれば、われわれの宇宙のような空間領域は、有限回のサイクルしか経ていないはずで、結局、宇宙には始まりがなければならないことになるのだ。スタインハートとイジャスは、自分たちの新しいサイクリック理論なら、その問題を克服できると主張した。ふたりは、それぞれのサイクルで、与えられた空間領域は収縮する分よりはるかに大きく膨張することを示した。その場合、空間のエントロピーは、サイクルごとに大幅に薄められるだろう。空間全体に含まれる全エントロピーは、熱力学第二法則に従って、サイクルを経るにつれ増大するが、空間の一部（われわれが今住んでいる観測可能な宇宙を生じさせた領域など）では、トルマンの狙いを挫いたエントロピーの蓄積は、もはや問題ではない。空間の膨張はあらゆる物質と放射を薄める。そしてそれに続く収縮は、重力を利用して、新しいサイクルが始まるのにちょうど良い高品質のエネルギーを空間に充塡する。そして各サイクルに要する時間は、暗黒エネルギーの値で決まる。今日の測定で得られた暗黒エネルギーの値を使うと、一回の膨張と収縮のサイクルにかかる時間は数千億年ほどになり、ボルツマン脳が生じるために必要とされる典型的な時間よりもはるかに短い。こうしてサイクリック宇宙論は、合理性を保持するための新たな戦略になりそうなものを与えてくれる。各サイクルは、普通のやり方で脳が生じるには十分に長いが、ボルツマン脳が生じるために必要な時間のはるか手前で終わるということだ。われわれはかなりの確信を持って、自分の記憶は、実際に起こった出来事によって刻まれたのだと主張することができる。

未来に目を向ければ、サイクリック宇宙論は、エンパイアステートビルを上がるというわれわれの企ては、どこかで終わることを示唆する。そのタイミングは、空間が収縮して今のサイクルが終わり、反跳によって新しいサイクルがスタートする一一階か一二階あたりになりそうだ。摩天楼にはまっすぐ上に伸びるイメージがあるが、螺旋状に上がっていくイメージにアップデートする必要もありそうだ（グッゲンハイム美術館を天高く伸ばしたようなものを想像しよう）。螺旋の一巻きが、宇宙論的な一サイクルを表す。さらに、そのサイクルは、未来ばかりでなく過去にも果てしなく続いているかもしれないから、どちらの向きにも無限に拡張された構造をイメージする必要があるだろう。われわれが知る宇宙は、その宇宙論的な螺旋の一巻きの、さらにその一部になるだろう。

サイクリック宇宙論は、近年、インフレーション理論の対抗馬として浮上してきた。これらの理論はどちらも、マイクロ波背景放射の温度ゆらぎという非常に重要なデータを含め、天文学の観測結果を説明することができるのだが、今も宇宙論研究の主流はインフレーション理論だ。その理由のひとつとして、インフレーション理論には、過去四〇年間に、宇宙論を成熟した精密科学の地位に押し上げてきたという実績があるため、物理学者たちに対抗馬に目を向けてもらうのは、苦しい戦いにならざるをえないという事情がある。われわれの時代が宇宙論の黄金時代と呼ばれるのはかなりの程度までインフレーション理論のおかげなのだ。もちろん、科学における真理は、多数決や人気投票で決まるわけではない。それを決めるのは、実験、観測、証拠だ。そして、これらふたつの理論は、ある観測について異なる予想をするのである。そのため、いつの日かその観測が、どちらの理論が正しいかを判定するうえで重要な役割を果たすかもしれない。インフレーション期の膨張は宇宙空間という織物を激しくかき乱すため、そのとき生じた重力波は、今も検出できる可能性がある。一方、サイクリック宇宙論の膨張はもっと穏やかなので、この場合の膨張で生じる重力波は微弱すぎて検出できないだろう。そんなわけで、それほど遠くない将来、観測が、このふたつの理論の均衡を変える力を持つかもしれない。[*33]

研究者のあいだでは、インフレーション理論は今も最有力理論であり、本書ではこの理論に焦点を合わせてきたのもそのためだ。それでも、未来の観測によって宇宙に関する知識が深まり、われわれの時代もまた、理解の至らなかった多くの、いやむしろ無限につながる時代のひとつになることを想像すると、やはり興奮に胸が躍る。そんな進展があれば、エンパイアステートビルの一二階より上だけでなく、初期の宇宙に関する議論にも影響が及ぶだろう。しかしその一方で、この冒険旅行のほとんどにおいてわれわれを導いてくれたエントロピーと進化についての考察は、引き続きその役割を担ってくれるだろう。もしもサイクリック宇宙論の正しさが証明されれば、さまざまな方面に影響が及ぶだろうが、おそらくもっとも大きな影響を及ぼすことになりそうなのは、宇宙もまた、生と死と再生という、あらゆるパターンの中でもっとも普遍的なパターンを持つことが明らかになることだろう。それは、心を捉える原型的なパターンだ。古代のインダス文明やエジプト文明、そしてバビロニア文明にさかのぼって、人々は、宇宙には始まりと中間と終わりがあるのではなく、日のめぐりや季節のめぐりと同じく、しっかりとかみ合った歯車が回転するような一連の動きを繰り返すものと考えていたのだった。それほど遠くない未来に、重力波の観測で得られたデータから、全体としての宇宙そのものが、そんなサイクリックなパターンを採用していることが明らかになるかもしれない。[*34]

思考とマルチバース

任意の速度で深宇宙に向かう旅は、いつか終着点に到着するのだろうか？　それともその旅は、いつまでも続くのだろうか？　あるいはまた、地球をめぐるマゼランの旅のように、ぐるりとひとめぐりして出発点に戻るのだろうか？　その答えは誰も知らない。インフレーション理論の枠組みの中で、もっとも精力的に調べられてきた数学的定式化によると、空間には果てがないらしい。それもひとつの理由となって、研究者たちはこれまで、宇宙には果てがないというケースに主に注意を払ってきた。遠い未来の思考ということでいえば、果てのない空間はとくに奇怪な帰結を持つので、ここでは主流のインフレーションの観点に立ち、空間は無限に広がっていると仮定することにしよう。[*35]

無限に広がる空間のほとんどすべては、観測可能な領域の外にある。遠方で放出された光が望遠鏡で見えるのは、その光がわれわれに届くだけの時間がある場合だけだ。光がその旅に使える最大の時間――ビッグバンから今日までに経過した時間、一三八億年――から、われわれが勝手に選んだ方角で観測可能な最大の距離は、約四五〇億光年であることがわかる（一三八億光年だろうと思われるかもしれないが、光が旅をしているあいだにも空間は膨張するため、光が踏破する距離はそれよりも長くなるのだ）。もしもあなたが、地球からの距離がそれ以上ある遠い惑星に生まれ育ったとすると、あなたと私がこれまでにコミュニケーションをとったり、互いに直接的に影響を及ぼし合ったりするすべはなかったことになる。そこで、宇宙は無限に広がっていると仮定して、互いに無関係に進化してきた直径九〇〇億光年の空間領域が、パッチワークのようにつながっているものと想像しよう。[*36] 物理学者たちは、そんな空間領域のひとつひとつを、他とは切り離された独自の宇宙《ユニバース》と考え、それらをすべて合わせたものを、多宇宙《マルチバース》と考えるのが気に入っている。そう考えれば、無限に広がった空間は、無限に多くの宇宙を含む多宇宙ということになる。

そんな無数の宇宙について調べるうちに、物理学者のジャウメ・ガリガとアレックス・ヴィレンキン[*37]は、ある重要な特徴を明らかにした。それぞれの宇宙の歴史を映画にして次々と見ていけば、映画のすべてが互いに違ったものにはなりえないということだ。ひとつひとつの領域のサイズは有限で、各領域に含まれるエネルギーは、大きな値ではあるにせよ有限だから、現れる歴史は有限な数にしかなりえないのだ。あなたは直観的に、それとは別の可能性を考えるかもしれない。どれかひとつの歴史が与えられたとき、この粒子をあちらに、あの粒子をこちらに移動させて、歴史に修正を加えることはつねに可能だから、歴史には無限にさまざまなものがあるのではないか、と。ところが、量子力学が絡むと話は変わってくるのである。もしも修正が小さすぎると、その修正による変化は、量子的な不確定性のために生じるあいまいさよりも小さくなり、修正をする意味がなくなってしまう。一方、もしも修正が大きすぎると、粒子たちは、最初に設定した領域から飛び出したり、粒子のエネルギーが可能な範囲を超えたりしてしまう。このように、小さなスケールと大きなスケールのどちらからも制限がつくため、歴史の修正には限界があり、異なる映画の数は有限な値にしかなりえないのだ。

さて、無限にたくさんの領域と、有限な数の映画があれば、単純に映画の数が足りない。われわれは間違いなく、同じ映画を見ることになるだろう。それどころか、映画は無限回上映されるだろう。またどの映画もかならず上映される。どれかの歴史を、他のどの歴史とも違ったものにする量子ゆらぎはランダムなので、起こりうる粒子配置はすべて無作為に抽出される。取りこぼされる歴史はない。そのため、無限の宇宙の集まりは実現可能な歴史のすべてを実現させ、どの歴史も無限回実現することになるのである。

そこから、ある奇妙な結論が導かれる。あなたと私、そしてほかのすべての人たちが経験しているこの宇宙は、どこか別の領域——別の宇宙——で、繰り返し実現するということだ。物理法則によって厳密に禁止されていないどんな方法で宇宙に修正を加えても（たとえば、エネルギー保存則や、電荷の保存則を破るような修正をすることはできない）、そうして修正された宇宙は、どこかの領域で実現する。しかも繰り返し実現する。だとすれば、別の歴史が実現する領域もあるだろう——リー・ハーヴェイ・オズワルドがケネディ暗殺に失敗したり、クラウス・フォン・シュタウフェンベルクがヒトラー暗殺に成功したり、ジェームズ・アール・レイがキング牧師の暗殺に失敗したりする宇宙もあるだろう。量子力学の熱烈なファンなら、この話は、いわゆる量子の多世界解釈と似ていることに気づくだろう。多世界解釈によれば、量子の法則に抵触しないありとあらゆる結果が、それぞれ別の宇宙で実現する。物理学者たちは、量子力学へのこのアプローチは、数学的に意味があるのかないのか、そして、もしも意味があるなら、われわれの宇宙以外の多くの宇宙は実在するのか、それとも有益な数学的虚構にすぎないのかについて、もう半世紀以上も論争を続けてきた。ここで説明している宇宙論の多宇宙理論と、量子力学の多世界解釈との本質的な違いは、宇宙論の多宇宙理論では、他の世界——他の領域——が実現するかどうかは、解釈の問題ではないということだ。もしも宇宙空間が無限に広がっているのなら、他の領域は、間違いなくどこかに存在するのである。

本章とこれまでの章で行ってきた探究のすべてにもとづき、次のようにまとめるのが妥当だろう。われわれが暮らしているこの領域、この宇宙において、われわれ人類は、そしてより一般に「思考する者」は、確実に終わりの時を迎える。それはまだ遠い未来のことだが、エンパイアステートビルを上る途中で、あるいは上りきったその先で、ほぼ確実にそのときは来る。そんな事情を背景として、ガリガとヴィレンキンは一風変わった楽天主義を提唱する。彼らは、すべての歴史は、無限にある宇宙のどれかの中で必ず実現するという点に注目する。歴史の中には、エントロピーが大幅に減少して、稀有な幸運に恵まれるものもあるだろう。たとえば、特定の恒星や惑星が無事に存在し続けたり、高品質のエネルギー源を含む環境を生じさせたりする歴史などがそれだ。そのほかにも、生命と思考が思いもよらず長く生き延びることを可能にするさまざまな出来事のいずれもが、どれかの宇宙において実現するだろう。実際、ガリガとヴィレンキンが論じるように、もしもあなたが有限な時間をひとつ勝手に選んだとすると、それがどれだけ長い時間だとしても、無限に多くの宇宙からなる集合の中には、少なくともその時間が尽きるまでは、エントロピー増大の傾向に逆らって、およそ起こりそうもないプロセスで生命を存続させる宇宙が存在することになるのだ。それゆえ無限に多くの宇宙の中には、どれほど遠い未来にも、生命と心を宿すものが間違いなく存在するだろう。

その領域の住人たちが、自分たちが存在することの幸運をどんなふうに説明するのかは、ちょっと想像がつかない。彼らがその幸運に気づくかどうかもわからない。ひょっとすると彼らは、われわれが現在得ている物理学の知識と同じものをよく検討して、自分たちはランダムなゆらぎによる稀有な幸運に恵まれたのだと結論するかもしれない。しかし、そんな幸運が起こる確率はあまりに低いことから、自分たちの物理学の知識は役に立たないと考えるかもしれない。なぜそう考えるのだろうか？　量子物理学の確率法則によれば、私が壁を通り抜ける確率はゼロではない。しかし、もしも本当に私が壁を通り抜けたら、しかも頻繁にそれが起こったら、量子物理学に関する理解を見直したくなるだろう。私はなにも、量子の法則に反対したくてこんなことを言っているのではない。ただ、到底起こりそうにないことが起こったら、それも頻繁に起こったら、その出来事は結局のところ、起こりにくいわけではなかったと言えるような、よりマシな説明を求めたくなるのが筋だと言っているのだ。もちろん、幸運な領域の住人たちは、その幸運を説明したいとは思いもせず、流れに身を任せて果てしなく幸せに生き続けるだけかもしれないが。

われわれがそんな幸運な領域に実際に住んでいるのか、またはそこを目指してこの宇宙から脱出できるぐらい、その領域の近くにいる確率はほぼゼロなので、われわれ自身の終末が視野に入ってくるにつれ、これまでに学んだこと、発見したこと、想像したことを取りまとめてカプセルに入れ、もしかするとそのカプセルが幸運な領域にいつか届くかもしれないという期待を込めて、宇宙に送り出すかもしれない。われわれが永遠に存在する種族につらなることはないとしても、われわれが成し遂げたことのエッセンスを、そんな種族に伝えることはできるかもしれない。間接的にではあれ、自分たちが存在したことの痕跡を、永遠に残すことはできるかもしれない。しかし、ガリガとヴィレンキンはこのシナリオの一バージョンを調べて、哲学者デーヴィッド・ドイチュが得た洞察と合わせ、その計画には望みがないと結論した。無限の宇宙空間と長大な時間スケールの中で、量子のランダムなゆらぎは、われわれの子孫が作るかもしれない本物のカプセルよりはるかに多くの偽のカプセルを作るだろう。そして、われわれは何者で、何を成し遂げたかについての信頼できる刻印はすべて、量子のノイズに確実に埋もれてしまうだろう。

われわれが長きにわたって「唯一の」宇宙だと思っていた領域では、生命と思考はいずれ終わりを迎えることになりそうだ。無限の宇宙空間では、われわれの領域の境界のはるか彼方で、生命と思考は生き延びるかもしれないし、その可能性が心の慰めになることもあるだろう。だが、われわれ自身は、永遠について考えることはできても、そしてまた永遠を手に入れようと努力することはできても、永遠に触れることはできそうにない。

第11章

存在の尊さ

心、物質、意味

南アフリカ共和国のピラネスバーグ国立公園を訪れたときのこと、ライフルを背中に斜め掛けしたガイドが、彼とともに徒歩でサファリに参加する人たちに、ゾウやカバやライオンが、安全な範囲を越えて接近してきたときに取るべき行動を再確認していた。彼はゆっくりと参加者たちを見まわし、ひとことひとこと区切りながら、重々しくこう言った。「みなさん、いいですか、けっして、動かないで」。そして彼はこう続けた。「ライオンから逃げようなんて考えないでくださいよ。その競走に勝とうとすることに、残りの人生を費やすことになりますからね」。参加者たちはゆるく笑いながら、「了解」とか「そりゃそうだ」とか「わかりました」などと言っていた。そのとき、私は自分のゆったりした上着の袖に目を落とした。上着の袖口から、何かが這い上がっていた。その生き物の正体が何かなど、ほとんど考えることもしなかった。私にとってそれはタランチュラに決まっていたのだ。タランチュラが私の上着の袖を這い上がっている。私は恐怖にかられた。腕が前後に激しく動き、朝食のテーブルに載っていたガラスのコップを叩き落とした。私は椅子から飛び上がり、腕の攻撃をかわしてまだテーブル上に残っていた何枚かの皿が床に落ちていった。そんな無差別攻撃が行われるなか、タランチュラは、あるいは何にせよその不気味な生き物は、私の上着の袖からポトリと落ちた。私がどうにか落ち着きを取り戻す頃には、五セント硬貨大のその生き物は、ゆっくりと地面を這って遠ざかっていくところだった。騒ぎが一段落すると、ガイドは微笑んで、「これはこれは」と口を開いた。「われわれの仲間の物理学者に、宇宙のお告げがありました。ジープで参加しなさい、と」。私はそうすることにした。

私に宇宙のお告げが下ったわけではない。あの生き物の登場は偶然の出来事だったし、あのタイミングもたまたまだった。これが完全な他人事だったなら、私はいつもどおりに、あの生き物がたまたま登場しなかったなら、登場しないからといって驚きはしないはずだと言っておしまいだっただろう。しかし正直なところ、ほんの一瞬だが、私はこの不面目なエピソードに意味がありそうな気がしたのだ。私は、徒歩でサファリに参加することにすでに不安を感じていて、やめたほうがいいのではないかと思っていた。そんなとき、「予期せぬ生物が現れたぐらいで死ぬほど驚くような人間は、この種のリスクは取らないほうが身のためだ」といわんばかりの事件が起きたのだ。理性的には、あの生き物の登場は宇宙のお告げではないとわかっている。宇宙は、私の一挙手一投足や、私の身に降りかかった危険を気にかけたりはしない。だが、タランチュラの登場によって掻き立てられた先祖伝来の直観が少しずつ収まっても、合理的な思考はまだ十分な支配力を取り戻していなかったのだ。

パターンを感知する能力は、人類がこれまで繁栄してきた理由のひとつでもある。われわれはつながりを探し出し、コインシデンスに着目し、規則性を心に留め、ものごとに意味を与える。しかし、われわれが与える意味のうち、証明可能な実在の特徴を詳しく説明するような、慎重な分析から得られたものは一部にすぎない。意味の多くは、混沌とした経験に秩序らしきものを与えたいという、感情的な傾向から出てきたものなのだ。

秩序と意味

私はしばしば、あたかも数学の方程式がこの世界のどこかに存在していて、クォークから宇宙まで、あらゆる物理プロセスを厳格に支配しているかのような言い方をする。実際、その通りなのかもしれない。いつの日か、数学は実在という織物に根本的に織り込まれているということが証明されるのかもしれない。夜昼なく数式を使って仕事をしていれば、あなたもきっとそんな気がしてくるだろう。しかし、むしろ私が自信を持って言えるのは、自然は治安の良い社会だということ、つまり、宇宙は法則に従う要素でできているということだ。そんな自然の順法性こそは、本書の中でわれわれがたどってきた旅の基礎なのだ。現代物理学の中核をなす重要な方程式は、厳密に物理法則を表している。われわれは地道に実験と観測を重ねることで、それらの方程式がこの世界をみごとなる精度で記述することを明らかにしてきた。しかし、だからといって、方程式を叙述する数学という言語が、自然本来の言語だということが保証されるわけではない。ありそうにないことではあるが、いつか異星人が地球を訪れたとき、われわれが自分たちの方程式を得意げに見せたところ、異性人たちは礼儀正しく微笑みながら、自分たちもはじめは数学を使っていたのだが、その後、実在の本当の言語を見出したのだと教えてくれるかもしれない。

歴史的には、われわれの先祖たちの物理的直観のもとになったのは、落下する石、折れる大枝、激しい急流など、よくある場面に現れるパターンだった。日常経験する力学を生まれながらの直観で把握することができれば、生き残りに役立つのは明らかだろう。時が経つにつれ、われわれはその頭脳を駆使して、目に見えない粒子たちが生息するミクロな世界から、銀河団が生息するマクロな世界まで、さまざまな領域のパターンを見出して体系化することにより、生き残りに役立つ直観的洞察を超える理解を得るようになった。そうした理解の中には、生き残りの観点からはほとんど価値のないものも多い。進化は、われわれの直観を形成し、認知スキルを発展させることにより、初歩的な物理学の手ほどきをしてくれた。しかし、自然に関するより幅広い理解をもたらしたのは、数学という言語で表現される人間の好奇心だった。その成果である方程式は、数学という言語で明確に記述され、実在の深い構造を探るためには素晴らしく役に立つが、それでもなお、方程式は人間の心が作り上げたものなのかもしれないのだ。

以下では、人間経験を評価するにあたって指導原理となる特質に焦点を移して見ていくが、その際に私が採る立場は、今述べたものと本質的に同じだ。正しいか間違っているか、善か悪か、運命か目標か［運命として受け入れるか、目標を立てて努力するか］、価値はあるのか、そして意味はあるのかといった概念は、深いレベルで人間にとって有益だが、私は、こうした道徳的判断や意義づけが、人間の心を超えたところで行われていると信じる者ではない。これらの特質は、われわれの心が作り出したものなのだ。とはいえ、好き勝手に作ったのでもない。ダーウィン進化論のいうやり方で選択されたわれわれの心には、さまざまなアイディアや行動に、心を引かれたり、反発したり、恐れたりする素因があらかじめ備わっている。世界中のいたるところで、子どもたちの世話をすることとは高く評価されるし、近親相姦はおぞましいとされる。日々公正な取引をすることは多くの人に高く評価され、家族や同胞に忠実であることもそうだ。われわれの先祖たちが集団を作るようになると、これらをはじめとする心の素因と、現場で起こることとの相互作用にフィードバック・ループが生じた。つまり、個々のメンバーの振る舞いが集団の暮らし向きに影響を及ぼし、その結果として、集団の中に徐々に掟ができていった。逆に、集団としての掟は、それを守る者が生き延びる可能性を高めた。[*1]自然選択は、われわれの基礎的な物理的直観を作ったのと同じやり方で、われわれが生まれながらに持つ道徳性や価値観を形成したのである。

道徳規範は上から与えられるものでも、真実という抽象領域にぽっかりと浮かんでいるものでもないと認める人たちのあいだでさえ、初期の道徳的感性が発達するにあたって、人間の認知能力が果たした役割については、あってしかるべき健全な議論がある。一部の人たちは、進化は、物理的感性が発達したケースと同じやり方で、初歩的な道徳的感性をわれわれの心に刻み込んだが、人間はその高い認知能力によって、基礎的な道徳感覚を超える、独立した態度と信念を形成することができたのだと主張する。[*2] 一方、人間が道徳にコミットする理由を説明するために、なにかというと人間の優れた認知能力を持ち出すのは、検証も反証もできないもっともらしいお話をしているだけで、われわれ人間の進化的な過去に頼った判断を合理化していると批判する人たちもいる。[*3]

ここで改めて強調する価値があるのは、こうした立場はどれも、伝統的な自由意志の概念に訴えてはいないということだ。われわれが人間行動を記述するときには、直観、記憶、認知、社会的期待といった、さまざまな要素を混ぜ合わせて利用する。しかし、少し前に論じたように、そんな高い階層の記述は――それはわれわれが世界を理解するやり方の中核にあるものだ――いくつものプロセスがつながった複雑な鎖から立ち現れる。そしてその鎖は、究極的には、自然の基本構成要素のダイナミクスに至る。われわれはみな粒子集団であり、その粒子集団は、無数の進化論的な戦いに勝利することにより、行動を束縛から解き放ち、エントロピーの増大による劣化を遅らせる力を獲得した。しかし、その戦いに勝利したからといって、物理的な進展に影響を及ぼすような自由意志の力が得られるわけではない。宇宙は、われわれの願い、判断、道徳的評価とは関係なく進展する。より正確に言うなら、われわれの願いや判断や道徳的評価は、公正無私な自然法則が世界に命じる物理的進展の一部にすぎないのである。

そんな進展に関するわれわれの記述は、宇宙が刻一刻と移り変わるさまを記号で表した、私情を挟まぬ数学的な法則によるものだ。そして、実在について思索することのできる粒子集団が出現するまでの歴史の大半において、それが語るべきことのすべてだった。今やわれわれは、本質的に重要な部分については詳細な理解を得ている。そして、暫定的なものではあるが、それについて詳しく語ることができる。その物語を、ごく手短に、そして語りやすさの都合上、わずかに擬人化を施して語ってみよう。

一三八億年ほど前に、空間が激烈な膨張を始めた。その膨張する空間の中で、小さいけれども秩序の高いインフラトン場の雲に含まれていたエネルギーが崩れ、斥力的重力のスイッチを切り、空間をさまざまな粒子で満たした。こうして、簡単ないくつかの原子核を合成するための種が蒔かれた。量子の不確定性のために、空間を満たしていた粒子の密度にゆらぎが生じ、周囲よりわずかに密度の高い部分は、重力もわずかに強くなるため、さらに粒子を引き寄せはじめた。そして雪だるま式に物質が増えていき、恒星、惑星、衛星、そしてその他の天体ができた。恒星の中心部で起こる核融合と、恒星同士の衝突という稀に起こる出来事によって、より複雑な原子核が合成された。そうしてできたさまざまな原子核が、形成途上にあった少なくともひとつの惑星に降り注ぎ、その惑星上に、分子ダーウィニズムに導かれて自己複製する能力を獲得した粒子配置が出現した。そうして自己複製する粒子配置がランダムな変化を繰り返すうちに、複製能力の大きなものが環境中に広まっていった。そうして広まった粒子配置のなかに、情報とエネルギーを抽出して貯蔵し、分散させる能力を持つ分子レベルの反応経路があった――それらの機能は、のちに生物が行うことになるプロセスの原始的なバージョンである。その後、長い時間をかけてダーウィン流の進化が起こり、粒子配置はしだいに高度に洗練され、ついに、おのれの行く道を自ら決定する複雑な生物が出現した。

粒子と場。物理法則と初期条件。われわれは実在に深く分け入ってきたが、これら以外のものが存在するという証拠は得られていない。粒子と場は、もっとも基本的な素材である。物理法則は、初期条件に従って前進を命じる。宇宙は量子力学的なので、物理法則が語る言葉はすべて確率論のそれだ。しかし、その確率は、数学的に厳密に決定されるような種類のものである。粒子と場は、意味、価値、意義などにはおかまいなく、ただ自分がするべきことをする。私情を挟まぬそんな数学的展開から生命が生じて以降も、物理法則はそれまで通り、完全なる支配力を握っている。生命には、物理法則に従う展開に待ったをかけたり、物理法則に影響を及ぼしたり、物理法則を反故《ほご》にしたりする力はないのだ。

では、生命には何ができるのだろうか？　生命は、粒子集団に協調した行動を取らせ、無生物の世界にはない新奇な行動を出現させる。マリーゴールドとビー玉を構成する粒子は、どちらも完全に自然の法則に従っているが、マリーゴールドは生長して太陽の動きを追いかけるのに対し、ビー玉はそれをしない。進化は、自然選択の力を介して生命の行動のレパートリーを増やし、生き延びて繁殖を容易にする行動を広める。そんな行動にはさまざまなものがあるが、その究極が思考だ。記憶を形成し、状況を分析し、経験を回想する能力は、生き残りをかけた軍拡競争においては強力な武器になる。思考は、何万世代にわたって生存競争に勝ち抜いてきたわれわれの原動力であり、時を経て洗練されてきた。そして生物はついに自意識を獲得し、「考える種」になった。自意識を持つ存在の意志は、物理法則の命じる展開を回避する、従来言われてきたような自由意志ではないが、意志を持つ存在は、高度に組織化された構造のおかげで、内面の感情から外に向けた行動まで、外界の刺激に対して多彩な応答をすることができる。そんな応答は、少なくともこれまでのところは、生命や心を持たない粒子の集まりにはできない。

そこに言語が加わると、自意識を持つ種は、そのときどきの必要に対処するだけでなく、過去から未来へとつながる展開の一部として自分を見るようになる。すると、生存競争に勝つことだけが唯一の関心事ではなくなる。もはやわれわれは、ただ生き残るだけでは満足しない。なぜ生きることが大切なのかを知りたいと思う。文脈を探し、関係性を求める。ものごとに価値を与え、行動に対して判断を下し、意味を探し求める。

われわれが、宇宙はどのように出現し、どのように終わるのかを説明しようとするのはそのためだ。実話にせよ架空にせよ、さまざまな世界を生きる者たちの物語を語り、語ってはまた語りなおす。すでに世を去った先祖たちや、死を永遠なる生の一段階にしてしまう半神半人、あるいは全能の神々が住まう領域を想い描く。そんな異世界に触れるために、あるいはそれにオマージュを捧げるために、あるいはまた自分がひとときここに存在したことを証言する何かを未来に刻み込むために、われわれは絵を描き、像を彫り、線を刻み、歌い、踊る。こうした活動が脈々と続いてきたのは、そして「人間であるとはどういうことか」の説明の一部になっているのは、こうした活動それ自体が、生き残りの可能性を高めるからなのかもしれない。物語は予期せぬ出来事に応答できるよう心に準備をさせることで、芸術は想像力を高めて新しい何かを作り出す力を育むことで、音楽はパターンへの感受性を高めることで、宗教は信者を強い絆で結びつけることで、生き残りの可能性を高めるのかもしれない。あるいは、ひょっとするとこうした芸術的活動には、それほど高尚ではない説明がつくのかもしれない。これらの活動のうちのいくつか、またはそのすべては、生き残りの可能性を高めるために直接的な役割を果たしてきた別の行動や応答を、より効果的にするから、あるいはそうした行動や応答の単なるおまけとして出現し、そのまま続いているだけなのかもしれない。人間行動のこうした側面の進化論的な起源については、さらに議論を要するにせよ、こうした行動は、その場その場を生き残ることを超える何かが、広く求められていることを示している。芸術的活動は、より大きなもの、より長続きするものの一部になりたいという普遍的な願望が、われわれのあいだに広く染み渡っていることを明らかにする。価値と意味は、実在のもっとも基礎的なレベルには決定的に欠落しているものだが、人間がどうなろうとおかまいなしの自然の上方に自分を引き上げたいという、われわれをたえず駆り立てる情熱の本質をなすものなのである。

死すべき運命と意味

ゴットフリート・ライプニッツは、なぜ何もないのではなく何かがあるのだろうかと考えたが、各人にかかわる深く個人的なジレンマは、自意識を持つ何か、たとえばわれわれのような存在が、いつかは死ぬということだ。時間のパースペクティブを獲得するということは、自分自身の心に生気を与えている脈打つような活動も、いずれ終わりを迎えると気づくことなのだ。

その気づきを背景に、これまでの章では、われわれが知る限りでの時間の始まりから、数学的理論が連れていってくれる限りでの時間の終わりまでを見てきた。われわれの知識は今後も発展するのだろうか？　もちろん発展するだろう。些細なことも重要なことも含めて、われわれの知識の細部はさらに埋められるのだろうか、それとも別の知識で置き換えられるのだろうか？　埋められることもあれば、別の知識で置き換えられることもあるだろう。しかし、これまで見てきた、誕生と死、出現と分解、創造と破壊のパターンは、宇宙の年表が続くかぎり、これからも繰り返されるだろう。エントロピック・ツーステップと進化論の自然選択は、驚くべき構造を作り出し、秩序から無秩序への道を豊かに彩るが、恒星であれブラックホールであれ、惑星であれ人間であれ、分子であれ原子であれ、物体はすべて、いずれ必ず崩壊する。どれぐらい長持ちするかは、ものによってさまざまだ。しかし、人はみな死ぬということと、人類という種はいずれ絶滅するということ、そして少なくともこの宇宙においては、生命と心はほぼ確実に死に絶えるということは、長い目で見て、物理法則からごく自然に引き出される予想なのである。宇宙の歴史の中で唯一目新しいのは、われわれがそれに気づいていることだ。

繰り返し持ち上がったのは、死が人類ときっぱり縁を切ってくれたなら、われわれはもっとずっと生きやすくなるのではないかという不穏な予想だ。多くの人がこの考えを軽い気持ちで弄び、一部の人たちは真剣にその路線を追究した。古代の神話から現代の小説まで、思想家たちはその可能性を考えたが、示唆的なのは、その思索の結果が、必ずしも明るいものにはなっていないということだ。ジョナサン・スウィフトの『ガリバー旅行記』では、ガリバーが三度目の航海で漂着する不老不死の島ラグナグに住む不死の呪いを受けた種族が歳を取り続け、八〇歳になっていよいよ何の役にも立たなくなると法的に死亡を宣告される。カレル・チャペックの『マクロプロス事件』では、ヒロインのエリーナ・マクロプロスが三〇〇年以上生き長らえた末に、底知れぬ退屈さを抱えて生きることに辟易して、寿命を延ばすエリクシールという薬の調合方法を書いた紙を燃やしてしまう。ホルヘ・ルイス・ボルヘスの『不死の人』では、主人公は、死による終わりの来ない世界を生きながら、次のように述べる。「誰かであるものはひとりもいない、ただひとりの不死の人が、すべての人なのだ……私は神であり、英雄であり、哲学者であり、デーモンであり、世界であると述べることは、私は存在していないと述べるための回りくどいやり方なのである」[*4]。

哲学者たちも時間を費やしてこの問題を系統的に検討し、死のない世界における生命について発言してきた。たとえば、イギリスの道徳哲学者バーナード・ウィリアムズは、レオシュ・ヤナーチェクがカレル・チャペックの戯曲をオペラ化した作品に触発されて、やはり暗澹たる結論に達した[*5]。ウィリアムズは、果てしない時間が流れるうちに、人間は、人類を駆り立ててきたいかなる目的にも飽き果てて、心が麻痺するような単調な永遠に直面し、いっさいの意欲を失うだろうと論じた。ほかにも、たとえばアメリカの哲学者アーロン・スマッツは、ボルヘスの物語に触発されて、人間が下す決断——自分の時間を、どのように、誰と過ごすかなど——の重要性は、それらが人生を作り上げることにあるが、不死はそんな決断の意味を失わせると述べる。間違った選択をしてしまった？　気にすることはない。正しい選択をするための時間は無限にあるのだから。何かを達成することで得られる満足感も、不死のために台無しになるだろう。限られた能力しか持たない者は、その潜在能力を生かしきった後には、永遠におのれの無力さをかみしめるしかない。持てる能力を果てしなく進化させることのできる者は、つねに向上が保証されるため、人の期待の上を行くことで得られる達成感を失うだろう[*6]。

こうした懸念はあるものの、私は、人類には不死にうまく適応できるだけの資質があると思うのだ——無限の時間があるのならなおさらだ。われわれの欲求や能力は想像以上に変化しそうだから、現時点における行動や動機にもとづいて、不死に適応した人類の欲求や能力について考えたところで、ほとんど、または完全に的外れな結果になりそうだ。永遠に生きる喜びを得るためには、それとはまた別の喜びが必要だというなら、われわれはそれを発見するか、発明するか、開発するだろう。もちろん、これは単なる直観にすぎないが、われわれは徐々に退屈すると決めてかかるのは、永遠の命を得た心についての洞察としては、あまりにも視野が狭すぎるのではないだろうか。

科学は人々の寿命を着実に延ばしていくだろうが、遠い未来へのわれわれの旅が示唆するように、不死に手が届くことは永遠になさそうだ。それでも、終わりのない生について考えることは、終わりのある生の意義を明らかにする。永遠の命を得た者たちの世界では、価値と意味は失われると想定されていることからわかるのは、死すべき者たちの世界における、決断、選択、経験、応答の大半は、限られた機会と有限な時間という条件の下で行われることを考慮しなければ理解できないということだ。毎朝、「今日のこの一日を、全力で生きろ《カルペ・ディエム》！」と叫んでベッドから飛び起きるわけではないにせよ、目覚める朝には限りがあるという、心の奥深くにある知識は、直観的な価値計算に染み通っている。いくらでもやり直しのきく世界では、そんな価値計算も大きく違ったものになるだろう。研究テーマ、身につける専門知識、追究する仕事、リスク、協力するパートナー、作り上げる家族、設定する目標、興味関心といったことのすべてに、時間は有限で機会は乏しいという認識が反映されている。

その認識に対する応答は人それぞれだが、人間の価値観に通底する、すべての人に共通する特質はいくつかある。そのひとつが、自分が死んでからも生き続ける子孫たちの存在する未来が必要だということだ。これはきわめて重大なことなのだが、語られることはほとんどない。

受け継ぐ者たちのいない世界

だいぶ前に、小惑星が接近して地球がまもなく破壊されるということに、登場人物たちの一部が気づくという筋立ての芝居がオフブロードウェイにかかったときのこと、その舞台のトークバック〔上演後のパネルディスカッション〕に出てほしいという依頼を受けた。討論の相手は、私の兄だった——一方は科学、他方は宗教という、別々の、しかしともにこのテーマに関係する道を歩んできた兄と弟から、世界の終わりに関するコメントをもらえれば、観客は喜ぶだろうと制作陣は考えたらしかった。率直に言って、私はそれまでこの問題について考えたことはなかったし、当時の私は今よりずっと、議論する相手の論調に引っ張られやすかった。兄が霊的世界にどんどん話を持っていくにつれ、私はますます無遠慮であけすけになっていった。「地球はごくありふれた銀河の片隅にある、とくだん変わったところのない恒星の周囲をめぐる、ごく平凡な惑星なのです。もしも小惑星のせいで、地球が太陽をめぐる軌道から放り出されたとしても、宇宙は気にも留めないでしょう。大きな枠組みで見れば、大したことではないんです」。そんなにべもない私の発言を歓迎する人たちもいた。思うにそういう人たちは、私の中に、勇気を持って現実を直視する真面目な懐疑主義者を見出したのだろう。しかし、悔やまれることに、私のそういう言い方を、独善的で鼻持ちならないと感じた人たちもいた。少なくとも、ひとりの観衆はそうだった。年配の女性が、人類という種にいつまでも存在していてほしいという、彼女が言うところの「誰もが持つ本質的な欲求」を乱暴に踏みつけにしているとして、私をたしなめたのだ。そして彼女は、私にこう問いかけた。「あなたにとって、余命一年と宣告されるのと、地球はあと一年で破壊されると知らされるのとでは、どっちがショックですか?」。

そのとき私は、どちらがより身体的苦痛が大きいかによる、といった上すべりな返答をしたのだったが、その後じっくり考えるにつれ、この問いは思いもよらず啓発的であることに気がついた。自分の死期をあらかじめ知ることは、人にさまざまな影響を及ぼす。人はそれを知って、ものごとの優先順位を再考したり、展望を求めたり、後悔の念に苛まれたり、パニックを起こしたり、達観したり、直観的に真実を把握したりするだろう。地球最後の日を知ったとしても、私の反応はそのうちのどれかになるのだろうと思っていた。ところが、地球と全人類が一掃されるとなると、私は自分が死ぬ場合とはまったく違った反応をしそうだった。その知らせは、いっさいを無意味にしてしまいそうに思われたのだ。自分自身が死ぬのであれば、むしろテンションが上がり、退屈な日常に埋もれがちなひとときにも意味を与えようとするかもしれない。ところが、全人類の終わりとなると、何もかもが無駄に思えそうだった。地球と全人類が消滅するとわかっても、私はまだ毎朝ベッドから起き上がって、物理学の研究を続けたいと思うだろうか? やり慣れたことをやる安心感から、研究を続けるかもしれないが、今日の発見の上に、さらに仕事を積み上げてくれる人はもういないとなれば、知識を進展させたいという気持ちはしぼんでしまいそうだ。私は執筆中の本を書き上げるだろうか？　未完成なものを完成させることの満足感から執筆に取り組むかもしれないが、完成した作品を読む人がひとりもいないとなれば、モチベーションを維持できるとは思えなかった。私は子どもたちを学校に送り出すだろうか？　普段の生活をすることの安心感から送り出すかもしれないが、未来がないというのに、子どもたちは何に備えて学ぶというのだろう？

私は、自分の死期を知ったときに示すであろう反応との、この違いに驚かされた。一方の日付を知ることは、生命の価値に対していっそう意識的になりそうだったのに対し、他方の日付を知ることは、生命の価値をすっかり奪ってしまいそうだった。それに気づいたことが、それからの年月、未来についての自分なりの考えを組み立てるうえで役立った。若い頃、数学と物理学には時間を超越する力があることを直観的に捉えてから、長い年月が経っていた。私はすでに、未来には存在論的に重要な意味があることは信じて疑わなかった。しかし、私のその未来像は抽象的なものに留まっていた。私にとって未来は、方程式と定理と法則が住まう世界であって、岩や木や人びとの住まう場所ではなかったのだ。私はプラトン主義者ではないが、それでも私は暗黙のうちに、数学と物理学は時間を超越しているばかりか、物質的な実在という日常的なうわべの飾りも超越していると考えていたのだ。地球最後の日のシナリオは、そんな私の考えを鍛え直し、われわれの方程式と定理と法則は、たとえ根本的な真理につながっているとしても、それら自体として価値を持つわけではないことを教えてくれた。方程式と定理と法則は、つまるところ、黒板に書きつけられ、専門雑誌や教科書に印刷された、のたくる線の集まりだ。方程式と定理と法則の価値は、それらを理解し、その価値を認める人たちに由来する。それらが持つ有用性は、それらが住まう人の心に由来するのだ。

こうして私は自分の考えを鍛えることになったが、その範囲は方程式の役割というテーマをはるかに超えて広がっていった。地球最後の日というシナリオは、われわれが価値を認めるものすべてを受けついで、そこに自分自身の像を刻み込み、さらに後世に伝えるはずの者たちが存在しない未来が、どれほど空しいものであるかを教えてくれた。個人が永遠の命を得ることは、意味を蝕むように思われるのに対し、種としての人類が存在し続けることは、意味を失わないためには必要不可欠であるように思われるのだ。

差し迫った終末の知らせに対する私のそんな反応が、一般的だという確信があるわけではない。しかしこれは、ごく普通の反応なのではないだろうか。哲学者のサミュエル・シェフラーは、近年この問題を学術的に検討し、数十年前に私に投げかけられたものとは少し違うバージョンについて考察している。シェフラーの問いは次のようなものだ。あなた自身が死んでから三〇日後に、残りの人間がすべて死ぬことを知ったら、あなたはどう反応するだろうか？　このシナリオは、自分のほうが先に死ぬことをより明確にし、価値を受け継ぐべき子孫の役割にスポットライトを当てている点で、いっそう啓発的だ。慎重に導き出されたシェフラーの結論には、私自身の粗い思索と響き合うものがある。

われわれが何に関心を持ち、何にコミットするか。何に価値を置き、何を重要だと考えるか。

何が大切で、何をやるに値すると思うか。こうした判断や感覚はみな、人間の暮らしそれ自体は繁栄して続いていくのが当然とされる状況下で形成され、保持されている。……中略……われわれが人類の未来を必要とするのは、ものごとはわれわれの概念のレパートリーの中に位置を確保すればこそ意味を持つと考えるからなのだ。[*7]

他の哲学者たちもこの議論に参入して、幅広くさまざまな観点を詳しく描き出しながら、それぞれの見解を示している。スーザン・ウルフは、地球最後の日が迫っていると知ることによって得られる運命共同体としての自覚から、他者への思いやりが、かつてないほど高まるだろうと言う。しかしその彼女も、人が自分の行為を価値づけるためには、人類が存在し続ける未来が本質的に重要だということは認める。[*8] ハリー・フランクファートは、それとはまた別の観点から、われわれが価値を置く活動の多くは、地球最後の日のシナリオの影響を受けないだろうと言う。とくに、芸術的追究と科学研究には、それぞれ固有の喜びがあり、多くの者にとってはそれだけで、活動を続けるには十分だと言うのだ。私はすでに、科学研究についてそれとは異なる見解を示しており、フランクファートと私の見解の相違そのものが、当たり前のことではあるが、ひとつの啓発的な論点を浮かび上がらせる。その論点とはすなわち、地球最後の日を知ることへの応答は、人によって異なるということだ。[*9] われわれにできるのはせいぜいのところ、主要な傾向を想定することぐらいだろう。私にとって、そして他の多くの人たちにとっても、創造性の追究や学術的な取り組みに携わることは、長い歴史のある、人間ならではの豊かな対話に参加していると感じることだ。たとえ私が書く物理学の論文のどれひとつとして、世界を熱狂させることはないとしても、自分の論文は、そんな対話の一部だと感じることはできる。しかし、私の言葉が対話の終わりになるとしたら、そして、私の言葉に反論する者が、この先ひとりも現れないとしたら、私はなぜそんな論文を書くのだろうか？

だいぶ前に私に突きつけられたシナリオと同じく、シェフラーのシナリオでも、地球最後の日は、「もしもそうなったら」という仮定の話だが、その日までの時間は把握しやすい。一方、本書で見てきた地球最後の日は、仮定ではなく現実だが、それがくるのは遠い未来だ。時間スケールのこの違いは、われわれの反応に影響を及ぼすだろうか？　これについてはシェフラーとウルフのどちらもが考察しており、映画『アニー・ホール』の素晴らしいシーンが楽しい枠組みを与えている。そのシーンでは、九歳のアルヴィー・シンガーが、数十億年もすれば膨張宇宙はバラバラに吹き飛んですべては破壊されてしまうのだから、宿題をやることに意味はないと言う。アルヴィーの母親はもちろん、彼を診察する精神科医も、そんな心配をするのは馬鹿げていると考える。観客は、アルヴィーの心配がおかしくて笑う。シェフラーは、そんな直観的反応を紹介したうえで、差し迫った破壊に直面して存在論的な危機感を抱くのは当然だが、遠い未来に起こる壊滅的な出来事ゆえにそんな危機感を抱くのは馬鹿げているという考えを正当化する根本的な理由を自分は知らないと言う。彼は、遠い未来の出来事に対するその反応が馬鹿げて見えるのは、人間経験の幅を大きく超える時間スケールを把握するのは難しいからにすぎないと言うのだ。ウルフもまた、人類が近々消滅することが生きる意味を失わせるなら、それが遠い未来であっても生きる意味を失わせてしかるべきだと言うのである。実際、彼女の言うとおり、宇宙の時間スケールで見れば、滅亡が数十億年ばかり先延ばしになったところで同じことなのだ。

私はその意見に賛成だ。力を込めて賛成する。

これまで繰り返し見てきたように、時間の長短に絶対的な意味はない。長いか短いかは、どんな観点に立つかによる。エンパイアステートビルの八六階は、日常的な基準に照らして非常に長い時間を表しているが、それを一〇〇階と比べることは、一回瞬きする時間と一〇〇万年を比べるようなものだ。慣れ親しんだ人間的なものの見方は、われわれにとっては大いに意味があるが、そのせいで視野の狭い判断に導かれてしまう。そう考えれば、地球最後の日が迫っているというシナリオは、緊急性を上げて明確な応答を引き出すための装置にすぎない。われわれの身に染みついた直観は、遠い未来に子孫たちを待ち受ける地球最後の日に関係がある。しかしその未来は、より大きな文脈で見れば、ほんの一瞬先なのだ。

われわれのどんな経験と比べてもはるかに長い時間スケールを感覚的にわかるようになるのは確かに難しいが、これまで本書の中でたどってきた旅は、抽象的なものを具体的にするのに役立つランドマークを宇宙の年表上に打ち立てる旅だった。私自身は、日常の出来事や自分が生きてきた時間スケールは感覚としてわかるし、なんなら数世代前ぐらいまでの時間スケールでもだいたいはわかるが、エンパイアステートビルのメタファーに沿って起こる出来事の時間スケールも、そういう経験と結びついた時間スケールと同じように感覚的にわかると言うことはできない。それでも、本書で見てきたような、宇宙をがらりと変える出来事は、遠い未来がどれほど遠いかを感じ取るための手がかりになってくれる。お経を唱える必要はないし、蓮華座に座るかどうかもお好みしだいだが、もしもあなたが静かな場所を見つけて、心をふわりと解き放ち、宇宙の年表に沿ってゆっくりと進んでいくなら、われわれの時代を通り過ぎ、後退する遠方の銀河たちの時代を過ぎて、威風堂々たる恒星系の時代や、優雅な渦巻銀河時代、そして、燃え尽きた恒星と、宇宙をあてどなくさまよう惑星たちの時代を過ぎ、放射を出して蒸発するブラックホールの時代を過ぎて、ついには、からっぽで冷え切った暗黒の空間だけしかない世界に至るだろう。もしかすると無限に広がっているかもしれないその世界の中で、かつてわれわれが存在したことを証言するものは、あちこちを飛び交う何種類かの粒子だけになっているだろう。そして、もしもあなたが私と同じく、その現実をしっかり咀嚼して受け入れるなら、遠い未来のことだからといって、心に湧き起こる、ぞっとするような、それでいて畏敬の念に打たれるような感情が弱まることはないだろう。実際、この旅で見てきた時間の途方もない長さは、その感情を弱めるのではなく、むしろ、ほとんど耐えられないほどの存在の軽さに、ある重要なやり方で重みを加えるのである。なるほど、われわれがこの旅でたどり着いた未来までの時間の長さに比べれば、生命と心の時代の長さは無限小だ。その途方もない時間の長さをおなじみの時間スケールになぞらえるなら、もっとも初期の微生物から最後の思考に至るまで、生命と心の時代の全長は、光が原子核を横切るために必要な時間より短くなるだろう。人間の活動が持続する全時間は――今後数世紀のうちにわれわれが自滅するか、数千年のうちに天災のために絶滅するか、太陽が死に、銀河系が崩壊し、さらには複雑な物質が消滅するときまで、どうにか生き延びる方法を見出すかどうかによらず――それよりもさらに短いのである。

われわれは儚い存在だ。ほんのつかの間、ここにあるだけの存在なのだ。それでも、われわれに与えられたこの一瞬は、稀有にして驚くべきものである。そのことに気づけば、生命の儚さと、自省的な意識の稀少さを、価値と感謝のよりどころにすることができる。人は永続する遺産を求めるけれど、われわれは宇宙の年表をつぶさに見ることで、永続するものなどはないということを知った。しかしその認識のまざまざとした鮮明さは、宇宙にある粒子の一部が他をしのいで繁栄し、自分とその住処である宇宙を探究し、自分たちはつかの間の存在であることを知り、ほんの一瞬炸裂する活動によって、美を生み出し、つながりを打ち立て、謎を解明できるということが、どれほど驚くべきことであるかを教えてくれるのだ。

意味

ほとんどの人は、日常を超える高みに自分を引き上げたいという思いと、心中ひそかに向き合っている。そして多くの人は、文明を盾として、自分が消滅しても世界は何ごともなかったかのように進展するという事実を直視せずにすませている。われわれは自分に制御できることにエネルギーを注ぎ込み、コミュニティーを建設し、さまざまな活動に参加する。周囲の人たちを大切にし、楽しいときは笑い、大切なものを見つける。心を慰め、失ったものを嘆き、人を愛する。喜ばしいことがあれば祝い、神聖とされるものを祀り、自分の行いを悔いることもある。そしてまた、成し遂げられた仕事に胸を躍らせることもある――それは自分の仕事のこともあれば、尊敬する人物や偶像視する人たちの仕事のこともあるだろう。

こうした行為のすべてを通して、われわれは、心躍らせてくれるもの、慰めを与えてくれるもの、目を釘づけにするもの、別の場所に連れて行ってくれるものを求めて、徐々に世界に関心を向けるようになった。しかし、これまでたどってきた科学の旅が強く示唆するように、宇宙は、生命と心に活躍の場を提供するために存在しているのではない。生命と心が、宇宙にたまたま生じただけなのだ。そして、生命と心は、つかの間存在して消えていくだろう。私はかつて、宇宙を研究して、あたかも玉ねぎの鱗片をはがすように宇宙の階層を一枚ずつめくっていけば、「いかにして」で始まる多くの問いに答えられるようになり、その結果として、「なぜ」で始まる多くの問いに対する答えも垣間見ることができるだろうと期待していた。だが、宇宙のことを知れば知るほど、そんな期待はお門違いだと思うようになった。意識を持つわれわれは、ひととき宇宙の一隅に無断居住するだけの存在なのだ。そんなわれわれを温かく受け止めてほしいと願う気持ちはわからないではないが、端的に言って、それは宇宙のやることではないのである。

そうだとしても、われわれがこの宇宙に存在するひとときを、科学的な文脈に置いてみるなら、われわれの存在それ自体が驚くべきことだとわかるだろう。ビッグバンをもう一度最初からやり直すとして、あれこれの粒子の位置や、あちこちの場の値をほんの少し変更すれば、そこから展開する新しい宇宙には、あなたや私、人類や惑星地球、そしてわれわれが価値を認めるものは何ひとつ含まれないだろう。もしもスーパーインテリジェントな存在が、ちょうどわれわれが、多数の一セント硬貨を全体として見たり、自分が呼吸している空気を全体として見たりするのと同様に、その新しい宇宙を全体として見たとすれば、新しい宇宙は前の宇宙とほとんど同じだと結論するだろう。しかしわれわれにとってみれば、新しい宇宙はもとの宇宙とは大違いなのだ。新しい宇宙には、その違いに気づく「われわれ」はいないだろう。エントロピーは、われわれの注意を細部から引き離すことにより、ものごとが変化する道筋を大まかに捉えるために不可欠な組織化原理を与えてくれた。しかし、どれかひとつの一セント硬貨が表なのか裏なのか、どれかひとつの酸素分子がたまたまどこに位置するかを、普通われわれは気にかけないとはいえ、われわれが気にかける詳細もある。そして、その詳細が非常に重要なのだ。われわれがこうして存在しているのは、われわれを構成する特定の粒子配置が、実現をかけて争う他の膨大な数の粒子配置との競争に勝利したからだ。そんなランダムな偶然の力によって、われわれは自然法則の狭路を通り抜け、今ここに存在しているのである。

その気づきは、人間と宇宙の発展のすべての段階にこだましている。リチャード・ドーキンスが、「存在していてもよかった潜在的な人びと」と述べた人間集団を考えてみよう。DNAの塩基配列はほとんど無限にありうるが、そんな配列のどれかを持ちながら、現実には生まれていない、ほとんど無限の多くの人たちからなる集団を考えよう。あるいは、ビッグバンからあなたの誕生まで、さらにそれから今日までに起こったほとんど無限に多くの出来事のひとつひとつが分岐点となって、ほとんど無限に増殖する宇宙の歴史の集合を考えてもいいだろう。それらの宇宙はすべて、実現していてもよかったが、そこにあなたや私は存在していないだろう。[*10] 宇宙にも、DNAの塩基配列にも、天文学的に多くの可能性があるにもかかわらず、あなたの塩基配列と私の塩基配列、あなたの分子の組み合わせと私の分子の組み合わせが、こうして実現している。われわれが今ここに存在する確率は、信じられないほど低い。そんなありえない偶然が、現にこうして起こっていることは、ゾクゾクするほどすごいことなのだ。

しかも、たまたまの幸運で手に入れたものは、それだけに留まらない。われわれを構成する分子の特定の組み合わせ、化学的、生物学的、神経学的に見て特定の配置は、これまでの章でわれわれの注意のかなりの部分を引いてきた素晴らしい力を与えてくれる。生命はすべてそれ自体として奇跡的な存在だが、多くの生命は身のまわりの出来事に縛られている。それに対してわれわれは、時間の外に踏み出し、過去について考え、未来を想い描くことができる。心と身体、理性と感情を持ち、宇宙を理解し、宇宙を調査分析し、探査することができる。宇宙の片隅の孤独な種でありながら、創造性と想像力を使って、言葉とイメージをつむぎ、構造と音を作り、希望や不満、混乱や啓示、失敗や勝利を表現してきた。独創性と忍耐強さを生かして、外なる空間と内なる空間との境界に触れ、星の輝き、光の運動、時間の流れ、空間の膨張を支配する基本法則を明らかにした――そして宇宙誕生の直後を覗き込み、宇宙の終わりに目を向けることができるようになった。

これらはみな息を呑むばかりのみごとな洞察だが、そこには深い疑問がつきまとっている。そもそもなぜ、何もないのではなく、何かがあるのだろうか？　何が生命に点火したのだろう？　意識はどのようにして出現したのだろうか？　われわれはこれまで本書の中で、こうした問いに対するさまざまな見解を見てきたが、決定的な答えはまだ得られていない。もしかするとわれわれの脳は、地球という惑星上で生き残ることに適応しているのであって、こうした問題を解決するようにはできていないのかもしれない。あるいは、われわれの知能は今後も発展を続け、実在とわれわれとの関係はまったく違った性格を帯びて、今日の難問は意味を失うのかもしれない。どちらの可能性もありうるが、われわれが現在理解しているようなものとしての世界は、今も残る謎まで含めていっさいが数学的、論理的に緊密に調和していることからして、また、われわれはその数学的、論理的調和のかなりの部分をすでに謎解きできていることからして、私は、これらふたつの可能性はどちらも違うだろうと考えている。われわれに考える力が欠けているのではない。われわれは、抜本的に異なる種類の真実――驚嘆するような新しい光を突如として投げかける力を持つ真実――がすぐそこにあることに気づかないまま、プラトンの言う洞窟の壁を見つめているのではない。

冷え切った不毛な宇宙に向かって突き進んでいけば、「大いなるデザイン〔神の計画〕」などというものはないのだと認めざるをえなくなる。粒子に目的が与えられているのではない。最終的な答えが深宇宙にぽっかりと浮かんで、発見されるのを待っているのでもない。そうではなく、ある特定の粒子集団が、考え、感じ、内省する力を獲得し、そうして作り出した主観的な世界の中で、目的を創造できるようになったということなのだ。そんなわけで、人間の条件を明らかにしようという探究の旅で、われわれが目を向けるべき唯一の方向は、内面に向かう方向である。そこに目を向けるのは気高いことだ。その方向に歩きだすことは、出来合いの答えを捨て、自分自身の意味を構築するための、きわめて個人的な旅に出ることなのだ。それは創造的表現の核心に向かう旅であり、心に響く物語のふるさとを訪ねる旅でもある。科学は、外なる実在を理解するための強力にして精巧な道具である。しかしそれを認めたうえで、それを踏まえたうえで、他のいっさいは、おのれを見つめ、受け継いでいく必要のあるものは何かを把握し、物語——暗闇の中にこだましていく物語、音から彫琢され、沈黙の中に刻みつけられ、最上のものは魂をゆさぶる物語——を語る、人類という種なのである。

謝辞

本書の執筆中に計り知れない価値のあるフィードバックを下さった多くの人たちに感謝する。次の方たちは原稿を通読し、ときには二度以上読んで、書き方を大きく改善させる観点や批判や提案を下さった。ラファエル・ガナー、ケン・ヴァインバーグ、トレーシー・デイ、マイケル・ダグラス、サークシ・ドゥラニ、リチャード・イースター、ジョシュア・グリーン、ウェンディ・グリーン、ラファエル・カスパー、エリック・ラプファー、マルクス・ポッセル、ボブ・シャイエ、ドロン・ウェーバー。次に挙げる方たちは、特定の節や章を読んだり、質問に答えたりしてくださった。デーヴィッド・アルバート、アンドレアス・アルブレクト、バリー・バリッシュ、マイケル・バセット、ジェシー・ベーリング、ブライアン・ボイド、パスカル・ボイヤー、ヴィッキー・カールステンス、デーヴィッド・チャーマーズ、ジュディス・コックス、ディーン・エリオット、ジェレミー・イングランド、スチュワート・ファイアスティン、マイケル・グラツィアーノ、サンドラ・カウフマン、ウィル・キニー、アンドレイ・リンデ、アヴィ・ローブ、サミール・マトゥール、ピーター・デ・メノカル、ブライアン・メッジェ、アリ・モウサミ、フィル・ネルソン、モーリック・パリフ、スティーヴン・ピンカー、アダム・リース、ベンジャミン・スミス、シェルドン・ソロモン、ポール・スタインハート、ジュリオ・トノーニ、ジョン・ヴァリー、アレックス・ヴィレンキン。編集者のエイミー・ライアン、編集助手のアンドリュー・ウェーバー、デザイナーのチップ・キッド、プロダクション編集のリタ・マドリガル、そして私の担当編集者エドワード・カステンマイアーからなるKnopfのチームに感謝する。この人たちは、深い洞察のある提案をしてくれ、私のエージェントであるエリック・シモノフとともに、すべての段階でこのプロジェクトを支えてくれた。最後に、ゆるぎない愛と支援を与えてくれた家族、母のリタ・グリーン、兄弟姉妹のウェンディー・グリーン、スーザン・グリーン、ジョシュア・グリーン、私の子どもたちアレック・デイ・グリーンとソフィア・デイ・グリーン、そして素晴らしい妻でありもっとも大切な友人であるトレーシー・デイに、心からの感謝を捧げる。

訳者あとがき

本書の著者ブライアン・グリーンは、超弦理論と呼ばれるミクロな世界についての理論を、マクロな世界の極致というべき宇宙論に応用する研究や、より一般に宇宙素粒子物理学と呼ばれる分野の研究で、長年第一線に立ってきた物理学者である。しかもグリーンは専門の業績のみならず、一九九九年に刊行されて世界的な大ベストセラーとなった『エレガントな宇宙』(日本語版は二〇〇一年刊行)をはじめ、『宇宙を織りなすもの』『隠れていた宇宙』という著作により、ポピュラーサイエンスの書き手として高い評価を得ている。また、英語圏では科学の案内人としてメディアへの登場も多く、科学の普及のための活動でも知られる。

そのグリーンの最新作である本書『時間の終わりまで 物質、生命、心と進化する宇宙』は、彼が満を持して踏み込んだ新領域であり、英語圏ではつとに高い評価を得ている。このたびグリーンが挑んだのは、自然科学の領域に留まらず、人間経験のすべてにわたり、人類がこれまで積み上げてきた知識のすべてを包括するような、統一的な理解があるとしたら、それはどんなものになるだろうかという壮大なテーマである。

このように言われると、ちょっと心配になる人もいるかもしれない。科学者や宇宙飛行士やサイエンス・ライターの中には、歳を重ねるうちに科学の領分から踏み出して思索を自由に解き放った結果、スピリチュアル方面に飛んだり、トンデモ方面に転んだりする人がときどきいるけれど、もしかしてブライアン・グリーンもそれ? と。正直言うと、本書の企画書を読みはじめたとき、私も一瞬、そこを懸念した。しかし、安心してほしい。彼に限ってそれはなかった。それどころか私は本書を読み進めるうちに、自然科学を超えたさまざまな分野に対するグリーンの関心の広がりと、彼の懐の深さに感銘を受けることになったのである。

グリーンがそんな壮大なテーマについて考えるきっかけとなった若き日の経験については、本書の「はじめに」に述べられている。それと似たような経験は、少なからぬ人がしているのかもしれない。そして多くの場合、懐かしい思い出としてセピア色になっているのだろう。しかしグリーンはその後の長い年月、物理学の研究に取り組むかたわら、折に触れて若き日の経験に端を発する思索を深めてきた。彼の研究分野の性格も、それに一役買ったようだ。その分野はしばしば「すべてを説明する理論の探究」と呼ばれるせいで、そんな理論の研究者なら、どんな問いにも答えられるのだろうと勘違いされ、神や人間の心にかかわる質問までされてしまうことがよくあるのだという。

これが私だったら、「いやー、的外れな質問をされて往生したわ」で終わってしまいそうだが、ブライアン・グリーンは違った。彼は、そういう問いこそは人間にとって重要なのだと真剣に受け止め、人類がこれまでに培ってきたさまざまな分野の知識と、自然科学の中でももっとも基礎的な自分の専門分野と知識との関係性を考えるようになった。グリーンの思想の中核となる概念をひとつ挙げるとすれば、「階層性」ということになるだろう。彼の唱導する立場は、本文では「入れ子になった物語」と呼ばれており、その思想の系譜を説明する原注（第4章注8）では、「入れ子になった自然主義」という、よりきちんとした表現が用いられている。

「入れ子になった物語」では、異なる階層の物語が入れ子になっている。それぞれの物語には、それを語るために必要な、その階層に特有の言葉があり、概念がある。階層の異なる物語同士は、一見すると互いに矛盾するように見えることもあるけれど、実は矛盾しない。矛盾のように見えるところには、実はたっぷりと再解釈の余地があり、再解釈することで得られるものは多いはずだ、とグリーンは論じる。

こうして本書では、自然科学の内部の階層（素粒子の階層、原子・分子の階層、より複雑な物質構造や生物の階層）はもちろんのこと、心や意識、芸術、宗教の階層までが語られていく。芸術や宗教の話までは勘弁して、と腰が引けてしまう人もいるかもしれない。しかし、心配は御無用。グリーンの記述はあくまでも「入れ子になった自然主義」の観点からのもので、やみくもに宗教や芸術に深入りするのとは別である。むしろ特筆すべきは、それらについて語る章のそれぞれが、その階層の物語への優れた案内になっていることだろう。

たとえば、近年ホットなジャンルに、意識についての研究がある（第5章）。この分野の研究者自身による本が、「最有力理論」とか「革命的新理論」などと鳴り物入りで次々と刊行されているが、専門家ならぬ一般読者（私のことだ）がそんな本を読んでも、もちろん勉強にはなるのだが、それぞれの著者の主張を分野の全体像の中でどう位置づけ、どう受け止めたらよいかわからずにモヤモヤするのではないだろうか。ブライアン・グリーンは親しみやすい平易な語りで、意識研究の歴史と現状を示し、現在ある有力理論の立ち位置が見て取れるようにしてくれる。グリーンが解説者としての手腕を振るうのは、意識研究の分野だけではない。言語の誕生や社会性の起源（第6章）、宗教や芸術の進化論的役割（第7章、第8章）など、論争の多いホットな分野についても、誠実な語り口で、それぞれの領域の見取り図を与えてくれる。これらのテーマを扱う章はとても読み応えがあり、それだけでも本書を読んで損はないと熱烈にお薦めしたいほどだ。とはいえ、あくまでも本書の骨子は「自然主義」である。今述べたようなさまざまな階層の物語は、「入れ子になった自然主義」の枠組みに血肉を与えるものなのだ。

本書では、時間の始まりから終わりまで、さらに時間の終わりを越えたその先までを見ていくが、その旅のガイド役としてグリーンが指名するのが、「エントロピー」と「進化」というふたつの有力な概念だ。そしてその旅に濃い陰影を与えるのが、あらゆるものの有限性、はっきり言ってしまえば「死」である。命あるものはすべて死ぬ。それればかりか、命なきものもいずれは崩壊し、宇宙そのものさえも終焉を迎えるらしい。辛気臭い話だと思われるだろうか？　いいや、そうではない、とグリーンは力を込める。読者のみなさんには、その価値観の反転の経験を、グリーンとともに潜り抜けてみてほしい。

翻訳にあたっては、京都大学農学研究科助教の青木航氏に校正刷りを原文対照で読んでいただいた。ご専門の生物学関連に留まらず、本書の全体にわたる貴重なご指摘とご意見を多数いただいたことは、翻訳のレベルアップに非常に役立った。ここに記して感謝申し上げる。また、長期にわたった翻訳作業をすべての段階で支えてくださった講談社の篠木和久氏と、最終段階でお世話になった校閲担当の方々に、厚くお礼を申し上げる。

二〇二一年一〇月

青木薫

りうる帰結のひとつだということもまた、それに劣らず驚くべきことなのだ。

3. たとえば次の文献を参照されたい。J. Haidt, "The Emotional Dog and Its Rational Tail: A Social Intuitionist Approach to Moral Judgment," *Psychological Review* 108, no. 4 (2001): 814–834, and Jonathan Haidt, *The Righteous Mind: Why Good People Are Divided by Politics and Religion* (New York: Pantheon Books, 2012).
4. Jorge Luis Borges, "The Immortal," in *Labyrinths: Selected Stories and Other Writings* (New York: New Directions Paperbook, 2017), 115.（ホルヘ・ルイス・ボルヘス『不死の人』土岐恒二訳、白水uブックス）。この節で参照した他の本は、Jonathan Swift, *Gulliver's Travels* (New York: W. W. Norton, 1997)（ジョナサン・スウィフト『ガリバー旅行記』山田蘭訳、角川文庫）、Karel Čapek, *The Makropulos Case,* in *Four Plays: R. U. R.; The Insect Play; The Makropulos Case; The White Plague* (London: Bloomsbury, 2014)（カレル・チャペック『マクロプロス事件』田才益夫訳、八月舎・世界文学叢書（1））。
5. Bernard Williams, *Problems of the Self* (Cambridge: Cambridge University Press, 1973).
6. Aaron Smuts, "Immortality and Significance," *Philosophy and Literature* 35, no. 1 (2011): 134–149.
7. Samuel Scheffler, *Death and the Afterlife* (New York: Oxford University Press, 2016), 59–60.
8. ウルフが書いているように、「人類は続いていくという確信は、われわれが自分の活動を受け止め、その価値を理解するやり方に、だいたいにおいて暗黙のうちにではあるが、きわめて大きな役割を演じている」のである。Samuel Scheffler, "The Significance of Doomsday," *Death and the Afterlife* (New York: Oxford University Press, 2016), 113.
9. Harry Frankfurt, "How the Afterlife Matters," in Samuel Scheffler, *Death and the Afterlife* (New York: Oxford University Press, 2016), 136.
10. 量子力学の多世界解釈を支持する人たちは、この記述に別の光を投げかけるかもしれない。もしも起こりうるすべての帰結がどれかの世界で起こっているのなら、この世界はあらかじめ運命が決定されていたことになる。しかし、それら無数の世界の中で、自意識を持つ存在が含まれる世界の集まりが、起こ

なるインフレーションの膨張が起こり、多くの —— 一般には無限に多くの —— 膨張する宇宙が生じる。われわれの宇宙は、そんな膨大な数の宇宙の中のひとつにすぎないのだ。そのような宇宙の集合はインフレーション・マルチバースとして知られ、永遠インフレーションとして知られているものから生じる。本章で与えたマルチバースの記述については、インフレーション・マルチバースにも当てはまる。詳細は『隠れていた宇宙』の第三章を参照されたい。

36. 境界上での相互作用を避けるためには、領域をひとつずつ大きな緩衝材で覆えばよい。そうすれば、どの領域も、他のすべての領域と接触することはなくなる。

37. Jaume Garriga and Alexander Vilenkin, "Many Worlds in One," *Physical Review D* 64, no. 4 (2001): 043511. 他にはJ. Garriga, V. F. Mukhanov, K. D. Olum, and A. Vilenkin, "Eternal Inflation, Black Holes, and the Future of Civilizations," *International Journal of Theoretical Physics* 39, no. 7 (2000): 1887–1900.（アレックス・ビレンケン『多世界宇宙の探検』林田陽子訳、日経BP）。一般向けの本としては、Alex Vilenkin, *Many Worlds in One* (New York: Hill and Wang, 2006)がある。

第 11 章

1. 進化が倫理の形成に果たした役割については、次の文献に論じられている。E. O. Wilson, Sociobiology: *The New Synthesis* (Cambridge, MA: Harvard University Press, 1975)［エドワード・O・ウィルソン『社会生物学』新思索社］。ウィルソンはこれにより、人間の行動全般、とくに人間の道徳性を分析するための新たなパラダイムを創始した。人間の道徳性の進化の段階としてありうるものを詳細に示したものに、次の文献がある。*The Oxford Handbook of Ethical Theory* (Oxford: Oxford University Press, 2006), 163–185, and P. Kitcher, "Between Fragile Altruism and Morality: Evolution and the Emergence of Normative Guidance," *Evolutionary Ethics and Contemporary Biology* (2006): 159–177.

2. T. Nagel, *Mortal Questions* (Cambridge: Cambridge University Press, 1979), 142–146.

ち、したがってわれわれであると主張するであろう者たちは)、宇宙論的な出来事を経て生じてはいないだろう。しかしその人たちは、自分たちは普通の宇宙論的な出来事を経て生じたと信じているだろう。こうしてボルツマン脳の場合と同じく、われわれは認識論の泥沼にはまり込む。しかしだからといって、実在についての【われわれのこの】理解が間違っているとは限らないだろう、とあなたは言うかもしれない。あなたと私は、そして慣れ親しんだものごとのすべては、まっとうな宇宙論的展開を経て生じたのかもしれないではないか、と。そうかもしれない。しかし、たとえそうだとしても気がかりなのは、未来のすべての人は、それと同様の気休めの物語にしがみつき、しかもその大半は間違った物語である可能性があることだ。宇宙の年表上のあらゆる点で圧倒的多数の観測者は、標準的な宇宙論的な進展によって生じたのではないとすれば、われわれだけは特別だと言えるだけの説得力ある議論が必要だ。物理学者たちはまさしくそんな議論を定式化しようとしてきたのだが、幅広く受け入れられているものはまだひとつもない。問題の一部は、量子力学と重力とを統合する理論が十分にわかっていないため、われわれの計算の枠組みは今も暫定的なものに留まっていることだ。この状況に直面して、サスキンドを筆頭に何人かの物理学者は、宇宙定数は実は定数ではないのではないかと言う。つまるところ、遠い未来に宇宙定数が消えてなくなれば、加速膨張の時代は終わり、宇宙の地平面もなくなるだろう。そうなれば、ポアンカレの回帰もなくなる。われわれとしては楽天的に構え、観測が宇宙定数のない未来について何か教えてくれるのを待っているところだ。

35. インフレーションの膨張は、斥力的重力下で急速に膨張する空間の小領域から始まるので、結果として生じた領域は有限なサイズを持つと思われるかもしれない。有限なものをどれだけ広げたところで有限には違いないからだ。しかし実在はもっと複雑だ。インフレーションの標準的な定式化では空間と時間が混じり合う結果、膨張している空間領域の観測者たちは、無限の広がりの中にいることになるのだ。これについては『隠れていた宇宙』の第二章で少し詳しく説明したので、さらに詳しく知りたい人はこの本を参照してほしい。また、インフレーション宇宙論は、これとは別の、しかし関係するマルチバースを生じさせる。多くのインフレーション・シナリオに共通するひとつの特徴は、インフレーションの膨張は一度きりの出来事ではないということだ。むしろ互いに異

は、どれほどでも好きなだけ1に近づくだろう。そしてそのサイクルは果てしなく繰り返されるだろう。ポアンカレの議論の本質的に重要な点は、古典的であろうと量子的であろうと、蒸気が容器の中に閉じ込められているということだ。さもなければ分子たちはどんどん外向きに拡散していき、元の状態には決して戻らないだろう。宇宙は閉じた容器ではないので、ポアンカレの定理は宇宙論には関係がないと思われるかもしれない。しかし、本章の注22で論じたように、レオナルド・サスキンドは、宇宙の地平面は、容器の壁のような働きをすると論じた。そうだとすると、われわれが相互作用することのできる宇宙の1区画は有限なサイズになり、ポアンカレの定理が適用できるのである。そして、容器内の蒸気と同様、長い時間をかけて、与えられた任意の配置に任意に近づく。そして、われわれの宇宙の地平面の内部の条件ということでいえば、与えられた任意の粒子と場の配置は、与えられた任意の精度で永遠に繰り返し実現することになる。これは文字通りの意味において、ひとつの永劫回帰である。われわれの宇宙の地平面までの距離にもとづいて、その永劫回帰の繰り返しが起こるために必要な時間スケールを計算することができる。その結果は、これまでにわれわれが出会ったことの時間スケールの中でもっとも長く、およそ$10^{10^{120}}$年である。

そんな永劫回帰があるとすれば、人はその地上的な意味を考えずにはいられないだろう。生きて死んでいった1000億人の人々のひとりひとりは粒子配置だった。もしもそれらの粒子配置がふたたび実現したら……と考えることは、科学が一般には断固として避けてきた場所へとまっしぐらに突き進むことだ。だが、完全に足を滑らせてしまう前に、次のことに注意しよう。前にも述べたように、自然発生的なエントロピーの低下は、合理的な理解の基礎をゆるがす。もしも粒子と場のランダムな再配置が、最終的には恒星や惑星や人々を生じさせるような、まったく新しい宇宙論的な展開を開始させるのであれば——新しいビッグバンを引き起こすなら——それはそれでかまわない。しかし、今日の宇宙の諸条件が、たまたまの偶然によって自然発生的に再現される可能性のほうが大きいとなると——ビッグバンもなく、宇宙論的展開もなく、今の宇宙がぽっかり生じるとすると——、ボルツマン脳の場合に出会ったのと同じ泥沼にはまり込むことになる。たとえわれわれの宇宙はこれまでの章で記述してきた宇宙論的な展開を経て出現したのだとしても、はるか未来に目を向ければ、われわれのような観測者の圧倒的多数は（われわれと同じ記憶を持

34. 本章の枠組みからかなりはみ出すことになるが、より標準的な宇宙論のシナリオからもサイクリック宇宙論の1バージョンが出てくることに注意したい。本文で説明したサイクリック宇宙論とはかなり違うそのバージョンでは、一連のエピソードが、はるかに長い時間スケールとまったく異なるメカニズムで起こる。そのバージョンの物理の本質的な部分は、19世紀末に数学者のアンリ・ポアンカレによって導かれたもので、今日では「ポアンカレの回帰定理」と呼ばれている。この定理のエッセンスを摑むために、トランプのカードの山を切り混ぜる作業を延々と続けるものと想像してほしい。いずれカードの並び方は、必ず繰り返される。ポアンカレは、容器内でランダムに壁に衝突して跳ね返る蒸気分子があれば、それと同種の繰り返しが必ず起こるということに気がついた。たとえば、容器の片隅に蒸気分子を小さくまとめて配置し、その後拡散させたと想像しよう。蒸気分子はすみやかに容器を満たし、その後ランダムに容器内を動きまわるにつれて、とてつもなく長い時間にわたり、まったく同じように見えるだろう。ところが、もしもわれわれが十分に長い時間待てば、分子たちは偶然に、より秩序立った、エントロピーの低い粒子配置になる。ポアンカレはそこからさらに歩を進め、蒸気分子はランダムな運動により、最初の配置に任意に近づけると主張した。つまり、容器の片隅に小さくまとまった集団になるというのだ。ポアンカレの論証は専門的なものだが、トランプの山を切り混ぜる作業を延々と続ければ、最初の秩序がふたたび実現するという論証と似ている。ランダムな粒子の位置と速さのリストも、必然的に繰り返される。さて、あなたはこの主張は疑わしいと思うかもしれない——なんといっても、トランプのカードを切り混ぜる場合とは異なり、容器の中の蒸気分子の配置には、異なるものが無限にたくさんあるからだ。しかし、ポアンカレはこの難所を、粒子配置を厳密に繰り返すとは言わないことで回避した。そう言う代わりにポアンカレは、任意に近い配置が再現されると論じたのだ。望ましい再現に近い配置であればあるほど、あなたはそれが起こるのを長く待たなければならないが、あなたが許容できる食い違いの範囲を任意に選択すれば、その特定の食い違いの範囲内で、最初の粒子配置は繰り返されるだろう。

ポアンカレの論証は古典物理学的だが、1950年代には、彼の定理は量子力学的な論証へと拡張された。粒子たちが特定の位置に見出される特定の確率を持つ状態で系をスタートさせたとすると、そして十分に長い時間だけ系が進展できるようにすれば、粒子たちがその特定の位置に見出される確率

Brains, and the Cosmological Constant Problem," *Journal of Cosmology and Astroparticle Physics* 0701 [2007]: 022; A. Vilenkin, "Predictions from Quantum Cosmology," *Physical Review Letters* 74 [1995]: 846)。ひとことで言えば、こういうプロセスの確率を計算する方法について意見の相違は今も多く、さらなる研究に駆り立てる、実り多い論争の出所になっている。

29. Kimberly K. Boddy and Sean M. Carroll, "Can the Higgs Boson Save Us from the Menace of the Boltzmann Brains?" 2013, arXiv:1308.468.

30. 少なくとも、それがアインシュタインの方程式の語る物語だ。その強力なクランチが本当に宇宙の終わりなのか、あるいは最後の瞬間に、何かエキゾチックなプロセスが起こるのかを明らかにするためには、重力を完全に量子的に取り扱えるようになる必要があるだろう。現状の一般的なコンセンサスは、負の値へのトンネル現象が最終状態をもたらすということだ。その領域に入ったとき、時間は真に尽きる。

31. Paul J. Steinhardt and Neil Turok, "The cyclic model simplified," *New Astronomy Reviews* 49 (2005): 43–57; Anna Ijjas and Paul Steinhardt,"A New Kind of Cyclic Universe" (2019): arXiv:1904.08022[gr-qc].

32. Alexander Friedmann, trans. Brian Doyle, "On the Curvature of Space," *Zeitschrift für Physik* 10 (1922): 377–386; Richard C. Tolman, "On the problem of the entropy of the universe as a whole," *Physical Review* 37 (1931): 1639–1660; Richard C. Tolman, "On the theoretical requirements for a periodic behavior of the universe," *Physical Review* 38 (1931): 1758-1771.

33. しかしながら、状況はそれほど明快ではない。なぜなら、インフレーションのパラダイムでは、原始重力波はなくてもよいからだ。インフレーションのエネルギースケールを小さくするモデルでは、観測できるほどの重力波は生じない。研究者の中には、そんなモデルは不自然で、サイクリック・モデルより説得力がないと声高に論じる人たちもいる。だが、それは研究者ごとに意見の異なる定性的な判定である。私がここに述べた潜在的データ(というより、データのなさ)は、これらふたつの宇宙論を唱導する人たちのあいだに熱い論争を引き起こすだろうが、インフレーションのシナリオが捨てられるとは考えにくい。

張に納得せず、ボルツマン脳の謎は深刻な問題だと考えている。

26. David Albert, *Time and Chance* (Cambridge, MA: Harvard University Press, 2000), 116; Brian Greene, *The Fabric of the Cosmos* (New York: Vintage, 2005), 168.(ブライアン・グリーン『宇宙を織りなすもの』青木薫訳、草思社)

27. この問題を解くために関連するアプローチをあとふたつ簡単に紹介しよう。ひとつは、時間が経つにつれて、自然界の「定数」は、ボルツマン脳の形成に必要な物理過程が抑制されるように変わってきたと考えるものである。たとえば次の文献を参照のこと。Steven Carlip, "Transient Observers and Variable Constants or Repelling the Invasion of the Boltzmann's Brains," *Journal of Cosmology and Astroparticle Physics* 06 (2007): 001. もうひとつは、ショーン・キャロルとその共同研究者たちが論じたもので、ボルツマン脳を形成するために必要なゆらぎは、量子力学を注意深く取り扱えば生じないとするものだ(K. K. Boddy, S. M. Carroll, and J. Pollack, "De Sitter Space Without Dynamical Quantum Fluctuations,"*Foundations of Physics* 46, no. 6 [2016]: 702)。

28. たとえば次の文献を参照されたい。A. Ceresole, G. Dall'Agata, A. Giryavets, et al.,"Domain walls, near-BPS bubbles, and probabilities in the landscape," *Physical Review D* 74 (2006): 086010. 物理学者ドン・ページはボルツマン脳の問題を定式化するために別のアプローチを取り、われわれの宇宙のような加速膨張している宇宙空間のいかなる有限体積においても、自然発生的に生成された脳は限りなくたくさん存在すると述べた(そのためには限りなく長い時間を要する)。ページは、われわれの脳が膨張する体積中で非典型的なものになるのを避けるために、われわれの領域には無限に長い時間があるのではなく、何らかの破壊に向かって進んでいるという考えを示した。彼の計算によると、われわれの宇宙の最大の寿命は、200億年という短いものになりそうだ(Don N. Page, "Is our universe decaying at an astronomical rate?" *Physics Letters B* 669 [2008]: 197–200)。何人かの物理学者たちは、ボルツマン脳の問題を回避するために、ボルツマン脳が形成される確率を計算する数学的定式化をさまざま提案してきた(R. Bousso and B. Freivogel, "A Paradox in the Global Description of the Multiverse,"*Journal of High Energy Physics* 6 [2007]: 018; A. Linde, "Sinks in the Landscape, Boltzmann

率Pは、それぞれの状態に対応する微視的状態の数の比で与えられ、それゆえ $P = e^{S_2}/e^{S_1} = e^{(S_2-S_1)}$ となる。わかりやすくするため、$S_2 = S_1-D$と書こう。ここでDはS_1という初期値からのエントロピーの「減少分」を表す。すると、$P = e^{(S_1-D-S_1)} = e^{-D}$となり、エントロピーの減少分$D$の関数として、確率は指数関数的に小さくなることがわかる。では、ボルツマン脳が形成される確率はどうだろう? 温度Tのとき、熱浴の中の粒子はTに等しいエネルギーを持つ($k_B = 1$を単位とする)。そして、質量Mの脳を作るためには、そんな粒子をM/T($c = 1$を単位として)ほど集める必要がある。熱浴のエントロピーは粒子の数を追跡するため、減少分Dは本質的にM/Tに等しく、それゆえ確率はおよそ$e^{-M/T}$である。とくに今の議論に関係する例として、非常に遠い未来に焦点を合わせ、Tは宇宙論的地平から生じる熱浴の温度、約10^{-30}Kに等しいとする。これは約10^{-41}GeVである(1GeVはギガ電子ボルトで、陽子の質量にほぼ等しい)。脳はおよそ10^{27}個の陽子を含み、M/Tはおよそ$10^{27}/10^{-41}=10^{68}$である。したがって、脳が自然発生的に形成される確率は、およそ$e^{-10^{68}}$となる。そのような稀な出来事が、まずまず起こりうるために必要な時間は$1/(e^{-10^{68}})$に比例し、つまり$e^{10^{68}}$である。本章では簡単のために、それを$10^{10^{68}}$と近似する。

24. 時間に限りはないのかもしれないが、自然でありながら有限な時間スケールに「再起時間」として知られるものがある。これについては注34で論じるので、ここではただ、再起時間は長すぎるため、その時間に至るまでに作られるボルツマン脳は膨大な数にのぼると述べておけば十分である(ボルツマン脳ができるペースは非常に遅いのだが)。

25. とくにまじめに読んでくれている読者は、ここでは暗黙のうちに、第3章の注8で説明した等確率の原理(無差別の原理とも)に訴えていることに気づかれるだろう。つまり、私は自分の脳がどうやって生じたかを考えるとき、同じ物理的配置を持つ脳は同じぐらい生じやすいと仮定している。脳の大半はボルツマン流のやり方で形成されるだろうから、自分の脳はどうやってできたかについて私が語る物語が真実である可能性は非常に低そうだ。しかし、第3章の注8で述べたように、等確率の原理が経験的に正しいことが証明されているケース(コイン投げや、サイコロ振りなど、日常生活で出会う膨大な確率的状況)とはかけ離れた状況では、等確率の原理を使うべきではないと主張することができる。それにもかかわらず、多くの指導的な宇宙論研究者たちはその主

ある。より正確に言うなら、サスキンドは、われわれの因果区画の外側の物理は、因果区画の内側の物理と、重複していると論じた（量子力学における波動と粒子の記述と同様、それらは同じ物理を議論するための相補的な方法だというのだ）。そう仮定すると、実在とは、空間の有限な区画であって、決まった宇宙定数Λを持ち、温度は$T \sim \sqrt{\Lambda}$である（これは初等統計力学で学ぶ、箱の中の高温のガスのカノニカルな場合に似ていなくもない）。そうだとすると、ふたつの異なる巨視的状態が実現する相対確率を計算することは、それぞれの巨視的状態を実現させる微視的状態の数の比を取ることになる。つまり、与えられた粒子配置の起こりやすさは、そのエントロピー（を定数の肩に乗せたもの）に比例する。サスキンドと共同研究者たちはこのアプローチを採ることで、われわれの区画内部の粒子が集合してインフレーションをともなうビッグバンを起こすために必要な条件が満たされる確率は、恒星から人間まで、われわれが現に見ているような宇宙が直接できる確率よりも、（エントロピーがきわめて低いため）格段に低い点に着目した。それとは別のアプローチとして、A・アルブレクトとL・ソルボが次の論文で提案したものがある。A. Albrecht and L. Sorbo, "Can the Universe Afford Inflation?" *Physical Review D* 70 (2004): 063528. このアプローチは、局所的な量子トンネル現象で起こったインフレーションを考えるもので、大きく異なる確率が得られる。アルブレクトとソルボは、高いエントロピーの環境中で、より低いエントロピーへのゆらぎ——その後インフレーションを起こす領域——を考えた。その場合には、全体としての配置はやはりエントロピーが高く、それゆえ起こりやすい。サスキンドと共同研究者たちがゆらぎ内部だけのエントロピーを考えたのは、その領域はインフレーションを起こすことになるので、領域の外側はすべて宇宙の地平面の外側にあり、それゆえ無視できるからだった。サスキンドと共同研究者たちがゆらぎに与えた低いエントロピーは、そんなゆらぎが起こる可能性を著しく減少させる。

23. 第2章の注9では、系のエントロピーは、実現しうる量子状態の数の自然対数と定義するのがより適正だと述べた。したがって、もしも系のエントロピーがSなら、そのような状態の数はe^Sである。系が、その巨視的状態と両立する微視的状態のどのひとつにおいても、ほぼ同じだけの時間を過ごすと仮定すると、エントロピーS_1の初期状態から、エントロピーS_2の終状態へのゆらぎが起こる確

存在しない宇宙が生じる可能性のほうが圧倒的に高く(われわれが知るような宇宙がまるごとできるためには、エントロピーはとてつもなく大きく減少しなければならない)、それよりはむしろ、無秩序な環境中に「数理物理学者たち」(エディントンが現にやっているような思考実験を行う観測者たち)だけが存在する宇宙のほうが圧倒的に生じやすいと指摘した(A. Eddington, "The End of the World: From the Standpoint of Mathematical Physics," *Nature* 127, no. 3203 [1931]: 447-453)。その後だいぶ経ってから、「数理物理学者たち」は、エントロピーの減少幅がはるかに小さくてすむ、認知を担う期間だけに切り詰められた。それが「ボルツマン脳」である(私の知る限り、ボルツマン脳という言葉が初めて使われたのは次の論文である。A. Albrecht and L. Sorbo, "Can the Universe Afford Inflation?" *Physical Review D* 70 [2004]: 063528)。

21. 本章で強調した理由から、私は、思考できる構造――ボルツマン脳――が自然発生的に生じる場合に焦点を合わせるが、新しい宇宙が丸ごと自然発生的に生じたり、インフレーションのような宇宙膨張を開始させる条件が自然発生的に生じたりする場合も注目に値する。本書の内容が重くなりすぎないよう、それらの可能性については注23と注34で扱うことにする。

22. 専門家である読者は、私が微妙な点と論争のある点の両方に触れずに話を進めていることに気づかれるだろう。本文で取り上げる宇宙論的なゆらぎが起こる確率を計算する方法については、普遍的なコンセンサスがあるわけではない。レオナルド・サスキンドと共同研究者たちは、「地平相補性」として知られるサスキンドのアイディアにもとづき、ひとつのアプローチを提唱している。L. Dyson, M. Kleban, and L. Susskind, "Disturbing Implications of a Cosmological Constant," *Journal of High Energy Physics* 0210 (2002): 011. 空間の膨張が加速していると、遠方に宇宙の地平面ができることを思い出そう。その地平面よりも遠くにある場所は、光よりも速くわれわれから遠ざかるため、その場所からの影響がわれわれに及ぶことはない。このように、われわれのいる領域は、地平面よりも遠い領域から因果的に完全に切り離されていることから(また、サスキンドがブラックホールについて行った初期の仕事にも、これとは別の地平面があったことから)、彼は、われわれの「因果区画」の内部で起こる物理だけを考えることにして、地平面の外側に広がる、もしかすると無限に大きいかもしれない空間で起こる物理は、すべて忘れようと提案したので

ルのサイズは、宇宙の地平面より大きいだろう。

14. 数学によると、光子がヒッグス場を通過してもいっさい抵抗を感じないため、光子は質量を持たず、ヒッグス場は見えないのである。

15. 「空間とは何か」(4部構成のNOVAドキュメンタリー「宇宙を織りなすもの」の最初のエピソード。このドキュメンタリーは同タイトルの本にもとづいて制作された)。ほぼ同じ時期にヒッグスと似たアイディアを発展させた物理学者に、ロバート・ブラウト、フランソワ・アングレール、ゲラルド・ゲラルニク、C・リチャード・ハーゲン、トム・キッブルがいる。ヒッグスとアングレールがノーベル賞を分け合った。

16. この特定の数には、一見して思うほどの重要性はない。246(より正確には246.22GeVで、GeVはギガ電子ボルトという単位を表す)という値は、物理学者が普通に使っている数学的な規約ではこの値になるというだけのことである。標準的ではない規約を使えば、物理学的な内容は同等だが、異なる数値になる。

17. Sidney Coleman, "Fate of the False Vacuum," *Physical Review D* 15 (1977): 2929; Erratum, *Physical Review D* 16 (1977): 1248.

18. より正確には、その球体ははじめはゆっくり大きくなるが、その後、広がり方はどんどん速くなって光の速度に近づく。

19. A. Andreassen, W. Frost, and M. D. Schwartz, "Scale-invariant Instantons and the Complete Lifetime of the Standard Model," *Physical Review D* 97 (2018): 056006.

20. からっぽの空間で粒子が押し合いへし合いする高エントロピーの一様な状態から、めったに起こらないエントロピーの低下により、われわれが現に目撃しているような秩序構造を持つ宇宙が出現した可能性を最初に指摘したのは、ルートヴィヒ・ボルツマンである(その議論は次の2編の論文にある。Ludwig Boltzmann, "On Certain Questions of the Theory of Gases," *Nature* 51 [1895]: 1322, 413-415; Ludwig Boltzmann, "*Entgegnung auf die wärmetheoretischen Betrachtungen des Hrn. E. Zermelo*," *Annalen der Physik* 293 [1896]: 773-784)。のちに、アーサー・エディントンは、エントロピーの低下の程度が小さい宇宙のほうがはるかに生じやすいため、恒星や惑星や人間が

いだ、情報は失われないことを証明しようとしてきた。今日ほとんどの物理学者は、情報は確かに保存されているといえるだけの強力な理論が得られているということで意見が一致しているが、まだまだ解明すべきことは多い。

9. ホーキングの式は、質量がMのシュバルツシルト・ブラックホール（電荷を持たず、回転していないブラックホール）が放出する黒体放射は、$T_{\mathrm{Hawking}} = hc^3/16\pi^2 GMk_{\mathrm{b}}$によって与えられることを示している（$h$はプランク定数、$c$は光の速度、$G$はニュートンの重力定数、$k_{\mathrm{b}}$はボルツマン定数）。S. W. Hawking, "Particle Creation by Black Holes," *Communications in Mathematical Physics* 43 (1975): 199–220.

10. Don N. Page, "Particle emission rates from a black hole: Massless particles from an uncharged, nonrotating hole," *Physical Review D* 13 no. 2 (1976): 198–206. 引用した数字は、粒子の特性、とくにニュートリノの質量がゼロではないことなど最近の知識にもとづき、ドン・ページの計算をアップデートしたものである。

11. より正確には、いわゆるシュバルツシルト半径よりも大きくない半径を持ち質量Mという観点からの数学的な形は、$R_{\mathrm{Schwarzschild}} = 2GM/c^2$であるような球である。

12. それをブラックホールの「有効平均密度」と呼んでもいいだろう。それはブラックホールの全質量を、事象の地平面と同じ半径を持つ球の体積で割ったものである。有効平均密度を考えることは直観的には有益だが、専門家の方はお気づきのように、せいぜいよくて発見法的な概念だ。ブラックホールが形成されるとき、その事象の地平面の内部の動径方向はタイムライクになるので、ブラックホールの内部の空間の体積は単純な概念ではない（実際、その体積は発散する）。さらに、ブラックホールの質量は、なんであれ体積を均一に満たしてはいないので、われわれが求めた平均密度はブラックホールでは実現されていない。それにもかかわらず、われわれが定義したブラックホールの平均密度は、なぜ大きいブラックホールほど穏やかになるのか、なぜより低い温度のホーキング放射になるのかを直観的にわからせてくれる。

13. 第9章では、空間の加速膨張は、10^{-30} K程度の小さくて一定の背景温度を生むと述べた。太陽質量の約10^{23}倍以上の質量を持つブラックホールの温度は、遠い未来の宇宙空間の温度より小さいだろう。しかしそんなブラックホー

Mechanics (New York: Little, Brown and Co., 2008),151–154（レオナルド・サスキンド『ブラックホール戦争　スティーヴン・ホーキングとの20年越しの闘い』林田陽子訳、日経BP社）がある。

6. より正確には、その面積が1単位だけ増大するのは、面積の単位が、プランク長の2乗の4分の1に選ばれたときである。

7. 電子の磁気的特性は、空っぽの空間における量子ゆらぎにきわめて敏感で、観測と数学的予測との一致はみごとなものだ。1940年代の末にリチャード・ファインマンは、今日ファインマン・ダイアグラムと呼ばれているものを使ってその計算を格段に容易にした。それぞれのダイアグラムは、注意深く評価すべき数学的寄与を表し、計算の最後ではすべてを足し上げる必要がある。電子の磁気的特性（電子の双極子モーメント）への量子的寄与を求める際、研究者たちは12,000以上のファインマン・ダイアグラムの計算をする必要があった。その計算と測定とのみごとな一致は、量子物理学から得られた成果の中でも最大のものと位置づけられている（Tatsumi Aoyama, Masashi Hayakawa, Toichiro Kinoshita, and Makiko Nio, "Tenth-order electron anomalous magnetic moment: Contribution of diagrams without closed lepton loops," *Physical Review D* 91 [2015]: 033006）。

8. 私は炭のたとえを用いたが、身近な燃焼で放出される放射と、ブラックホールが放出する放射には、ひとつ重要な違いがある。炭が真っ赤に燃えるとき、放射は炭を構成している物質の燃焼から直接的に放出される。したがってその放射は、炭を構成している物質に特有なしるしを持っている。それに対して、ブラックホールを構成する物質はみな潰されてブラックホールの特異点に押し込まれている——そしてブラックホールの質量が大きければ大きいほど、特異点とブラックホールの事象の地平面との距離は大きい。そんなわけで、事象の地平面から放出される放射は、ブラックホールを構成している物質に特有のしるしを持っているとは思えない。これが、「ブラックホールの情報パラドックス」として知られるものの起源を理解するひとつの方法になるのだ。もしもブラックホールから出てくる放射が、ブラックホールを構成する物質の特定の成分に敏感でなければ、ブラックホールが完全に放射になる頃には、それらの成分に含まれていた情報は失われるだろう。その情報が失われれば、宇宙の量子力学的な進展はめちゃくちゃになるため、物理学者たちは何十年ものあ

環境に放出できる新しい自由度を次々と供給でき、計算は永遠の未来にも可能だと論じた（K. Freese and W. Kinney, "The ultimate fate of life in an accelerating universe," *Physics Letters B* 558, nos. 1–2 [10 April 2003]: 1–8）。

40. K. Freese and W. Kinney, "The ultimate fate of life in an accelerating universe," *Physics Letters B* 558, nos. 1–2 [10 April 2003]: 1–8.

第 10 章

1. 非常に小さな確率を持つプロセスでも、長い時間があれば実現可能だという話は前章でもした。何がビッグバンに点火したのかという問いに対するひとつの説明の中で、私は、一様なインフラトン場が小さな領域を満たすという、きわめて起こりそうにない配置が起こるまでには、宇宙は長く待たなければならないだろうと述べた。その小さな領域で、インフラトン場は斥力的重力を獲得し、空間の膨張を開始させる。それとは別の重要で一般的な例として、私は、熱力学第二法則が通常の意味での法則ではなく、統計的傾向であることを力説した。エントロピーの減少はとてつもなく起こりにくいが、十分に長く待てば、もっとも起こりにくいことも起こるだろう。

2. Freeman Dyson in Jon Else, dir., *The Day After Trinity* (Houston: KETH, 1981)［1981年にジョン・エルスにより制作されたドキュメンタリー映像。現在YouTubeで視聴できる］

3. 1998年1月27日プリンストン大学にて、ジョン・ホイーラーとの対話より。

4. W. Israel, "Event Horizons in Static Vacuum Space-Times," *Physical Review* 164 (1967): 1776; W. Israel, "Event Horizons in Static Electrovac Space-Times," *Communications in Mathematical Physics* 8 (1968): 245; B. Carter, "Axisymmetric Black Hole Has Only Two Degrees of Freedom," *Physical Review Letters* 26 (1971): 331.

5. Jacob D. Bekenstein, "Black Holes and Entropy," *Physical Review D* 7 (15 April 1973): 2333. ベッケンシュタインの計算についての数学をまとめたものとして、読みやすい一般向けの本に、Leonard Susskind, *The Black Hole War: My Battle with Stephen Hawking to Make the World Safe for Quantum*

積するのを避けるためには、Tには下界があるということだ。

37. これら影響力のある結果に責任を持つコンピュータ科学者に、チャールズ・ベネット、エドワード・フレドキン、ロルフ・ランダウアー、トマソ・トッフォリらがいる。洞察に満ちたわかりやすい説明として、次の文献を挙げておこう。Charles H. Bennett and Rolf Landauer, "The Fundamental Physical Limits of Computation," *Scientific American* 253, no. 1 (July 1985): 48–56.

38. より厳密には、計算をなかったことにするのは【事実上】不可能だということになる。消去の行為そのものは物理プロセスだから、原理的には、ガラスの破損をなかったことにするために使うのと同じプロセスでなかったことにできる。すなわちすべての粒子の運動を反転させればよい。しかし、現実的ないかなる意味においても、それは実行できそうにない。

39. 何人もの著者が、宇宙定数が生命と心の未来に及ぼす影響を考察してきた。ジョン・バローとフランク・ティプラーは、暗黒エネルギーが観測で発見されるはるか前に宇宙定数を持つ宇宙における計算の物理学を調べ、情報処理は必然的に終わりを迎えると論じて生命と心に終末をもたらした（John D. Barrow and Frank J. Tipler, *The Anthropic Cosmological Principle* [Oxford: Oxford University Press, 1988], 668–669）。ローレンス・クラウスとグレン・スタークマンは、宇宙定数を持つ宇宙に関するダイソンの分析を振り返って同様の結論に達した（Lawrence M. Krauss and Glenn D. Starkman, "Life, the Universe, and Nothing: Life and Death in an Ever-Expanding Universe," *The Astrophysical Journal* 531 [2000]: 22–30）。クラウスとスタークマンはまた、一般的な観点から、たとえ宇宙定数がなかったとしても、有限なサイズの量子系の状態は離散的であるため、任意の膨張時空において思考は永遠ではないと論じた。しかしバローとハーヴィックは、重力波のために生じる温度勾配により、宇宙定数を持たない宇宙では、情報処理は永遠に可能だと論じた（John D. Barrow and Sigbjørn Hervik, "Indefinite information processing in ever-expanding universes," *Physics Letters B* 566, nos. 1–2 [24 July 2003]: 1–7）。フリースとキニーもそれと同様の結論に達し、（宇宙定数を持つ宇宙では、地平のサイズが一定である場合とは異なり）時間とともに地平が大きくなる時空では、位相空間はたえず新しいモードを獲得し（そのモードの波長は、増大する地平のサイズの波長よりも小さくなる）、系はそのおかげで、排熱を

without end: Physics and biology in an open universe," *Reviews of Modern Physics* 51 (1979): 451–452. 陽子崩壊につながる量子トンネル現象についての専門的な参考文献としては、次のものを参照のこと。G. 't Hooft, "Computation of the quantum effects due to a four-dimensional pseudoparticle," *Physical Review D* 14 (1976): 3432, and F. R. Klinkhamer and N. S. Manton, "A saddle-point solution in the Weinberg-Salam theory," *Physical Review D* 30 (1984): 2212.

32. Freeman Dyson, "Time without end: Physics and biology in an open universe," *Reviews of Modern Physics* 51 (1979): 447–460.

33. ダイソンは、「複雑性」がQであるような「思考する者」にとって必要なエネルギーの散逸率Dを計算する（Qは、「思考する者」の主観的な時間で測った単位時間あたりのエネルギー生成量）。そのときの温度をTとすると、$D \propto QT^2$である。

34. より厳密には、私が使っている言葉で言えば、ダイソンは、もしも「思考する者」のアンサンブルがあり、それらが個々に異なる温度で機能するなら、個々の「思考する者」がどのようなものであれ、その代謝プロセスの速度は温度に比例すると仮定している。専門的な言葉で言えば、彼は、「生物学的スケーリング仮説」を置く。その仮説は次のようなものである。与えられた環境のレプリカが、新しい環境の温度T_{new}がもと環境のT_{original}とは違うこと以外は、もとの環境とまったく同じであり、また、生物系の量子力学的ハミルトニアンが、ユニタリー変換に至るまで　$H_{\text{new}} = (T_{\text{new}} / T_{\text{original}})$ で与えられるようなレプリカを作ったとすれば、そのレプリカは実際に生きており、もとの生物系とまったく同じ主観的経験をするが、その内的機能はすべて、$T_{\text{new}} / T_{\text{original}}$の因子だけ小さくなる。

35. 数学の得意な読者のために、もしも温度Tが時間tの関数なら、$T(t) \sim t^{-p}$から、注33の表式QT^2の積分は、$p > ½$に対して収束するだろう。一方、思考の総数（$T(t)$の積分）は、$p < 1$に対して発散するだろう。そんなわけで$½ < p < 1$の場合、「思考する者」は有限なエネルギー供給で、無限の思考を行える。

36. 数学の得意な読者のために、ここでカギとなる重要な問題は、排熱を放出する速度の最大値（「思考する者」は、電子の双極放射によって排熱を放出すると仮定する）はT^3に比例し、一方エネルギーはT^2に比例して散逸するということだ。このことが意味するのは、排熱が放出可能なペースよりもすみやかに蓄

のうちの1個が1年以内に崩壊する確率が50パーセントであることを意味している。

30. Howard Georgi, 1997年12月28日、ハーバード大学での私信。

31. 確立された素粒子物理学の法則 —— 素粒子物理学の標準模型 —— を越えた大統一理論やひも理論のような理論が想定しているやり方で陽子が崩壊するなら、私が説明した未来への旅にはさまざまな修正が必要になるだろう。たとえば、鉄のような固体は、液体のように形が変わったりはしないとわれわれは思っているが、十分に長い時間が経てば、鉄さえも液体のように振る舞うだろう。鉄の原子は、量子トンネル現象により、物理プロセスや化学プロセスが打ちたてたあらゆる障壁を通り抜けるはずなのだ。10^{65}年ほど経つと、宇宙空間に浮かんでいる鉄の塊は、構成要素である原子を並べ替えて「融ける」ように球形になるだろう。鉄以外にも、まだ存在している物質はすべてそうなるだろう。もっと長い時間が経つと、物質は別の物質になるだろう。鉄よりも軽い原子がしだいに融合するのに対し、鉄よりも重い原子は崩壊するだろう。鉄はすべての原子の中でもっとも安定しているから、あらゆる原子核反応過程で生成される最終生成物は、鉄になるのだ。そのプロセスが完了する時間スケールは、およそ10^{1500}年である。さらに長い時間が経つと、物質は量子のトンネル現象でブラックホールに落ち込み、ブラックホールはホーキング放射で蒸発するだろう。しかし、素粒子物理学の標準模型でさえ —— つまり、何か特別な拡張などはせずとも —— 陽子は崩壊すると考えられている。ただし、そのために必要な時間は、この章でわれわれが仮定している10^{38}年よりもかなり長い。たとえば、物理学者たちが理論的に研究してきた標準模型に完全に収まるエキゾチックな量子プロセス(電弱方程式の、いわゆるスファレロン解を利用するインスタントン)では、陽子は結局崩壊する。このプロセスは量子トンネル現象に依存するため、そのために必要な時間は長く、いくつかの評価では、ざっと10^{150}年先のことになる。しかしこれは、先に述べた10^{1500}年よりははるかに短い。物理学者たちはそれ以外にも、陽子がさまざまな時間スケールで崩壊するエキゾチックなプロセスを研究してきた。その時間スケールは、ざっと10^{200}年以内だ。したがって、それぐらい遠い未来になると、まだ残っていた複雑な物質はすべてバラバラになるだろう。固体の流体化と鉄の転換が起こる時期については、次の文献を参照されたい。Freeman Dyson, "Time

道の崩壊についての短い議論については、次の動画を参照されたい。https://www.youtube.com/watch?v=uRijc-AN-F0

22. R. A. Hulse and J. H. Taylor, "Discovery of a pulsar in a binary system," *The Astrophysical Journal* 195 (1975): L51.

23. 軌道がゆっくりと崩れていくことが、天体が重力波を放出することでエネルギーを失っている証拠になる可能性を提起したのは、次の論文だった。R. V. Wagoner, "Test for the existence of gravitational radiation," *The Astrophysical Journal* 196 (1975): L63.

24. J. H. Taylor, L. A. Fowler, and P. M. McCulloch, "Measurements of general relativistic effects in the binary pulsar PSR1913+16," *Nature* 277 (1979): 437.

25. Freeman Dyson, "Time without end: Physics and biology in an open universe," *Reviews of Modern Physics* 51 (1979): 451; Fred C. Adams and Gregory Laughlin, "A dying universe: The long-term fate and evolution of astrophysical objects," *Reviews of Modern Physics* 69 (1997): 344–347.

26. Fred C. Adams and Gregory Laughlin, "A dying universe: The long-term fate and evolution of astrophysical objects," *Reviews of Modern Physics* 69 (1997): 347–349.

27. 中性子は、原子核から出て孤立してしまえば、そこから先の寿命は約15分ほどだ。しかし中性子は陽子よりも重いため、中性子が崩壊するプロセスでは陽子が生成される（電子と反ニュートリノも生成される）。原子の内部で中性子が崩壊するためには、その原子核は生成された陽子を受け入れることができなければならないが、それができないことも多い。その原子核の陽子は、量子力学的に許される状態を占めている。パウリの排他原理によれば、その状態は他の陽子と共有できないため、中性子も崩壊できないことになる。もしも陽子が崩壊できれば、中性子より軽い陽子は中性子を生成しないため、原子核は不安定になるだろう。

28. Howard Georgi and Sheldon Glashow, "Unity of All Elementary-Particle Forces," *Physical Review Letters* 32, no. 8 (1974): 438.

29. 10^{30}年で50パーセントという陽子崩壊の確率は、10^{30}個の陽子があるとき、そ

焉（ヒートデス）までの銀河の歴史』竹内薫訳、ちくま学芸文庫）。同様の考察は、惑星系の中心星から遠く離れているため、表面の条件が生命を宿すには適していない惑星や衛星にも関係する。そんな天体の内部で起こるプロセスは、宇宙地質学的な表面から離れたところで生命を維持できるぐらいのエネルギーを生み出す可能性があるのだ。土星の衛星であるエンケラドスは、生命を宿している衛生の最有力候補である。太陽から遠く離れているため、凍りついた表面は生命には適していない。しかし、土星とそのいくつもの衛星が及ぼすさまざまな重力によって、エンケラドスはわずかに押したり引いたりされ、その力が圧力や張力を生み、エンケラドス内部の温度を上げて氷を溶かした結果として、液体の水が存在するかもしれない。いつの日かわれわれがエンケラドスの凍てついた表面に小さな穴をうがち、ロープに結びつけた探査装置を下ろして、海洋性のエンケラドス星人に出会うことになるかもしれないと考えるのは、それほど荒唐無稽な話ではない。

19. これを示すものとして*The Late Show with Stephen Colbert*の、私が登場した場面を見てほしい。私は5つのボールを積み重ねたものを落下させた。その結果、いちばん軽いものは空中に10メートルも高く上がった（私がギネスの記録保持者になるのは、まちがいなく1度きりだと思う）。https://www.youtube.com/watch?v=75szwX09pg8

20. ダイソンは銀河から星が放出される率だけでなく、太陽系から惑星が放出される率も簡単に見積もっている。Freeman Dyson, “Time without end: Physics and biology in an open universe,” *Reviews of Modern Physics* 51 (1979): 450. アダムズとラフリンは、こうしたプロセスのいくつかについて独自の研究をし、より完全な説明と計算を行っている（たとえば、小さな恒星がわれわれの太陽系を通過すると何が起こるかといったこと）。F. C. Adams and G. Laughlin, “A dying universe: The long-term fate and evolution of astrophysical objects,” *Reviews of Modern Physics* 69 (1997): 343–347; Fred C. Adams and Greg Laughlin, *The Five Ages of the Universe: Inside the Physics of Eternity* (New York: Free Press, 1999), 50–51.（フレッド・アダムズ、グレッグ・ラフリン『宇宙のエンドゲーム —— 誕生（ビッグバン）から終焉（ヒートデス）までの銀河の歴史』竹内薫訳、ちくま学芸文庫）。

21. スパンデックスを使ったゴムシートのメタファーの試演と、重力波と惑星の軌

は説明できないことに気づき、一か八か、計算に含めたもの)。アインシュタインが直面した問題は、宇宙が静的であるためには平衡状態になっていなければならないが、重力は一方向にしか引っ張らないように見え、それとバランスを取る力がないため静的宇宙は実現できないということだった。その後アインシュタインは、ひとつ新しい項——宇宙定数——を方程式に持ち込めば、一般相対性理論は、普通の引力的重力に対抗して静的宇宙を実現させる、斥力的重力を持てることに気がついた(アインシュタインは、その釣り合いが不安定であることには気づかなかった。静的宇宙のサイズが、大小どちらにであれほんのわずかに変化すればバランスが崩れ、宇宙は、膨張または収縮を始めるだろう)。しかし、それから10年あまりが過ぎた頃、アインシュタインは宇宙膨張を知り、自分の方程式から宇宙定数を取り除いたことは有名な話だ。しかしアインシュタインは、一般相対性理論という瓶から、斥力的重力という魔人を呼び出した。その後、斥力的重力は、しだいに大きな影響力を振るうようになっていく。ビッグバンでは外向きに押し出す力となり、その後、宇宙空間の加速膨張を説明することになる。多くの人がすでに述べているように、宇宙定数の例は、アインシュタインのアイディアは、悪いものさえ良いということを示している。

15. Robert R. Caldwell, Marc Kamionkowski, and Nevin N. Weinberg, "Phantom Energy and Cosmic Doomsday," *Physical Review Letters* 91 (2003): 071301.

16. Abraham Loeb, "Cosmology with hypervelocity stars," *Journal of Cosmology and Astroparticle Physics* 04 (2011): 023.

17. 地球内部のエネルギーは、引力的重力が、塵とガスの雲を圧縮して惑星を作ったときに生み出した熱の残り物である。また、地球が自転すると、深いところにある岩石の層が回転速度についていくために力がかかり、その力によっても熱が生じる。

18. Fred C. Adams and Gregory Laughlin, "A dying universe: The long-term fate and evolution of astrophysical objects," *Reviews of Modern Physics* 69 (1997): 337–372; Fred Adams and Greg Laughlin, *The Five Ages of the Universe: Inside the Physics of Eternity* (New York: Free Press, 1999), 50–52.(フレッド・アダムズ、グレッグ・ラフリン『宇宙のエンドゲーム——誕生(ビッグバン)から終

る。その後に行われた研究から、もっと質量の大きな星の場合には、星の収縮による力は電子を陽子に融合させ、中性子を作ることがわかった。このプロセスのおかげで恒星はさらに収縮できるようになるが、中性子の密度が高くなってふたたびパウリの排他原理が効き、収縮はふたたび食い止められる。こうしてできるのが中性子星である。

10. 銀河間の距離が平均として大きくなるうちにも、互いの重力で引き寄せられるぐらい近い銀河もある。以下で論じるように、たとえば天の川銀河とアンドロメダ銀河もそうだ。

11. S. Perlmutter et al., "Measurements of Ω and Λ from 42 High-Redshift Supernovae," *The Astrophysical Journal* 517, no. 2 (1999): 565; B. P. Schmidt et al., "The High-Z Supernova Search: Measuring Cosmic Deceleration and Global Curvature of the Universe Using Type Ia Supernovae," *The Astrophysical Journal* 507 (1998): 46.

12. 空間の加速膨張の説明としてまじめに受け止められているものはすべて、重力にその理由が求められていることに注意しよう。そのうえで、大雑把に言って、説明にはふたつの路線がある。ひとつは、宇宙論的距離での重力の振る舞いは、アインシュタインとニュートンの記述にもとづくわれわれの予想とは違っているとするもの。もうひとつは、重力を生じさせている原因は、物質とエネルギーに関する普通の理解にもとづくわれわれの予想とは違っているというものだ。どちらのアプローチも有望だが、2番目のものが、より十分に展開されており、適用範囲が広い（空間の加速膨張の原因だけでなく、宇宙マイクロ波背景放射の精密な観測結果を説明するためにも使われている）。したがって、以下ではこのアプローチを取ることにする。

13. 暗黒エネルギーの密度は、約5×10^{-10}ジュール/m^3、または約5×10^{-10}ワット秒/m^3である。100ワットの電球を1秒間点灯しておくためには、$1cm^3$に含まれる暗黒エネルギーの2×10^{11}倍のエネルギーが必要だ。つまり、$1cm^3$に含まれる暗黒エネルギーは、100ワットの電球を約5×10^{-12}秒点灯させることができる。

14. 暗黒エネルギーの値が時間が経っても変わらなければ、それはアインシュタインの宇宙定数と同じものだ（宇宙定数は、1917年にアインシュタインが、大きな距離では宇宙は静的だというコンセンサスを一般相対性理論の方程式で

evolution of astrophysical objects," *Reviews of Modern Physics* 69 (1997): 337–372. それについては、優れた一般向けの本にも論じられている。*The Five Ages of the Universe: Inside the Physics of Eternity* (New York: Free Press, 1999)(フレッド・アダムズ、グレッグ・ラフリン『宇宙のエンドゲーム —— 誕生(ビッグバン)から終焉(ヒートデス)までの銀河の歴史』竹内薫訳、ちくま学芸文庫)。このテーマの現代的な起源は以下の論文にある。M. J. Rees, "The collapse of the universe: An eschatological study," *Observatory* 89 (1969): 193–198, または Jamal N. Islam, "Possible Ultimate Fate of the Universe," *Quarterly Journal of the Royal Astronomical Society* 18 (March 1977): 3–8.

6. I.-J. Sackmann, A. I. Boothroyd, and K. E. Kraemer, "Our Sun. III. Present and Future," *The Astrophysical Journal* 418 (1993): 457; Klaus-Peter Schröder and Robert C. Smith, "Distant future of the Sun and Earth revisited," *Monthly Notices of the Royal Astronomical Society* 386, no. 1 (2008): 155–163.

7. 専門知識に通じた読者は、パウリの排他原理は、太陽の進化のところですでにひと役演じていることに気づかれただろう。太陽の中核部でヘリウムの核融合が始まる以前に密度は十分に高くなり、排他原理の電子の縮退による圧力が関与し始めていたのだ。実際、ヘリウム核融合への移行を画する「華々しく瞬間的な爆発」と私が述べたものが起こるのは、中心部を占める縮退した電子ガスの特別な性質のためなのだ(縮退電子のガスは、ヘリウム核融合が開始したために生じる熱への応答として膨張したり温度が下がったりしないため、巨大な核反応につながる。その反応はヘリウム爆弾といっていいほどだ)。

8. Alan Lindsay Mackay, *The Harvest of a Quiet Eye: A Selection of Scientific Quotations* (Bristol, UK: Institute of Physics, 1977), 117.

9. 白色矮星の構造において、パウリの排他原理が重要な役割を演じていることを初めて明らかにしたのは、次の文献だった。R. H. Fowler, "On Dense Matter," *Monthly Notices of the Royal Astronomical Society* 87, no. 2 (1926): 114–122. 相対論的効果を取り込むことの重要性は、次の文献で初めて明らかになった。Subrahmanyan Chandrasekhar, "The Maximum Mass of Ideal White Dwarfs," *The Astrophysical Journal* 74 (1931): 81–82. チャンドラセカール限界として知られる結果は、太陽質量の約1.4倍ほどの質量を持つ星は何であれ、パウリの排他原理による抵抗によって、同様に収縮が食い止められ

and Melinda Mill, "Does natural selection favour taller stature among the tallest people on earth?" *Proceedings of the Royal Society B* 282, no. 1806 (7 May 2015): 20150211.(上記注1も参照のこと)

3. この仮定に注意を促すひとつの考察に、次のものがある。Steven Carlip, "Transient Observers and Variable Constants, or Repelling the Invasion of the Boltzmann's Brains," *Journal of Cosmology and Astroparticle Physics* 06 (2007): 001. われわれがありうる可能性として考察するのは、暗黒エネルギーの値が変化することだ。本章で論じるように、アインシュタインは1931年に宇宙定数をはずしたが(「宇宙項を取っ払え!」[この表現自体は、1921年にアインシュタインからヘルマン・ワイルに宛てた手紙に出てくるもので、「もしも宇宙が準静的ではないとわかったら、宇宙項は取っ払えばいい」というもの])、1990年代末に行われた天文観測により、物理学者のコミュニティーは、アインシュタインが宇宙定数を取っ払ったのは早まった判断だったと確信することになった。また、宇宙定数を「定数」としたのも早まった判断だった。アインシュタインの宇宙項の値が時間とともに変化する可能性は、十分にありうることなのだ。そしてこれから見ていくように、その可能性は、宇宙の未来に重大な意味を持つのである。

4. 知能の未来に関するまた別の観点に、次のものがある。David Deutsch, *The Beginning of Infinity* (New York: Viking, 2011)(デイヴィッド・ドイッチュ『無限の始まり:ひとはなぜ限りない可能性をもつのか』熊谷玲美・田沢恭子・松井信彦訳、インターシフト)

5. 物理学的終末論、すなわち遠い未来についての物理学は、遠い過去についての物理学と比べて、これまであまり注目されてこなかった。それにもかかわらず、この分野の研究は多い。専門的な文献の包括的リストについては、次の資料を参照されたい。Milan M. Ćirković, "Resource Letter: PEs-1, Physical Eschatology," *American Journal of Physics* 71 (2003): 122. 以下に続く議論で、フリーマン・ダイソンの代表的な論文 Freeman Dyson, "Time without end: Physics and biology in an open universe," *Reviews of Modern Physics* 51 (1979): 447-460 にとくに影響を受けた。そのほかにも、次の文献名は、惑星、恒星、銀河のダイナミクスに関する新しい結果を含んでいる。Fred C. Adams and Gregory Laughlin, "A dying universe: The long-term fate and

Publications, Inc., 1999), vi.

39. Helen Keller, Letter to New York Symphony Orchestra, 2 February 1924, digital archives of American Foundation for the Blind, filename HK01-07_B114_F08_015_002.tif

第 9 章

1. 著名な思想家の中には、人間の進化は終わりに近づいているとする人たちがいる。たとえばスティーヴン・ジェイ・グールドは、生物学の観点からすると、今日の人間は5万年前に生きていた人間とほとんど変わらないと述べた(Stephen Jay Gould, "The spice of life," *Leader to Leader* 15 [2000]: 14–19)。他の研究者たちは、ヒトゲノムを研究し、それとは逆に、人間の進化は加速していると論じる(たとえば、John Hawks, Eric T. Wang, Gregory M. Cochran, et al., "Recent acceleration of human adaptive evolution," *Proceedings of the National Academy of Sciences* 104, no. 52 [December 2007]: 20753–20758; Wenqing Fu, Timothy D. O'Connor, Goo Jun, et al., "Analysis of 6,515 exomes reveals the recent origin of most human protein-coding variants," *Nature* 493 [10 January 2013]: 216–220)。さまざまな母集団に関する研究から、比較的最近に起こった遺伝的な進化の証拠が得られている。そんな証拠のひとつに、オランダ人の身長がある。この人たちの場合、平均身長は他に例がないほど伸びており、性選択と自然選択の影響が反映されているのかもしれない(Gert Stulp, Louise Barrett, Felix C. Tropf, and Melinda Mills, "Does natural selection favour taller stature among the tallest people on earth?" *Proceedings of the Royal Society B* 282, no. 1806 [7 May 2015]: 20150211)。また、標高の高い環境への適応という可能性もある(Abigail Bigham et al., "Identifying signatures of natural selection in Tibetan and Andean populations using dense genome scan data," *PLoS Genetics* 6, no. 9 [9 September 2010]:e1001116)。

2. Choongwon Jeong and Anna Di Rienzo, "Adaptations to local environments in modern human populations," *Current Opinion in Genetics & Development* 29 (2014), 1–8; Gert Stulp, Louise Barrett, Felix C. Tropf,

no. 4 (Autumn 1932); https://www.vqronline.org/essay/art-magic-and-eternity

29. それとは別の観点として（第1章の注5にも書いたように）、アーネスト・ベッカーによって記述されたように、死の不安と、その不安の結果として死を否定することによるさまざまな影響は、主として寿命が延びたことと、宗教の没落によって駆り立てられた現代的なものだとする著者もいる。Philippe Ariès, *The Hour of Our Death*, trans. Helen Weaver (New York: Alfred A. Knopf, 1981)（フィリップ・アリエス『死を前にした人間』成瀬駒男訳、みすず書房）

30. W. B. Yeats, *Collected Poems* (New York: Macmillan Collector's Library Books, 2016), 267.（イェイツ詩集『塔』所収「ビザンチウムへ船出して」小堀隆司訳、思潮社）

31. Herman Melville, *Moby Dick* (Hertfordshire, UK: Wordsworth Classics, 1993), 235.（ハーマン・メルヴィル『白鯨』千石英世訳、講談社文芸文庫）

32. Edgar Allan Poe as quoted in J. Gerald Kennedy, *Poe, Death, and the Life of Writing* (New Haven: Yale University Press, 1987), 48.

33. Tennessee Williams, *Cat on a Hot Tin Roof* (New York: New American Library, 1955), 67–68.（テネシー・ウィリアムズ『やけたトタン屋根の猫』小田島雄志訳、新潮文庫）

34. Fyodor Dostoevsky, *Crime and Punishment*, trans. Michael R. Katz (New York: Liveright, 2017), 318.（ヒョードル・ドストエフスキー『罪と罰』米川正夫訳、角川文庫など）

35. Sylvia Plath, *The Collected Poems*, ed. Ted Hughes (New York: Harper Perennial, 1992), 255.（『シルヴィア・プラス詩集』徳永暢三編・訳、小沢書店　双書「20世紀の詩人」）

36. Douglas Adams, *Life, the Universe and Everything* (New York: Del Rey, 2005), 4–5.（ダグラス・アダムス『宇宙クリケット大戦争』安原和見訳、河出文庫）

37. Pablo Casals, from Bach Festival: Prades 1950, as quoted in Paul Elie, *Reinventing Bach* (New York: Farrar, Straus and Giroux, 2012), 447.

38. Joseph Conrad, *The Nigger of the "Narcissus"* (Mineola, NY: Dover

18. Brian Boyd, *On the Origin of Stories* (Cambridge, MA: Belknap Press, 2010), 125.（ブライアン・ボイド『ストーリーの起源』小沢茂訳、国文社）

19. Jane Hirshfield, *Nine Gates: Entering the Mind of Poetry* (New York: Harper Perennial, 1998), 18.

20. Saul Bellow, Nobel lecture, 12 December 1976, from *Nobel Lectures, Literature 1968–1980*, ed. Sture Allén (Singapore: World Scientific Publishing Co., 1993). [Web上でも読める。https://nobelprize.org/prizes/literature/1976/bellow/lecture]

21. Joseph Conrad, *The Nigger of the "Narcissus"* (Mineola, NY: Dover Publications, Inc., 1999), vi. [コンラッドの『ナーシサス号の黒人』の序文は、それ自体としてコンラッドの芸術論として扱われることがある]

22. Yip Harburg, "Yip at the 92nd Street YM-YWHA, December 13, 1970," transcript 1-10-3, p. 3, tapes 7-2-10 and 7-2-20.

23. Yip Harburg, "E. Y. Harburg, Lecture at UCLA on Lyric Writing, February 3, 1977," transcript, pp. 5–7, tape 7-3-10.

24. Marcel Proust, *Remembrance of Things Past, vol. 3: The Captive, The Fugitive, Time Regained* (New York: Vintage, 1982), 260, 931.（マルセル・プルースト『失われた時を求めて』井上究一郎訳、筑摩書房　8第五篇「囚われの女」　10第七篇「見出された時」）

25. 同上（上掲書　8第五篇「囚われの女」）

26. George Bernard Shaw, *Back to Methuselah* (Scotts Valley, CA: Create Space Independent Publishing Platform, 2012), 278.（バァナァド・ショウ『思想の達し得る限り』相良徳三訳、岩波文庫）

27. Ellen Greene, "Sappho 58: Philosophical Reflections on Death and Aging," in *The New Sappho on Old Age: Textual and Philosophical Issues*, ed. Ellen Greene and Marilyn B. Skinner, Hellenic Studies Series 38 (Washington, DC: Center for Hellenic Studies, 2009); Ellen Greene, ed., *Reading Sappho: Contemporary Approaches* (Berkeley: University of California Press, 1996).

28. Joseph Wood Krutch, "Art, Magic, and Eternity," *Virginia Quarterly Review* 8,

い。次の文献を参照のこと。Amotz Zahavi, "Mate selection—A selection for a handicap," *Journal of Theoretical Biology* 53, no. 1 (1975): 205–214.

13. Brian Boyd, "Evolutionary Theories of Art," in *The Literary Animal: Evolution and the Nature of Narrative*, ed. Jonathan Gottschall and David Sloan Wilson (Evanston, IL: Northwestern University Press, 2005), 147.

本文のこのパラグラフでは、人間の芸術活動を説明するものとしての性選択には批判もあると述べたが、その詳細はさまざまな仕事で説明されている。ここではいくつか例を挙げておこう。もしも芸術が性選択で説明されるなら、芸術とは性的活動の機会を増やすために、もっぱら男性が取り組むことにならないだろうか。芸術は男性の活動で、その目的は繁殖であり、ターゲットはメスだけにならないだろうか（Brian Boyd, *On the Origin of Stories* [Cambridge: Belknap Press, 2010], 76.（ブライアン・ボイド『ストーリーの起源』小沢茂訳、国文社）; Ellen Dissanayake, *Art and Intimacy* [Seattle: University of Washington Press, 2000], 136）。機能と創造性は、身体的な適応度の目安として必ずしも信用できない――実際、体は弱いが創造という面では力強い人も珍しくない（James R. Roney, "Likeable but Unlikely, a Review of the Mating Mind by Geoffrey Miller," *Psycoloquy* 13, no. 10［2002］: article 5）。男が芸術に手を染めるのは、社会的コネを見せびらかしたり、富を誇示したり、スポーツの競技会で勝利したりといった、芸術以外の活動よりも適応度を宣伝する良い手段だからという主張に、何か証拠はあるのだろうか？（Stephen Davies, *The Artful Species: Aesthetics, Art, and Evolution* [Oxford: Oxford University Press, 2012], 125）

14. Steven Pinker, *How the Mind Works* (New York: W. W. Norton, 1997), 525.（スティーブン・ピンカー『心の仕組み』山下篤子訳、日本放送出版協会）

15. Ellen Dissanayake, *Art and Intimacy: How the Arts Began* (Seattle: University of Washington Press, 2000), 94.

16. Noël Carroll, "The Arts, Emotion, and Evolution," in *Aesthetics and the Sciences of Mind*, ed. Greg Currie, Matthew Kieran, Aaron Meskin, and Jon Robson (Oxford: Oxford University Press, 2014).

17. Glenn Gould in *The Glenn Gould Reader*, ed. Tim Page (New York: Vintage Books, 1984), 240.（グレン・グールド著作集1、野水瑞穂訳、みすず書房）

York: D. Appleton and Company, 1871), 59.(チャールズ・ダーウィン『人類の起原』池田次郎・伊谷純一郎訳、中央公論社「世界の名著39 ダーウィン」)

10. ウォレスは、オスの体の装飾について、それとは異なる説明をいくつか提供した。彼の説明の中には、過剰な「精力」を持つオスは、ありあまる精力の吐き出し口がないため、生き生きとした色や長い尾羽、長々しい呼び声などの出現に力を与えるのだろうというものもあった。彼はまた、魅力的な体の飾りは必然的に健康と強健さと相関しているので、外の世界に対して適応度を示す指針となり、そうすると性選択は単なる自然選択になるとも述べた。次の文献を参照のこと。Alfred Russel Wallace, *Natural Selection and Tropical Nature* (London: Macmillan and Co., 1891). 鳥類学者のリチャード・プルムは、研究者たちはこれまで、到底正当化できないほど、適応の説明に味方するこの審美的関数を低く見積もってきたと論じる。今も論争のあるこの立場を、プルムは次の著作に示している。*The Evolution of Beauty: How Darwin's Forgotten Theory of Mate Choice Shapes the Animal World—and Us* (New York: Doubleday, 2017).

11. 繁殖戦略という舞台でのオスとメスの非対称性に対しては、以下の文献で言及され解明の光が投げかけられた。Robert Trivers in "Parental Investment and Sexual Selection," in *Sexual Selection and the Descent of Man: The Darwinian Pivot*, ed. Bernard G. Campbell (Chicago: Aldine Publishing Company, 1972), 136–179.

12. Geoffrey Miller, *The Mating Mind: How Sexual Choice Shaped the Evolution of Human Nature* (New York: Anchor, 2000); Denis Dutton, *The Art Instinct* (New York: Bloomsbury Press, 2010). この観点は、先に提案されたアモツ・ザハヴィのハンディキャップ原理と密接な関係がある。この原理は、動物の中には、自分の適応度の高さを、華々しい身体の部分や行動のかたちで取った、誇示的消費[富や地位を誇示するための消費]に似た誇示行動《ディスプレー》によって宣伝するものがあると考える。美しくはあるが扱いにくい羽を持てるクジャクは、潜在的なパートナーに自分の頑健さと適応度の高さをアピールする。というのも、体の弱いオスなら、そのお荷物を抱えて生き残れないだろうからだ。となると、初期の人間の芸術家たちは、配偶者となりうる個体をひきつけるための手段として自分の芸術的傾向を利用し、繁殖の機会を増やしたのかもしれな

の黄昏」原佑訳、理想社）

3. George Bernard Shaw, *Back to Methuselah* (Scotts Valley, CA:Create Space Independent Publishing Platform, 2012), 277.（バァナァド・ショウ『思想の達し得る限り』相良徳三訳、岩波文庫）

4. David Sheff, "Keith Haring, An Intimate Conversation," *Rolling Stone* 589 (August 1989): 47.

5. Josephine C. A. Joordens et al., "*Homo erectus* at Trinil on Java used shells for tool production and engraving," *Nature* 518 (12 February 2015): 228–231.

6. より正確には、重要なのは、遺伝子が次世代に伝わることだ。その目標は、本人が子を持つか、あるいはその人の遺伝子のかなりの部分を共有する他の個人が、子を持つことによって達成される。

7. シロクロマイコドリの求愛儀式は、リチャード・プルムが生き生きと記述している。Richard Prum, *The Evolution of Beauty: How Darwin's Forgotten Theory of Mate Choice Shapes the Animal World—and Us* (New York: Doubleday, 2017), 1544–1545, Kindle. ホタルの点滅と交尾相手の選択については、次の記事を参照されたい。S. M. Lewis and C. K. Cratsley, "Flash signal evolution, mate choice, and predation in fireflies," *Annual Review of Entomology* 53 (2008): 293–321. ニワシドリの巣作りは、次の資料にイラストとともに説明されている。Peter Rowland, *Bowerbirds* (Collingwood, Australia: CSIRO Publishing, 2008). とくにp.40–47を参照のこと。

8. 性選択に対する抵抗の原因もまた、一部には、選り好みするメスに選択の力が与えられたことだった。大半は男性だったビクトリア時代の生物学者たちは、メスが力を持つことに反感を覚えたのだ。これについては、たとえばH. Cronin, *The Ant and the Peacock: Altruism and Sexual Selection from Darwin to Today* (Cambridge: Cambridge University Press, 1991)（ヘレナ・クローニン『性選択と利他行動　クジャクとアリの進化論』長谷川眞理子訳、工作舎）を参照のこと。オスのほうが選り好みする役割を演じる種もあれば、オスとメスの両方がその役割を演じる種もあることにも注意しよう。

9. Charles Darwin, *The Descent of Man and Selection in Relation to Sex*, ill. ed. (New

ている。N. Frijda, A. S. R. Manstead, and S. Bem, "The influence of emotions on beliefs," in *Emotions and Beliefs: How Feelings Influence Thoughts* (Studies in Emotion and Social Interaction), ed. N. Frijda, A. Manstead, and S. Bem (Cambridge: Cambridge University Press, 2000), 1–9. 次の文献には、信念をあっさり変更するときだけでなく、何らかの信念を初めて持つときに感情が及ぼす影響も論じられている。N. Frijda and B. Mesquita, "Beliefs through emotions," in *Emotions and Beliefs: How Feelings Influence Thoughts* (Studies in Emotion and Social Interaction), ed. N. Frijda, A. Manstead, and S. Bem (Cambridge: Cambridge University Press, 2000), 45–77.

34. Pascal Boyer, *Religion Explained: The Evolutionary Origins of Religious Thought* (New York: Basic Books, 2007), 303.（パスカル・ボイヤー『神はなぜいるのか?』鈴木光太郎・中村潔訳、NTT出版）

35. Karen Armstrong, *A Short History of Myth* (Melbourne: The Text Publishing Company, 2005), 57.（カレン・アームストロング『新・世界の神話　神話がわたしたちに語ること』武舎るみ訳、角川書店）

36. 同上

37. Guy Deutscher, *The Unfolding of Language: An Evolutionary Tour of Mankind's Greatest Invention* (New York: Henry Holt and Company, 2005).

38. William James, *The Varieties of Religious Experience: A Study in Human Nature* (New York: Longmans, Green and Co., 1905), 498.（ウィリアム・ジェイムズ『宗教的経験の諸相』桝田啓三郎訳、岩波文庫）

39. 同上 506–507

第 8 章

1. Howard Chandler Robbins Landon, *Beethoven: A Documentary Study* (New York: Macmillan Publishing Co., Inc., 1970), 181.（H・C・ロビンズ・ランドン『ベートーヴェン —— 偉大な創造の生涯』深沢俊訳、新時代社）

2. Friedrich Nietzsche, *Twilight of the Idols*, trans. Duncan Large (Oxford: Oxford University Press, 1998, reissue 2008), 9.（『ニーチェ全集13』所収「偶像

(New York: Longmans, Green, and Co., 1905), 485.（ウィリアム・ジェイムズ『宗教的経験の諸相』桝田啓三郎訳、岩波文庫）

26. Stephen Jay Gould, *The Richness of Life: The Essential Stephen Jay Gould* (New York: W. W. Norton, 2006), 232–233.

27. Stephen J. Gould, in *Conversations About the End of Time* (New York: Fromm International, 1999). 死を意識することが超自然的な存在への信念に及ぼす影響については、たとえば次の研究がある。A. Norenzayan and I. G. Hansen, "Belief in supernatural agents in the face of death," *Personality and Social Psychology Bulletin* 32 (2006): 174–187.

28. Karl Jaspers, *The Origin and Goal of History* (Abingdon, UK: Routledge, 2010), 2.（ワイド版世界の大思想　3-11「ヤスパース」所収『歴史の起原と目標』重田英世訳、河出書房新社）

29. Wendy Doniger, trans., *The Rig Veda* (New York: Penguin Classics, 2005), 25–26.（『リグ・ヴェーダ讃歌』辻直四郎訳、岩波文庫）

30. 2005年9月21日テキサス州ヒューストンにて、ダライ・ラマ。私はこの対話を書き起こしたものを見つけることができなかったが、最低でも、これは彼の応答をかなり正確にパラフレーズしている。

31. 主要な宗教すべての歴史的ルーツもそうであるように、さまざまなテクストが書かれた正確な時期や、そのテクストが正典になった時期などについても学者のあいだには論争がある。私がここで引用した日付は、いくつかの学者の意見と矛盾しないが、普遍的な合意はないため、大雑把なスケッチ程度のものと思ってほしい。

32. David Buss, *Evolutionary Psychology: The New Science of the Mind* (Boston: Allyn & Bacon, 2012), 90–95, 205–206, 405–409.

33. 次の文献には、人間の信念に影響を及ぼす多様な要因について、単にわかりやすいだけでなく、徹底していて、しかも生き生きとした議論を見ることができる。Michael Shermer, *The Believing Brain: From Ghosts and Gods to Politics and Conspiracies* (New York: St. Martin's Griffin, 2011). 感情が信念に影響を及ぼすのは明らかだと思うかもしれないが、学者たちは最近まで、信念が感情に及ぼす影響に力点を置いていた。次の資料には、この点が強調され

Haven: Yale University Press, 2015], 31–46).

18. 宗教へのコミットメントに対する感情的バイアスの重要性を吟味した文献として次のものがある。R. Sosis, "Religion and intragroup cooperation: Preliminary results of a comparative analysis of utopian communities," *Cross-Cultural Research* 34 (2000): 70–87; R. Sosis and C. Alcorta, "Signaling, solidarity, and the sacred: The evolution of religious behavior," *Evolutionary Anthropology* 12 (2003): 264–274.

19. Robert Axelrod and William D. Hamilton, "The Evolution of Cooperation," *Science* 211 (March 1981): 1390–1396; Robert Axelrod, *The Evolution of Cooperation*, rev. ed. (New York: Perseus Books Group, 2006).

20. Jesse Bering, *The Belief Instinct* (New York: W. W. Norton, 2011)（ジェシー・ベリング『ヒトはなぜ神を信じるのか —— 信仰する本能』鈴木光太郎訳、化学同人）

21. Sheldon Solomon, Jeff Greenberg, and Tom Pyszczynski, *The Worm at the Core: On the Role of Death in Life* (New York: Random House Publishing Group, 2015), 122.（シェルドン・ソロモン、ジェフ・グリーンバーグ、トム・ピジンスキー『なぜ保守化し、感情的な選択をしてしまうのか —— 人間の心の芯に巣くう虫』大田直子訳、インターシフト）

22. Abram Rosenblatt, Jeff Greenberg, Sheldon Solomon, et al., "Evidence for Terror Management Theory I: The Effects of Mortality Salience on Reactions to Those Who Violate or Uphold Cultural Values," *Journal of Personality and Social Psychology* 57 (1989): 681–690. For a review, see Sheldon Solomon, Jeff Greenberg, and Tom Pyszczynski, "Tales from the Crypt: On the Role of Death in Life," *Zygon* 33, no. 1 (1998):9–43.

23. Tom Pyszczynski, Sheldon Solomon, and Jeff Greenberg, "Thirty Years of Terror Management Theory," *Advances in Experimental Social Psychology* 52 (2015): 1–70.

24. Pascal Boyer, *Religion Explained: The Evolutionary Origins of Religious Thought* (New York: Basic Books, 2007), 20.（パスカル・ボイヤー『神はなぜいるのか?』鈴木光太郎・中村潔訳、NTT出版）

25. William James, *The Varieties of Religious Experience: A Study in Human Nature*

Darwin's Cathedral: Evolution, Religion, and the Nature of Society (Chicago: University of Chicago Press, 2002).

16. 一例として、スティーブン・ピンカーによる、ニューヨーク市、ジェラルドリンチ劇場で2018年6月2日に開催されたワールド・サイエンス・フェスティバルの公開プログラム「信じる脳」がある。

17. Charles Darwin, *The Descent of Man and Selection in Relation to Sex* (New York: D. Appleton and Company, 1871), 84. Kindle（チャールズ・ダーウィン『人間の由来』）。ダーウィンがここで言わんとしているのは、長年鬱積してきた「集団選択」に関する論争のことだ。標準的な進化論は、生物個体に作用する自然選択を基礎とする。生き延びて繁殖する能力が高い個体は、自分の遺伝物質をうまく次代に渡すことができるだろう。集団選択もそれに似ているが、ただしその選択は集団に作用する。うまく生き延びて（集団全体として生き延びる能力が高く）増殖する（集団の構成員が増えて分裂して、新しい集団を生じさせる）集団は、集団を優位に立たせるその傾向を次代の集団に引き継ぐことができるだろう（ダーウィンの言い方は、集団としての成功に貢献する個体に焦点を合わせているが、集団としての成功は、その集団に属する個体数が増えることに現れるのであって、集団から、それに似た集団が生じることに現れるわけではない。とはいえ、集団としての成功は、個体の成功に役立つ振る舞いと、集団のそれに役立つ振る舞いとの、相互作用にかかっているのも事実なのだ）。論争になっているのは、集団選択が原理的に可能かどうかではない。問題は、それが実際に起こっているかどうかだ。問題は時間スケールにある。一般に、個人が繁殖するか、または死ぬまでの典型的な時間スケールは、集団が分割するか、または消滅する時間スケールよりもずっと短いだろう。だとすると、集団選択に批判的な人たちが言うように、集団選択は時間がかかりすぎて、その効果が現れることはないだろう。この批判に対する応答として、長らく集団選択を支持してきたデーヴィッド・スローン・ウィルソンは（とはいえ、彼が支持しているのは、「マルチレベル選択」として知られる、より一般化された形式である）、この論争の大半は、相違点もあるが究極的には同等の「帳簿づけの方法」（全個体数を分割する方法）に帰着し、それゆえ今起こっている意見の不一致が、それほど重要でないのは明らかだと論じる。(David Sloan Wilson, *Does Altruism Exist? Culture, Genes, and the Welfare of Others* [New

光太郎・中村潔訳、NTT出版）

11. 詳細な議論については以下の文献を参照のこと。*The Adapted Mind: Evolutionary Psychology and the Generation of Culture*, Jerome H. Barkow, Leda Cosmides, and John Tooby, eds. (Oxford: Oxford University Press, 1992); David Buss, *Evolutionary Psychology: The New Science of the Mind* (Boston: Allyn & Bacon, 2012).

12. 認知心理学についてより読みやすい本に、以下のものがある。Justin L. Barrett, *Why Would Anyone Believe in God?* (Lanham, MD: AltaMira Press, 2004); Scott Atran, *In Gods We Trust: The Evolutionary Landscape of Religion* (Oxford: Oxford University Press, 2002); Todd Tremlin, *Minds and Gods: The Cognitive Foundations of Religion* (Oxford: Oxford University Press, 2006).

13. Pascal Boyer, *Religion Explained: The Evolutionary Origins of Religious Thought* (New York: Basic Books, 2007), 46–47.（パスカル・ボイヤー『神はなぜいるのか？』鈴木光太郎・中村潔訳、NTT出版）; Daniel Dennett, *Breaking the Spell: Religion as a Natural Phenomenon* (New York: Penguin Books, 2006), 122–123.（ダニエル・C・デネット『解明される宗教 —— 進化論的アプローチ』阿部文彦訳、青土社）; Richard Dawkins, *The God Delusion* (New York: Houghton Mifflin Harcourt, 2006), 230–233.（リチャード・ドーキンス『神は妄想である』垂水雄二訳、早川書房）

14. ダーウィンが最初に記述した血縁選択説（あるいは包括適応度）は次の著作で発展させられた。R. A. Fisher, *The Genetical Theory of Natural Selection* (Oxford: Clarendon Press, 1930); J. B. S. Haldane, *The Causes of Evolution* (London: Longmans, Green & Co., 1932); and W. D. Hamilton, "The Genetical Evolution of Social Behaviour," *Journal of Theoretical Biology* 7, no. 1 (1964): 1–16. より最近では、進化の発展を理解するために包括適応度が役に立つのかという点に、次の文献で疑問が投げかけられた。M. A. Nowak, C. E. Tarnita, and E. O. Wilson, "The evolution of eusociality," *Nature* 466 (2010): 1057–1062. この論文に対しては、136人の研究者の署名とともに批判的な反応があった。P. Abbot, J. Abe, J. Alcock, et al., "Inclusive fitness theory and eusociality," *Nature* 471 (2011): E1–E4.

15. David Sloan Wilson, *Does Altruism Exist? Culture, Genes, and the Welfare of Others* (New Haven: Yale University Press, 2015); David Sloan Wilson,

Palaeolithic: 3D reappraisal of the Qafzeh 11 skull, consequences of pediatric brain damage on individual life condition and social care," *PloS One* 9 (23 July 2014): 7 e102822.

2. Erik Trinkaus, Alexandra Buzhilova, Maria Mednikova, and Maria Dobrovolskaya, *The People of Sunghir: Burials, Bodies and Behavior in the Earlier Upper Paleolithic* (New York: Oxford University Press, 2014).

3. Edward Burnett Tylor, *Primitive Culture*, vol. 2 (London: John Murray 1873; Dover Reprint Edition, 2016), 24.（エドワード・バーネット・タイラー『原始文化 上・下』国書刊行会）

4. Mathias Georg Guenther, *Tricksters and Trancers: Bushman Religion and Society* (Bloomington, IN: Indiana University Press, 1999), 180–198.

5. Peter J. Ucko and Andree Rosenfeld, *Paleolithic Cave Art* (New York: McGraw-Hill, 1967), 117–123, 165–174.

6. David Lewis-Williams, *The Mind in the Cave: Consciousness and the Origins of Art* (New York: Thames & Hudson, 2002), 11.（デヴィッド・ルイス＝ウィリアムズ『洞窟のなかの心』港千尋訳、講談社）。もっとアクセスしやすい面に関する著作もたくさん書かれたが、達成することの重大な困難を示す本が多数存在することは、このパースペクティブの重要性を示している。

7. Salomon Reinach, *Cults, Myths and Religions*, trans. Elizabeth Frost (London: David Nutt, 1912), 124–138.

8. これは広く受け入れられた説だが、洞窟の近くで骨が採掘された動物と、洞窟の壁に描かれた動物とが一致しないことが判明し、疑問が投げかけられている。あなたがバイソンを狩りに行くことになって、いつもより少し幸運に恵まれたければ、あなたはバイソンを描くだろう。あるいは先祖たちもきっとそうしたに違いないと思うだろう。しかし、データはその予想を裏づけていない。次の文献を参照のこと。Jean Clottes, *What Is Paleolithic Art? Cave Paintings and the Dawn of Human Creativity* (Chicago: University of Chicago Press, 2016).

9. Benjamin Smith, 2019年3月13日の私信。

10. Pascal Boyer, *Religion Explained: The Evolutionary Origins of Religious Thought* (New York: Basic Books, 2007), 2.（パスカル・ボイヤー『神はなぜいるのか？』鈴木

は存在しなかった思考を可能にもする」(Bertrand Russell, *Human Knowledge* [New York: Routledge, 2009], 58. 邦訳はバートランド・ラッセル著作集第9「人間の知識I」みすず書房)。ラッセルは、「かなり複雑な思考」をするためには言葉が必要だとし、その例として、言葉がなければ「『円周の直径に対する比はおよそ3.14159である』という文で述べられていることにきちんと対応する思考をするのは明らかに不可能だ」と述べた。それほど厳密な構成物ではないが、経験の範囲を超えるものとして、たとえば、おしゃべりする木や、ぎゃあぎゃあわめく雲や、幸せな小石などは、人間の心の中に言葉で記述されたのではない形で存在しやすいが、言語が持つ組み合わせ論的でヒエラルキー的な性質は、とくにそういったものを作り出すのに向いている。ダニエル・デネットは、個々には現実に存在する特質だが、それらを組み合わせれば空想の世界にわれわれをいざなうような何かを発明する人間の能力が生まれるにあたって、言語が大きな役割を果たしただろうと力説した(Daniel Dennett, *Breaking the Spell: Religion as a Natural Phenomenon* [New York: Penguin Publishing Group, 2006], 121. 邦訳はダニエル・C・デネット『解明される宗教——進化論的アプローチ』阿部文彦訳、青土社)。第8章で論じるように、ある種の芸術は、とりわけアイディアの流れを、言語によって明確に表現されたものから、言語によらない経験的感覚へと変えさせるのに適している。

51. Justin L. Barrett, *Why Would Anyone Believe in God?* (Lanham, MD: AltaMira, 2004); Stewart Guthrie, *Faces in the Clouds: A New Theory of Religion* (New York: Oxford University Press, 1993).

第 7 章

1. カフゼーの発掘は1934年にフランスの考古学者ルネ・ヌーヴィユにより始まり、人類学者ベルナール・ヴァンデルメールシュ率いるチームによって続けられた。ヴァンデルメールシュとそのチームの言葉によれば、カフゼー 11の埋葬物の配置は「葬儀の供え物であることを証言しており、たまたま採用された配置ではない。これらの観察すべてが、周到な知識的葬儀が行われたという解釈を強く支持している」。次の文献を参照のこと。Hélène Coqueugniot et al., "Earliest cranio-encephalic trauma from the Levantine Middle

SubStance 30, no. 1/2, issue 94/95 (2001): 6–27.

41. Ernest Becker, *The Denial of Death* (New York: Free Press, 1973), 97.(アーネスト・ベッカー『死の拒絶』今防人訳、平凡社)

42. Joseph Campbell, *The Hero with a Thousand Faces* (Novato, CA: New World Library, 2008), 23.(ジョーゼフ・キャンベル『千の顔を持つ英雄』上・下、倉田真木他訳、ハヤカワノンフィクション文庫など)

43. Michael Witzel, *The Origins of the World's Mythologies* (New York: Oxford University Press, 2012).

44. Karen Armstrong, *A Short History of Myth* (Melbourne: The Text Publishing Company, 2005), 3.(カレン・アームストロング『新・世界の神話　神話がわたしたちに語ること』武舎るみ訳、角川書店)

45. Marguerite Yourcenar, *Oriental Tales* (New York: Farrar, Straus and Giroux, 1985).

46. Scott Leonard and Michael McClure, *Myth and Knowing* (New York: McGraw-Hill Higher Education, 2004), 283–301.

47. Michael Witzel, *The Origins of the World's Mythologies* (New York: Oxford University Press, 2012), 79.

48. Dan Sperber, *Rethinking Symbolism* (Cambridge: Cambridge University Press, 1975)(ダン・スペルベル『象徴表現とはなにか』菅野盾樹訳、紀伊國屋書店); Dan Sperber, *Explaining Culture: A Naturalistic Approach* (Oxford: Blackwell Publishers Ltd., 1996)(ダン・スペルベル『表象は感染する —— 文化への自然主義的アプローチ』菅野盾樹訳、新曜社)

49. Pascal Boyer, "Functional Origins of Religious Concepts: Ontological and Strategic Selection in Evolved Minds," *Journal of the Royal Anthropological Institute* 6, no. 2 (June 2000): 195–214. See also M. Zuckerman, "Sensation seeking: A comparative approach to a human trait," *Behavioral and Brain Sciences* 7 (1984): 413–471.

50. バートランド・ラッセルは、思考を容易にさせる言語の役割を強調して次のように述べた。「言語は、思考を表現するために役立つだけでなく、言語なしに

Sastre, "Michel Jouvet: An explorer of dreams and a great storyteller," *Sleep Medicine* 49 (2018): 4–9.

33. Kenway Louie and Matthew A. Wilson, "Temporally Structured Replay of Awake Hippocampal Ensemble Activity During Rapid Eye Movement Sleep," *Neuron* 29 (2001): 145–156.

34. われわれがしばしば夢に結びつける突拍子もない物語——物理法則、論理的進行、内的調和を破るもの——は、夢を見るという行為は、現実世界での出会いとはほとんど関係がないことをほのめかしているのかもしれない。しかし、突拍子もない夢というものは、われわれの逸話的な評価が示唆するほど、広く見られていない可能性もある。むしろわれわれの夢のかなりの部分は、現実的な内容を持っているのかもしれない。Antti Revonsuo, Jarno Tuominen, and Katja Valli, "The Avatars in the Machine-Dreaming as a Simulation of Social Reality," *Open MIND* (2015): 1–28; Serena Scarpelli, Chiara Bartolacci, Aurora D'Atri, et al., "The Functional Role of Dreaming in Emotional Processes," *Frontiers in Psychology* 10 (March 2019): 459.

35. Alfred North Whitehead, *Science and the Modern World* (New York: Free Press, 1953), 10.（ホワイトヘッド『科学と近代世界』上田泰治・村上至孝訳、松籟社）

36. Joyce Carol Oates, "Literature as Pleasure, Pleasure as Literature," *Narrative*. https://www.narrativemagazine.com/issues/stories-week-2015-2016/story-week/literature-pleasure-pleasure-literature-joyce-carol-oates

37. Jerome Bruner, "The Narrative Construction of Reality," *Critical Inquiry* 18, no. 1 (Autumn 1991): 1–21.

38. Jerome Bruner, *Making Stories: Law, Literature, Life* (New York: Farrar, Straus and Giroux, 2002), 16.

39. Brian Boyd, "The evolution of stories: from mimesis to language, from fact to fiction," *WIREs Cognitive Science* 9 (2018): 7–8, e1444.（ブライアン・ボイド『ストーリーの起源 —— 進化、認知、フィクション』小沢茂訳、国文社）

40. John Tooby and Leda Cosmides, "Does Beauty Build Adapted Minds? Toward an Evolutionary Theory of Aesthetics, Fiction and the Arts,"

Gilgamesh (New York: Henry Holt and Company, 2007).

25. Andrew George, trans., *The Epic of Gilgamesh: The Babylonian Epic Poem and Other Texts in Akkadian and Sumerian* (London: Penguin Classics, 2003).

26. このパースペクティブと進化心理学の原理についての入門書としては、次のものを参照されたい。*The Adapted Mind: Evolutionary Psychology and the Generation of Culture*, ed. Jerome H. Barkow, Leda Cosmides, and John Tooby (Oxford: Oxford University Press, 1992), 19–136; David Buss, *Evolutionary Psychology: The New Science of the Mind* (Boston: Allyn & Bacon, 2012)所収のJohn Tooby and Leda Cosmides, "The Psychological Foundations of Culture"

27. S. J. Gould and R. C. Lewontin, "The Spandrels of San Marco and the Panglossian Paradigm: A Critique of the Adaptationist Programme," *Proceedings of the Royal Society B* 205, no. 1161 (21 September 1979): 581–598.

28. Steven Pinker, *How the Mind Works* (New York: W. W. Norton, 1997), 530.(スティーブン・ピンカー『心の仕組み』椋田直子訳、筑摩書房); Brian Boyd, *On the Origin of Stories* (Cambridge, MA: Belknap Press, 2010)(ブライアン・ボイド『ストーリーの起源－進化、認知、フィクション』小沢茂訳、国文社); Brian Boyd, "The evolution of stories: from mimesis to language, from fact to fiction," *WIREs Cognitive Science* 9 (2018): e1444.

29. Patrick Colm Hogan, *The Mind and Its Stories* (Cambridge: Cambridge University Press, 2003); Lisa Zunshine, *Why We Read Fiction: Theory of Mind and the Novel* (Columbus: Ohio State University Press, 2006).

30. Jonathan Gottschall, *The Storytelling Animal* (Boston and New York: Mariner Books, Houghton Mifflin Harcourt, 2013), 63.

31. Keith Oatley, "Why fiction may be twice as true as fact," *Review of General Psychology* 3 (1999): 101–117.

32. ジュヴェの仕事に関する心惹かれる記述として、次のものがある。Barbara E. Jones, "The mysteries of sleep and waking unveiled by Michel Jouvet," *Sleep Medicine* 49 (2018): 14–19; Isabelle Arnulf, Colette Buda, and Jean-Pierre

16. Fernando L. Mendez et al., "The Divergence of Neandertal and Modern Human Y Chromosomes," *American Journal of Human Genetics* 98, no. 4 (2016): 728–734.

17. Guy Deutscher, *The Unfolding of Language: An Evolutionary Tour of Mankind's Greatest Invention* (New York: Henry Holt and Company, 2005), 15.

18. Dean Falk, "Prelinguistic evolution in early hominins: Whence motherese?" *Behavioral and Brain Sciences* 27 (2004): 491–541; Dean Falk, *Finding Our Tongues: Mothers, Infants & the Origins of Language* (New York: Basic Books, 2009).

19. R. I. M. Dunbar, "Gossip in Evolutionary Perspective," *Review of General Psychology* 8, no. 2 (2004): 100–110; Robin Dunbar, *Grooming, Gossip, and the Evolution of Language* (Cambridge, MA: Harvard University Press, 1997)（ロビン・ダンバー『ことばの起源 —— 猿の毛づくろい、人のゴシップ』松浦俊輔・服部清美訳、青土社）

20. N. Emler, "The Truth About Gossip," *Social Psychology Section Newsletter* 27 (1992): 23–37; R. I. M. Dunbar, N. D. C. Duncan, and A. Marriott, "Human Conversational Behavior," *Human Nature* 8, no. 3 (1997): 231–246.

21. Daniel Dor, *The Instruction of Imagination* (Oxford: Oxford University Press, 2015).

22. 火熾しと料理の役割については、Richard Wrangham, *Catching Fire: How Cooking Made Us Human* (New York: Basic Books; 2009)（リチャード・ランガム『火の賜物 ——ヒトは料理で進化した』依田卓巳訳、NTT出版）を参照のこと。集団育児についてはSarah Hrdy, *Mothers and Others: The Evolutionary Origins of Mutual Understanding* (Cambridge, MA: Belknap Press, 2009)を参照のこと。学習と協力についてはKim Sterelny, *The Evolved Apprentice: How Evolution Made Humans Unique* (Cambridge, MA: MIT Press, 2012)を参照のこと。

23. R. Berwick and N. Chomsky, *Why Only Us* (Cambridge, MA: MIT Press, 2015), chapter 2（『チョムスキー言語学講義：言語はいかにして進化したか』渡会圭子訳、ちくま学芸文庫　第二章）

24. David Damrosch, *The Buried Book: The Loss and Rediscovery of the Great Epic of*

11. R. Berwick and N. Chomsky, *Why Only Us* (Cambridge, MA: MIT Press, 2015)(『チョムスキー言語学講義：言語はいかにして進化したか』渡会圭子訳、ちくま学芸文庫)。この提案では比較的すみやかな生物学的変化が必要とされ、そのことで進化の理解とのあいだに緊張が生じるのではないかと問題視する人たちもいるが、チョムスキーは、自分たちの提案は、進化はすべてゆっくりと少しずつ起こるという従来の考え方から逸脱している、眼の形成のような生物学的エピソードを受け入れる今日のネオダーウィニズムの観点にぴったりと収まると論じる。

12. S. Pinker and P. Bloom, "Natural language and natural selection," *Behavioral and Brain Sciences* 13, no. 4 (1990): 707–784; Steven Pinker, *The Language Instinct* (New York: W. Morrow and Co., 1994)(スティーブン・ピンカー『言語を生み出す本能』上・下、椋田直子訳、NHK出版);Steven Pinker, "Language as an adaptation to the cognitive niche," in *Language Evolution: States of the Art*, ed. S. Kirby and M. Christiansen (New York: Oxford University Press, 2003), 16–37.(スティーヴン・ピンカー『言語進化とはなにか』野村泰幸訳、大学教育出版所収「認知的ニッチへの適応としての言語」)

13. たとえば言語学者で発達心理学者のマイケル・トマセロは、次のように述べた。「たしかに、世界の言語のすべてが共通に持っているものがある。……しかし、なんであれその共有物は、文法に由来するのではなく、むしろ人間の認知や、社会的相互作用、情報処理の普遍的な面に由来する —— 人間はそうして共有物のほとんどを、なんであれ現代的な言語のようなものが生じる以前に持っていたのだ」Michael Tomasello, "Universal Grammar Is Dead," *Behavioral and Brain Sciences* 32, no. 5 (October 2009): 470–471.

14. Simon E. Fisher, Faraneh Vargha-Khadem, Kate E. Watkins, Anthony P. Monaco, and Marcus E. Pembrey, "Localisation of a gene implicated in a severe speech and language disorder," *Nature Genetics* 18 (1998): 168–70. C. S. L. Lai, et al., "A forkhead-domain gene is mutated in a severe speech and language disorder," *Nature* 413 (2001): 519–523.

15. Johannes Krause, Carles Lalueza-Fox, Ludovic Orlando, et al., "The Derived FOXP2 Variant of Modern Humans Was Shared with Neandertals," *Current Biology* 17 (2007): 1908–1912.

2. Max Wertheimer, *Productive Thinking*, enlarged ed. (New York: Harper and Brothers, 1959), 228.（マックス・ウェルトハイマ著『生産的思考』谷田部達郎訳、岩波現代叢書）

3. Ludwig Wittgenstein, *Tractatus Logico-Philosophicus* (New York: Harcourt, Brace & Company, 1922), 149.（ルートヴィヒ・ヴィトゲンシュタイン『論理哲学論考』丘沢静也訳、光文社など）

4. Toni Morrison, Nobel lecture, 7 December 1993. https://www.nobelprize.org/prizes/literature/1993/morrison/lecture/

5. ダーウィンは、「原始人、ないし人類の初期の先祖たちがはじめて音声を用いたのは、真の音楽的抑揚、つまりは歌うときだったろう」と書いた。そして彼はこう付け加えた。「この能力は、両性の求愛において——つまり、愛、嫉妬、勝利といったさまざまな感情を表現するために——用いられただろうし、競争相手への挑戦としても役立ったろうと推論できるのである」Charles Darwin, *The Descent of Man* (New York: D. Appleton and Company, 1871), 56.（チャールズ・ダーウィン『人間の由来』長谷川眞理子訳、講談社学術文庫など）

6. 『クォータリーレビュー』の1869年4月号に、ウォレスは進化を駆動する力——すなわち「変化と、繁殖、生き残りの法則」——に触れて次のように論じた。「それゆえわれわれは、人間という種の発展において、より高度な知性が、より気高い目的のために同じ法則を導いた可能性を認めなければならない」(Alfred Russel Wallace, "Sir Charles Lyell on geological climates and the origin of species," *Quarterly Review* 126[1869]: 359–394)

7. Joel S. Schwartz, "Darwin, Wallace, and the Descent of Man," *Journal of the History of Biology* 17, no. 2 (1984): 271–289.

8. Charles Darwin, letter to Alfred Russel Wallace, 27 March 1869.

9. Dorothy L. Cheney and Robert M. Seyfarth, *How Monkeys See the World: Inside the Mind of Another Species* (Chicago: University of Chicago Press, 1992).この警戒音の録音されたものをBBCのウェブページで聴くことができる。https://www.bbc.co.uk/sounds/play/p016dgw1

10. Bertrand Russell, *Human Knowledge* (New York: Routledge, 2009), 57–58.（バートランド・ラッセル著作集第9「人間の知識I」みすず書房）

筋が通っていると私が考える答えのはじまりとでも言うべきものは、次のように述べることができる。罰は、それを与えることによって社会的利益を守ることができるかどうかにもとづいて決定されるべきである。ここで言う社会的利益には、容認できない振る舞いが将来的に起こるのを先延ばしにすることも含まれている。ここでもまた、自由意志がないことは学習と矛盾しない。人々が学習するように、ルンバも学習する。今日の経験は、明日の行動に因果的に関係するのだ。そんなわけで、もしも罰を受けることによって、あなたや他の人たちが、それ以降、容認できないような行動をしなくなるのなら、あるいはその行動をしないようにあなたや他の人たちを説得することができるなら、われわれは罰することを通して、社会をより満足のいく状態へと導いたことになる。同様の考察は、これらの議論においてしばしば提起される「テストケース(先例的事件)」にも当てはまる。そのテストケースでは、容認できない振る舞いは、情状酌量の余地のある環境(脳腫瘍、強制、統合失調症、邪悪なエイリアンによる神経インプラント、等々)において起こり、悪事を働いた人は、環境のせいにして責任逃れをするようにも見える。ここに述べたことと本文の議論から導かれるのは、そんな状況で罪を犯した人は、その行動に対して責任を負うべきだというものだ。容認できないことをやったのは、その当人の粒子であり、当人は各自を構成する粒子たちだ。しかし、与えられた任意の状況の詳細に応じて情状酌量の余地のある状況なので、罰を下すことにメリットはないかもしれない。もしもあなたが容認できない行動を取ったのが脳腫瘍のせいなら、あなたを罰したところで、将来的に同じ状況になったときに同じ行動を取らせないようにする役には立ちそうにない。そして、もしも腫瘍を取り除くことができるなら、あなたにはもはや危険性はないので、あなたを罰したところで社会にとってなんら新たにメリットはない。要するに、罰はプラグマティックな目的に沿ったものでなければならないということだ。

第 6 章

1. Alice Calaprice, ed., *The New Quotable Einstein* (Princeton: Princeton University Press, 2005), 149.(アリス・カラプリス編『増補新版 アインシュタインは語る』林一・林大訳、大月書店)

未来のその時点まで私が保持していたものにもっとも近い者、すなわち「最近接連続者」を指す。もちろん、どのような距離関数を使うかを特定することが本質的に重要であり、ノージックは、個人的な特性のうち、どれが重要だと思うかが異なる人のあいだでは、関数の選び方も異なるかもしれないと言う。多くの場合において、「最近接連続者」という直観的な考えは適切だが、人為的だが悩ましい例を作ることはできる。たとえば、私を転送しようとしているときに転送装置が故障して、転送先にまったく同じ私の複製をふたつ作ってしまった場合を考えよう。どちらの粒子の集合体が「本当の」私なのだろうか？　ノージックは、この場合、唯一の最近接連続者は存在しないのだから、私はもはや存在していないと言う。しかし私は、距離関数が最小値をとる候補がひとつでなくてもまったくかまわないので、ふたつの複製はどちらも私だと考える。本章で用いられる「私」という考えについては、直観的な個人的同一性がノージックの考えとなじみが良い。というのも、たとえば、私の生涯を通して「ブライアン・グリーン」だとわれわれが直観的にラベルづけする粒子集団は、実際に最近接連続者だからである。これについては次の文献を参照のこと。Robert Nozick, *Philosophical Explanations* (Cambridge, MA: Belknap Press, 1983), 29–70.（ロバート・ノージック『考えることを考える』上・下、坂本百大他訳、青土社）

46. この議論が提起するひとつの問題は、あなたが仲間の市民や社会が受け入れ難いとみなす振る舞いをしてしまったとき、あなたはその結果に責任を負うべきかどうかということだ。哲学者たちは長らく、自由意志、道徳的責任、罰が果たす役割という、3つの主題が重なったこの領域に生じるさまざまな問題について意見を闘わせてきた。これは、複雑でやっかいなテーマである。これに関する私の立場をひとことで言えば、次のようになるだろう。本章の本文で述べたのとまったく同じ理由により、あなたの行動——良きにつけ悪しきにつけ——は、自由意志があろうとなかろうと、あなたが責任を負うべきである。あなたはあなたの粒子たちだから、もしもあなたの粒子たちが間違ったことをしたのなら、あなたが間違ったことをしたのだ。そうなると、真の問題は、その結果として起こったことを、どう位置づけるかだ。行動の結果もまた、自由に意志されたものではないということは脇に置くとして、問題は、あなたは罰を受けるべきかどうかである。筋が通っていると思える唯一の答えは、というより、

2003)(ダニエル・C・デネット『自由は進化する』山形浩生訳、NTT出版)および*Elbow Room* (Cambridge, MA: MIT Press, 1984)(ダニエル・C・デネット『自由の余地』戸田山和久訳、名古屋大学出版会)で提案し、発展させたものにもっとも近い。もう少し深い議論を読みたい読者のために、参考文献として挙げておく。私にこれらのアイディアに取り組んでみるよう勧めてくれたのは、私にもっとも大きな影響を及ぼした教師のひとりであるルイーズ・ヴォスゲルチャンである。それ以来、私はこうした問題を繰り返し考えてきた。ヴォスゲルチャンはハーバード大学の音楽教授で、科学的な発見が審美的感性とどう結びついているかに深く興味を持ち、現代物理学の立場から人間の自由と創造性に関する本を書いてほしいと私に言ったのだ。

44. この論点をさらに強調するのが、人工知能と機械学習だ。研究者たちは、チェスや碁のようなゲームをするアルゴリズムとして、それまで指した「手」は成功したのかどうかを分析することにより、自分自身をアップデートできるものを開発した。そんなアルゴリズムを走らせるコンピュータの内部にあるのは、物理法則に完全に支配されてあちこち動きまわる粒子だけだが、それでもアルゴリズムは改善される。アルゴリズムは学習するのである。アルゴリズムの指す「手」は創造性を帯びてくる。実際、もっとも洗練されたシステムはあまりにも創造的なので、数時間ほど内的アップデートをするだけで、初心者レベルから世界レベルのチェス・マスターを超えるほど上達することができる。次の文献を参照のこと。David Silver, Thomas Hubert, Julian Schrittwieser, et al., "A general reinforcement learning algorithm that masters chess, shogi, and Go through self-play," *Science* 362 (2018): 1140–1144.(サイエンス誌「セルフプレーでチェス、将棋、囲碁をマスターする一般的な強化学習アルゴリズム」)

45. ここでの問題は、もしも「私」が私を構成している粒子たちの配置なら、その粒子配置が、配置の仕方と構成要素の両方において変化してもなお、私は私なのだろうかということだ。これは「通時的な人格の統一性」という哲学上の大きな問題の1バージョンであり、広くさまざまな観点と応答を生み出してきた。この問題へのロバート・ノージックのアプローチに対しては、私は賛成と反対が相半ばする立場である。ノージックのアプローチは、いくぶん専門的な言葉を使えば、私は未来の自己を、私という役割の候補のうち、ある空間の距離関数を最小化するものを、自己として同一視するということになるだろう。私は、

1970).

40. アリストテレスは、もしも行為の始点がその行為者の内にあり、行為者自身の熟慮から現れたのであれば、その行動は「自発的」であると述べた——これを大幅に洗練したパースペクティブが、大きな影響力を振るうようになっている。次の文献を参照のこと。Aristotle, *Nicomachean Ethics*(アリストテレス『ニコマコス倫理学』朴一功訳、京都大学学術出版会)。アリストテレスは行為を非自発的なものとする能力をそなえた外的な力に、決定論的な物理法則を含めなかったが、そのような根本的だが非人格的な影響を考慮する人たちは(私も含めて)、アリストテレスの「自発性」の概念は、自由意志に関する自分たちの直観とはなじまないと考えている。

41. 本章の注17と同様、私が自主的な物体を構成する粒子たちに言及するとき、それは、その物体の完全な物理的状態を記述することの簡略版である。古典的には、物体の完全な物理的状態は、その物体の基本構成要素の位置と速度によって与えられる。量子力学的には、その状態は、その物体の構成要素を記述する波動関数によって与えられる。私が粒子を強調したことで、場はどうなるのかと思われたかもしれない。専門的な教育を受けた読者はご存知のように、場の量子論においては、場の影響は粒子によって伝達される(たとえば電磁場の影響は光子によって伝達される)。さらに、場の量子論では、巨視的な場は数学的には粒子集団の特定の配置によって記述できることが示される——いわゆる「粒子のコヒーレント状態」である。私が「粒子」に言及するときは、場もそこに含めている。この分野の素養のある読者は、エンタングルメントのような量子的特徴のために、量子的なセッティングでは、古典的なセッティングよりも物体の状態を複雑にできることにお気づきだろう。今後論じることの多くについて、そういう複雑な点は無視することができる。根本的には、われわれにとって必要なのは、物理世界が法則に従ったユニタリーな進展をすることである。

42. より厳密には、岩の粒子が共同してベンチを押そうとする可能性は馬鹿馬鹿しいほど小さいため、興味のある時間スケールでは、岩がわれわれを救う統計的な可能性は無視することができる。

43. 哲学の文献には両立論がたくさん出てくる。ここで私が述べたものは、ダニエル・デネットがDaniel Dennett in *Freedom Evolves* (New York: Penguin Books,

(2014): 39-78における統合された客観収縮理論を参照されたい。

35. 量子力学のすべてはシュレーディンガー方程式に遡ることができるが、この理論が導入されてから数十年のうちに、多くの物理学者が、その数学的定式化を大きく発展させた。量子力学の計算から出てくるものとして言及したみごとな予測は、量子力学とマクスウェルの電磁気理論とを融合させた量子電気力学と呼ばれる分野の予測である。

36. このことを、「量子力学によると、測定される前の電子は、位置という言葉が従来持っていた意味での位置を持たない」と表現することもできる。

37. 第3章の注5で指摘したように、あるバージョンの量子力学では、粒子がくっきりと確定した軌跡を保つため、測定問題への解決策を得られるかもしれない。ボームの力学、ないしド・ブロイ-ボームの力学と呼ばれるそのアプローチは、今も世界のあちこちで少数の研究者グループによって追究されている。このアプローチはダークホースではあるが、私はボームの力学について、将来的に主流のパースペクティブに発展しうるアプローチだと言うつもりはない。測定問題へのもうひとつのアプローチに多世界解釈がある。このアプローチでは、測定を行うとき、量子力学的発展として許される可能性はすべて実現しているとする。第三の提案は、ギラルディ＝リミニ＝ウェーバー(GRW)理論で、この理論では基本的な物理プロセスを新たに導入する。そのプロセスは、稀にではあるが、個々の粒子の確率波をランダムに収縮させる。少数の粒子集団では、そのプロセスはあまりにも稀なため、従来の実験結果に影響を及ぼすことはない。しかし、粒子の集団が大きくなると、そのプロセスははるかに多く起こるようになり、ドミノ倒しのような効果を生み出して、物質世界で実現するひとつの結果を厳密に選び出す。より詳しくは、『宇宙を織りなすもの』第七章を参照されたい。

38. Fritz London and Edmond Bauer, *La théorie de l'observation en mécanique quantique*, No. 775 of *Actualités scientifiques et industrielles; Exposés de physique générale, publiés sous la direction de Paul Langevin* (Paris: Hermann, 1939). 英訳は次の文献に収録されている。John Archibald Wheeler and Wojciech Zurek, *Quantum Theory and Measurement* (Princeton: Princeton University Press, 1983), 220.

39. Eugene Wigner, *Symmetries and Reflections* (Cambridge, MA: MIT Press,

(May 2014).

28. Scott Aaronson, "Why I Am Not An Integrated Information Theorist (or, The Unconscious Expander)," *Shtetl-Optimized*. https://www.scottaaronson.com/blog/?p=1799

29. Michael Graziano, *Consciousness and the Social Brain* (New York: Oxford University Press, 2013); Taylor Webb and Michael Graziano, "The attention schema theory: A mechanistic account of subjective awareness," *Frontiers in Psychology* 6 (2015): 500.

30. 人間の色覚は、私がここでの短い話でほのめかしたよりも複雑だ。われわれの目は、光の振動数の幅に応じて感度が変わるレセプターを持っている。レセプターの中には、目に見える振動数の大きな光に対して感度の高いものもあれば、振動数の小さい光に対して感度の高いものも、その中間の振動数に対して感度の高いものもある。われわれの脳が感知する色は、これらさまざまなレセプターの応答を混ぜ合わせることで生じているのである。

31. ひとつ前の注で述べたように、これはひとつの簡略化であり、「赤」というのは、脳の視覚レセプターが受け取ったさまざまな振動数への応答を混ぜ合わせたものに対し、脳が与えた解釈である。それにもかかわらず、その簡略化された説明は本質を捉えている。われわれの色覚は役に立つが、電磁波によってわれわれの目に運ばれた物理的データの粗い表現だということだ。

32. David Premack and Guy Woodruff, "Does the chimpanzee have a theory of mind?" *Cognition and Consciousness in Nonhuman Species*, special issue of *Behavioral and Brain Sciences* 1, no. 4 (1978): 515–526.

33. Daniel Dennett, *The Intentional Stance* (Cambridge, MA: MIT Press, 1989)（ダニエル・C・デネット『「志向姿勢」の哲学——人は人の行動を読めるのか?』若島正・河田学訳、白揚社）

34. たとえばデネットの『解明される意識』における多元的草稿モデルや、バールのBernard J. Baars, *In the Theater of Consciousness* (New York: Oxford University Press, 1997)におけるグローバルワークスペース理論、ハメロフとペンローズのStuart Hameroff and Roger Penrose, "Consciousness in the universe: A review of the 'Orch OR' theory." *Physics of Life Reviews* 11

では、研究者たちは、空間を満たす電場、磁場、電荷という、根本的に新しい特質を導入する必要があった)。チャーマーズは、ハードプロブレムは、実在に関するわれわれの基礎物理学的な記述の中核である物質的構成要素を利用するだけでは解決できないと論じており、その点において、私が導入する枠組みは――彼のものとは違うが――この問題の本質的な部分を捉えている。チャーマーズが、生気論が徐々に消滅したのは、生気論が強調した問題には客観的機能があったからだとする点にも注意しよう。物理的成分は、いかにして客観的な生命の機能を遂行するのだろうか? 科学が、物理的な成分の機能的な能力を徐々に明らかにするにつれ(生化学的な分子などに関する理解が深まるにつれ)、生気論が扱おうとしていた謎は消滅したのだった。チャーマーズは、ハードプロブレムにおいては、このような進歩は起こらないとする。物理主義者は、チャーマーズのこの直観を共有せず、脳の機能についての理解が進展すれば、主観的経験も理解できるようになるだろうと予想する。より詳しくは、次の文献を参照のこと。David Chalmers, "Facing Up to the Problem of Consciousness," *Journal of Consciousness Studies* 2, no. 3 (1995): 200–219, and David Chalmers, *The Conscious Mind: In Search of a Fundamental Theory* (Oxford: Oxford University Press, 1997), 125.

26. 臨床の文献には、脳の特定の部分を摘出した結果として、脳のその部位の機能が失われたというものが無数にある。あるひとつのケースはわが家にとって密接な関係がある。脳の悪性腫瘍の摘出手術後、私の妻、トレーシーは幅広くさまざまなものを指す普通名詞を口にすることが一時的にできなくなった。彼女が語るところによると、それはあたかも自分の受けた手術が、ものの名前が保存されていた知識のデータバンクを摘出したかのようだったそうだ。彼女はその名詞が指すもの、たとえば赤い靴などを思い浮かべることはできたが、心の中のその画像に名前を与えることができなかったのだ。

27. Giulio Tononi, *Phi: A Voyage from the Brain to the Soul* (New York: Pantheon, 2012); Christof Koch, *Consciousness: Confessions of a Romantic Reductionist* (Cambridge, MA: MIT Press, 2012)(クリストフ・コッホ『意識をめぐる冒険』土屋尚嗣・小畑史哉訳、岩波書店);Masafumi Oizumi, Larissa Albantakis, and Giulio Tononi, "From the Phenomenology to the Mechanisms of Consciousness: Integrated Information Theory 3.0," *PLoS Computational Biology* 10, no. 5

あることを示唆するのである。そう受け止めた研究者たちは、心的感覚を得ることは、単なる粒子集団にはできないことだと論じてきた。粒子集団が、どれだけ高度に調和した運動をしようとも、断じてできないと言うのである。

20. Frank Jackson, "Epiphenomenal Qualia," *Philosophical Quarterly* 32 (1982): 127–136. [内容についてよく解説された日本語の本として、山口尚『クオリアの哲学と知識論証』春秋社がある]

21. Daniel Dennett, *Consciousness Explained* (Boston: Little, Brown and Co., 1991), 399–401.(ダニエル・C・デネット『解明される意識』山口泰司訳、青土社)

22. David Lewis, "What Experience Teaches," *Proceedings of the Russellian Society* 13 (1988): 29–57. この論文はデーヴィッド・ルイスのDavid Lewis, *Papers in Metaphysics and Epistemology* (Cambridge: Cambridge University Press, 1999): 262–290に再録されており、ローレンス・ネミロウの次の文献における、より早い時期の洞察に立脚している。"Review of Nagel's Mortal Questions," *Philosophical Review* 89 (1980): 473–477.

23. Laurence Nemirow, "Physicalism and the cognitive role of acquaintance," in *Mind and Cognition*, ed. W. Lycan (Oxford: Blackwell, 1990), 490–499.

24. Frank Jackson, "Postscript on Qualia," in *Mind, Method, and Conditionals, Selected Essays* (London: Routledge, 1998), 76–79.

25. 1995年の論文でチャーマーズは、ハードプロブレムについて考える際に参考になるとして、生気論と電磁気学の両方を取り上げて論じている。チャーマーズの規定によれば、ハードプロブレムをハードにしている重要な特徴は、経験の主観的特質を扱わなければならないことであり、それゆえ、脳の客観的機能に関する理解をどれだけ洗練させても、ハードプロブレムは解決できないと彼は論じる。私は本文のこの節で、この件を少し違った枠組みで捉えるのが役に立つと気づいたので、少なくとも原理的には、科学によって解決できる未解決問題と、今確立されている科学のパラダイムでは解決できないことが明らかになるかもしれない未解決問題とを対比させることにした(現行のパラダイムは、われわれが知るようなものとしての実在が実現している舞台を定義する)。この枠組みにおけるハードプロブレムは、われわれが現在採っているアプローチを根本的に変更しなければ解けない問題である(電気と磁気の例

示される。総合報告については、次の文献を参照されたい。Stanislas Dehaene and Jean-Pierre Changeux, "Experimental and Theoretical Approaches to Conscious Processing," *Neuron* 70, no. 2 (2011): 200–227, and Stanislas Dehaene, *Consciousness and the Brain* (New York: Penguin Books, 2014)（スタニスラス・ドゥアンヌ『意識と脳 —— 思考はいかにコード化されるか』高橋洋訳、紀伊國屋書店）

15. Isaac Newton, letter to Henry Oldenburg, 6 February 1671. http://www.newtonproject.ox.ac.uk/view/texts/normalized/NATP00003

16. 哲学者、心理学者、神秘主義者、その他幅広い領域の思想家たちが、意識についてさまざまな定義を採用してきた。文脈によっては、われわれがここで採用しているアプローチよりも有益なものもあれば、そうでないものもあるだろう。ここでのわれわれの焦点は「ハードプロブレム」にあり、この目的のためには本章の説明はかなり役に立つはずだ。

17. 私がここで言及しているのは、陽子、中性子、電子だが、自然界のもっとも洗練された構成要素 —— その要素が最終的に何になるにせよ（粒子か、場か、ひもか、さらに別のものか） —— の観点から、われわれの脳の状態を明確に記述することを便宜的に表現している。

18. Thomas Nagel, "What Is It Like to Be a Bat?" *Philosophical Review* 83, no. 4 (1974): 435–450.（トマス・ネーゲル『コウモリであるとはどのようなことか』永井均訳、勁草書房）

19. 私が、台風や火山を —— あるいはなんであれ、巨視的な物体を —— 基礎物理学の観点から理解するというとき、私は「原理的な」観点に立っている。カオス理論が長らく強調してきたように、粒子集団の初期条件のわずかな違いが、粒子集団の未来の配置にとてつもなく大きな違いを生じさせる。それと同じことは、少数の粒子からなる集団についてもいえる。実際上、そのせいでわれわれにできる予測の種類に大きな影響が出るのだが、そこに謎めいたことは何もない。カオス理論は重要で深い洞察を与えてくれるが、この理論は、基礎となる物理法則についてのわれわれの理解にあると見られるギャップを埋めるために作られた理論ではない。しかし、こと意識となると、本章で提起された問題 —— 心を持たない粒子集団が、どうすれば心的感覚を得ることができるのか —— は、一部の研究者にとって、はるかに根本的なギャップが

7. William Shakespeare, *Measure for Measure*, ed. J. M. Nosworthy (London: Penguin Books, 1995), 84.（ウィリアム・シェイクスピア『尺には尺を』第二幕第二場）

8. Gottfried Leibniz, letter to Christian Goldbach, 17 April 1712.

9. Otto Loewi, "An Autobiographical Sketch," *Perspectives in Biology and Medicine* 4, no. 1 (Autumn 1960): 3-25. レーヴィはそれが1920年の復活の主日のことであったと書いているが、正しくは1921年である。

10. 綿密な歴史的研究として、次の文献がある。Henri Ellenberger, *The Discovery of the Unconscious* (New York: Basic Books, 1970)（アンリ・エレンベルガー『無意識の発見　上・下』木村敏・中井久夫監訳、弘文堂）

11. Peter Halligan and John Marshall, "Blindsight and insight in visuo-spatial neglect," *Nature* 336, no. 6201 (December 22-29, 1988): 766-767.

12. 犯人は、1957年にサブリミナル広告を打てば、視聴者はポップコーンを食べコカ・コーラを飲みたくなり、両商品の大幅な売上増加につながると主張したジェームズ・ヴィカリーである。のちにヴィカリーはこの主張には根拠がなかったと認めた。

13. 研究者たちは、幅広くさまざまな種類のサブリミナル刺激が、意識的な活動に影響を及ぼしうることを立証している。このパラグラフでは、私は単純な数値的判定に及ぼすサブリミナルの影響という一例を挙げた。しかし、それと同様のサブリミナル効果は、言葉の認知についても示されている。たとえば次の文献を参照のこと。Anthony J. Marcel, "Conscious and Unconscious Perception: Experiments on Visual Masking and Word Recognition," *Cognitive Psychology* 15 (1983): 197-237. また、さまざまな画像や対象に関する認知度評価についても、同様の影響が認められている。

14. L. Naccache and S. Dehaene, "The Priming Method: Imaging Unconscious Repetition Priming Reveals an Abstract Representation of Number in the Parietal Lobes," *Cerebral Cortex* 11, no. 10 (2001): 966-974; L. Naccache and S. Dehaene, "Unconscious Semantic Priming Extends to Novel Unseen Stimuli," *Cognition* 80, no. 3 (2001): 215-229.これらの実験においては、最初の刺激は「マスキング」の手続きによってサブリミナル化されていることに注意しよう。その場合、刺激の前後に幾何学的な図形がほんの一瞬表

アインシュタインの一般相対性理論の場の方程式は$R_{\mu v}-\frac{1}{2}g_{\mu v}R+\Lambda g_{\mu v}=\frac{8\pi G}{c^4}T_{\mu v}$と書かれ、左辺は時空の曲率を表す。またこの式には、宇宙定数Λ（ラムダ）も入っている。右辺は曲率の湧き出し口（重力場の吐き出し口）である質量とエネルギーを記述している。この表現の中で（そして以下に続く表現の中で）ギリシャ文字で表された添え字は、0から3までの値をとり、4つの時空座標を表す。

電磁気学のマクスウェルの方程式は$\partial^\alpha F_{\alpha\beta}=\mu_0 J_\beta$と$\partial_{[\alpha}F_{\rho\sigma]}=0$で、左辺は電場と磁場を記述し、第一の方程式の右辺は、これらの場を生じさせる電荷を記述している。

強い核力と弱い核力のための方程式は、マクスウェル方程式の一般化である。本質的に重要な新しい特徴は、マクスウェルの理論では「場の強さ」$F_{\alpha\beta}=\partial_\alpha A_\beta-\partial_\beta A_\alpha$を「ベクトルポテンシャル」$A_\alpha$の観点から書くことができるのに対し、核力の場合には、場の強さ$F^a_{\alpha\beta}$に加えて、ベクトルポテンシャルA^a_αがあり、それらは$F^a_{\alpha\beta}=\partial_\alpha A^a{}_\beta-\partial_\beta A^a_\alpha+gf^{abc}A^b_\alpha A^c{}_\beta$によって関係づけられるというのが本質的な新しい様相だ。ラテン文字で表された添え字は、リー代数の生成作用素について取られるもので、弱い核力ではsu(2)、強い核力ではsu(3)で、f^{abc}はこれらの代数の構造定数である。

量子力学のシュレーディンガー方程式は$i\hbar\frac{\partial\psi}{\partial\tau}=H\psi$で、$H$はハミルトニアン、$\psi$は波動関数で、波動関数の（適切に規格化された）ノルムの2乗が、量子力学的な確率を与える。磁気学と、弱い核力と強い核力を融合させて、既知の物質粒子にヒッグス粒子を含めたものが、素粒子物理学の標準モデルを構成する。典型的には、標準モデルはそれと等価だが異なる定式化である、経路積分として知られている方法で表される（経路積分というアプローチの先駆者は、物理学者リチャード・ファインマンである）。量子力学と一般相対性理論との融合は、最先端の研究で現在追究されているトピックである。

5. Augustine, Confessions, trans. F. J. Sheed (Indianapolis, IN: Hackett Publishing, 2006), 197.（アウグスティヌス『告白』第十巻第八章）

6. Thomas Aquinas, *Questiones Disputatae de Veritate*, questions 10–20, trans. James V. McGlynn, S.J. (Chicago: Henry Regnery Company, 1953)（トマス・アクィナス『真理論　上』山本耕平訳、平凡社、中世思想原典集成第二期1、第十問題第八項）

free energy differences," *Physical Review Letters* 78 (1997): 2690.

42. イングランドはまた、生命体の物理的構造は一瞬秩序を持つのではなく、長期にわたり――死んでからでさえしばらくは――秩序を維持するから、生命が生み出す廃エネルギーのかなりの部分は、そんな安定的構造を作ることの副産物として生じているのではないかと指摘する。そうだとすると、エントロピック・ツーステップへの生命からの主要な寄与は、進行中のホメオスタシスを維持することに加えて、構造形成とも結びついているのかもしれない。また、生命体は高品質のエネルギーを必要とする一方で、そのエネルギーが生命体自体の内的組織を壊さないようなものであることも必要としている。力学的な例を挙げるなら、ワイングラスは、振動数の合う音波を受けると振動するが、音波から移行するエネルギーが多すぎれば割れてしまうこともある。それと同様の結果を避けるために、散逸系の自由度の中には、環境から流入するエネルギーとの共鳴を避けるような配置になっているものがあるのかもしれない。生命は、これら極端なケースのあいだで適切な均衡を保っている。

第 5 章

1. Albert Camus, *The Myth of Sisyphus*, trans. Justin O'Brien (London: Hamish Hamilton, 1955), 18.（アルベール・カミュ『シーシュポスの神話』清水徹訳、新潮文庫所収「不条理な論証」）
2. Ambrose Bierce, *The Devil's Dictionary* (Mount Vernon, NY: The Peter Pauper Press, 1958), 14.（アンブローズ・ビアス『悪魔の辞典』奥田俊介・倉本護・猪狩博訳、角川文庫、CARTESIANの項）
3. Will Durant, *The Life of Greece*, *The Story of Civilization*, vol. 2 (New York: Simon & Schuster, 2011), 8181–8182, Kindle.
4. 私は物理法則を明確に表現する数学的方程式のことをしょっちゅう話題にするので、われわれが現在得ている方程式の中で、もっとも洗練されたものについて、簡単に触れておくことには価値があるだろう。たとえあなたが記号を読み取れなくても、一般に数学は、「どんなふうに見えるのか」を知っておくだけでも興味深いのではないだろうか。

品質である。地表から放出される光子が運ぶエネルギーは、希薄で（波長が長く、スペクトラムの赤外領域にあり、数の上では多い）、それゆえ低品質である。こうして導かれた太陽の光源としての有効性は、太陽によって供給されるエネルギーの量が大きいことだけが理由ではなく、太陽から来るエネルギーは、地球が宇宙空間に放射する熱よりも、はるかに低いエントロピーを運んでいることもその理由である。この章では、地球が太陽から受け取る光子1個あたり、地球は数十個の光子を宇宙空間に放射すると述べた。この数字を見積もるには、太陽から来る光子は、絶対温度で約6000度の環境（太陽の表面温度）から放出されるのに対し、地球から放出される光子は、およそ285度（地球の表面温度）の環境から放出されることに注意すればよい。1個の光子のエネルギーは、その温度に比例するから（光子集団を、光子という粒子からなる理想気体と考える）、太陽から来て地球に吸収されたのちに、ふたたび地球から放出される光子の比は、ふたつの温度の比、6000K/285Kで与えられる。すなわち約21個である。

39. Erwin Schrödinger, *What Is Life?* (Cambridge: Cambridge University Press, 2012), 1.（『生命とは何か —— 物理的にみた生細胞』岡小天・鎮目恭夫訳、岩波文庫）

40. Albert Einstein, *Autobiographical Notes* (La Salle, IL: Open Court Publishing, 1979), 3.（『自伝ノート』中村誠太郎・五十嵐正敬訳、東京図書）生命体という文脈における熱力学原理の美しい取り扱いについては、われわれが本書で用いる本質的な概念の多くに洞察に満ちた例を示している、次の本を参照されたい。Philip Nelson, *Biological Physics: Energy, Information, Life* (New York: W. H. Freeman and Co., 2014).

41. J. L. England, "Statistical physics of self-replication," *The Journal of Chemical Physics* 139 (2013): 121923; Nikolay Perunov, Robert A. Marsland, and Jeremy L. England, "Statistical Physics of Adaptation," *Physical Review X* 6 (June 2016): 021036; Tal Kachman, Jeremy A. Owen, and Jeremy L. England, "Self-Organized Resonance During Search of a Diverse Chemical Space," *Physical Review Letters* 119, no. 3 (2017): 038001. また、次の文献も参照のこと。G. E. Crooks, "Entropy production fluctuation theorem and the nonequilibrium work relation for free energy differences," *Physical Review E* 60 (1999): 2721; and C. Jarzynski, "Nonequilibrium equality for

discharge experiment," *Proceedings of the National Academy of Sciences* 108, no. 14 (April 2011): 5526.

32. 細胞壁は、一方の端は水を求め、他方の端は水を避ける脂肪酸のようなありふれた化学物質から自然に形成される。水とのそんな関係によって、脂肪酸などの物質は、2倍幅の障壁を形成するよう促され、分子の親水端を外側に、疎水端を内側に向けた二重壁となる。それが細胞壁だ。RNAワールドのシナリオにおける議論については、次の論文を参照のこと。G. F. Joyce and J. W. Szostak, "Protocells and RNA Self-Replication," *Cold Spring Harbor Perspectives in Biology* 10, no. 9 (2018).

33. 化学者のスヴァンテ・アレニウス、天文学者のフレッド・ホイル、宇宙生物学者のチャンドラ・ウィクラマシンゲ、物理学者のポール・デイヴィスをはじめ、さまざまな分野の研究者が、隕石の一部は、自己複製することができて、反応の触媒にもなれる出来合いの分子、すなわち、きわめて頑強な生命の種子を運んできたという説を提唱した。生命を運ぶ宇宙空間の石が、宇宙全域で非常に多くの惑星に着陸した可能性を提起する興味深い説ではあるが、この説［パンスペルミア説］は、生命の起源に関するわれわれの問いを、生命の種子の起源に関する問いにするだけで、われわれの理解を前進させるものではない。

34. David Deamer, *Assembling Life: How Can Life Begin on Earth and Other Habitable Planets?* (Oxford: Oxford University Press, 2019).

35. A. G. Cairns-Smith, *Seven Clues to the Origin of Life* (Cambridge: Cambridge University Press, 1990)(『生命の起源を解く七つの鍵』石川統訳、岩波書店)

36. W. Martin and M. J. Russell, "On the origin of biochemistry at an alkaline hydrothermal vent," *Philosophical Transactions of the Royal Society B* 362 (2007): 1187.

37. Erwin Schrödinger, *What Is Life?* (Cambridge: Cambridge University Press, 2012), 67.(『生命とは何か —— 物理的にみた生細胞』岡小天・鎮目恭夫訳、岩波文庫)

38. 地球に入射してくる光子によって運ばれるエネルギーは、より集約的で(波長は短く、可視光線のスペクトラムに納まり、数の上では少ない)、それゆえ高

[1961]: 144–148)。ミッチェルの提案の細部はその後改定を要することになったが、彼のノーベル賞は「生物学的なエネルギー移行」の研究に対して授けられたものだった。ミッチェルは変わった科学者だった。学問の世界の馬鹿げた特質に飽き飽きしたミッチェルは(それについては私も共感できる)、独立の慈善団体であるグリン研究所を創設し、そこでさまざまな同僚および最大10人のスタッフと生化学研究を行った。彼の魅力的な人生の詳細は、次の書籍に語られている。John Prebble and Bruce Weber, *Wandering in the Gardens of the Mind: Peter Mitchell and the Making of Glynn* (Oxford: Oxford University Press, 2003). 細胞内のエネルギーの抽出と輸送に関する今日の理解の詳細は、たとえばBruce Alberts et al., *Molecular Biology of the Cell*, 5th ed. (New York: Garland Science, 2008)(『細胞の分子生物学』)の十四章を参照されたい。この分野に詳しい読者はお気づきのように、実はこのプロセスだけがエネルギー抽出のプロセスではない。このほかに、【発酵】によるエネルギー抽出(酸素を使わないエネルギー抽出のプロセス)がある。

29. Charles Darwin, *The Origin of Species* (New York: Pocket Books, 2008)(邦訳はたとえば光文社古典新訳文庫『種の起源(上・下)』渡辺政隆訳)

30. 私がこのアナロジーでイメージしているのは、ランダムな試行錯誤を通して製品を漸次修正していく企業だ。しかし、試行錯誤を組み入れる方法には、ランダムにやるより効果的なものがある。たとえば、コンピュータ科学者は、計算のアルゴリズムを開発する際、ひとつのアルゴリズムから出発して、そのアルゴリズムにランダムに修正を加え、アルゴリズムの計算速度を落とす修正は棄てる。そうして残ったアルゴリズム(速度を上げるような修正が加えられている)にさらに修正を加える。この手続きを反復すると、自然選択に触発されたアプローチになる。そのアプローチでは、幅広い可能性からサンプリングをして、計算の手続きとして、より速いものを得る。もちろん、アルゴリズムをコンピュータで調べるのは、ランダムに修正された製品を市場で試してみるのに比べて格段にコストがかからない。ランダムな試行錯誤は、修正を反復するためにかかる時間と資源のコストが小さい場合には(あるいは、莫大な数の並行処理で収支が検証される場合には)有益な戦略になりうるのだ。

31. Eric T. Parker, Henderson J. Cleaves, Jason P. Dworkin, et al., "Primordial synthesis of amines and amino acids in a 1958 Miller H_2S-rich spark

24. 科学者たちはDNAの種ごとの重なりを比較する手段をさまざま開発してきた。ひとつのアプローチでは、種が共有する遺伝子の塩基対を比較する（人間とチンパンジーの1パーセントの遺伝的相違として言及した数はそれだ）。別のアプローチでは全ゲノムを比較する（それによると人間とチンパンジーの遺伝的相違はいくぶん大きくなる）。

25. より厳密には、研究者たちは、次のパラグラフで説明するコードがほぼ普遍的だとする。その言い方には、特定の特殊なケースでは変異が見出されているという事実が反映されている。それにもかかわらず、その控えめな変異も含め、この章で説明した基本的なコードの構造が共有されているのである。

26. コードは3文字、文字は4種類あるので、文字の組み合わせは64通りある。しかし、塩基配列がコードするアミノ酸は20種類しかないので、異なる塩基配列で同じアミノ酸をコードすることができ、実際にそうなっている。歴史的には、この遺伝コードを最初に明らかにした論文には次のものがある。F. H. C. Crick, Leslie Barnett, S. Brenner, and R. J. Watts-Tobin, "General nature of the genetic code for proteins," *Nature* 192 (1961): 1227–1232; J. Heinrich Matthaei, Oliver W. Jones, Robert G. Martin, and Marshall W. Nirenberg, "Characteristics and Composition of RNA Coding Units," *Proceedings of the National Academy of Sciences* 48, no. 4 (1962): 666–677. 1960年代半ばまでには、何人かの研究者の努力を通して――わけてもマーシャル・ニーレンバーグ、ロバート・ホリー、ハー・ゴビンド・コラナの研究により――コードは完全解読され、この仕事に対し、これら3人の指導的研究者たちは1968年のノーベル賞を授けられた。

27. 遺伝子の厳密な定義には今も論争がある。タンパク質のコード情報に加え、遺伝子は制御配列を含み（その配列がコード領域と隣り合っている必要はない）、それらは、細胞がコード情報を厳密にどのように利用するか（たとえば、細胞が組み立てるタンパク質の生産速度を上げるか下げるかといったことなど）に影響を及ぼすことができる。

28. 鍵となる重要な洞察は、ATP合成に動力を与える陽子による電流で、イギリスの生化学者ピーター・ミッチェルが提唱し、彼はその仕事により1978年のノーベル賞を受賞した（P. Mitchell, "Coupling of phosphorylation to electron and hydrogen transfer by a chemiosmotic type of mechanism," *Nature* 191

18. ヴォルフガング・パウリの排他原理については本書の第9章で論じるが、この原理もまた、原子核のまわりの電子の量子軌道として、どれに入ることができるかを決定するためには不可欠である。排他原理は、2個の電子が(より一般には、同じ種類の2つの物質粒子が)同じ量子状態を占めることはできないとする。したがって、シュレーディンガー方程式によって決定された個々の量子軌道には、それぞれ最大で1個の電子(あるいは、スピンの自由度を含めるならば、2個の電子)しか入れない。これらの軌道の多くは同じエネルギーを持ち、われわれの劇場のアナロジーでは、同じ列の座席に対応する。しかし、いったん座席が埋まってしまえば——それぞれの量子軌道が占拠されてしまえば——その階層(準位)には、それ以上電子を収容することはできない。

19. 中学校の理科を思い出せば、私はひとつ控えめな単純化をしていることに気づくだろう。より正確に言うと、(量子力学のために)原子は、軌道の列をさらに細かく分けている。その細かな列の違いは、角運動量の違いだ。小さな角運動量を持つ高い列が、大きな角運動量を持つ低い列よりもエネルギーが低いということもありうる。その場合、電子は、低い列を満たす前に、高い列に入る。

20. より厳密には、安定性が達成されるのは、原子の最外殻(バレンス殻)が満たされたときだ。高校で習った「オクテット則[八隅説とも]」を思い出してもいいだろう。それによれば、原子は普通、バレンス殻を埋めるために8個の電子を必要とし、その数にするために、他の原子に電子を寄付するか、他の原子からもらうか、あるいは共有する。

21. Albert Szent-Györgyi, "Biology and Pathology of Water," *Perspectives in Biology and Medicine* 14, no. 2 (1971): 239.

22. 本章では植物と動物に焦点を合わせるが、これらは真核細胞(核を含む細胞)からできている。そこで研究者たちは、系譜は「真核生物の最終共通祖先」(Last Eukaryotic Common Ancestor:LECA)に収束するという。より一般に、細菌と古細菌も考慮するなら、系譜はさらに遡って「最終共通祖先」(Last Universal Common Ancestor:LUCA)に収束する。

23. A. Auton, L. Brooks, R. Durbin, et al., "A global reference for human genetic variation," *Nature* 526, no. 7571 (October 2015): 68.

44, no. 1 (February 2014): 3. カーオは、ホイルは自分の宇宙論を好んでいたが(定常宇宙論。この理論においては宇宙は常に存在していた)、彼が使った「ビッグバン」という用語は、必ずしも嘲笑するつもりではなかったのかもしれないと言っている。ホイルは「ビッグバン」という言葉を、このライバルから自分の理論を区別するための鮮烈な方法として利用したのかもしれない。

13. S. E. Woosley, A. Heger, and T. A. Weaver, "The evolution and explosion of massive stars," *Reviews of Modern Physics* 74 (2002): 1015.

14. ある研究は起こりうる10万の軌道を分析し、それらの軌道のほとんどすべてにおいて太陽はあまりにも速いスピードで放出されたため、原始惑星系円盤は失われたか、または惑星たちがすでに形成されていたのなら、惑星たちは散り散りになっただろうと結論した(Bárbara Pichardo, Edmundo Moreno, Christine Allen, et al., "The Sun was not born in M67," *The Astronomical Journal* 143, no. 3 [2012]: 73)。別の研究は、メシエ67それ自体が形成された場所について別の仮定を置き、太陽をしかるべき軌道に放出するために適切な射出速度はより遅く、惑星たちや原始惑星系円盤は保存されただろうと結論づけている(Timmi G. Jørgensen and Ross P. Church, "Stellar escapers from M67 can reach solar-like Galactic orbits," arXiv .org, arXiv: 1905.09586)。

15. A. J. Cavosie, J. W. Valley, S. A. Wilde, "The Oldest Terrestrial Mineral Record: Thirty Years of Research on Hadean Zircon from Jack Hills, Western Australia," in *Earth's Oldest Rocks*, ed. M. J. Van Kranendonk (New York: Elsevier, 2018), 255–278. 最近のデータは、以下の文献に記述されたもともとの研究と矛盾しない。John W. Valley, William H. Peck, Elizabeth M. King, and Simon A. Wilde, "A Cool Early Earth," *Geology* 30 (2002): 351–354; John Valley, 2019年7月30日の私信。

16. Werner Heisenberg, *Physics and Philosophy: The Revolution in Modern Science* (London: Penguin Books, 1958), 16.

17. Max Born, "*Zur Quantenmechanik der Stoßvorgänge*," *Zeitschrift für Physik* 37, no. 12 (1926): 863. この論文の最初のバージョンでは、ボルンは量子的な波動関数を直接確率に結びつけていたが、のちに付け加えた脚注では、確率は波動関数のノルムの2乗に関係すると修正した。

世界の仕組みの根本的統一性は所与のこととしたうえで、その統一性は、還元主義のプログラムの導くところ、どこまでもとことん追究することにより生まれると仮定する。世界の中で起こることはすべて、自然の基本法則の命令に従う基本構成要素の観点から記述される。「入れ子になった自然主義」が強調するのは、そうして得られた記述には、限られた説明力しかないという点だ。還元主義の説明を取り巻くように、その他多くの階層の理解が存在し、一番内側［還元主義］の構造を、外側の階層が順次取り囲んでいる。追究する問題によって、外側の層で語られる物語が、還元主義が与えるものよりはるかに洞察に満ちた説明を与えることもあるだろう。すべての説明は互いに調和しなければならないが、高い階層では、低い階層に対応する概念のない、新しくて有用な概念が出現することもある。たとえば、多数の水分子を研究しているとき、水の波を考えることは意味があるし有益でもあるが、単一の水分子を研究しているときに波を考えても意味はないし有益でもない。同様に、人間経験についての豊かで多様な物語を探るとき、入れ子になった自然主義は、どの階層の記述であれ、一番啓発的であることが示されるような記述を自由に提起する一方で、それらの説明が、内的に調和したひとつの記述にうまくはまり込むようにするのである。

9. 全般に、「生命」への言及はすべて、暗黙のうちに「われわれが地球上で知るようなものとしての生命」を意味しており、その条件をいちいち書くことはしない。

10. 原子量の大きい原子を作る際に重要なハードルになるのは、5個または8個の核子を含む安定な原子核が存在しないことだ。陽子と中性子を順に付け加えて原子核を作っていくと（水素原子核とヘリウム原子核を付け加えていく）、5と8の段階で原子核は不安定になり、それがビッグバン直後の原子核合成を遅らせるボトルネックになる。

11. 私が与えた比率は、質量による相対的な存在量である。ヘリウム原子核は水素原子核よりざっと4倍重いので、水素原子の数とヘリウム原子の数を比較すると、質量による存在量の比とは異なる数値が得られ、水素は92パーセント、ヘリウムは8パーセントになる。

12. 完全な物語はヘリガ・カーオ（Helge Kragh）の次の文献を参照されたい。Helge Kragh, "Naming the Big Bang," *Historical Studies in the Natural Sciences*

メントを織り込む。哲学者のバリー・ストラウドが提唱する「膨張性のある、または心を開いた自然主義」では、説明の境界は、最初から厳密に線引きされているのではなく、自然の物質的要素から、心理的な特質、さらに抽象的な数学の命題まで、ありとあらゆるものに訴えて説明の階層を作る自由を残しながら、観測、実験、分析の結果として得られたものに説明を与えることを要請する(Barry Stroud, “The Charm of Naturalism,” *Proceedings and Addresses of the American Philosophical Association* 70, no. 2 [November 1996], 43–55)。哲学者のジョン・デュプレの提唱する「多元論的自然主義」の観点からすると、科学の内部で統一性を達成するという夢は危険な神話であり、われわれの説明は、伝統的な諸科学に留まらず、それらを超える領域にまで広がり、歴史、哲学、芸術をはじめとする諸分野を含む、「多様で、互いに重なり合う探究のプロジェクト」から出現しなければならないと論じる(John Dupré, “The Miracle of Monism,” in *Naturalism in Question*, ed. Mario de Caro and David Macarthur [Cambridge, MA: Harvard University Press, 2004], 36–58)。スティーヴン・ホーキングとレナード・ムロディナウは「モデル依存実在論」を導入した。その立場では、互いに異なる物語の集合として実在を記述し、それぞれの物語は、粒子たちのミクロな世界か、日常のマクロな世界かによらず、異なるモデルないし理論的枠組みにもとづく相異なるものとする(Stephen Hawking and Leonard Mlodinow, *The Grand Design* [New York: Bantam Books, 2010]　邦訳『ホーキング、宇宙と人間を語る』佐藤勝彦訳、エクスナレッジ)。物理学者のショーン・キャロルは、さまざまな興味を満足させるために科学的な自然主義を拡張するような説明のことを、「詩的自然主義」と呼ぶ(Sean Carroll, *The Big Picture* [New York: Dutton, 2016]　邦訳『この宇宙の片隅に——宇宙の始まりから生命の意味を考える50章』松浦俊輔訳、青土社)。そして、本書の第1章注4で指摘したように、E・O・ウィルソンは、大きく異なる学問分野から得られた知識が統合されて、さもなければ達成できなかったであろう理解の深みを提供するという概念を、「統合《コンシリエンス》」という言葉で表した。

私としては専門用語はあまり使いたくないが、この本でわれわれの議論を導いてくれる私の観点に名前をつけるなら、「入れ子になった自然主義」としたい。本章以降で明らかになるように、「入れ子になった自然主義」は、還元主義の価値とその普遍的な応用可能性にコミットする立場だ。この立場は、

7. K. G. Wilson, "Critical phenomena in 3.99 dimensions," *Physica* 73 (1974): 119. いくらか専門的な議論と、そこに含まれる参考文献については、ウィルソンのノーベル賞受賞講演を参照されたい。https://www.nobelprize.org/

8. 「入れ子になった物語」という考えは、「理解の階層」とか「説明の階層」などとも言われ、さまざまな分野の科学者たちによってさまざまなかたちで提唱されてきた。心理学者たちは、行動は、生物学的な階層(物理科学的な原因に訴える)、認知的な階層(高い階層の脳の機能に訴える)、文化的な階層(社会的影響に訴える)で説明されると言う。認知科学者の中には(認知科学者デーヴィッド・マーを嚆矢《こうし》とする)、情報処理システムについての理解を、計算の階層、アルゴリズムの階層、物理的な階層を考えることで組織化する人たちがいる。哲学者と物理学者は、ヒエラルキー的なスキームを提唱するが、その多くに共通するのは自然主義《ナチュラリズム》へのコミットメントだ。「自然主義」はしばしば用いられる用語だが、これを厳密に定義するのは難しい。この用語を使う人たちの多くは、自然主義は、超自然的な対象を持ち出す説明を拒否し、自然の特質だけで説明をしようとする立場だという点では合意できるだろう。もちろん、自然主義を厳密に定義するためには、何が自然物であるかの境界線を明確にする必要がある。それは、言うは易く、行うは難い。机と木はもちろん自然物だが、5という数や、フェルマーの最終定理はどうだろう?　嬉しいという感情や、赤という感覚はどうだろう?　不可侵の自由や、人間の尊厳といった理想はどうだろう?

　長年のうちには、こうした問いに触発されて、自然主義というテーマに多くのバリエーションが生じた。ひとつの極端な立場は、世界についての知識として唯一正統的なのは、科学の概念と分析からもたらされるものだけだと主張する――この立場は「科学主義」と呼ばれることがある。この観点に立つ人たちもまた、言葉の正確な定義を求められる。科学とはいうが、それはいったい何を指しているのだろう?　科学は、「観察と経験と合理的な思考にもとづいて導かれた結論」を意味すると受け取るなら、科学の境界は、典型的には大学の理学部で行われている学問領域を、大きく超えるのは明らかだろう。そうなると、科学をかなり広げた範囲の主張も、科学的な主張だということになる。

　それほど極端でない立場は、さまざまな組織化原理に自然主義へのコミット

(*K*と*U*を結びつける定理の中の2の因子のため)。したがって、ガス雲の収縮している部分のエントロピーは減少するだけでなく、その部分のエネルギーも減少する。そのエネルギーは、周囲を取り囲む球殻状の領域に放射され、その領域のエネルギーは、エントロピーと同様に増加する。

第 4 章

1. 1953年8月12日のフランシス・クリックからシュレーディンガーへの手紙。
2. J. D. Watson and F. H. C. Crick, "Molecular Structure of Nucleic Acids: A Structure for Deoxyribose Nucleic Acid," *Nature* 171 (1953): 737–738. この発見の中心的人物は、化学者で結晶学者でもあるロザリンド・フランクリンであり、彼女の「写真51」が、彼女の知らぬままウィルキンスによってワトソンとクリックに提供された[これは現在も広く流布する誤解で、ウィルキンスが提供した写真は、彼自身によって撮影されたものである。『二重螺旋　完全版』参照]。ワトソンとクリックがDNAの二重螺旋モデルを完成させるきっかけとなったのが、この写真だった。フランクリンは、DNAの構造解明の仕事にノーベル賞が授けられた4年前の1958年に亡くなった——そして、ノーベル賞を死後に与えることはできない。もしもフランクリンが存命だったなら、ノーベル委員会がどのように行動したかは明らかではない。次の資料を参照されたい。Brenda Maddox, *Rosalind Franklin: The Dark Lady of DNA* (New York: Harper Perennial, 2003)(ブレンダ・マドックス『ダークレディと呼ばれて　二重らせん発見とロザリンド・フランクリンの真実』福岡伸一監訳、鹿田昌美訳、化学同人)
3. Maurice Wilkins, *The Third Man of the Double Helix* (Oxford: Oxford University Press, 2003), 84.
4. Erwin Schrödinger, *What Is Life?* (Cambridge: Cambridge University Press, 2012), 3.(『生命とは何か —— 物理的にみた生細胞』岡小天・鎮目恭夫訳、岩波文庫)
5. *Time magazine,* Vol. 41, Issue 14 (5 April 1943): 42.
6. Erwin Schrödinger, *What Is Life?* (Cambridge: Cambridge University Press, 2012), 87.(『生命とは何か —— 物理的にみた生細胞』岡小天・鎮目恭夫訳、岩波文庫)

修正することで、観測事実を説明する暗黒物質の代替案を提案する人たちもいる。暗黒物質の粒子を直接検出しようという現在進行中の無数の実験が失敗続きであるため、そうした代替理論が徐々に注目を集めている。

12. より温度の高い物質または環境から、より低いものへと向かう熱の流れは、熱力学第二法則の直接的な帰結だ。熱いコーヒーが、その熱の一部を室内の空気分子に移行させて室温になるとき、空気がわずかに温まり、それゆえ空気のエントロピーは増大する。空気のエントロピー増大は、冷めていくコーヒーのエントロピーの減少を上まわり、全体としてのエントロピーはたしかに増大する。数学的には、系のエントロピーの変化は、系の熱の変化を温度で割ったものによって与えられる（$\Delta S = \frac{\Delta Q}{T}$、Sはエントロピー、Qは熱、Tは温度）。より熱い系からより冷たい系へと熱が流れるとき、それぞれの系の熱の変化は同じだが、方程式からわかるように、より温度の高い系のエントロピーの減少分は、より温度の低い系のエントロピーの増大分よりも小さい（分母にTがあるため）。したがって、全体としてのエントロピーは増大する。

13. エネルギー保存の観点から、分子が外向きに動くにつれ、重力ポテンシャルは増大し、それゆえ運動エネルギーが減少する。

14. 数学が得意で物理学の訓練を受けている読者は、エントロピーが位相空間の体積に比例する古典的統計力学を使って少し計算してみれば、このことは理解できるだろう。収縮するガス雲は、（有名な）ビリアル定理を満足するものと仮定する。ビリアル定理は粒子たちの平均の運動エネルギーKを、それら粒子たちの平均のポテンシャルエネルギーUに結びつけるもので、$K=-U/2$である。重力ポテンシャルエネルギーは、Rをガス雲の半径として$1/R$に比例するから、Kもまた$1/R$に比例することがわかる。さらに、運動エネルギーは粒子の速度の2乗に比例するから、粒子の平均の速さは$1/\sqrt{R}$に比例することがわかる。したがって、そのガス雲の中の粒子たちにアクセス可能な位相空間の体積は、$R^3(1/\sqrt{R})^3$に比例する。ここでR^3は粒子たちにアクセス可能な空間の体積を表し、$(1/\sqrt{R})^3$は、粒子たちにアクセス可能な運動量空間の体積を表す。ガス雲が収縮するにつれて空間体積が減少するペースが、運動量空間の体積が減少するペースを上まわり、それゆえエントロピーは減少することがわかる。また、ビリアル定理から、ガス雲が収縮するにつれて、ポテンシャルエネルギーの減少は、運動エネルギーの増加を上まわることにも注意しよう

な構造が得られたとしても、第一原理的なアプローチの基礎にある暗黙の仮定の探究へと、一歩後退するだけなのかということだ。これは些細な問題ではない。素粒子物理学において過去30年間になされた理論的仕事の大半は、われわれが得た中でもっとも洗練された理論の微調整を目標としていた（素粒子物理学の標準模型におけるヒッグス場の値の微調整や、標準的なビッグバン宇宙論における地平問題と平坦問題に対処するために必要な微調整など）。なるほど、そんな研究から素粒子物理学と宇宙論の双方に深い洞察が得られたが、この先どこかの時点で、この世界のある種の特徴は、より深い説明なしに、ただ単に与えられたものとして受け入れなければならなくなるのだろうか？　私は、この問いに対する答えは「ノー」だと考えたい。私の同僚たちのほとんども、同様に考えている。しかし、それが正しいという保証はない。

9. アンドレイ・リンデの2019年7月15日付の私信。リンデが好むアプローチは、インフレーションの相が、あらゆる可能な幾何学と場の領域からの、量子トンネル現象によって始まるというものだ。その領域では、時間と温度という概念が、まだ意味を持っていない可能性もある。リンデは、量子論的定式化の諸々の様相を賢く利用することで、インフレーションの膨張につながる条件が量子的に作り出されることは、量子現象が抑え込まれていない初期宇宙においては、ありふれたプロセスだったかもしれないと論じる。

10. 望遠鏡が強力になればなるほど（口径や個々の鏡のサイズなどが大きくなるにつれ）、より遠くの天体が解像できると考えるのは当然だ。だが、それにも限度はある。もしもある天体があまりにも遠くにあって、誕生以来その天体が放出した光がわれわれのところにまだ到達していなければ、どんな装置を使ってもその天体を見ることはできない。そんな天体は、「宇宙の地平面」の彼方にあるという。宇宙の地平面は、第9章と第10章で遠い未来について論じる際に重要な役割を演じる。インフレーション宇宙論では、空間はあまりにも急激に膨張するため、周囲の領域は、実際にわれわれの宇宙の地平面の彼方に飛び去る。

11. 間接的証拠（恒星と銀河の運動）にもとづき、宇宙空間は暗黒物質の粒子で満たされているという幅広いコンセンサスがある。その粒子は重力を及ぼすが、光を吸収したり放出したりすることはない。しかし、暗黒物質の粒子の探索については、これまでのところ収穫はなく、研究者の中には、重力法則を

状態（すべての硬貨が表を出しているような微視的状態）によってしか実現されない巨視的状態は稀な状態であり、多くの微視的状態（たとえば、表と裏が半々であるような微視的状態は多い）によって実現される巨視的状態はありふれていることから、経験的に確かめられる。

以上の話がわれわれの宇宙論の議論に関係してくるのは、インフラトン場に均質な「区画」が生じることは「起こりそうにない」と言うとき、われわれもまた等確率の原理に訴えているからだ。われわれは暗黙のうちに、場の微視的配置（各点における場の正確な値）として起こりうるものはどれも、他のどの微視的配置とも同じぐらい起こりやすく、それゆえ、与えられた巨視的配置の起こりやすさは、その状態を実現させる微視的状態の数に比例すると仮定しているのである。しかし、1セント硬貨の集団をテーブルに出す場合とは対照的に、宇宙論的な状況では、この仮定を支持する経験的証拠はない。この仮定がもっともらしく思われるのは、観測によって等確率の原理が支持される、日常の巨視的世界での経験のためなのだ。しかし、宇宙論的な展開についてわれわれが知りうるのは、1回かぎりの実験だけである。宇宙の場合にもとことん経験的アプローチを取れば、等確率の原理にもとづいて特別に思われる配置でも、それがわれわれの観測する宇宙をもたらすのであれば、それらの配置が実際に選択されている以上、それらの配置はひとつの類《クラス》として、ただ単に「実現確率が高い」のではなく、「確実に起こる」と結論しなければならない（あらゆる科学的説明は暫定的だが、その結論もまた暫定的だ）。数学的には、われわれが「起こりやすい」と呼ぶものと、「起こりにくい」と呼ぶものとのあいだの移行を引き起こすのは、配位空間の測度が変わるためだ（第2章の注14を参照のこと）。はじめの測度は、起こりうるひとつひとつの配置に対して等しい確率を与えるもので、「平坦」測度と呼ばれている。つまり、観測は、ある種の配置の類を、より起こりやすい配置として選び出す、「非平坦」測度を導入しようと思わせることができるのである。

物理学者たちは一般に、そんなアプローチには満足しない。配位空間に測度を導入することで、われわれが知る世界になる配置に最大の重みを与えるやり方は、物理学者には「不自然」に感じられるのだ。物理学者たちは、そんな測度をインプットの一部として取り入れるのではなく、アウトプットとしてもたらすような、第一原理から出発する基本的な数学的構造を探す。そこで重要になってくるのが、それは多くを求めすぎなのかということ、そして、たとえそん

では、過去における高エントロピーの配置から低エントロピーの状態が出現するという、到底起こりそうもないが、考えられる可能性について分析する。これに関する背景と、より詳しい話については『宇宙を織りなすもの』の第七章を参照されたい。

8. エントロピーの数学的記述は、次のことを正確に表現したものだ。任意の領域の内部で、場の値の変化の仕方は（場の値は、場所によって高くなったり低くなったりと、さまざまに変化できる）、均一であるやり方（場の値はいたるところで同じ）よりはるかに多いため、必要とされる状態はエントロピーが低い。しかし、ここでは暗黙のうちに専門的な仮定が置かれていることを思い出す必要がある。以下では、わかりやすさを重視して古典物理学の言葉を使うが、その内容はそのまま量子物理学の言葉に翻訳することができる。微視的な世界では、粒子ないし場の配置として、他のどの配置とも根本的に異なるものはないと考えるので、一般に、どの配置もみな同じとされる。しかしこれは、哲学者たちが「等確率の原理（無差別の原理とも）」と呼ぶものに依拠するひとつの仮定なのである。ある微視的配置を他の微視的配置と区別するアプリオリな根拠がないため、それらの実現確率はみな同じだと仮定しているだけなのだ。ここで巨視的な世界に焦点を移すと、ある特定の巨視的状態の実現しやすさと、別の状態の実現しやすさは、それぞれの状態を実現させる微視的状態の数の比によって決まる。ある特定の巨視的状態を実現させる微視的状態の数が、別の巨視的状態を実現させる微視的状態の数の2倍なら、その特定の巨視的状態の実現しやすさは、別の状態の実現しやすさの2倍になる。

　とはいえ、ここで注意したいのは、等確率の原理を正当化するためには、根本的には経験的基礎が必要になるということだ。実際、身のまわりのありふれた経験では、多くの例において、暗黙のうちにではあるが、等確率の原理の有効性が確立されている。1セント硬貨の集団をよく振ったのち、テーブルの上に出す例を考えよう。硬貨集団の個々の「微視的状態」は、他のどの微視的状態とも同等に起こりやすいと仮定することで（状態は、それぞれの硬貨が表か裏かをリストすることによって指定される。硬貨1は表、硬貨2は裏、硬貨3は裏、等々）、多くの微視的状態で実現される「巨視的状態」（個々の硬貨の裏表ではなく、表と裏がそれぞれいくつあるかを指定するだけで特定できる）は起こりやすいと結論される。硬貨の例では、この仮定は、少数の微視的

記述するかどうかである。すでに説明したように、インフレーション宇宙論では、その動力学はスカラー場（本章の注3参照）によって与えられる、空間を満たす一様なエネルギーにより駆動されているか、または異なるメカニズムで生じたのかもしれない（たとえば、反跳宇宙論、ブレーンインフレーション、衝突するブレーンワールド、可変光速理論をはじめ、いろいろな説が提案されている）。第10章では、ポール・スタインハート、ニール・トゥロック、その他さまざまな共同研究者たちによって発展させられた反跳宇宙論の可能性について簡単に論じる。その理論によれば、宇宙は、宇宙論的進化の無数のサイクルを経験する。

7. 熱心な読者のために、この議論をわかりにくくしている重要な点を説明しよう。与えられた物理系についてあなたが知っているのは、その系のエントロピーは最大エントロピーよりも小さいということだけだとすると、熱力学第二法則から、ひとつではなくふたつの結論が導かれる。ひとつは、その系が未来に向かってたどる可能性がもっとも高い道筋は、エントロピーを増加させるようなものであるということ。そしてもうひとつは、その系が過去に向かってたどる可能性がもっとも高い道筋は、やはりエントロピーが増加するようなものだということだ。物理法則が時間対称だということは、これほどまでに重いのである。方程式は、今日の状態が未来に向かおうが、過去に向かおうがまったく同じように作用する。問題は、その考察から導かれる高エントロピーの過去は、記憶と記録によって表される低エントロピーの過去と両立しないということだ（われわれの記憶によれば、今溶けかかっている氷は、過去にはもっと溶けていて、エントロピーがより高かったのではなく、それほど溶けておらず、エントロピーはより低かった）。もっとあからさまに言うと、高エントロピーの過去は、物理法則に対するわれわれの信頼を突き崩す。なぜなら、高エントロピーの過去には、法則それ自体を支える実験と観測は含まれていないだろうからだ。われわれの理解に自信喪失する事態を避けるためには、われわれは過去が低エントロピーであった証拠を【強化】しなければならない。一般に、われわれはそれをするために新たな仮定を持ち込むのだが、哲学者デーヴィッド・アルバートはそれを、「過去仮定」と名付けた。その仮定によれば、エントロピーはビッグバンの近くで低い値に固定され、それ以来、平均すれば増え続けていることになる。それは本章でわれわれが暗黙のうちに取っているアプローチだ。第10章

し、全体としての温度が下がる。しかし温度が下がっても、全体としてのエントロピーは空間体積の膨張により増大することに注意しよう。

5. そのぼやけが生じるのは、測定精度に課される量子的な限界のためであって、実在が根本的にぼんやりしているためではないとする少数派の観点がある。このアプローチ——普通は物理学者デーヴィッド・ボームにちなんで「ボームの力学」と呼ばれるが、ノーベル賞受賞者ルイ・ド・ブロイの名を加えて「ド・ブロイ－ボーム理論」と呼ばれることもある——では、粒子はくっきりとした軌跡を描く。このアプローチにおける粒子の軌跡は、古典物理学によって予測されたものとは異なるが(運動する粒子に作用する付加的な量子の力が存在する)、本章の言葉を使えば、その軌跡は、尖った羽ペンで描かれる。より伝統的な量子力学の定式化の不確定性とあいまいさは、与えられた任意の粒子の初期条件に関する統計的な不確定性として現れる。これらふたつの観点の違いは、それぞれの理論が描き出す実在にとっては本質的だが、定量的な予測にはほとんど影響がない。

6. インフレーション宇宙論は、初期宇宙の発展の一段階で、宇宙空間が加速度的な膨張をしたという前提にもとづくひとつの理論的枠組みであり(ここで「理論的枠組み」というのは、どれかひとつの理論ではなく、その枠組みの中にいくつかの理論がありうることを指す)、その段階が生じた経緯や、その後の展開の厳密な詳細は、数学的な定式化により異なる。もっともシンプルなバージョンは、精密化の一途をたどる観測データと緊張関係にあり、データは、少し複雑なバージョンのインフレーション理論に焦点を移している。インフレーション宇宙論を中傷する人たちは、より複雑なバージョンは説得力がなく、そんなバージョンが存在すること自体、インフレーションのパラダイムがあまりにも柔軟すぎて、どんなデータにも合わせられるため、データによってはそれらのバージョンを排除できないことを示しているだけのことだと言う。インフレーションを支持する人たちは、われわれは科学の自然な進展のあり方を目撃しているのだと論じる。つまり、観測による測定と数学的関心から得られる、より正確な情報に合うように、自分たちはたえず理論を調整しているというのだ。より一般に、そしてより専門的な言葉で言えば、宇宙論研究者に広く受け入れられている命題は、「地平の共動距離が減少する段階を経験している」というものだ。それほど明らかでないのは、その段階をインフレーション宇宙論が正しく

いた静的な宇宙には専門的観点から欠陥があるのを数学的に示したことだ。静的な宇宙という条件のもとで得られた解は、不安定だった。つまり、ほんのわずかでも空間が膨張するように仕向けられれば、空間はどこまでも膨張を続け、ほんのわずかでも収縮するように仕向けられれば、空間はどこまでも収縮を続ける解だったのだ。第二の要素は、本章で論ずる観測にもとづく反論で、宇宙は静的ではないことが、徐々に観測から明らかになったことである。これらふたつの知識が合わさって、アインシュタインは静的宇宙という考えを捨てた(とはいえ、もっとも重要な影響を及ぼしたのは、理論的考察だったと論じる人たちもいる)。この歴史の詳細については次の文献に詳しい。Harry Nussbaumer, "Einstein's conversion from his static to an expanding universe," *The European Physical Journal H* 39 (2014): 37–62.

3. Alan H. Guth, "Inflationary universe: A possible solution to the horizon and flatness problems," *Physical Review D* 23 (1981): 347.「宇宙の燃料」に対する専門用語は「スカラー場」である。よりなじみのある電場と磁場は、空間の各点でベクトルを与えるが(この場合のベクトルとは、その場所における電場または磁場の、強さと向きのこと)、スカラー場はそれとは異なり、空間内の各点でひとつの数しか与えない(その数から、場のエネルギーと圧力を求めることができる)。グースの論文、およびそれに続く多くの取り扱いは、研究者たちを悩ませていた宇宙論の諸問題に対処するためにインフレーションが果たす役割を強調するものだった——磁気単極子問題、地平問題、平坦問題がもっとも突出していた。これらの問題について一般向けに書かれた興味深い議論に、次の文献がある。Alan Guth, *The Inflationary Universe* (New York: Basic Books, 1998). グースの路線に従い、私は、ビッグバンの空間膨張を駆動した外向きの力を突き止めるという、より直観的にわかりやすい問題を提起することで、インフレーションを考える動機としたい。

4. 私が本文で言及した、インフレーションの爆発後に起こる冷却が完了して、宇宙は、もっと穏やかではあるが、やはり重要な空間膨張のフェーズに入った。簡単のために、宇宙の歴史の中間的なステップをいくつか省略した。初期宇宙の温度が下がったのは、宇宙に含まれていたエネルギーの多くが、電磁波によって運び去られたからであり、その電磁波は空間が膨張するにつれて波長が伸びる(いわゆる放射の赤方偏移)。すると、波のエネルギーが減少

に、本章の目的にとってわれわれに必要な唯一の事実は、与えられた任意の空間体積内のエントロピーは最大値になっていないということだ。もしもその体積が、たとえばあなた自身や、あなたの部屋の家具、その他その部屋の物質構造のすべてを構成している粒子が集まって収縮し、小さなブラックホールになるなら、そしてそのブラックホールがその後蒸発して、そこから生じた粒子たちがどんどん大きな空間体積に広がっていくなら、エントロピーは増大するだろう。それゆえ、興味深い物質構造（恒星、惑星、生命、等々）の存在そのものが、エントロピーが取りうる値よりも低いことを教えている。そんな、比較的低いエントロピーの特別な配置がいかにして生じたかは、説明を要することだ。次章では、この難しい問題に取り組むことにしよう。

16. とくに熱心な読者のために、もうひとつ、説明しておくべき詳細がある。水蒸気がピストンを押すとき、燃料から吸収したエネルギーの一部を消費するが、その過程で水蒸気はピストンにエントロピーをまったく渡さない（ピストンは水蒸気と同じ温度を持つと仮定している）。結局、ピストンが最初の場所にあるか、仕事をした結果として別の場所にあるかは、ピストンの内的な秩序または無秩序とは関係がなく、エントロピーは変化しない。そしてピストンにはエントロピーが移行しないので、エントロピーは相変わらず水蒸気それ自体にある。このことは、ピストンが元の場所にリセットされて次の動きに備えるとき、水蒸気はそれが抱える過剰なエントロピーのすべてをなんらかの形で排出しなければならないことを意味している。本章で強調したように、エントロピーの排出は、蒸気機関が環境に熱を放出することによって達成される。

17. Bertrand Russell, *Why I Am Not a Christian* (New York: Simon & Schuster, 1957), 107.（バートランド・ラッセル『宗教は必要か』所収「自由人の信仰」大竹勝訳、荒地出版社）

第 3 章

1. Georges Lemaître, "Rencontres avec Einstein," *Revue des Questions Scientifiques* 19 (1958): 129–32.

2. アインシュタインの転向の物語の完全版には、ふたつの要素が関係している。第一の要素は、アーサー・エディントンが、アインシュタインが以前に提唱して

せたものを考えよう。その「時間反転」した微視的状態は、よりエントロピーの低い状態に向かって進化するだろう。一般には、われわれはそのような微視的状態のことを、「稀だ」とか、「高度に調整されている」というカテゴリーに入れる。数学的には、そのようにカテゴライズするためには、配位空間における《測度》を特定する必要がある。そんな測度として一様なものを用いるお馴染みの状況では、実際に、エントロピーが先々減少するような初期条件は「稀」である——すなわち、そのような初期条件の測度は小さい。しかし、エントロピーが先々減少する初期配位のあたりでピークを持つ測度を選べば、そのような初期条件は稀ではなくなる。われわれが知る限りにおいて、どんな測度を選ぶかは、経験的なものだ。日常的な状況で出会う系に対しては一様な測度が選ばれ、実際に観測と一致する予測が得られるから、われわれはその測度を用いるということだ。しかし測度の選択は、実験と観測によって正当化されるということを知っておくことは重要だ。エキゾチックな状況(たとえば初期宇宙)を考えるときには、特定の測度を選ぶために必要なだけのデータがないため、「稀」だとか「ありふれている」とかいう直観は、日常的な場合と同様の経験的基礎を持たないことを認める必要がある。

15. 本文のこのパラグラフではざっと流したが、宇宙に対して「最大エントロピー」の状態という言葉を当てはめるとき、その言葉の意味に影響を及ぼす点がいくつかある。第一に、第2章では、重力の役割を考慮していないということだ。第3章では、重力も考慮に入れるが、そこで見るように、重力は、エントロピーの高い粒子配置の性質に多大な影響を及ぼす。実は、与えられた空間の有限体積においてエントロピーが最大であるような粒子配置は、宇宙空間を完全に満たしているブラックホールなのだが、この点は、第3章でもわれわれの議論の中心にはならないだろう(ブラックホールは重力に深く依存する天体である。詳細は、たとえば拙著『宇宙を織りなすもの』の第六章および第一六章を参照されたい)。第二に、任意の大きな(無限に大きくてもよい)空間領域を考えるなら、与えられた物質とエネルギーの量に対してエントロピーが最大になる粒子配置は、構成粒子(物質and/or放射)が大きな空間体積に均一に分布しているようなものだ。実際、第10章で論じるように、ブラックホールは究極的には蒸発し(その蒸発のプロセスを発見したのは、スティーヴン・ホーキングである)粒子は徐々に拡散し、より高いエントロピーの配置になる。第三

11. 物理学的には、温度は粒子の運動エネルギーの平均に比例するので、数学的には、各粒子の速度の2乗を平均することになる。ここでの目的のためには、温度は速さ(速度の大きさ)の平均と考えれば十分である。

12. より正確には、熱力学第一法則は、(i) 熱はエネルギーの一形態であり (ii) 与えられた系に対してなされる、あるいは系によって行われる仕事を考慮するエネルギー保存則の一種である。したがってこの場合、エネルギーの保存は、ある系の内部エネルギーの変化は、その系が吸収する正味の熱と、その系が行う正味の仕事との差から生じると述べている。この分野に熟達した読者は、総体としての(つまり宇宙全体としての)エネルギーとその保存について考えるときには微妙な点が生じることに気づくかもしれない。ここではその問題に深入りする必要はないので、エネルギーは保存されるという簡単な命題が成り立つと仮定して差し支えない。

13. 浴室の水蒸気の例では、簡単のために空気の分子は無視した。この場合も、パンを焼くことによって放出された高温の分子と、キッチンやその他の空間に漂う、より温度の低い分子との衝突をあらわに考えることはしない。そんな衝突では、平均すれば空気分子の速さを上げ、パンを焼くことで放出された分子の速さを下げるだろう。最終的には、両方のタイプの分子は同じ温度になる。パンを焼くことで放出された分子たちの温度低下は、その分子たちのエントロピーを減少させるように働くが、空気分子の温度は上昇するため、パン分子のエントロピー減少分を補って余りあるエントロピーの増大をもたらす。結果として、両方の分子集団を合わせたエントロピーは実際に増加するだろう。私が説明した簡単化されたバージョンでは、パンを焼くことで放出された分子の平均の速さは、部屋の中に広がっても一定のままであり、それゆえ温度も一定のままであって、パン分子のエントロピーの増大は、より大きな空間を満たしたことによって増えたものと考えることができる。

14. 数学に通じた読者のために書いておくと、この議論の基礎には重要な専門的仮定が置かれている(その仮定は、統計力学のほとんどの教科書や研究文献で置かれているものだ)。任意の巨視的状態が与えられたときに、実際に存在するのは、よりエントロピーの低い配置に向かって進化する微視的状態として矛盾のないものである。たとえば、低エントロピーの配置から出発して、与えられた微視的状態になる任意の推移があるとして、その推移を時間反転さ

三法則は、すべての内的な力は互いに打ち消し合い、質量中心の運動は、ボールに作用する外力だけに依存することを保証する。

6. ある研究（B. Hansen, N. Mygind, “How often do normal persons sneeze and blow the nose?” *Rhinology* 40, no. 1 [Mar. 2002]: 10–12）によると、平均すると人は1日に約1回くしゃみをし、地球上には70億人がいるから、1日に70億のくしゃみが起こり、1日を秒にすれば約86,000秒だから、世界中では1秒間に約8万のくしゃみが起こっている。

7. 本文の記述は、大雑把なまとめとしては問題ないが、時計を逆回しにした発展が物理法則により許されるためには、時間だけでなく、あとふたつ、その系に操作を施さなければならない。ひとつは、すべての粒子の電荷を反転させる操作（「荷電共役」）。もうひとつは、右手系と左手系の役割を反転させる操作（「パリティ反転」）だ。現在理解されている物理法則は、これら3つの反転のすべてを施したときに不変である。これはCPT定理として知られている（Cは荷電共役、Pはパリティ反転、Tは時間反転を表す）。

8. 裏が2枚のとき、計算は(100×99)/2 = 4,950。裏が3枚のときは(100×99×98)/3! = 161,700。4枚のときは(100×99×98×97)/4! = 3,921,225。5枚のときは(100×99×98×97×96)/5! = 75,287,520。50枚のときは$100!/(50!)^2$ = 100,891,344,545,564,193,334,812,497,256。

9. より正確には、エントロピーは、与えられたグループのメンバー数の「対数」である。メンバー数ではなく、その対数であることは、エントロピーが物理的に意味を持つために決定的に重要である（たとえば、ふたつの系を合わせたとき、エントロピーはそれぞれの系のエントロピーの和になる）。しかし、ここで行う定性的な議論では、この違いは無視できる。第10章のいくつかの場所で、われわれは暗黙のうちにより正確な定義を用いることになるが、今のところはこれで十分である。

10. この例では、教育的な判断から、あなたのバスルームに充満している水蒸気（H_2Oの分子）だけを考える。空気など、バスルームに存在する他の物質の役割は無視する。簡単のために、水分子の内部構造も無視し、構造のない粒子のように扱う。水蒸気の温度に言及するときには、液体の水は摂氏100度で水蒸気になることを念頭に置いてほしい。しかしいったん水蒸気なってしまえば、そこからさらに温度を上げることができる。

Wilkens, ed. Max Brod (Cambridge, MA: Exact Change, 1991), 91.(『決定版 カフカ全集　3』マックス・ブロート編、新潮社)

第 2 章

1. BBCのラジオ3で1948年1月28日午後9時45分から放送されたのは、前年に行われた討論だった。
2. Bertrand Russell, *Why I Am Not a Christian* (New York: Simon & Schuster, 1957), 32–33.(バートランド・ラッセル『宗教は必要か』大竹勝訳、荒地出版社)
3. 蒸気機関に関するこの説明は当然ながらかなり単純化されており、いわゆる「カルノー・サイクル」をモデルとして、4つの段階に分けている。(1) 容器の中の蒸気は、ピストンを押すあいだ、熱源(一般には「熱溜」と言われることが多い)から熱を吸収し、一定の温度のまま仕事をする[等温膨張]。(2) 容器は熱源と切り離され、その後もピストンを押し続け[断熱膨張]、仕事をするうちに蒸気の温度は下がる(しかし熱の流入がないためエントロピーは一定である)。(3) その後、容器は第1の熱源よりも温度の低い第2の熱源に接続され、その低い温度のまま、ピストンを元の位置に戻すための仕事がなされ[等温圧縮]、その過程で排熱が放出される。(4) 最後に、容器は、より温度の低い第2の熱源から切り離され、ピストンに対して引き続き元の位置に戻るための仕事がなされ[断熱圧縮]、蒸気の温度は最初の高さにまで戻る。こうしてサイクルは(1)に戻る。実際の蒸気機関では、(われわれの数学的な解析とは対照的に)これらのステップ、あるいはこれらに相当するステップは、工学および実際上の諸問題に応じて、さまざまなやり方で遂行される。
4. Sadi Carnot, *Reflections on the Motive Power of Fire* (Mineola, NY: Dover Publications, Inc., 1960)(サヂ・カルノー『カルノー・熱機関の研究』広重徹訳、みすず書房)
5. 野球のボールを、内部構造を持たない大きな1個の粒子としてモデル化することは、野球それ自体に対するとてつもなく粗い近似だ。しかし、野球のボールに対するこの近似的なモデルにニュートンの法則を当てはめると、ボールの質量中心の運動として厳密な古典物理学の答えが得られる。ニュートンの第

ト・ベッカー『死の拒絶』今防人訳、平凡社)。ベッカーは、自分がもっとも大きな影響を受けたのはオットー・ランクだと述べている。

3. Ralph Waldo Emerson, *The Conduct of Life* (Boston and New York: Houghton Mifflin Company, 1922), note 38, 424.

4. E・O・ウィルソンは、本質的に異なる知識が集まって、より深い理解をもたらすという彼の洞察を表現するために、統合(consilience)という言葉を使った。E. O. Wilson, *Consilience: The Unity of Knowledge* (New York: Vintage Books, 1999)(E・O・ウィルソン『知の挑戦　科学的知性と文化的知性の統合』山下篤子訳、角川書店)

5. あとのほうのいくつかの章では、人類が死を意識するという現象が出現したことの影響が広範にわたったことを示す証拠について論じるが、古代における人類の思考様式を証言するデータとして、議論の余地のないものはほとんどないに等しいため、この結論が広く受け入れられているわけではない。これとは別の観点として、死の不安は近代の苦悩だと論じるものがあるが、この立場については、たとえばPhilippe Ariès, *The Hour of Our Death*, trans. Helen Weaver (New York: Alfred A. Knopf, 1981)を参照のこと(邦訳はフィリップ・アリエス『死を前にした人間』成瀬駒男訳、みすず書房)。オットー・ランクの洞察の上に構築されたベッカーのパースペクティブは、死の不安は、人類という種《しゅ》に深く染み込んでいるというものだ。

6. Vladimir Nabokov, *Speak, Memory: An Autobiography Revisited* (New York: Alfred A. Knopf, 1999), 9.(ウラジーミル・ナボコフ『記憶よ、語れ』若島正訳、作品社)

7. Robert Nozick, "Philosophy and the Meaning of Life," in *Life, Death, and Meaning: Key Philosophical Readings on the Big Questions*, ed. David Benatar (Lanham, MD: Rowman & Littlefield Publishers, 2010), 73–74.

8. Emily Dickinson, *The Poems of Emily Dickinson: Reading Edition.*, ed. R. W. Franklin (Cambridge, MA: The Belknap Press of Harvard University Press, 1999), 307.(『完訳エミリ・ディキンスン詩集(フランクリン版)』金星堂)

9. Henry David Thoreau, *The Journal 1837–1861* (New York: New York Review Books Classics, 2009), 563.

10. Franz Kafka, *The Blue Octavo Notebooks*, trans. Ernst Kaiser and Eithne

原注

はじめに

1. この引用は、若き日の私にとって良き相談相手だったニール・ベリンソンの言葉である。ニールは、1970年代にはコロンビア大学数学科の大学院生で、学ぶことへの情熱以外は何も持たない生徒(私のことだ)のために時間を費やし、数学教育への独特の才能をふるってくれた[ブライアン・グリーンは小学校6年生から高校卒業まで、毎週ベリンソンと数学を勉強していた]。このときわれわれが話したのは、私がハーバード大学で受講していたデーヴィッド・バスの心理学講義で課された、人間の動機《モチベーション》に関するレポートについてだった。バスは現在テキサス大学オースティン校で教鞭をとっている。
2. Oswald Spengler, *The Decline of the West* (New York: Alfred A. Knopf, 1986), 7.(オスヴァルト・シュペングラー『西洋の没落』村松正俊訳、五月書房)
3. Ibid., 166.(同上)
4. Otto Rank, *Art and Artist: Creative Urge and Personality Development*, trans. Charles Francis Atkinson (New York: Alfred A. Knopf, 1932), 39.
5. サルトルはこの観点を、みごとな短編小説『壁』の中で、処刑宣告を受けた登場人物パブロ・イビエタの回想として詳細に叙述している。Jean-Paul Sartre, *The Wall and Other Stories*, trans. Lloyd Alexander (New York: New Directions Publishing, 1975), 12.(サルトル全集第五巻所収『壁』伊吹武彦訳、人文書院)

第 1 章

1. William James, *The Varieties of Religious Experience: A Study in Human Nature* (New York: Longmans, Green, and Co., 1905), 140.(ウィリアム・ジェイムズ『宗教的経験の諸相』桝田啓三郎訳、岩波文庫)
2. Ernest Becker, *The Denial of Death* (New York: Free Press, 1973), 31.(アーネス

Whitehead, Alfred North. *Science and the Modern World*. New York: The Free Press, 1953.（ホワイトヘッド『科学と近代世界』上田泰治、村上至孝訳、松籟社）
Wigner, Eugene. *Symmetries and Reflections*. Cambridge, MA: MIT Press, 1970.
Wilkins, Maurice. *The Third Man of the Double Helix*. Oxford: Oxford University Press, 2003.
Williams, Bernard. *Problems of the Self*. Cambridge: Cambridge University Press, 1973.
Williams, Tennessee. *Cat on a Hot Tin Roof*. New York: New American Library, 1955.（テネシー・ウィリアムズ『やけたトタン屋根の猫』小田島雄志訳、新潮文庫）
Wilson, David Sloan. *Darwin's Cathedral: Evolution, Religion and the Nature of Society*. Chicago: University of Chicago Press, 2002.
———. *Does Altruism Exist? Culture, Genes and the Welfare of Others*. New Haven: Yale University Press, 2015.
Wilson, E. O. *Sociobiology: The New Synthesis*. Cambridge, MA: Harvard University Press, 1975.
Wilson, K. G. "Critical phenomena in 3.99 dimensions." *Physica* 73 (1974): 119.
Wittgenstein, Ludwig. *Tractatus Logico-Philosophicus*. New York: Harcourt, Brace & Company, 1922.（ルートヴィヒ・ヴィトゲンシュタイン『論理哲学論考』丘沢静也訳、光文社など）
Witzel, Michael. *The Origins of the World's Mythologies*. New York: Oxford University Press, 2012.
Woosley, S. E., A. Heger, and T. A. Weaver. "The evolution and explosion of massive stars." *Reviews of Modern Physics* 74 (2002): 1015–71.
Wrangha, Richard. *Catching Fire: How Cooking Made Us Human*. New York: Basic Books, 2009.（リチャード・ランガム『火の賜物——人は料理で進化した』依田卓巳、NTT出版）
Yeats, W. B. *Collected Poems*. New York: Macmillan Collector's Library Books, 2016.
Yourcenar, Marguerite. *Oriental Tales*. New York: Farrar, Straus and Giroux, 1985.
Zahavi, Amotz. "Mate selection—a selection for a handicap." *Journal of Theoretical Biology* 53, no. 1 (1975): 205–14.
Zuckerman, M. "Sensation seeking: A comparative approach to a human trait." *Behavioral and Brain Sciences* 7 (1984): 413–71.
Zunshine, Lisa. *Why We Read Fiction: Theory of Mind and the Novel*. Columbus: Ohio State University Press, 2006.

Tomasello, Michael. "Universal Grammar Is Dead." *Behavioral and Brain Sciences* 32, no. 5 (October 2009): 470–71.
Tononi, Giulio. *Phi: A Voyage from the Brain to the Soul.* New York: Pantheon, 2012.
Tooby, John, and Leda Cosmides. "Does Beauty Build Adapted Minds? Toward an Evolutionary Theory of Aesthetics, Fiction and the Arts." *SubStance* 30, no. 1/2, issue 94/95 (2001): 6–27.
———. "The Psychological Foundations of Culture." In *The Adapted Mind: Evolutionary Psychology and the Generation of Culture,* ed. Jerome H. Barkow, Leda Cosmides, and John Tooby. Oxford: Oxford University Press, 1992, 19–136.
Tremlin, Todd. *Minds and Gods: The Cognitive Foundations of Religion.* Oxford: Oxford University Press, 2006.
Trinkaus, Erik, Alexandra Buzhilova, Maria Mednikova, and Maria Dobrovolskaya. *The People of Sunghir: Burials, Bodies and Behavior in the Earlier Upper Paleolithic.* New York: Oxford University Press, 2014.
Trivers, Robert. "Parental Investment and Sexual Selection." In *Sexual Selection and the Descent of Man: The Darwinian Pivot,* ed. Bernard G. Campbell. Chicago: Aldine Publishing Company, 1972.
Tylor, Edward Burnett. *Primitive Culture,* vol. 2. London: John Murray, 1873; Dover Reprint Edition, 2016, 24.（エドワード・バーネット・タイラー『原始文化　上・下』国書刊行会）
Ucko, Peter J., and Andrée Rosenfeld. *Paleolithic Cave Art.* New York: McGraw-Hill, 1967, 117–23, 165–74.
Valley, John W., William H. Peck, Elizabeth M. King, and Simon A. Wilde. "A Cool Early Earth." *Geology* 30 (2002): 351–54.
Vilenkin, A. "Predictions from Quantum Cosmology." *Physical Review Letters* 74 (1995): 846.
Vilenkin, Alex. *Many Worlds in One.* New York: Hill and Wang, 2006.
Wagoner, R. V. "Test for the existence of gravitational radiation." *Astrophysical Journal* 196 (1975): L63.
Wallace, Alfred Russel. *Natural Selection and Tropical Nature.* London: Macmillan and Co., 1891.
———. "Sir Charles Lyell on geological climates and the origin of species." *Quarterly Review* 126 (1869): 359–94.
Watson, J. D., and F. H. C. Crick. "Molecular Structure of Nucleic Acids: A Structure for Deoxyribose Nucleic Acid." *Nature* 171 (1953): 737–38.
Webb, Taylor, and M. Graziano. "The attention schema theory: A mechanistic account of subjective awareness." *Frontiers in Psychology* 6 (2015): 500.
Wertheimer, Max. *Productive Thinking,* enlarged ed. New York: Harper and Brothers, 1959.（マックス・ウェルトハイマー『生産的思考』谷田部達郎訳、岩波現代叢書）
Wheeler, John Archibald, and Wojciech Zurek. *Quantum Theory and Measurement.* Princeton: Princeton University Press, 1983.

———. *The Worm at the Core: On the Role of Death in Life.* New York: Random House Publishing Group, 2015.（シェルドン・ソロモン、ジェフ・グリーンバーグ、トム・ピジンスキー著『なぜ保守化し、感情的な選択をしてしまうのか——人間の心の芯に巣くう虫』大田直子訳、インターシフト）

Sosis, R. "Religion and intra-group cooperation: Preliminary results of a comparative analysis of utopian communities." *Cross-Cultural Research* 34 (2000): 70–87.

Sosis, R., and C. Alcorta. "Signaling, solidarity, and the sacred: The evolution of religious behavior." *Evolutionary Anthropology* 12 (2003): 264–74.

Spengler, Oswald. *Decline of the West.* New York: Alfred A. Knopf, 1986.（O・シュペングラー『西洋の没落』村松正俊訳、五月書房）

Sperber, Dan. *Explaining Culture: A Naturalistic Approach.* Oxford: Blackwell Publishers Ltd., 1996.（ダン・スペルベル『表象は感染する——文化への自然主義的アプローチ』菅野盾樹訳、新曜社）

———. *Rethinking Symbolism.* Cambridge: Cambridge University Press, 1975.（ダン・スペルベル『象徴表現とはなにか』菅野盾樹訳、紀伊國屋書店）

Stapledon, Olaf. *Star Maker.* Mineola, NY: Dover Publications, 2008.

Steinhardt, Paul J., and Neil Turok. "The cyclic model simplified." *New Astronomy Reviews* 49 (2005): 43–57.

Sterelny, Kim. *The Evolved Apprentice: How Evolution Made Humans Unique.* Cambridge, MA: MIT Press, 2012.

Stroud, Barry. "The Charm of Naturalism," *Proceedings and Addresses of the American Philosophical Association* 70, no. 2 (November 1996).

Stulp, G., L. Barrett, F. C. Tropf, and M. Mills. "Does natural selection favour taller stature among the tallest people on earth?" *Proceedings of the Royal Society B* 282: 20150211.

Susskind, Leonard. *The Black Hole War: My Battle with Stephen Hawking to Make the World Safe for Quantum Mechanics.* New York: Little, Brown and Co., 2008.（レオナルド・サスキンド『ブラックホール戦争　スティーヴン・ホーキングとの20年越しの闘い』林田陽子訳、日経BP社）

Swift, Jonathan. *Gulliver's Travels.* New York: W. W. Norton, 1997.

Szent-Györgyi, Albert. "Biology and Pathology of Water." *Perspectives in Biology and Medicine* 14, no. 2 (1971): 239–49.

't Hooft, G. "Computation of the quantum effects due to a four-dimensional pseudoparticle." *Physical Review D* 14 (1976): 3432.

Thoreau, Henry David. *The Journal 1837-1861.* New York: New York Review Books Classics, 2009.

Time 41, no. 14 (April 5, 1943): 42.

Tolman, Richard C. "On the problem of the entropy of the universe as a whole." *Physical Review* 37 (1931): 1639–60.

———. "On the theoretical requirements for a periodic behaviour of the universe." *Physical Review* 38 (1931): 1758–71.

Russell, Bertrand. *Why I Am Not a Christian.* New York: Simon and Schuster, 1957. (バートランド・ラッセル『宗教は必要か』大竹勝訳、荒地出版社)

———. *Human Knowledge.* New York: Routledge, 2009. (バートランドラッセル著作集第9「人間の知識」みすず書房)

Ryan, Michael. *A Taste for the Beautiful.* Princeton: Princeton University Press, 2018.

Sackmann I.-J., A. I. Boothroyd, and K. E. Kraemer. "Our Sun. III. Present and Future." *Astrophysical Journal* 418 (1993): 457.

Sartre, Jean-Paul. *The Wall and Other Stories.* Translated by Lloyd Alexander. New York: New Directions Publishing, 1975. (サルトル全集第五巻所収『壁』伊吹武彦訳、人文書院)

Scarpelli, Serena, Chiara Bartolacci, Aurora D'Atri, et al. "The Functional Role of Dreaming in Emotional Processes." *Frontiers in Psychology* 10 (Mar. 2019): 459.

Scheffler, Samuel. *Death and the Afterlife.* New York: Oxford University Press, 2016.

Schmidt, B. P., et al. "The High-Z Supernova Search: Measuring Cosmic Deceleration and Global Curvature of the Universe Using Type IA Supernovae." *Astrophysical Journal* 507 (1998): 46.

Schrödinger, Erwin. *What Is Life?* Cambridge: Cambridge University Press, 2012. (シュレーディンガー『生命とは何か——物理的にみた生細胞』岡小天・鎮目恭夫訳、岩波文庫)

Schroder, Klaus-Peter, and Robert C. Smith, "Distant future of the Sun and Earth revisited." *Monthly Notices of the Royal Astronomical Society* 386, no. 1 (2008): 155–63.

Schvaneveldt, R. W., D. E. Meyer, and C. A. Becker. "Lexical ambiguity, semantic context, and visual word recognition." *Journal of Experimental Psychology: Human Perception and Performance* 2, no. 2 (1976): 243–56.

Schwartz, Joel S. "Darwin, Wallace, and the *Descent of Man.*" *Journal of the History of Biology* 17, no. 2 (1984): 271–89.

Shakespeare, William. *Measure for Measure.* Edited by J. M. Nosworthy. London: Penguin Books, 1995. (シェイクスピア『尺には尺を』松岡和子訳、ちくま文庫)

Shaw, George Bernard. *Back to Methuselah.* Scotts Valley, CA: CreateSpace Independent Publishing Platform, 2012. (バァナァド・ショウ『思想の達し得る限り』相良徳三訳、岩波文庫)

Sheff, David. "Keith Haring, An Intimate Conversation." *Rolling Stone* 589 (August 1989): 47.

Shermer, Michael. *The Believing Brain: From Ghosts and Gods to Politics and Conspiracies.* New York: St. Martin's Griffin, 2011.

Silver, David, Thomas Hubert, Julian Schrittwieser, et al. "A general reinforcement learning algorithm that masters chess, shogi, and Go through self-play." *Science* 362 (2018): 1140–44.

Smuts, Aaron. "Immortality and Significance." *Philosophy and Literature* 35, no. 1 (2011): 134–49.

Solomon, Sheldon, Jeff Greenberg, and Tom Pyszczynski. "Tales from the Crypt: On the Role of Death in Life." *Zygon* 33, no. 1 (1998): 9–43.

States of the Art, ed. S. Kirby and M. Christiansen. New York: Oxford University Press, 2003.（スティーヴン・ピンカー『言語進化とはなにか』野村泰幸訳、大学教育出版所収「認知的ニッチへの適応としての言語」）

———. *The Language Instinct.* New York: W. Morrow and Co., 1994.（スティーブン・ピンカー『言語を生み出す本能』上・下、椋田直子訳、NHK出版）

Pinker, S., and P. Bloom. "Natural language and natural selection." *Behavioral and Brain Sciences* 13, no. 4 (1990): 707–84.

Plath, Sylvia. *The Collected Poems.* Edited by Ted Hughes. New York: Harper Perennial, 1992.（『シルヴィア・プラス詩集』徳永暢三編・訳、小沢書店）

Prebble, John, and Bruce Weber. *Wandering in the Gardens of the Mind: Peter Mitchell and the Making of Glynn.* Oxford: Oxford University Press, 2003.

Premack, David, and Guy Woodruff. "Does the chimpanzee have a theory of mind?" *Cognition and Consciousness in Nonhuman Species,* special issue of *Behavioral and Brain Sciences* 1, no. 4 (1978): 515–26.

Proust, Marcel. *Remembrance of Things Past.* Vol. 3: *The Captive, The Fugitive, Time Regained.* New York: Vintage, 1982.（マルセル・プルースト『失われた時を求めて』井上究一郎訳、筑摩書房　8 第五篇「囚われの女」　10 第七篇「見出された時」）

Prum, Richard. *The Evolution of Beauty: How Darwin's Forgotten Theory on Mate Choice Shapes the Animal World and Us.* New York: Doubleday, 2017.

Pyszczynski, Tom, Sheldon Solomon, and Jeff Greenberg. "Thirty Years of Terror Management Theory." *Advances in Experimental Social Psychology* 52 (2015): 1–70.

Rank, Otto. *Art and Artist: Creative Urge and Personality Development.* Translated by Charles Francis Atkinson. New York: Alfred A. Knopf, 1932.

———. *Psychology and the Soul.* Translated by William D. Turner. Philadelphia: University of Pennsylvania Press, 1950.

Rees, M. J. "The collapse of the universe: An eschatological study." *Observatory* 89 (1969): 193–98.

Reinach, Salomon. *Cults, Myths and Religions.* Translated by Elizabeth Frost. London: David Nutt, 1912.

Revonsuo, Antti, Jarno Tuominen, and Katja Valli. "The Avatars in the Machine—Dreaming as a Simulation of Social Reality." *Open MIND* (2015): 1–28.

Rodd, F. Helen, Kimberly A. Hughes, Gregory F. Grether, and Colette T. Baril. "A possible non-sexual origin of mate preference: Are male guppies mimicking fruit?" *Proceedings of the Royal Society B* 269 (2002): 475–81.

Roney, James R. "Likeable but Unlikely, a Review of the Mating Mind by Geoffrey Miller." *Psycoloquy* 13, no. 10 (2002): article 5.

Rosenblatt, Abram, Jeff Greenberg, Sheldon Solomon, et al. "Evidence for Terror Management Theory I: The Effects of Mortality Salience on Reactions to Those Who Violate or Uphold Cultural Values." *Journal of Personality and Social Psychology* 57 (1989): 681–90.

Rowland, Peter. *Bowerbirds.* Collingwood, Australia: CSIRO Publishing, 2008.

Nietzsche, Friedrich. *Twilight of the Idols.* Translated by Duncan Large. Oxford: Oxford University Press, 1998. (『ニーチェ全集13』所収「偶像の黄昏」原佑訳、理想社)
Norenzayan, A., and I. G. Hansen. "Belief in supernatural agents in the face of death." *Personality and Social Psychology Bulletin* 32 (2006): 174–87.
Nowak, M. A., C. E. Tarnita, and E. O. Wilson. "The evolution of eusociality." *Nature* 466, no. 7310 (2010): 1057–62.
Nozick, Robert. *Philosophical Explanations.* Cambridge, MA: Belknap Press, 1983. (ロバート・ノージック『考えることを考える』上・下、坂本百大他訳、青土社)
———. "Philosophy and the Meaning of Life." In *Life, Death, and Meaning: Key Philosophical Readings on the Big Questions,* ed. David Benatar. Lanham, MD: The Rowman & Littlefield Publishing Group, 2010, 65–92.
Nussbaumer, Harry. "Einstein's conversion from his static to an expanding universe." *European Physics Journal–History* 39 (2014): 37–62.
Oates, Joyce Carol. "Literature as Pleasure, Pleasure as Literature." *Narrative.* https://www.narrativemagazine.com/issues/stories-week-2015-2016/story-week/literature-pleasure-pleasure-literature-joyce-carol-oates.
Oatley, K. "Why fiction may be twice as true as fact." *Review of General Psychology* 3 (1999): 101–17.
Oizumi, Masafumi, Larissa Albantakis, and Giulio Tononi. "From the Phenomenology to the Mechanisms of Consciousness: Integrated Information Theory 3.0." *PLoS Computational Biology* 10, no. 5 (May 2014).
Page, Don N. "Is our universe decaying at an astronomical rate?" *Physics Letters B* 669 (2008): 197–200.
———. "The Lifetime of the Universe." *Journal of the Korean Physical Society* 49 (2006): 711–14.
———. "Particle emission rates from a black hole: Massless particles from an uncharged, nonrotating hole." *Physical Review D* 13, no. 2 (1976): 198–206.
Page, Tim, ed. *The Glenn Gould Reader.* New York: Vintage, 1984. (グレン・グールド著作集1、野水瑞穂訳、みすず書房)
Parker, Eric, Henderson J. Cleaves, Jason P. Dworkin, et al. "Primordial synthesis of amines and amino acids in a 1958 Miller H_2S-rich spark discharge experiment." *Proceedings of the National Academy of Sciences* 108, no. 14 (April 2011): 5526–31.
Perlmutter, Saul, et al. "Measurements of Ω and Λ from 42 High-Redshift Supernovae." *Astrophysical Journal* 517, no. 2 (1999): 565.
Perunov, Nikolay, Robert A. Marsland, and Jeremy L. England. "Statistical Physics of Adaptation." *Physical Review X* (June 2016): 021036-1.
Pichardo, Bárbara, Edmundo Moreno, Christine Allen, et al. "The Sun was not born in M67." *The Astronomical Journal* 143, no. 3 (2012): 73–84.
Pinker, Steven. *How the Mind Works.* New York: W. W. Norton, 1997. (スティーブン・ピンカー『心の仕組み』椋田直子訳、筑摩書房)
———. "Language as an adaptation to the cognitive niche." In *Language Evolution:*

Bristol: Institute of Physics, 1977.
Maddox, Brenda. *Rosalind Franklin: The Dark Lady of DNA.* New York: Harper Perennial, 2003.（ブレンダ・マドックス『ダークレディと呼ばれて　二重らせん発見とロザリンド・フランクリンの真実』福岡伸一監訳、鹿田昌美訳、化学同人）
Marcel, Anthony J. "Conscious and Unconscious Perception: Experiments on Visual Masking and Word Recognition." *Cognitive Psychology* 15 (1983): 197–237.
Martin, W., and M. J. Russell. "On the origin of biochemistry at an alkaline hydrothermal vent." *Philosophical Transactions of the Royal Society B* 367 (2007): 1887–925.
Matthaei, J. Heinrich, Oliver W. Jones, Robert G. Martin, and Marshall W. Nirenberg. "Characteristics and Composition of RNA Coding Units." *Proceedings of the National Academy of Sciences* 48, no. 4 (1962): 666–77.
Melville, Herman. *Moby-Dick.* Hertfordshire, U.K.: Wordsworth Classics, 1993.（ハーマン・メルヴィル『白鯨』千石英世訳、講談社学術文庫）
Mendez, Fernando L., et al. "The Divergence of Neandertal and Modern Human Y Chromosomes." *American Journal of Human Genetics* 98, no. 4 (2016): 728–34.
Miller, Geoffrey. *The Mating Mind: How Sexual Choice Shaped the Evolution of Human Nature.* New York: Anchor, 2000.
Mitchell, P. "Coupling of phosphorylation to electron and hydrogen transfer by a chemi-osmotic type of mechanism." *Nature* 191 (1961): 144–48.
Morrison, Toni. Nobel Prize lecture, 7 December 1993. https://www.nobelprize.org/prizes/literature/1993/morrison/lecture/.
Müller, Max, trans. *The Upanishads.* Oxford: The Clarendon Press, 1879.
Nabokov, Vladimir. *Speak, Memory: An Autobiography Revisited.* New York: Alfred A. Knopf, 1999.（ウラジーミル・ナボコフ『記憶よ、語れ』若島正訳、作品社）
Naccache, L., and S. Dehaene. "The Priming Method: Imaging Unconscious Repetition Priming Reveals an Abstract Representation of Number in the Parietal Lobes." *Cerebral Cortex* 11, no. 10 (2001): 966–74.
———. "Unconscious Semantic Priming Extends to Novel Unseen Stimuli." *Cognition* 80, no. 3 (2001): 215–29.
Nagel, Thomas. *Mortal Questions.* Cambridge: Cambridge University Press, 1979.
———. "What Is It Like to Be a Bat?" *Philosophical Review* 83, no. 4 (1974): 435–50.（トマス・ネーゲル『コウモリであるとはどのようなことか』永井均訳、勁草書房）
Nelson, Philip. *Biological Physics: Energy, Information, Life.* New York: W. H. Freeman and Co., 2014.
Nemirow, Laurence. "Physicalism and the cognitive role of acquaintance." In *Mind and Cognition,* ed. W. Lycan. Oxford: Blackwell, 1990, 490–99.
———. "Review of Nagel's Mortal Questions." *Philosophical Review* 89 (1980): 473–77.
Newton, Isaac. Letter to Henry Oldenburg, 6 February 1671. http://www.newtonproject.ox.ac.uk/view/texts/normalized/NATP00003.

Krause, Johannes, Carles Lalueza-Fox, Ludovic Orlando, et al. “The Derived FOXP2 Variant of Modern Humans Was Shared with Neandertals.” *Current Biology* 17 (2007): 1908–12.

Krauss, Lawrence M., and Glenn D. Starkman. “Life, the Universe, and Nothing: Life and Death in an Ever-Expanding Universe.” *Astrophysical Journal* 531 (2000): 22–30.

Krutch, Joseph Wood. “Art, Magic, and Eternity.” *Virginia Quarterly Review* 8, no. 4 (Autumn 1932).

Lai, C. S. L., et al. “A novel forkhead-domain gene is mutated in a severe speech and language disorder.” *Nature* 413 (2001): 519–23.

Landon, H. C. Robbins. *Beethoven: A Documentary Study*. New York: Macmillan Publishing Co., Inc., 1970.（H・C・ロビンズ・ランドン『ベートーヴェン―偉大な創造の生涯』深沢俊訳、新時代社）

Laurent, John. “A Note on the Origin of ‘Memes’/‘Mnemes.’ ” *Journal of Memetics* 3 (1999): 14–19.

Lemaître, Georges. *“Rencontres avec Einstein.” Revue des questions scientifiques* 129 (1958): 129–32.

Leonard, Scott, and Michael McClure. *Myth and Knowing*. New York: McGraw-Hill Higher Education, 2004.

Lewis, David. *Papers in Metaphysics and Epistemology*, vol. 2. Cambridge: Cambridge University Press, 1999.

———. “What Experience Teaches.” *Proceedings of the Russellian Society* 13 (1988): 29–57.

Lewis, S. M., and C. K. Cratsley. “Flash signal evolution, mate choice, and predation in fireflies.” *Annual Review of Entomology* 53 (2008): 293–321.

Lewis-Williams, David. *The Mind in the Cave: Consciousness and the Origins of Art*. New York: Thames & Hudson, 2002.（デヴィッド・ルイス＝ウィリアムズ『洞窟のなかの心』港千尋訳、講談社）

Linde, A. “A new inflationary universe scenario: A possible solution of the horizon, flatness, homogeneity, isotropy and primordial monopole problems.” *Physics Letters B* 108 (1982): 389.

———. “Sinks in the Landscape, Boltzmann Brains, and the Cosmological Constant Problem.” *Journal of Cosmology and Astroparticle Physics* 0701 (2007): 022.

Loeb, Abraham. “Cosmology with hypervelocity stars.” *Journal of Cosmology and Astroparticle Physics* 04 (2011): 023.

Loewi, Otto. “An Autobiographical Sketch.” *Perspectives in Biology and Medicine* 4, no. 1 (Autumn 1960): 3–25.

Louie, Kenway, and Matthew A. Wilson. “Temporally Structured Replay of Awake Hippocampal Ensemble Activity during Rapid Eye Movement Sleep.” *Neuron* 29 (2001): 145–56.

Mackay, Alan Lindsay. *The Harvest of a Quiet Eye: A Selection of Scientific Quotations*.

Jarzynski, C. "Nonequilibrium equality for free energy differences." *Physical Review Letters* 78 (1997): 2690–93.

Jaspers, Karl. *The Origin and Goal of History.* Abingdon, UK: Routledge, 2010. (ワイド版世界の大思想　III-II「ヤスパース」所収『歴史の起原と目標』重田英世訳、河出書房新社)

Jeong, Choongwon, and Anna Di Rienzo. "Adaptations to local environments in modern human populations." *Current Opinion in Genetics & Development* 29 (2014): 1–8.

Jones, Barbara E. "The mysteries of sleep and waking unveiled by Michel Jouvet." *Sleep Medicine* 49 (2018): 14–19.

Joordens, Josephine C. A., et al. "*Homo erectus* at Trinil on Java used shells for tool production and engraving." *Nature* 518 (12 February 2015): 228–31.

Jørgensen, Timmi G., and Ross P. Church. "Stellar escapers from M67 can reach solar-like Galactic orbits." arXiv.org: arXiv:1905.09586.

Joyce, G. F., and J. W. Szostak. "Protocells and RNA Self-Replication." *Cold Spring Harbor Perspectives in Biology* 10, no. 9 (2018).

Jung, Carl. "The Soul and Death." In *Complete Works of C. G. Jung,* ed. Gerald Adler and R. F. C. Hull. Princeton: Princeton University Press, 1983.

Kachman, Tal, Jeremy A. Owen, and Jeremy L. England. "Self-Organized Resonance During Search of a Diverse Chemical Space." *Physical Review Letters* 119, no. 3 (2017): 038001–1.

Kafka, Franz. *The Blue Octavo Notebooks.* Translated by Ernst Kaiser and Eithne Wilkens, edited by Max Brod. Cambridge, MA: Exact Change, 1991. (『決定版　カフカ全集　3』マックス・ブロート編、新潮社)

Keller, Helen. Letter to New York Symphony Orchestra, 2 February 1924. Digital archives of American Foundation for the Blind, filename HK01- 07_B114_F08_015_002.tif.

Kennedy, J. Gerald. *Poe, Death, and the Life of Writing.* New Haven: Yale University Press, 1987.

Kierkegaard, Søren. *The Concept of Dread.* Translated and with introduction and notes by Walter Lowrie. Princeton: Princeton University Press, 1957.

Kitcher, P. "Between Fragile Altruism and Morality: Evolution and the Emergence of Normative Guidance." *Evolutionary Ethics and Contemporary Biology* (2006): 159–77.

———. "Biology and Ethics." In *The Oxford Handbook of Ethical Theory.* Oxford: Oxford University Press, 2006.

Klinkhamer, F. R., and N. S. Manton. "A saddle-point solution in the Weinberg-Salam theory." *Physical Review D* 30 (1984): 2212.

Koch, Christof. *Consciousness: Confessions of a Romantic Reductionist.* Cambridge, MA: MIT Press, 2012.

Kragh, Helge. "Naming the Big Bang." *Historical Studies in the Natural Sciences* 44, no. 1 (February 2014): 3–36.

Halligan, Peter, and John Marshall. "Blindsight and insight in visuo-spatial neglect." *Nature* 336, no. 6201 (December 22–29, 1988): 766–67.
Hameroff, S., and R. Penrose. "Consciousness in the universe: A review of the 'Orch OR' theory." *Physics of Life Reviews* 11 (2014): 39–78.
Hamilton, W. D. "The Genetical Evolution of Social Behaviour." *Journal of Theoretical Biology* 7, no. 1 (1964): 1–16.
Harburg, Yip. "E. Y. Harburg, Lecture at UCLA on Lyric Writing, February 3, 1977." Transcript, pp. 5–7, tape 7-3-10.
———. "Yip at the 92nd Street YM-YWHA, December 13, 1970." Transcript #1-10-3, p. 3, tapes 7-2-10 and 7-2-20.
Hawking, S. W. "Particle Creation by Black Holes." *Communications in Mathematical Physics* 43 (1975): 199–220.
Hawking, Stephen, and Leonard Mlodinow. *The Grand Design.* New York: Bantam Books, 2010.(『ホーキング、宇宙と人間を語る』佐藤勝彦訳、エクスナレッジ)
Hawks, John, Eric T. Wang, Gregory M. Cochran, et al. "Recent acceleration of human adaptive evolution." *Proceedings of the National Academy of Sciences* 104, no. 52 (December 2007): 20753–58.
Heisenberg, Werner. *Physics and Philosophy: The Revolution in Modern Science.* London: Penguin Books, 1958.
Hirshfield, Jane. *Nine Gates: Entering the Mind of Poetry.* New York: Harper Perennial, 1998.
Hogan, Patrick Colm. *The Mind and Its Stories.* Cambridge: Cambridge University Press, 2003.
Hrdy, Sarah. *Mothers and Others: The Evolutionary Origins of Mutual Understanding.* Cambridge, MA: Belknap Press, 2009.
Hulse, R. A., and J. H. Taylor. "Discovery of a pulsar in a binary system." *Astrophysical Journal* 195 (1975): L51.
Ijjas, Anna, and Paul Steinhardt. "A New Kind of Cyclic Universe" (2019). arXiv:1904.0822[gr-qc].
Islam, Jamal N. "Possible Ultimate Fate of the Universe." *Quarterly Journal of the Royal Astronomical Society* 18 (March 1977): 3–8.
Israel, W. "Event Horizons in Static Electrovac Space-Times." *Communications in Mathematical Physics* 8 (1968): 245.
———. "Event Horizons in Static Vacuum Space-Times." *Physical Review* 164 (1967): 1776.
Jackson, Frank. "Epiphenomenal Qualia." *Philosophical Quarterly* 32 (1982): 127–36.
———. "Postscript on Qualia." In *Mind, Method, and Conditionals: Selected Essays.* London: Routledge, 1998, 76–79.
James, William. *The Varieties of Religious Experience: A Study in Human Nature.* New York: Longmans, Green, and Co., 1905. (W.ジェイムズ『宗教的経験の諸相』桝田啓三郎訳、岩波文庫)

Holes, and the Future of Civilizations." *International Journal of Theoretical Physics* 39, no. 7 (2000): 1887–1900.

George, Andrew, trans. *The Epic of Gilgamesh: The Babylonian Epic Poem and Other Texts in Akkadian and Sumerian.* London: Penguin Classics, 2003.

Georgi, Howard, and Sheldon Glashow. "Unity of All Elementary-Particle Forces." *Physical Review Letters* 32, no. 8 (1974): 438.

Gottschall, Jonathan. *The Storytelling Animal.* Boston and New York: Mariner Books, Houghton Mifflin Harcourt, 2013.

Gould, Stephen J. *Conversations About the End of Time.* New York: Fromm International, 1999.

———. "The spice of life." *Leader to Leader* 15 (2000): 14–19.

———. *The Richness of Life: The Essential Stephen Jay Gould.* New York: W. W. Norton, 2006.

Gould, S. J., and R. C. Lewontin. "The Spandrels of San Marco and the Panglossian Paradigm: A Critique of the Adaptationist Programme." *Proceedings of the Royal Society B,* 205, no. 1161 (21 September 1979): 581–98.

Graziano, M. *Consciousness and the Social Brain.* New York: Oxford University Press, 2013.

Greene, Brian. *The Elegant Universe.* New York: Vintage, 2000.

———. *The Fabric of the Cosmos.* New York: Alfred A. Knopf, 2005.（ブライアン・グリーン『宇宙を織りなすもの』青木薫訳、草思社）

———. *The Hidden Reality.* New York: Alfred A. Knopf, 2011.

Greene, Ellen. "Sappho 58: Philosophical Reflections on Death and Aging." In *The New Sappho on Old Age: Textual and Philosophical Issues,* ed. Ellen Greene and Marilyn B. Skinner. Hellenic Studies Series 38. Washington, DC: Center for Hellenic Studies, 2009. https://chs.harvard.edu/CHS/article/display/6036.11-ellen-greene-sappho-58-philosophical-reflections-on-death-and-aging#n.1.

Greene, Ellen, ed. *Reading Sappho: Contemporary Approaches.* Berkeley: University of California Press, 1996.

Guenther, Mathias Georg. *Tricksters and Trancers: Bushman Religion and Society.* Bloomington, IN: Indiana University Press, 1999.

Guth, Alan H. "Inflationary universe: A possible solution to the horizon and flatness problems." *Physical Review D* 23 (1981): 347.

———. *The Inflationary Universe.* New York: Basic Books, 1998.

Guthrie, Stewart. *Faces in the Clouds: A New Theory of Religion.* New York: Oxford University Press, 1993.

Haidt, Jonathan. "The Emotional Dog and Its Rational Tail: A Social Intuitionist Approach to Moral Judgment." *Psychological Review* 108, no. 4 (2001): 814–34.

———. *The Righteous Mind: Why Good People Are Divided by Politics and Religion.* New York: Pantheon Books, 2012.

Haldane, J. B. S. *The Causes of Evolution.* London: Longmans, Green & Co., 1932.

Elgendi, Mohamed, et al. "Subliminal Priming—State of the Art and Future Perspectives." *Behavioral Sciences* (Basel, Switzerland) 8, no. 6 (30 May 2018): 54.
Ellenberger, Henri. *The Discovery of the Unconscious.* New York: Basic Books, 1970. (アンリ・エレンベルガー『無意識の発見　上・下』木村敏・中井久夫監訳、弘文堂)
Else, Jon, dir. *The Day After Trinity.* Houston: KETH, 1981.
Emerson, Ralph Waldo. *The Conduct of Life.* Boston and New York: Houghton Mifflin Company, 1922.
Emler, N. "The Truth About Gossip." *Social Psychology Section Newsletter* 27 (1992): 23–37.
England, J. L. "Statistical physics of self-replication." *Journal of Chemical Physics* 139 (2013): 121923.
Epicurus. *The Essential Epicurus.* Translated by Eugene O'Connor. Amherst, NY: Prometheus Books, 1993.
Falk, Dean. *Finding Our Tongues: Mothers, Infants and the Origins of Language.* New York: Basic Books, 2009.
———. "Prelinguistic evolution in early hominins: Whence motherese?" *Behavioral and Brain Sciences* 27 (2004): 491–541.
Fisher, R. A. *The Genetical Theory of Natural Selection.* Oxford: Clarendon Press, 1930.
Fisher, Simon E., Faraneh Vargha-Khadem, Kate E. Watkins, Anthony P. Monaco, and Marcus E. Pembrey. "Localisation of a gene implicated in a severe speech and language disorder." *Nature Genetics* 18 (1998): 168–70.
Fowler, R. H. "On Dense Matter." *Monthly Notices of the Royal Astronomical Society* 87, no. 2 (1926): 114–22.
Freese, K., and W. Kinney. "The ultimate fate of life in an accelerating universe." *Physics Letters B* 558, nos. 1–2 (10 April 2003): 1–8.
Friedmann, Alexander. Translated by Brian Doyle. "On the Curvature of Space." *Zeitschrift für Physik* 10 (1922): 377–86.
Frijda, N., A. S. R. Manstead, and S. Bem. "The influence of emotions on belief," in *Emotions and Beliefs: How Feelings Influence Thoughts* (Studies in Emotion and Social Interaction), ed. N. Frijda, A. Manstead, and S. Bem. Cambridge: Cambridge University Press, 2000, 1–9.
Frijda, N., and B. Mesquita. "Beliefs through emotions," in *Emotions and Beliefs: How Feelings Influence Thoughts* (Studies in Emotion and Social Interaction), ed. N. Frijda, A. Manstead, and S. Bem. Cambridge: Cambridge University Press, 2000, 45–77.
Fu, Wenqing, Timothy D. O'Connor, Goo Jun, et al. "Analysis of 6,515 exomes reveals the recent origin of most human protein-coding variants." *Nature* 493 (10 January 2013): 216–20.
Garriga, Jaume, and Alexander Vilenkin. "Many Worlds in One." *Physical Review D* 64, no. 4 (2001): 043511.
Garriga, J., V. F. Mukhanov, K. D. Olum, and A. Vilenkin. "Eternal Inflation, Black

———. *Freedom Evolves.* New York: Penguin Books, 2003.（ダニエル・C・デネット『自由は進化する』山形浩生訳、NTT出版）
———. *The Intentional Stance.* Cambridge, MA: MIT Press, 1989.（ダニエル・C・デネット『「志向姿勢」の哲学――人は人の行動を読めるのか?』若島正、河田学訳、白揚社）
Deutsch, David. *The Beginning of Infinity: Explanations That Transform the World.* New York: Viking, 2011.（デイヴィッド・ドイッチュ『無限の始まり：ひとはなぜ限りない可能性を持つのか』熊谷玲美・田沢恭子・松井信彦訳、インターシフト）
Deutscher, Guy. *The Unfolding of Language: An Evolutionary Tour of Mankind's Greatest Invention.* New York: Henry Holt and Company, 2005.
Dickinson, Emily. *The Poems of Emily Dickinson,* reading ed., ed. R. W. Franklin. Cambridge, MA: The Belknap Press of Harvard University Press, 1999.（『完訳エミリ・ディキンスン詩集（フランクリン版）』金星堂）
Dissanayake, Ellen. *Art and Intimacy: How the Arts Began.* Seattle: University of Washington Press, 2000.
Distin, Kate. *The Selfish Meme: A Critical Reassessment.* Cambridge: Cambridge University Press, 2005.
Doniger, Wendy, trans. *The Rig Veda.* New York: Penguin Classics, 2005.（『リグ・ヴェーダ讃歌』辻直四郎訳、岩波文庫）
Dor, Daniel. *The Instruction of Imagination.* Oxford: Oxford University Press, 2015.
Dostoevsky, Fyodor. *Crime and Punishment.* Translated by Michael R. Katz. New York: Liveright, 2017.（ヒョードル・ドストエフスキー『罪と罰』米川正夫訳、新潮文庫）
Dunbar, R. I. M. "Gossip in Evolutionary Perspective." *Review of General Psychology* 8, no. 2 (2004): 100–110.
———. *Grooming, Gossip, and the Evolution of Language.* Cambridge, MA: Harvard University Press, 1997.（ロビン・ダンバー『ことばの起源－猿の毛づくろい、人のゴシップ』松浦俊輔・服部清美訳　青土社）
Dunbar, R. I. M., N. D. C. Duncan, and A. Marriott. "Human Conversational Behavior." *Human Nature* 8, no. 3 (1997): 231–46.
Dupré, John. "The Miracle of Monism," in *Naturalism in Question,* ed. Mario de Caro and David Macarthur. Cambridge, MA: Harvard University Press, 2004.
Durant, Will. *The Life of Greece.* Vol. 2 of *The Story of Civilization.* New York: Simon & Schuster, 2011. Kindle, 8181–82.
Dutton, Denis. *The Art Instinct.* New York: Bloomsbury Press, 2010.
Dyson, Freeman. "Time without end: Physics and biology in an open universe." *Reviews of Modern Physics* 51 (1979): 447–60.
Dyson, L., M. Kleban, and L. Susskind. "Disturbing Implications of a Cosmological Constant." *Journal of High Energy Physics* 0210 (2002): 011.
Eddington, A. "The End of the World: From the Standpoint of Mathematical Physics." *Nature* 127, no. 3203 (1931): 447–53.
Einstein, Albert. *Autobiographical Notes.* La Salle, IL: Open Court Publishing, 1979.（アインシュタイン『自伝ノート』中村誠太郎・五十嵐正敬訳、東京図書）

Middle Palaeolithic: 3D reappraisal of the Qafzeh 11 skull, consequences of pediatric brain damage on individual life condition and social care." *PloS One* 9 (23 July 2014): 7 e102822.

Crick, F. H. C., Leslie Barnett, S. Brenner, and R. J. Watts-Tobin. "General nature of the genetic code for proteins," *Nature* 192 (Dec. 1961): 1227–32.

Cronin, H. *The Ant and the Peacock: Altruism and Sexual Selection from Darwin to Today.* Cambridge: Cambridge University Press, 1991.（ヘレナ・クローニン『性選択と利他行動クジャクとアリの進化論』長谷川眞理子訳、工作舎）

Crooks, G. E. "Entropy production fluctuation theorem and the nonequilibrium work relation for free energy differences." *Physical Review E* 60 (1999): 2721.

Damrosch, David. *The Buried Book: The Loss and Rediscovery of the Great Epic of Gilgamesh.* New York: Henry Holt and Company, 2007.

Darwin, Charles. *The Descent of Man and Selection in Relation to Sex.* New York: D. Appleton and Company, 1871.（チャールズ・ダーウィン『人間の由来』長谷川眞理子訳、講談社学術文庫など）

———. *The Expression of the Emotions in Man and Animals.* Oxford: Oxford University Press, 1998.

———. Letter to Alfred Russel Wallace, 27 March 1869. https://www.darwinproject.ac.uk/letter/?docId=letters/DCP-LETT-6684.xml;query=child;brand=default.

———. *The Origin of Species.* New York: Pocket Books, 2008.（邦訳はたとえば光文社古典新訳文庫『種の起源（上・下）』渡辺政隆訳）

Davies, Stephen. *The Artful Species: Aesthetics, Art, and Evolution.* Oxford: Oxford University Press, 2012.

Dawkins, Richard. *The God Delusion.* New York: Houghton Mifflin Harcourt, 2006.（リチャード・ドーキンス『神は妄想である』垂水雄二訳、早川書房）

———. *The Selfish Gene.* Oxford: Oxford University Press, 1976.

De Caro, M., and D. Macarthur. *Naturalism in Question.* Cambridge, MA: Harvard University Press, 2004.

Deamer, David. *Assembling Life: How Can Life Begin on Earth and Other Habitable Planets?* Oxford: Oxford University Press, 2018.

Dehaene, Stanislas. *Consciousness and the Brain.* New York: Penguin Books, 2014.

Dehaene, Stanislas, and Jean-Pierre Changeux. "Experimental and Theoretical Approaches to Conscious Processing." *Neuron* 70, no. 2 (2011): 200–227.（スタンニスラス・ドゥアンヌ『意識と脳——思考はいかにコード化されるか』高橋洋訳、紀伊國屋書店）

Dennett, Daniel. *Breaking the Spell: Religion as a Natural Phenomenon.* New York: Penguin Books, 2006.（ダニエル・C・デネット『解明される宗教——進化論的アプローチ』阿部文彦訳、青土社）

———. *Consciousness Explained.* Boston: Little, Brown and Co., 1991.（ダニエル・C・デネット『解明される意識』山口泰司訳、青土社）

———. *Elbow Room.* Cambridge, MA: MIT Press, 1984.（ダニエル・C・デネット『自由の余地』戸田山和久訳、名古屋大学出版会）

件』田才益夫訳、八月舎・世界文学叢書(1))
Carlip, Steven. "Transient Observers and Variable Constants, or Repelling the Invasion of the Boltzmann's Brains." *Journal of Cosmology and Astroparticle Physics* 06 (2007): 001.
Carnot, Sadi. *Reflections on the Motive Power of Fire.* Mineola, NY: Dover Publications, Inc., 1960.(サヂ・カルノー『カルノー・熱機関の研究』広重徹訳、みすず書房)
Carroll, Noël. "The Arts, Emotion, and Evolution." In *Aesthetics and the Sciences of Mind,* ed. Greg Currie, Matthew Kieran, Aaron Meskin, and Jon Robson. Oxford: Oxford University Press, 2014.
Carroll, Sean. *The Big Picture: On the Origins of Life, Meaning, and the Universe Itself.* New York: Dutton, 2016.(ショーン・キャロル『この宇宙の片隅に——宇宙の始まりから生命の意味を考える50章』松浦俊輔訳、青土社)
Carter, B. "Axisymmetric Black Hole Has Only Two Degrees of Freedom." *Physical Review Letters* 26 (1971): 331.
Casals, Pablo. Bach Festival: Prades 1950. As referenced by Paul Elie. *Reinventing Bach.* New York: Farrar, Straus and Giroux, 2012.
Cavosie, A. J., J. W. Valley, and S. A. Wilde. "The Oldest Terrestrial Mineral Record: Thirty Years of Research on Hadean Zircon from Jack Hills, Western Australia," in *Earth's Oldest Rocks,* ed. M. J. Van Kranendonk. New York: Elsevier, 2018, 255–78.
Ceresole, A., G. Dall'Agata, A. Giryavets, et al. "Domain walls, near-BPS bubbles, and probabilities in the landscape." *Physical Review D* 74 (2006): 086010.
Chalmers, David J. "Facing Up to the Problem of Consciousness." *Journal of Consciousness Studies* 2, no. 3 (1995): 200–19.
———. *The Conscious Mind: In Search of a Fundamental Theory.* Oxford: Oxford University Press, 1997.
Chandrasekhar, Subrahmanyan. "The Maximum Mass of Ideal White Dwarfs." *Astrophysical Journal* 74 (1931): 81–82.
Cheney, Dorothy L., and Robert M. Seyfarth. *How Monkeys See the World: Inside the Mind of Another Species.* Chicago: University of Chicago Press, 1992.
Ćirković, Milan M. "Resource Letter: PEs-1: Physical Eschatology." *American Journal of Physics* 71 (2003): 122.
Cloak, F. T., Jr. "Cultural Microevolution." *Research Previews* 13 (November 1966): 7–10.
Clottes, Jean. *What Is Paleolithic Art? Cave Paintings and the Dawn of Human Creativity.* Chicago: University of Chicago Press, 2016.
Coleman, Sidney. "Fate of the False Vacuum." *Physical Review D* 15 (1977): 2929; erratum, *Physical Review D* 16 (1977): 1248.
Conrad, Joseph. *The Nigger of the "Narcissus."* Mineola, NY: Dover Publications, Inc., 1999.
Coqueugniot, Hélène, et al. "Earliest cranio-encephalic trauma from the Levantine

der Physik 57 (1896): 773–84.

Borges, Jorge Luis. "The Immortal." In *Labyrinths: Selected Stories and Other Writings.* New York: New Directions Paperbook, 2017.（ホルヘ・ルイス・ボルヘス『不死の人』土岐恒二訳、白水uブックス）

Born, Max. "*Zur Quantenmechanik der Stoβvorgänge.*" *Zeitschrift für Physik* 37, no. 12 (1926): 863–67.

Bousso, R., and B. Freivogel. "A Paradox in the Global Description of the Multiverse." *Journal of High Energy Physics* 6 (2007): 018.

Boyd, Brian. "The evolution of stories: from mimesis to language, from fact to fiction." *WIREs Cognitive Science* 9, no. 1 (2018), e1444–46.

———. "Evolutionary Theories of Art," in *The Literary Animal: Evolution and the Nature of Narrative.* Edited by Jonathan Gottschall and David Sloan Wilson. Evanston, IL: Northwestern University Press, 2005, 147.

———. *On the Origin of Stories.* Cambridge, MA: Belknap Press, 2010.（ブライアン・ボイド『ストーリーの起源－進化、認知、フィクション』小沢茂訳、国文社）

Boyer, Pascal. "Functional Origins of Religious Concepts: Ontological and Strategic Selection in Evolved Minds." *Journal of the Royal Anthropological Institute* 6, no. 2 (June 2000): 195–214.

———. *Religion Explained: The Evolutionary Origins of Religious Thought.* New York: Basic Books, 2007.（パスカル・ボイヤー『神はなぜいるのか?』鈴木光太郎、中村潔訳、NTT出版）

Bruner, Jerome. *Making Stories: Law, Literature, Life.* New York: Farrar, Straus and Giroux, 2002.

———. "The Narrative Construction of Reality." *Critical Inquiry* 18, no. 1 (Autumn 1991): 1–21.

Buss, David. *Evolutionary Psychology: The New Science of the Mind.* Boston: Allyn & Bacon, 2012.

Cairns-Smith, A. G. *Seven Clues to the Origin of Life.* Cambridge: Cambridge University Press, 1990.（『生命の起源を解く七つの鍵』石川統訳、岩波書店）

Calaprice, Alice, ed. *The New Quotable Einstein.* Princeton, NJ: Princeton University Press, 2005.（アリス・カラプリス編『アインシュタインは語る』林一、林大訳、大月書店）

Caldwell, Robert R., Marc Kamionkowski, and Nevin N. Weinberg. "Phantom Energy and Cosmic Doomsday." *Physical Review Letters* 91 (2003): 071301.

Campbell, Joseph. *The Hero with a Thousand Faces.* Novato, CA: New World Library, 2008.（ジョーゼフ・キャンベル『千の顔を持つ英雄』上・下、倉田真木他訳、ハヤカワ・ノンフィクション文庫など）

Camus, Albert. *Lyrical and Critical Essays.* Translated by Ellen Conroy Kennedy. New York: Vintage Books, 1970.

———. *The Myth of Sisyphus.* Translated by Justin O'Brien. London: Hamish Hamilton, 1955.（アルベール・カミュ『シーシュポスの神話』清水徹訳、新潮文庫）

Čapek, Karel. *The Makropulos Case.* In *Four Plays: R. U. R.; The Insect Play; The Makropulos Case; The White Plague.* London: Bloomsbury, 2014.（カレル・チャペック『マクロプロス事

University Press, 2002.
Augustine. *Confessions.* Translated by F. J. Sheed. Indianapolis, IN: Hackett Publishing, 2006.(アウグスティヌス『告白』)
Auton, A., L. Brooks, R. Durbin, et al. "A global reference for human genetic variation." *Nature* 526, no. 7571 (October 2015): 68–74.
Axelrod, Robert. *The Evolution of Cooperation*, rev. ed. New York: Perseus Books Group, 2006.
Axelrod, Robert, and William D. Hamilton. "The Evolution of Cooperation." *Science* 211 (March 1981): 1390–96.
Baars, Bernard J. *In the Theater of Consciousness.* New York: Oxford University Press, 1997.
Barrett, Justin L. *Why Would Anyone Believe in God?* Lanham, MD: AltaMira, 2004.
Barrow, John D., and Sigbjørn Hervik. "Indefinite information processing in ever-expanding universes." *Physics Letters B* 566, nos. 1–2 (24 July 2003): 1–7.
Barrow, John D., and Frank J. Tipler. *The Anthropic Cosmological Principle.* Oxford: Oxford University Press, 1988.
Becker, Ernest. *The Denial of Death.* New York: Free Press, 1973.(アーネスト・ベッカー『死の拒絶』今防人訳、平凡社)
Bekenstein, Jacob D. "Black Holes and Entropy." *Physical Review D* 7 (15 April 1973): 2333.
Bellow, Saul. Nobel lecture, December 12, 1976. In *Nobel Lectures, Literature 1968–1980*, ed. Sture Allén. Singapore: World Scientific Publishing Co., 1993.
Bennett, Charles H., and Rolf Landauer. "The Fundamental Physical Limits of Computation." *Scientific American* 253, no. 1 (July 1985).
Bering, Jesse. *The Belief Instinct.* New York: W. W. Norton, 2011. (ジェシー・ベリング『ヒトはなぜ神を信じるのか——信仰する本能』鈴木光太郎訳、化学同人)
Berwick, R., and N. Chomsky. *Why Only Us?* Cambridge, MA: MIT Press, 2015. (『チョムスキー言語学講義：言語はいかにして進化したか』渡会圭子訳、ちくま学芸文庫)
Bierce, Ambrose. *The Devil's Dictionary.* Mount Vernon, NY: The Peter Pauper Press, 1958.(A・ビアス『悪魔の辞典』奥田俊介訳、角川文庫)
Bigham, Abigail, et al. "Identifying signatures of natural selection in Tibetan and Andean populations using dense genome scan data." *PLoS Genetics* 6, no. 9 (9 September 2010): e1001116.
Blackmore, Susan. *The Meme Machine.* Oxford: Oxford University Press, 1999.
Boddy, Kimberly K., and Sean M. Carroll. "Can the Higgs Boson Save Us from the Menace of the Boltzmann Brains?" 2013. arXiv:1308.468.
Boddy, K. K., S. M. Carroll, and J. Pollack. "De Sitter Space Without Dynamical Quantum Fluctuations." *Foundations of Physics* 46, no. 6 (2016): 702.
Boltzmann, Ludwig. "On Certain Questions of the Theory of Gases." *Nature* 51, no. 1322 (1895): 413–15.
———. *"Entgegnung auf die wärmetheoretischen Betrachtungen des Hrn. E. Zermelo." Annalen*

参考文献

Aaronson, Scott. "Why I Am Not an Integrated Information Theorist (or, The Unconscious Expander)." *Shtetl-Optimized*. https://www.scottaaronson.com/blog/?p=1799.

Abbot, P., J. Abe, J. Alcock, et al. "Inclusive fitness theory and eusociality." *Nature* 471 (2010): E1–E4.

Adams, Douglas. *Life, the Universe and Everything*. New York: Del Rey, 2005. (ダグラス・アダムス『宇宙クリケット大戦争』安原和見訳、河出文庫)

Adams, Fred C., and Gregory Laughlin. "A dying universe: The long-term fate and evolution of astrophysical objects." *Reviews of Modern Physics* 69 (1997): 337–72.

———. *The Five Ages of the Universe: Inside the Physics of Eternity*. New York: Free Press, 1999. (フレッド・アダムズ、グレッグ・ラフリン『宇宙のエンドゲーム――誕生(ビッグバン)から終焉(ヒートデス)までの銀河の歴史』竹内薫訳、ちくま学芸文庫)

Albert, David. *Time and Chance*. Cambridge, MA: Harvard University Press, 2000.

Alberts, Bruce, et al. *Molecular Biology of the Cell*, 5th ed. New York: Garland Science, 2007.(『細胞の分子生物学』)

Albrecht, A., and L. Sorbo. "Can the Universe Afford Inflation?" *Physical Review D* 70 (2004): 063528.

Albrecht, A., and P. Steinhardt. "Cosmology for Grand Unified Theories with Radiatively Induced Symmetry Breaking." *Physical Review Letters* 48 (1982): 1220.

Andreassen, A., W. Frost, and M. D. Schwartz. "Scale Invariant Instantons and the Complete Lifetime of the Standard Model." *Physical Review D* 97 (2018): 056006.

Aoyama, Tatsumi, Masashi Hayakawa, Toichiro Kinoshita, and Makiko Nio. "Tenth-order electron anomalous magnetic moment: Contribution of diagrams without closed lepton loops." *Physical Review D* 91 (2015): 033006.

Aquinas, T. *Truth*, volume II. Translated by James V. McGlynn, S.J. Chicago: Henry Regnery Company, 1953.

Ariès, Philippe. *The Hour of Our Death*. Translated by Helen Weaver. New York: Alfred A. Knopf, 1981.(フィリップ・アリエス『死を前にした人間』成瀬駒男訳、みすず書房)

Aristotle, *Nicomachean Ethics*. Translated by C. D. C. Reeve. Indianapolis, IN: Hackett Publishing, 2014. (アリストテレス『ニコマコス倫理学』朴一功訳、京都大学学術出版会)

Armstrong, Karen. *A Short History of Myth*. Melbourne: The Text Publishing Company, 2005. (カレン・アームストロング『新・世界の神話　神話がわたしたちに語ること』武舎るみ訳、角川書店)

Arnulf, Isabelle, Colette Buda, and Jean-Pierre Sastre. "Michel Jouvet: An explorer of dreams and a great storyteller." *Sleep Medicine* 49 (2018): 4–9.

Atran, Scott. *In Gods We Trust: The Evolutionary Landscape of Religion*. Oxford: Oxford

ま行

は行

な 行

た行

さ行

か行

索　引

アルファベット

あ行

ブライアン・グリーン
Brian Greene

理論物理学者。ハーバード大学を卒業後、オックスフォード大学で博士号取得。現在はコロンビア大学物理学・数学教授。超弦理論や宇宙論の分野で数々の業績をあげ研究者として第一線で活躍するかたわら、科学の普及のための活動にも力を注ぐ。超弦理論を解説した一般向けの著作である『エレガントな宇宙』は各国で翻訳され、全世界で累計100万部を超えるベストセラーとなった。続く『宇宙を織りなすもの』『隠れていた宇宙』も全米ベストセラーとなる。科学番組の司会も務め、ワールド・サイエンス・フェスティバルの共同創設者でもある。妻と子供とともにニューヨーク在住。

青木 薫
あおき かおる

1956年山形県生まれ。翻訳家。京都大学理学部卒業、同大学大学院修了。理学博士。2007年度日本数学会出版賞受賞。訳書にサイモン・シン『フェルマーの最終定理』、マンジット・クマール『量子革命』(以上、新潮社)、ブライアン・グリーン『宇宙を織りなすもの』(草思社)、スティーヴン・ホーキング『ビッグ・クエスチョン』(NHK出版)、ジェームス・D・ワトソン他『DNA』(講談社)など。著書に『宇宙はなぜこのような宇宙なのか』(講談社現代新書)がある。

時間《じかん》の終《お》わりまで

物質、生命、心と進化する宇宙

2021年11月30日　第1刷発行

著　者　ブライアン・グリーン
訳　者　青木《あおき》　薫《かおる》
発行者　鈴木章一
発行所　株式会社講談社　KODANSHA
〒112-8001 東京都文京区音羽2-12-21
電話　編集 03-5395-3524
　　　販売 03-5395-4415
　　　業務 03-5395-3615
印刷所　株式会社新藤慶昌堂
製本所　大口製本印刷株式会社

ISBN978-4-06-526106-4
N.D.C.421 638p 19cm